U0252518

教育部高等学校电子信息类专业教学指导委员会规划教材
高等学校电子信息类专业系列教材·新形态教材

电子系统设计与实习

朱善林 主 编

吴尽哲 马知远 王红霞 吴文全 副主编

清华大学出版社
北 京

内容简介

本书面向电子系统设计、制作和测试，从 Arduino、STM32 单片机和 FPGA 的应用出发，在电子系统设计方面讲述了水声探测、水声通信、水声对抗系统和声呐接收通道测试仪四种电子系统的电路设计、程序设计和版图设计方法；在电子系统制作方面讲述了印制电路板的化学腐蚀、机械雕刻、激光雕刻和 3D 打印四种制作技术以及焊接技术；在电子系统测试方面讲述了电子系统功能测试和电子产品环境可靠性测试。本书内容涵盖了电子设备整机从设计、制造到测试的全流程方法要素，对提高学生电子技术综合实践能力有较大帮助。

本书可作为高等学校电子信息类专业“电子系统综合实践”、“电子设备综合实践”和“电子实习”等课程的教材或教辅书，也可供电子信息类专业学生毕业实习或电子系统研制与开发的工程技术人员参考。

图书在版编目（CIP）数据

电子系统设计与实习 / 朱善林主编. -- 北京：清华大学出版社，2024. 11.
（高等学校电子信息类专业系列教材）. -- ISBN 978-7-302-67603-4

Ⅰ. TN02-45

中国国家版本馆 CIP 数据核字第 2024FT4359 号

责任编辑：文　怡
封面设计：王昭红
责任校对：郝美丽
责任印制：宋　林

出版发行：清华大学出版社
　网　　址：https://www.tup.com.cn，https://www.wqxuetang.com
　地　　址：北京清华大学学研大厦 A 座　　**邮　　编**：100084
　社 总 机：010-83470000　　**邮　　购**：010-62786544
　投稿与读者服务：010-62776969，c-service@tup.tsinghua.edu.cn
　质量反馈：010-62772015，zhiliang@tup.tsinghua.edu.cn
　课件下载：https://www.tup.com.cn，010-83470236
印 装 者：三河市龙大印装有限公司
经　　销：全国新华书店
开　　本：185mm×260mm　　**印　　张**：17　　**字　　数**：413 千字
版　　次：2024 年 11 月第 1 版　　**印　　次**：2024 年 11 月第1 次印刷
印　　数：1～1500
定　　价：65.00 元

产品编号：098973-01

前言

FOREWORD

“电子系统设计”、“电子系统综合实践”、“电子设备综合实践”和“电子实习”等课程作为电子信息类专业人才培养的重要实践环节，是“模拟电子线路”、“数字电路与EDA技术”、“高频电子线路”和“嵌入式系统应用”等电子技术基础课程和专业课程之间的桥梁和纽带，是电子技术课程的“最后一公里”，也是电子设备、电子装备原理与系统课程到实际装备的“最后一公里”，是学生将专业课程和电子技术课程融会贯通、学以致用，完成电子系统从理论到实践、实物的“实战化学习”主战场之一，对培养学生实践能力、工程素养和创新精神具有重要意义。

本书假设学生至少学习过电子技术基础课程(包括模拟电路和数字电路)，有一定的计算机应用能力(包括程序设计和工程软件应用能力)。本书内容包括四部分：

第一部分为第1章“绪论”、第2章“Arduino应用基础”、第3章“STM32单片机应用基础”、第4章“FPGA应用基础”和第5章“电子系统电路设计”，重点关注电子电路和相关的计算机程序设计。学习过嵌入式系统原理和应用的学生可以只学习第1章和第5章，没有学习过嵌入式系统课程的学生可以再选择第2章、第3章或第4章其中之一学习。电子电路设计方法是电子系统实践非常重要的内容，不同专业的学生可根据兴趣选择阅读5.1节“水声探测系统电路设计”、5.2节“水声通信系统电路设计”、5.3节“水声对抗系统电路设计”和5.4节“声呐接收通道测试仪电路设计”中的一节或多节，或者参考专业课程中与电子电路相关的内容设计具体电子电路。

第二部分为第6章“电子系统版图设计”，是在第一部分设计的电子电路基础上，利用电子电路版图设计软件设计出印制电路板的版图，为电子产品制造做准备。电子系统版图设计是计算机辅助电子设计的重要应用方面，建议学生阅读并实践本章的全部内容。

第三部分为第7章“电子系统工艺”，主要介绍电子系统的制作工艺，包括印制电路板的化学腐蚀、机械雕刻、激光雕刻和3D打印四种制作技术以及焊接技术。不同学校可根据实验条件，选择学习其中一种印制电路板的制作工艺和焊接技术进行实践，或者委托企业制造印制电路板然后进行焊接实践。

第四部分为第8章“电子系统测试”，内容包括电子系统功能测试和电子产品环境可靠性测试，其中电子系统功能测试是对设计和制作的电子系统进行评价必不可少的环节，建议全部学习；电子产品环境可靠性测试是对电子系统的高阶评价，建议有实验条件和应用需求的学生选择性学习。

本书根据军队精品课程建设“四性一度”的要求，结合课程组的教学经验编写而成，其主要特点如下：

一是为战性(实用性)较强。人才培养和课程目标要符合“专业目标和学习效果目标”，本书在教学内容中融入电子装备(设备)的研制实例(第5章"电子系统电路设计"),并将这一实例从前至后贯穿在整个实习过程中,将电子系统设计、制作和测试等教学环节环环相扣,在课堂上模拟电子装备论证、设计、制造、测试和改进的装备全寿命周期过程,培养学生的装备工作能力,为学生今后从事电子装备(设备)工作打下良好基础。

二是具有一定的创新性。本书第一部分介绍了Arduino、STM32单片机和FPGA三种可编程电子器件的应用基础,这三种电子器件都对应有很多专业图书,在实际的学习过程中一名学生可能只需要掌握其中一种,而且希望快速上手。如果按照传统的模式,先花大量时间和篇幅介绍器件的组成结构,然后介绍开发语言详细的语法结构,最后才进入实际应用,显然不能满足教学时间和教材篇幅的限制。本书以实际开发应用为主线,在应用的同时介绍其中用到的组成原理和语法结构,能够让学生在"做中学",快速上手、激发深入研究的兴趣。

三是具有一定的高阶性。本书第一部分关于STM32单片机应用采用图形化的编程方法,关于FPGA的应用采用基于IP核的开发方法。本书第三部分除了介绍基本的化学腐蚀和机械雕刻法以外,还介绍了特别适用于高校实验室的激光雕刻法、3D打印法等先进方法。

本书由朱善林、吴尽哲、马知远、王红霞和吴文全共同完成。其中第1章由马知远编写,第2章由王红霞编写,第3~5章由朱善林编写,第6、7章由吴尽哲编写,第8章由吴文全编写。全书由朱善林负责总体架构和内容审核,王红霞负责文字校对工作,马知远负责课程思政工作。

由于编者学术水平和教学经验有限,书中难免存在错误和不足,敬请各位专家和广大读者多加指正。

编 者

2024年8月于海军工程大学

目录
CONTENTS

教学大纲+教学课件+实验报告

第1章

CHAPTER 1

绪　论

电子系统设计综合实践、电子实习或电子信息类专业的毕业实习通常需要构思、设计、制作和测试一个现实的电子作品，需要掌握电子线路基础知识、嵌入式系统和现场可编程门阵列（FPGA）应用方法、电子系统电路和版图设计方法、电子系统工艺与测试等知识。

1.1　电子系统设计概述

1.1.1　电子系统设计方法

在传统与现代电子系统设计中常用的设计方法有自底向上设计方法和自顶向下设计方法。

1. 自底向上设计方法

传统的系统设计采用自底向上设计方法。这种设计方法采用“分而治之”的思想，在系统功能划分完成后，利用所选择的元器件开展电路设计，完成系统各独立功能模块设计，然后将各功能模块按搭积木的方式连接起来构成更大的功能模块，直到构成整个系统，完成系统的硬件设计。这个过程从系统的最底层开始设计，直至完成顶层设计，因此将这种设计方法称为自底向上设计方法。采用自底向上设计方法开展系统设计时，整个系统的功能验证要在所有底层模块设计完成之后才能开展，延长了设计时间。自底向上设计方法现在已很少使用。

2. 自顶向下设计方法

现代电子系统，特别是超大规模集成电路（Very Large Scale Integrated Circuit，VLSI）系统设计主要采用自顶向下设计方法。这种设计方法主要采用综合技术和硬件描述语言，让设计人员用正向的思维方式重点考虑求解的目标问题。这种采用概念和规则驱动的设计思想从高层次的系统级入手，从最抽象的行为描述开始把设计的主要精力放在系统的构成、功能、验证直至底层的设计上，从而实现设计、测试、工艺的一体化。当前电子设计自动化（EDA）工具及算法把逻辑综合和物理设计过程结合起来的方式，有高层工具的前向预测能力，较好地支持了自顶向下设计方法在电子系统设计中的应用。

1.1.2　电子系统设计流程

电子系统设计一般分为明确系统任务要求、选择方案、设计电路与程序、设计与制作、印制电路板(PCB)设计与制样、焊接与测试、撰写设计报告等流程。

1. 明确系统任务要求

对于复杂的电子信息系统,需要进行需求分析和论证,从而确定系统功能、战术指标和技术指标,并将系统划分为分机或子系统。这部分工作一般由专家团队和系统工程师确定,电子工程师需要明确系统工程师提出的系统功能和技术指标,为后续工作做准备,不清楚的地方要与系统工程师进行沟通和确认。例如,对一款超声测距报警装置,要明确超声波测距的距离范围、距离分辨率等技术指标。

2. 选择方案

明确系统任务要求后需要画出易于采用电子技术实现的系统组成框图,并对系统框图中各个模块,特别是核心模块进行实现方案论证与选择。除了方案是否能够满足技术指标要求,还要在设计难度(时间)、电路价格、体积、重量、功耗、工艺、可靠性等方面进行权衡。图 1.1.1 是超声测距报警装置的系统组成框图。

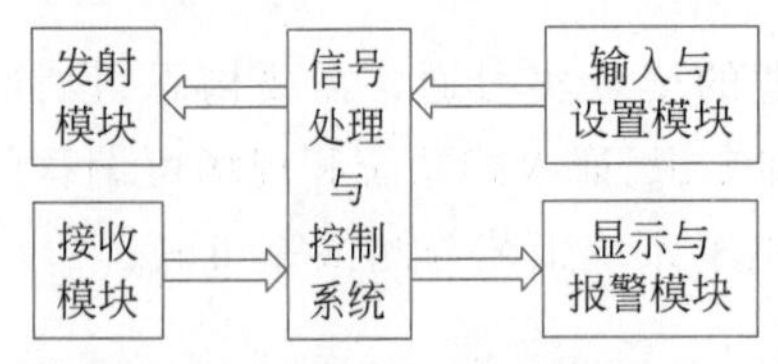

图 1.1.1 超声测距报警装置的系统组成框图

3. 设计电路与程序

这是电子设计的核心环节,需要投入较多的时间和精力,完成的工作一般有以下几方面:

(1) 根据实现方案选择核心功能芯片,如选择一款合适的运算放大器或者数/模(D/A)转换器,然后根据器件手册设计外围电路,并进行实际电路验证或者计算机仿真。

(2) 对现场可编程门阵列(FPGA)、微控制器(MCU)、数字信号处理器(DSP)等可编程芯片编写程序,并进行仿真验证。

(3) 将前述二者联合仿真或者将 FPGA、MCU、DSP 等可编程芯片的可执行文件下载到器件并与其他电路联合验证。电路与程序设计环节可能多次返回修改,直到完全满足系统要求的功能和技术指标。

4. 印制电路板设计与制样

将上一步所有的元器件和接插件绘制成印制电路板版图,并送给印制电路板制样公司制样或者直接在实验室进行印制电路板制样。图 1.1.2 是实验室进行印制电路板制样的样品。

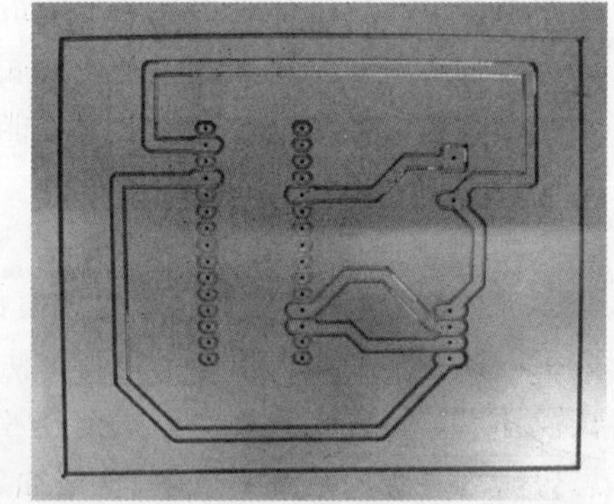

图 1.1.2 实验室进行印制电路板制样的样品

5. 焊接与测试

将所有元器件在印制电路板上组装、焊接,将 FPGA、MCU、DSP 等可编程芯片的可执行文件下载到器件,进行系统最后的测试,再次验证设计是否满足系统要求的功能和技术指标。若不满足,则返回前述步骤查找错误,更新设计,直到满足为止。图 1.1.3 是某型超声测距报警装置的实物测试。

6. 撰写设计报告

撰写设计报告一般包括设计思路、方法、结果、相关文档资料等方面,根据阅读对象不同按需撰写,是前述工作的总结和说明。

图 1.1.3 某型超声测距报警装置的实物测试

1.1.3 电子系统设计与软件无线电

软件无线电(Software Radio)是 Joseph Mitola III 博士最早于 1992 年 5 月在美国电信会议上提出的概念,在当时是无线电工程中的新方法,是一种设计理念,也是一种思想体系。Joseph Mitola III 博士指出,除了天线和送/受话器两边的两组模/数(A/D)和数/模(D/A)转换器以外,无线电系统的其他功能,如调制、解调、编码、译码、定时和控制等,全部用软件来实现。这样的理想软件无线电是很难实现的,科学家后来又提出"软件定义无线电"(Software-Defined Radio,SDR)概念。

软件无线电突破了传统的无线电台以功能单一、可扩展性差的硬件为核心的设计局限性,强调以开放性的最简硬件为通用平台,尽可能地用可升级、可重配置不同的应用软件来实现各种无线电功能的设计新思路。其中心思想是:构造一个具有开放性、标准化、模块化的通用硬件平台,将工作频段、调制解调类型、数据格式、加密模式、通信协议等功能用软件来完成,并使宽带 A/D 和 D/A 转换器尽可能靠近天线,以研制出具有高度灵活性、开放性的新一代无线通信系统。

软件无线电的概念提出后即被美国军方用于研制多频段、多模式电台,该电台是美军为保证不同设备间的互通性,使各军种间实现高效、可靠的协同通信而研制的三军通用软件无线电台——基于可编程 DSP 芯片的多频段、多方式电台——易通话(speakeasy),其工作频段覆盖 2~2000MHz,其目标是与当时已有的 15 种军用电台兼容。1995 年,美国国防高级研究计划局(DAPRA)易通话一期工程的技术工作者对软件无线电的军事应用进行了较系统、全面的论述。1995 年 5 月,IEEE Communication Magazine 发表了一期软件无线电专刊,系统全面地介绍了软件无线电的体系结构,其中包括与数字无线电的区别、硬件和软件的实现方法、性能分析及其功能性结构。该专刊还较为系统地介绍了软件无线电中有关取样、A/D 和 D/A 转换的基本理论、DSP 处理器的结构特点及现有 DSP 芯片清单、软件无线电中多处理器间相互通信的一些理论基础。这些理论为软件无线电的一些关键技术的研究提供了理论基础,自此以后,人们便尝试着将软件无线电技术应用于商业领域。1996 年 10 月,软件无线电技术被中国列入国家"863 计划"的通信研究项目。随后,软件无线电的技术被广泛地应用于陆地移动通信、卫星移动通信与全球通信系统,软件无线电成为解决数字移动通信中多种不同标准问题的最佳选择方式。

软件无线电试图通过软件编程来实现无线电台的各种功能，从基于硬件、面向用途的电台设计方法中解放出来。功能的软件化实现要求减少功能单一、灵活性差的硬件电路，尤其是减少模拟环节，把数字化处理（A/D 和 D/A 转换）尽量靠近天线。软件无线电强调体系结构的开放性和全面可编程性，通过软件更新改变硬件配置结构，实现新的功能。软件无线电采用标准的、高性能的开放式总线结构，以利于硬件模块的不断升级和扩展。

软件无线电的不断发展和进步给电子系统设计带来一些挑战，同时也是一场机遇，电子系统设计必将朝着更加通用化、标准化、软件化的方向发展。

1.1.4 电子系统设计与装备研制

电子信息装备是遂行信息支援、信息保障和信息作战任务的装备，包括雷达、声呐、电子对抗装备、信息传输装备、指挥自动化装备、网络攻防装备等，具有信息获取、传输、处理、应用以及信息支援保障、信息对抗等能力，是信息化战争条件下夺取信息优势的基础。

电子信息装备的发展仅有 100 多年，而今品种已多达数千种，包括电子、光学、声学等装备，分布在陆、海、空、天各军事应用领域。无论具体原理和应用如何，都离不开电子技术作为底层最基本的技术基础，离不开各种电子元器件和电子电路的应用，电子信息装备研制与电子系统设计密不可分。

装备全寿命过程一般可分为六个阶段，即论证阶段、方案设计/验证阶段、工程研制阶段、生产/部署阶段、使用保障阶段和退役处理阶段。装备研制生产是把军事需求和科学技术物化为装备的过程，这一过程的实现主要由国防工业部门和装备承制单位来完成。军方在装备发展阶段的管理职责主要是：按照批准的装备建设规划、计划，建立项目办公室，实施新装备的全寿命管理；通过新装备立项和研制总要求的论证，提出具体的装备需求、战术技术指标和装备研制总要求；通过招标、评标和签订合同，并按照合同条款，组织好对承研承制单位设计、研制和生产过程的监督控制，严格控制装备研制质量、生产进度和全寿命费用；通过阶段评审和阶段决策，降低研制风险和保证研制进度；通过装备定型和试验，确保新装备的研制质量和作战使用性能；通过新装备交付部队前的检验验收和操作使用培训，确保新装备质量优良和配套装备齐全，保证部队人员的操作使用和维修。

课堂教学以电子系统设计方法和电子技术应用为主，不可能在有限的学时中研制实际的装备，但是掌握装备研制的方法、流程和思想也是必要的。

1.2 电子系统工艺概述

工艺是生产者利用生产设备和生产工具，对各种原材料、半成品进行加工或处理，使之最后成为符合技术要求的产品的艺术（程序、方法、技术）。它是人类在生产劳动中不断积累起来并经过总结的操作经验和技术能力。

电子工艺包括制造电子材料和元件的工艺、制造半导体器件和集成电路的工艺、制造光电子器件的工艺以及制造电子设备整机的工艺，其中制作印制电路板工艺、电子焊接工艺是最重要的电子设备整机制造工艺。本书的电子工艺特指印制电路板制作工艺和电子焊接工艺。

1.2.1 印制电路板制作工艺

1. 雕刻法制板

雕刻法制板利用机械雕刻机或激光雕刻机直接对覆铜板上的铜进行雕刻，一般用于小批量生产印制电路板。某型机械雕刻机如图 1.2.1 所示，某型激光雕刻机如图 1.2.2 所示。

制作双面或多层电路板时，机械雕刻法和激光雕刻法均可从钻孔、孔金属化开始，先用孔将不同的导电层之间电气互连开始，再制作导电图案，实现各层间电气互连。

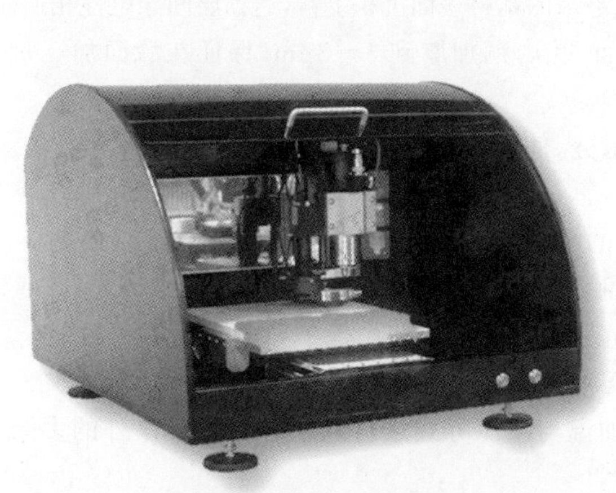

图 1.2.1 某型机械雕刻机

图 1.2.2 某型激光雕刻机

机械雕刻加工时，让机械雕刻机的刀具沿着计算机辅助制造(CAM)软件生成的优化刀路，按设计的电气要求，铣削去除掉覆铜板上不需要的铜箔，留下的铜箔构成导线、焊盘等导电结构。这种技术的关键在于加工中刀具的深度控制，以及刀路、刀径在不同的被除去区域的优化。

激光雕刻加工时，无需控制加工工具的深度，精度、速度都更高，但是激光雕刻机的价格一般远高于同规格的机械雕刻机。

机械雕刻法制板原理如图 1.2.3 所示。其工艺流程如下：(1)钻孔及孔金属化。(2)机械/激光制作导电图案。(3)阻焊、字符及可焊性处理。

钻孔及孔金属化

机械/激光制作导电图案

阻焊、字符及可焊性处理

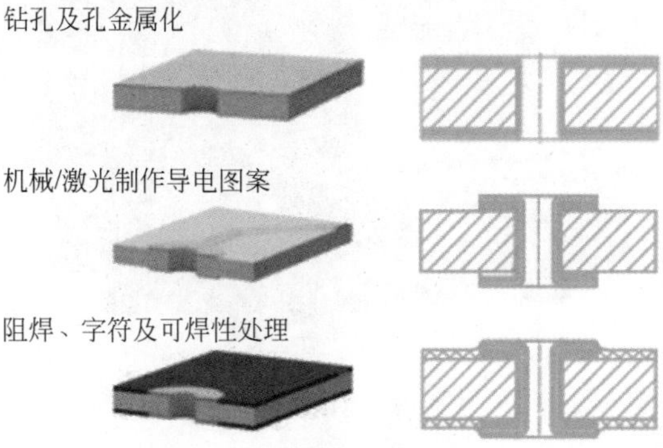

图 1.2.3 机械雕刻法制板原理

2. 化学腐蚀法制板

化学腐蚀法制板一般用于工厂大批量生产印制电路板，工艺流程如下。

(1) 制作菲林片：利用光绘机在菲林片上形成导电图案的反向图形供后续使用。

(2) 开料：将大块的覆铜板剪裁成生产板加工尺寸，方便生产加工。

(3) 刷板：去除板面的氧化层、手印、板边的粉尘，使板面清洁、干净。

(4) 钻孔：据工程钻孔程序文件，利用数控钻机钻出所需用的孔，使电路板层间产生通孔，达到连通层间的作用。

(5) 去毛刺：去除板面的氧化层，以及钻孔产生的粉尘、毛刺，使板面孔内清洁、干净。

(6) 化学沉铜：对孔进行孔金属化，使原来绝缘的基材表面沉积上铜，达到层间导电性相通。

(7) 全板电镀：对沉铜出来的板进行收面、孔内铜加厚到 5～8μm，保证在后面加工过程中不被损耗掉。

(8) 擦板：去除板面的氧化层和孔内的水分，使板面孔内清洁、干净。

(9) 贴膜：在板面上形成聚合物干膜。

(10) 曝光：将菲林片上的图形与板面上的孔洞对准，使光源透过菲林片对干膜曝光。

(11) 显影：利用化学药液将曝光后的干膜腐蚀掉，使导电图案转移到板面。

(12) 镀锡：在导电图案上方镀锡，作为抗蚀剂在后续工艺中保护导电图案用到的铜。

(13) 去膜：用强碱(NaOH)以高温、高压冲洗板面，将板面剩余的干膜去除。

(14) 蚀刻：常用碱性蚀刻液($CuCl_2$)以加温与喷压方式进行除了导电图案以外的多余铜面蚀刻(导电图案被抗蚀剂保护)。

(15) 退锡：用过氧化氢(H_2O_2)退去抗蚀刻的锡镀层，露出导电图案。

(16) 制作阻焊和字符：在板面涂上一层阻焊，通过曝光显影，露出要焊接的盘与孔，其他地方盖上阻焊层，防止焊接短路。在板面印上字符，起到标识作用，便于装配和维修。

3. 三维(3D)打印法制板

雕刻法和化学腐蚀法都是在覆铜板上去除多余的铜形成导电图案，属于减材制造。随着 3D 打印技术的发展，可以直接在介质板上打印导电图案。3D 打印法制作导电图案属于增材制造，某型用于 3D 打印电子电路的设备如图 1.2.4 所示。

图 1.2.4 某型用于 3D 打印电子电路的设备

1.2.2 电子焊接工艺

焊接也称为熔接，是一种以加热、高温或者高压的方式接合金属或其他热塑性材料的制造工艺及技术。电子电路的焊接有手工焊接、波峰焊和回流焊等。

手工焊接是利用电烙铁加热焊件和焊料，实现金属材料间可靠连接的一种工艺技术。它是最普遍、最基本的焊接方法，常用于电子产品的维修和小批量生产中。尽管现代化企业已经普遍使用自动插装、自动焊接的生产工艺，但产品试制、生产小批量产品、生产具有特殊要求高可靠性产品等还采用手工焊接。目前还没有任何一种焊接方法可以完全取代手工焊接，在培养高素质电子技术人员、电子操作工人的过程中，手工焊接工艺是必不可少的训练内容。图 1.2.5 为手工焊接。

图 1.2.5　手工焊接

波峰焊是让插件板的焊接面直接与高温液态锡接触达到焊接目的，其高温液态锡保持一个斜面，并由特殊装置使液态锡形成一道道类似波浪的现象，所以叫“波峰焊”。波峰焊的主要材料是焊锡条。波峰焊的流程：将元件插入相应的元件孔中，预涂助焊剂，预热（温度 90～100℃），波峰焊（220～240℃），冷却，切除多余插件脚和检查。

回流焊是指利用焊膏（由焊料和助焊剂混合而成的混合物）将一个或多个电子元件连接到接触垫上之后，通过控制加温来熔化焊料以达到永久接合。它可以用回焊炉、红外加热灯或热风枪等不同加温方式来进行焊接。回流焊的工艺流程：预涂锡膏，贴片（分为手工贴装和机器自动贴装），回流焊，检查及电测试。图 1.2.6 为某型回流焊设备。

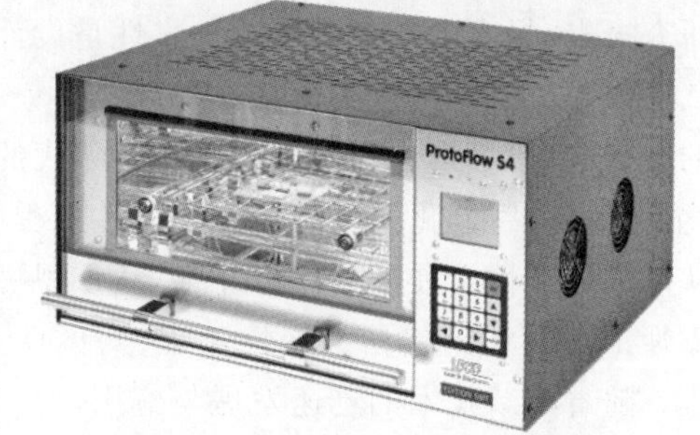

图 1.2.6　某型回流焊设备

1.3 电子系统测试概述

1.3.1 电子系统的可测性

可测性是指能及时准确地确定产品状态（可工作、不可工作、性能下降）和隔离其内部故障的设计特性。以提高产品测试性为目的进行的设计称为可测性设计(DFT)。可测试性设计对于提高武器装备的作战使用和维护效能,降低维护和维修成本及费用等方面起到了较好的作用和效果,其已经成为武器装备中与可靠性设计、可维修性设计及可保障性设计同等重要的设计内容。

针对装备可测试性要求,可采取内建自测试(Built-In Self Test,BIST)、边界扫描(BS)测试和自动测试设备(ATE)测试等可测试性设计措施。内建自测试是指利用设备内部具有自检能力的硬件和软件来完成对设备检测的一种方法。边界扫描测试是通过在电路或装备的每个输入/输出(I/O)引脚附加一个边界扫描单元(Boundary Scan Cell, BSC,主要由寄存器组成)以及一些附加的测试控制逻辑实现的。每个 I/O 引脚都有一个边界扫描单元,每个边界扫描单元有两个数据通道:一个是测试数据通道,即测试数据输入(Test Data Input,TDI)和测试数据输出(Test Data Output,TDO);另一个是正常数据通道,即正常数据输入(Normal Data Input,NDI) 和正常数据输出 (Normal Data Output,NDO) 。在正常工作状态,输入和输出数据可以自由通过每个边界扫描单元,正常工作数据从正常数据输入进,从正常数据输出出。在测试状态,可以选择数据流动的通道,从而对电路或装备进行测试。

自动测试设备(Automatic Test Equipment,ATE)是一种自动化系统,利用自动化测试设备进行测试时无需人工直接干扰,非常适合加速测试、执行重复任务或增强测试系统的重复性和一致性。

1.3.2 电子系统的可靠性测试

装备的可靠性是装备质量的重要因素,可靠性工程是提高产品质量的一种十分有效的技术,已经发展成一门独立的学科。从可靠性工程的发展历程看,可靠性可以说是“战争的产物”。第二次世界大战中,伴随电子元器件的广泛使用,武器装备的作战效能大大提高,但出厂“合格”的装备在使用中故障频繁。为此,美国国防部于 1952 年专门成立了电子设备可靠性咨询小组(AGREE)。该小组经过五年的研究,于 1957 年发表了军用电子设备可靠性研究报告,提出了电子设备的可靠性是设计可验证的观点,确定了可靠性工程的发展方向,从而成为可靠性工程的奠基性文件。半个多世纪以来,可靠性工程经历了 20 世纪 50 年代的起步阶段、60 年代的发展阶段、70 年代的成熟阶段、80 年代特别是 90 年代开始进入综合化、自动化、智能化实用阶段。可靠性工程已从电子产品可靠性发展到机械产品的可靠性,从硬件可靠性发展到软件可靠性,从重视可靠性统计试验发展到强调可靠性工程试验,从可靠性工程发展到包括维修性工程、测试性工程、保障性工程和安全性工程在内的可信性工程。随着高新技术的迅速发展与应用,对于信息系统装备的研制,不论在其功能和性能要求上,还是在可靠性、维修性及环境适应性等要求上都越来越高。钱学森曾经指出:“产品可靠性是设计出来的、生产出来的、管理出来的。”波音公司也曾总结出这样一条经验公式:高可靠性产品保证=可靠性技术保证+质量保证,高可靠性的产品是可靠性技术和质量管理的结合。

小结

本章对电子系统设计的方法、电子系统设计的流程、电子工艺进行了概括描述,对印制电路板设计和制作工艺做了简单介绍，引出了电子装备研制、生产、可测性设计和可靠性设计。

思考题

1. 电子系统设计与电子装备设计之间的区别和联系是什么？
2. 电子系统设计的方法有哪些？
3. 电子系统设计和电子工艺是什么关系？

扩展阅读：中华人民共和国成立初期的步谈机

扩展阅读

第 2 章 CHAPTER 2 Arduino 应用基础

Arduino 是一款便捷灵活、方便上手的开源电子原型平台，包含硬件（各种型号的 Arduino 板）、软件（Arduino IDE）和一套使用 C++语言编写的开发框架。

2.1 Arduino 硬件

2.1.1 Arduino 开发板

Arduino 硬件是各种 Arduino 开发板和套件，套件是在开发板的基础上再多一些电子元器件、电子模块和学习书籍。经典的开发板包括 Arduino UNO、Mega2560 和 Leonardo 等，如图 2.1.1 所示。

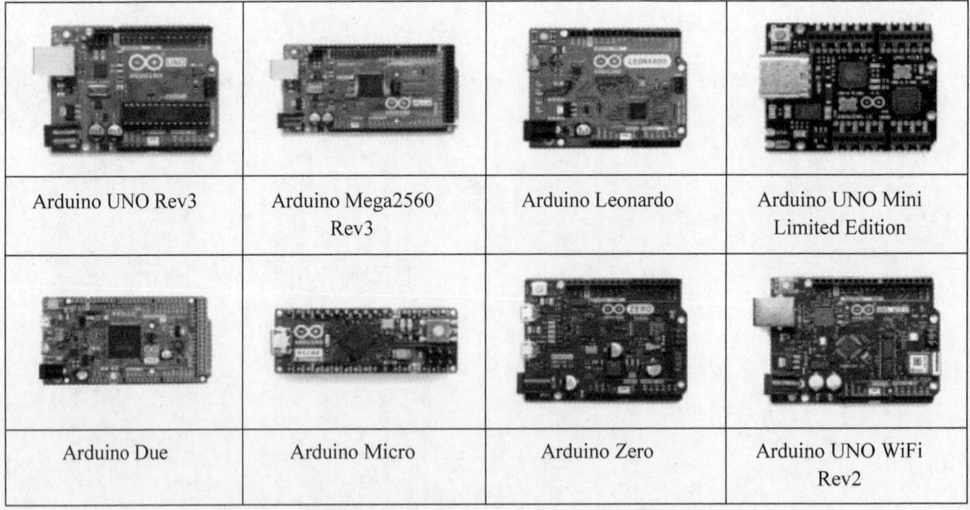

图 2.1.1 经典的 Arduino 开发板

Arduino Nano 系列因体积小、价格低而受到开发者的喜爱，Arduino Nano 开发板的一些型号如图 2.1.2 所示。

此外，Arduino MKR 开发板因集成了 Wi-Fi、蓝牙和窄带物联网（NB-Iot）等通信模块（MKR ZERO 除外）以及基于 ARM Cortex-M0 的 32 位低功耗微处理器而受到一些开发者的青睐。Arduino MKR 开发板的一些型号如图 2.1.3 所示。

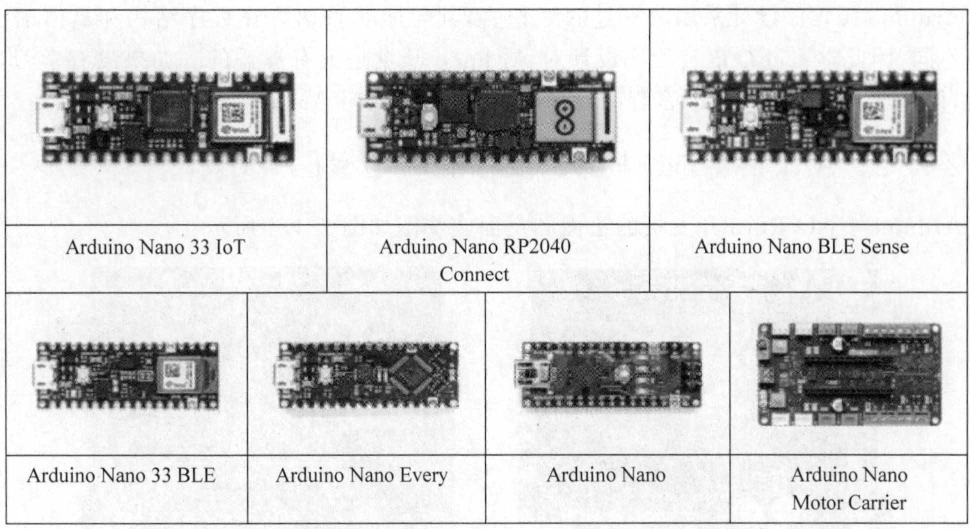

图 2.1.2 Arduino Nano 开发板的一些型号

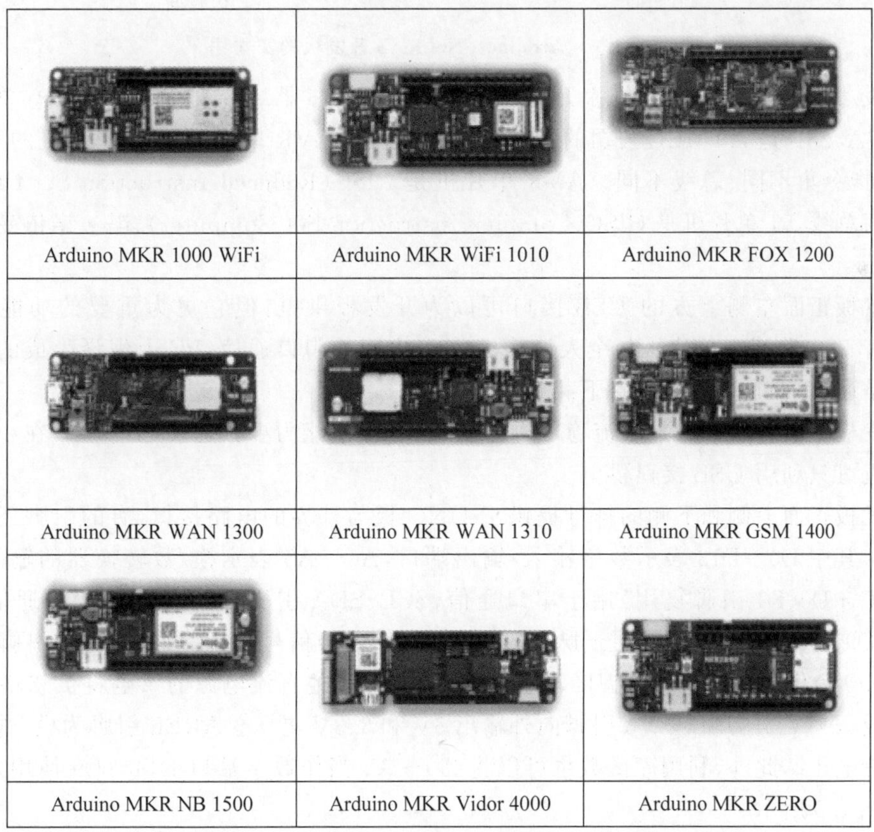

图 2.1.3 Arduino MKR 开发板的一些型号

Arduino 开发板核心的器件是某款微控制器(单片机),Arduino 微控制器的开发需要使用 Arduino IDE 软件,该软件可以在 Arduino 官网下载,提供 Windows、Linux 和 macOS 三个操作系统的版本。

Arduino 源程序设计采用改良过的 C 语言，其与标准 C 语言在程序结构和具体语法上略有不同，因此学习过 C 语言程序设计对 Arduino 开发是大有裨益的。如果没有学习过 C 语言，但是学习过其他高级语言程序设计，也可以轻松入门 Arduino 程序设计。

2.1.2 Arduino UNO Rev3 核心器件与接口

Arduino UNO Rev3 开发板的正面和反面实物图如图 2.1.4 所示。

(a) 正面

(b) 反面

图 2.1.4 Arduino UNO Rev3 开发板的实物图

开发板正面右偏下的芯片是开发板的核心器件 ATMEGA328P 单片机。ATMEGA328P 是 ATMEL 公司的一款 AVR 单片机，AVR 单片机与 51 单片机的 CPU 架构不同、指令集不同、总线不同。AVR 单片机是 RISC(Reduced Instruction Set CPU)、哈佛结构的总线，51 单片机是 CISC(Complex Instruction Set Computer)、冯·诺依曼结构的总线。

开发板正面左侧上方的 USB 接口可以为开发板供电，但它更为重要的功能是通过 USB 转串口电路建立单片机与个人计算机(PC)之间的串口通信，PC 上编译生成的二进制文件也是通过 USB 转串口电路下载到单片机里。

开发板正面左侧下方是直流稳压电源接口，其供电能力要强于 USB 接口，在小功率应用场合也可只利用 USB 接口供电。

开发板正面上侧和下侧的排母提供了 UNO 板与外界的电路接口，有的引脚还具有复用功能。其中 D0～D13 表示数字输入/输出端口，A0～A5 表示模/数转换器的输入引脚，RX、TX(与 D0、D1 引脚复用)用于串口通信，SCL、SDA 引脚(复用)用于 I^2C 通信。D3、D5、D6、D9、D10、D11 引脚还用于脉冲宽度调制(PWM)信号输出。通过 VIN 引脚可以直接向 UNO 板供电，当 VIN 引脚接入电源时，USB 和其他直流电源的供电将被忽略。GND 表示地线，+5V 引脚和+3V3 引脚向外输出 5V 和 3.3V 电压。AREF 引脚为模/数转换器提供参考电压。此外，利用库函数也可以将 A0～A5 当作数字端口 D14～D9 使用，具体标注如图 2.1.5 所示。

2.1.3 Arduino Nano 核心器件与接口

Arduino Nano 家族有很多具体的型号，如图 2.1.2 所示，微处理器也是 ATMEGA328P，基本功能和引脚与 UNO 类似，其优势是采用了更小的器件封装形式和 PCB 面积，而且与面包板完全兼容，可以直接插在面包板上，配合外围器件可以快速搭建电

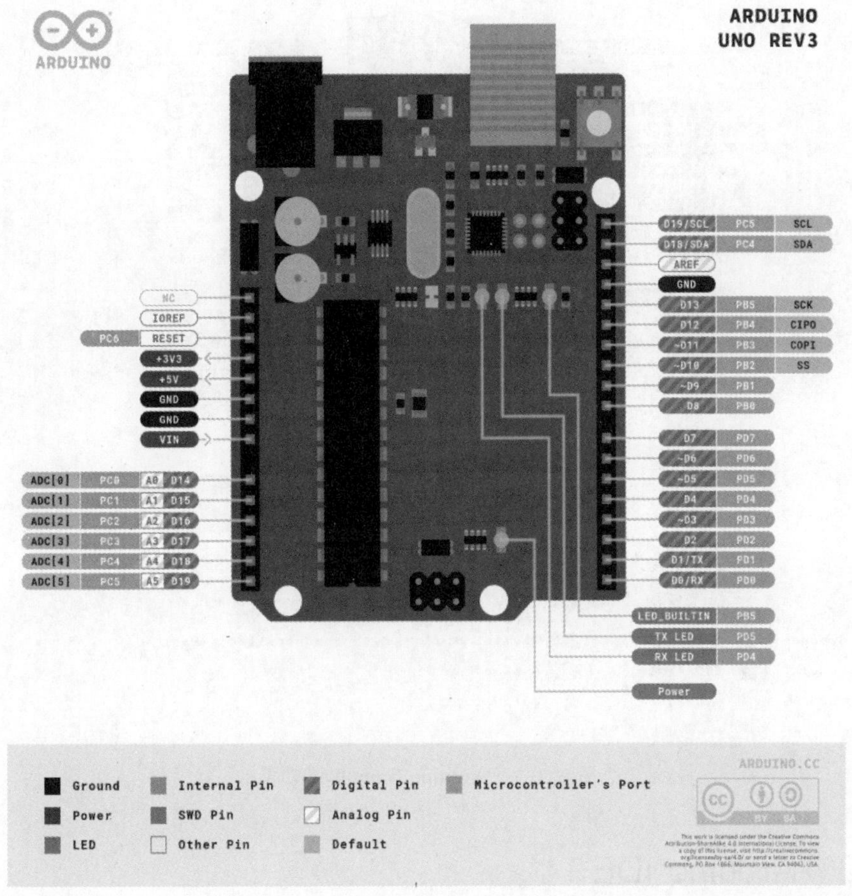

图 2.1.5 Arduino UNO 具体的引脚功能

子系统。名称中没有后缀的 Nano 板外观如图 2.1.6 所示。开发板正面左侧中间的 Mini-B 型 USB 接口可以为开发板供电，但它更重要的功能是通过 USB 转串口电路建立单片机与 PC 之间的串口通信，PC 上编译生成的二进制文件也是通过 USB 转串口电路下载到单片机里。Nano 也不像 UNO 那样有单独的直流稳压电源接口，另外，与外界电路的接口为插针，也与 UNO 的排母不一样，这使得 Nano 可以直接插在面包板上，像其他 DIP 封装的器件一样使用。

(a) 正面　　　　(b) 反面

图 2.1.6 Arduino Nano 板外观

Arduino Nano 的引脚在图 2.1.6 中有所标注，更详细的引脚分布如图 2.1.7 所示。

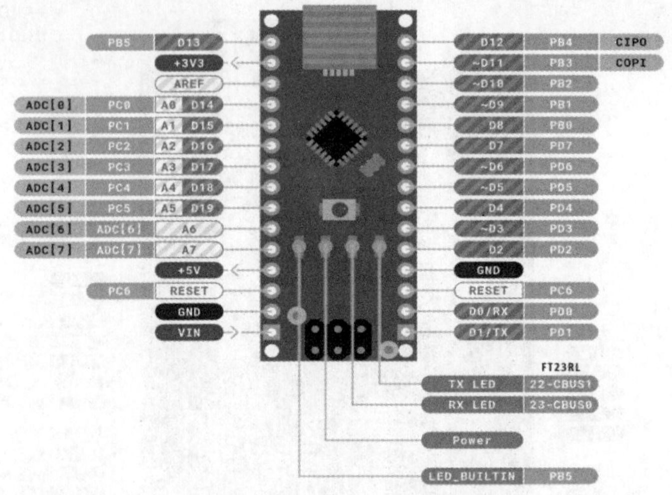

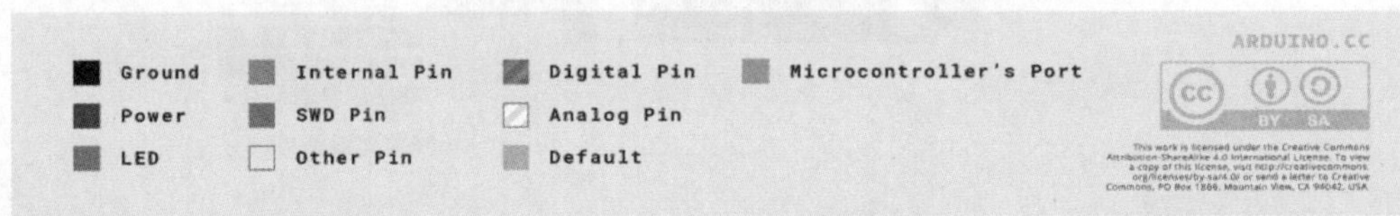

图 2.1.7 **Arduino Nano** 引脚功能

2.2 Arduino IDE

2.2.1 Arduino IDE 下载与安装

Arduino 的软件开发工具为 Arduino IDE，可以从 Arduino 官方网站或其他国内网站下载。

下载完成后双击安装文件，同意许可协议，然后依次单击“Next”和“Install”，开始安装，安装进度条显示“completed”后单击“Close”完成安装，整个过程如图 2.2.1 所示。

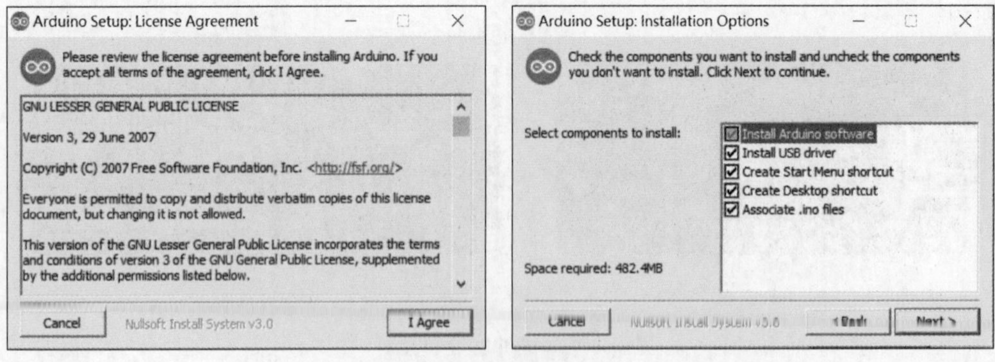

图 2.2.1 **Arduino** 安装过程

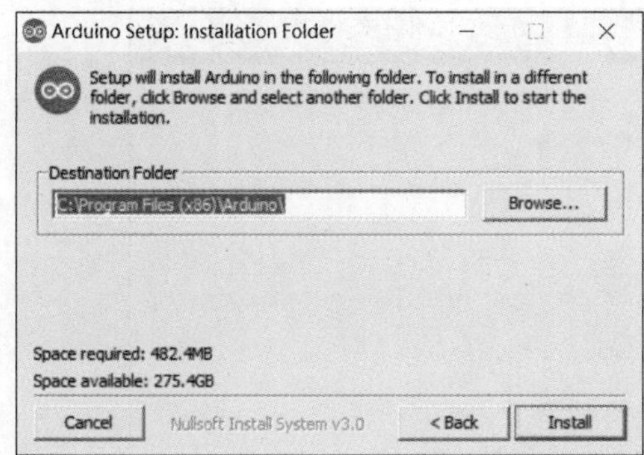

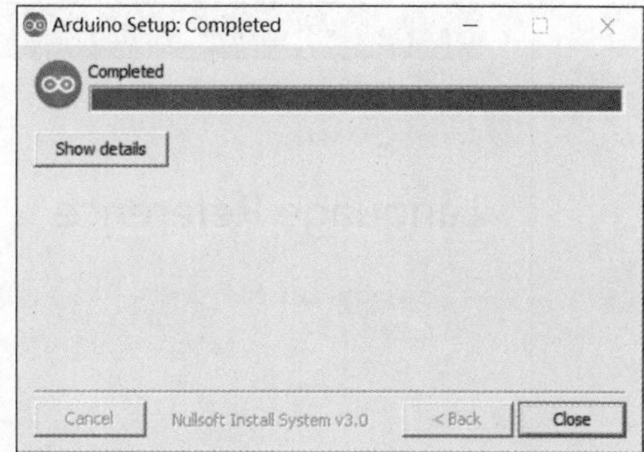

图 2.2.1 （续）

2.2.2 Arduino IDE 使用基础

双击安装完成后桌面生成的“Arduino”图标，启动 Arduino IDE，界面如图 2.2.2 所示。

窗口从上至下依次为标题栏、菜单栏、快捷菜单栏、程序编辑区和信息提示区。

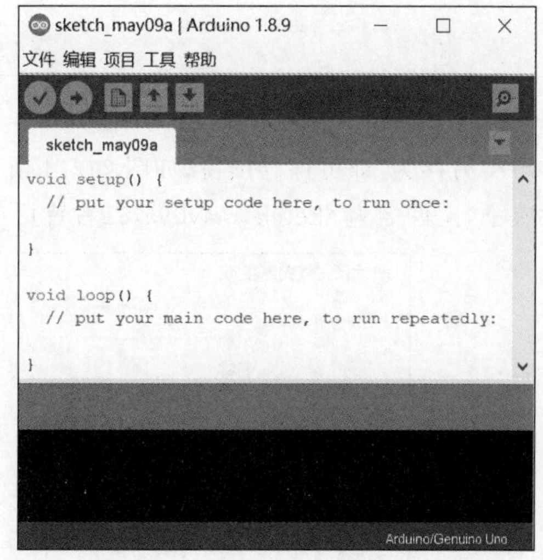

图 2.2.2 Arduino 启动后的界面

1. 菜单栏

文件菜单提供常用的文件操作，如新建、打开和保存等。编辑菜单提供源程序的编辑操作，如选择、复制和粘贴等。项目菜单提供对程序的处理操作，如编译源程序、下载二进制文件到 Arduino 开发板等。工具菜单提供串口调试助手和一些与开发板相关的硬件选择。这些菜单下的二级菜单和 Windows 操作系统以及其他开发软件类似，读者打开二级菜单后基本一看便知，不明白其功能，可以查看帮助菜单。

帮助菜单提供了学习 Arduino 的很多文档，如单击“帮助”菜单下的“参考”可出现 Arduino 程序设计的基础知识，如图 2.2.3 所示。提供的帮助都是英文的，主要都是源于 Arduino 官网。也可以访问 Arduino 中文社区，英文官网提供的知识中文社区里都有，而且社区里一些版块还有很多实例、问答和活动，建议初学者不要一味看书，而多访问中文社区。

2. 快捷菜单栏

快捷菜单栏从左至右提供了 6 个快捷菜单，功能依次为编译源程序、下载二进制文件到微控制器、新建项目、打开已有项目、保存项目和串口监视器。

3. 程序编辑区

图 2.2.2 所示的白色区域为程序编辑区，开发者可以在这里输入和修改源程序。Arduino 启动后会打开上次编写的程序，安装后第一次启动时显示的是一个空的程序框架，图 2.2.2 中的项目名称为 sketch_may09a。编写程序的时候应及时保存项目，单击“文

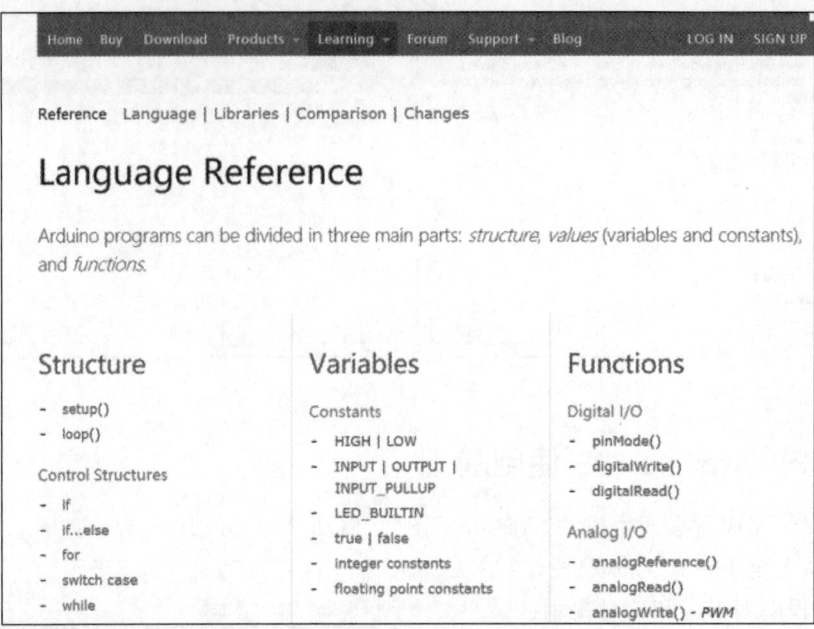

图 2.2.3 “参考”菜单提供的帮助界面

件”→“另存为”即可保存项目，如图 2.2.4 所示，默认的保存位置在“文档”下的“Arduino”文件夹下，文件名为 sketch_may09a，二者皆可更改。

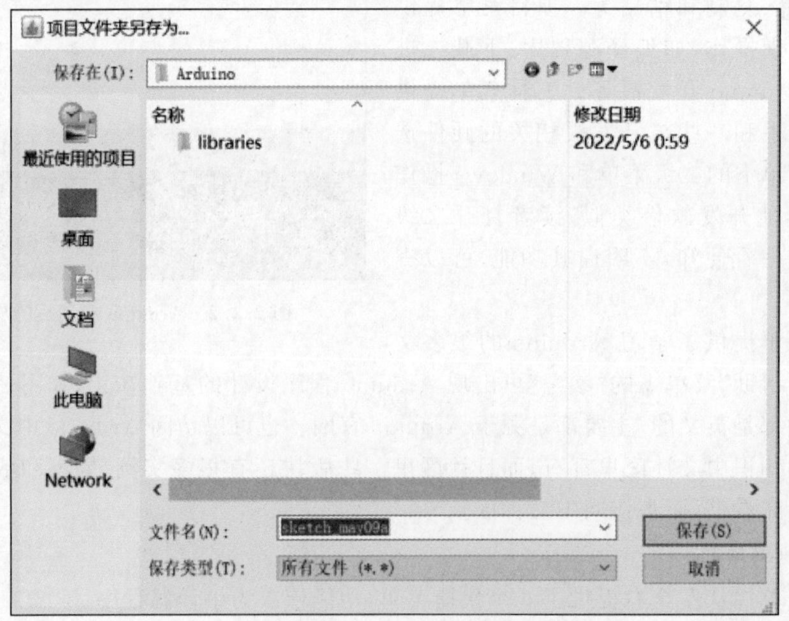

图 2.2.4 保存项目

4. 信息提示区

程序编辑区下面的区域为 Arduino IDE 的信息提示区，显示 IDE 当前的工作状态以及错误和警告提示等信息。错误信息显示为红色，警告信息显示为黄色。

2.3 Arduino 程序设计

2.3.1 Arduino 程序设计基础

Arduino 程序最外层的结构是 void setup()和 void loop()两个函数。微控制器上电时首先将 setup()函数中的程序代码运行一遍,然后跳转到 loop()函数,从头到尾循环运行 loop()函数中的程序代码,所以一般在 setup()函数中做好系统初始化,而在 loop()函数中实现系统的功能。在程序设计之前需要了解一些基本语法规则,这些规则和 C/C++语言兼容,最新的 Arduino 核心库也是采用 C 和 C++语言混合编写而成。

1. 常量

布尔型常量"true"和"false"表示事件为真和假。常量"HIGH"和"LOW"表示数字电路中的高电平和低电平,即"1"和"0"。常量"INPUT"、"INPUT_PULLUP"和"OUTPUT"分别表示微控制器的引脚设置为输入、带上拉电阻的输入和输出。

2. 变量

变量的命名规则和 C/C++一致,当然也不能与关键字相同,变量的部分常用数据类型及其含义如表 2.3.1 所示,其中列出的数据类型含义仅限基于 ATmega 微控制器的开发板(如 UNO 和 Nano 开发板),其他开发板上该数据类型表示的含义略有不同。更多数据类型定义可查阅 Arduino 官网。

表 2.3.1 Arduino 程序中变量的常用数据类型及含义

数据类型	含义	数据类型	含义
bool/boolean	布尔型	int/short	16 位有符号数
byte	字节型,存储 8 位无符号二进制数	long	32 位有符号数
char	一位字符	double/float	32 位浮点数
string	字符串	unsigned int	16 位无符号数
unsigned char	存储 8 位无符号二进制数,与 byte 相同	unsigned long	32 位无符号数

变量的数据类型可以进行强制类型转换,总的原则是表示范围小的数据类型可以转换为表示范围大的数据类型,转换后要有合理的意义。转换函数有 byte()、char()、int()、long()和 float()等。

3. 运算符

常用的算术运算符有加(+)、减(-)、乘(*)、除或者求模(/)、取余(%)、赋值(=)等。

常用的比较运算符有大于(>)、小于(<)、等于(==)、不等于(!=)、小于或等于(<=)、大于或等于(>=)。

常用的布尔运算符有取反(!)、逻辑与(&&)、逻辑或(||)。

算术运算符和赋值运算符还可以构成复合运算符,表示变量 x 与另外一个变量 y 进行算术运算后的结果赋值给 x,例如 $x+=y$ 表示 $x=x+y$。另外"++"和"--"表示一个变量的原位加 1 和减 1。

此外,"#define"表示宏定义,"#include"表示包含头文件,"/**/"表示多行注释,"//"表示单行注释。

4. 程序控制语句

“if…else”语句、“for”循环和“while”循环等程序控制语句和 C/C++程序设计类似，此处不再赘述。

5. Arduino 的库函数

常用的数字 I/O 函数有 digitalRead()、digitalWrite()和 pinMode()，分别表示对微控制器的数字端口读、写和规定数据传输方向。

常用的模拟 I/O 函数有 analogRead()、analogWrite()和 analogReference()，分别表示对微控制器的模拟端口读、写和规定模拟端口(A/D 转换器)的参考电压。

时间类库函数有 delay()、delayMicroseconds()、micros()和 millis()，分别表示延时若干毫秒、延时若干微秒、微控制器自上电运行了多少微秒和微控制器自上电运行了多少毫秒。

数学运算类函数有 abs()、sqrt()、cos()、sin()、tan()，分别表示对变量取绝对值、开平方、取余弦、取正弦和取正切。

更多的库函数会在后面的程序设计实例中介绍，读者也可以查阅 Arduino 官网。

2.3.2 Arduino 点亮和熄灭发光二极管

1. 搭建硬件电路

点亮发光二极管几乎成了所有微处理器或 FPGA 应用教程的第一个实例，就像很多高级语言的第一个实例是在屏幕上输出“Hello World!”一样。其工作原理简单、实验现象明显，又能很好地展示程序结构和芯片的通用输入/输出(General Purpose Input Output，GPIO)端口使用方法。硬件电路如图 2.3.1 所示，其中图(a)为由两节五号电池、拨位开关、电阻和发光二极管构成的电路，图(b)为由 Arduino UNO、面包板、电阻和发光二极管构成的电路。

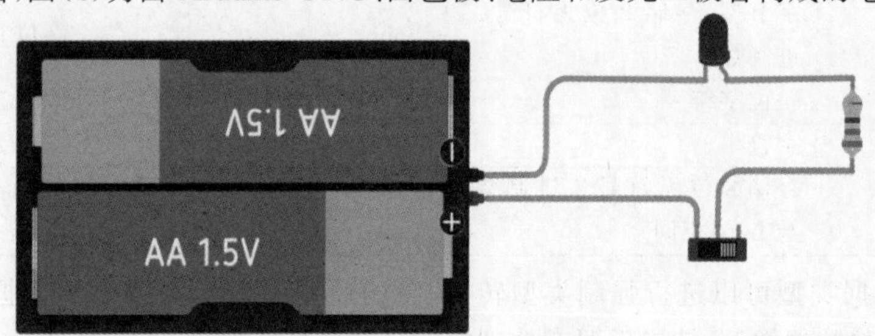

(a) 拨位开关控制发光二极管

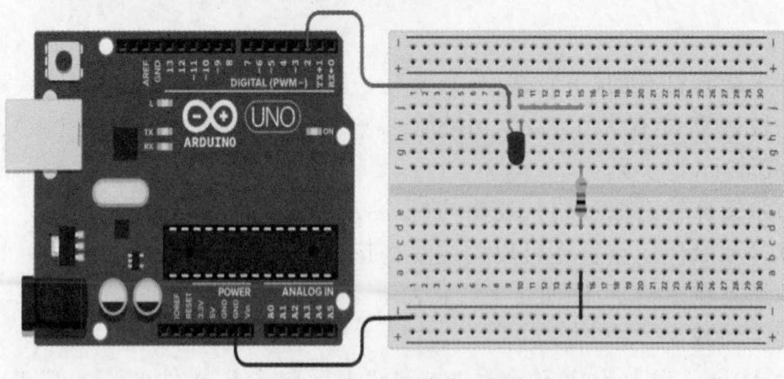

(b) Arduino控制发光二极管

图 2.3.1 点亮发光二极管硬件电路

图 2.3.1(a)中，给二极管串联电阻是防止电流过大将二极管烧毁，串联电阻过大可能导致即使拨位开关接通后流过二极管的电流过小而不能看到明显的发光现象。当串联电阻取值恰当，拨位开关连通时发光二极管点亮，拨位开关断开时发光二极管熄灭。图 2.3.1(b)中 Arduino UNO 起到电源和拨位开关的作用，当 Arduino 的 D2 端口输出高电平相当于图 2.3.1(a)中拨位开关连通，当 Arduino 的 D2 端口输出低电平相当于图 2.3.1(a)中拨位开关断开。二者的区别在于图 2.3.1(a)中的开关需要人手工拨动，图 2.3.1(b)中"看不见的开关"由"看不见的手"拨动，即 Arduino 的程序控制，因此需要给 Arduino 编写程序。

2. 编写 Arduino 控制程序

打开 Arduino IDE，在程序编辑区输入控制发光二极管的程序，只要端口 D2 输出高电平二极管就被点亮，端口输出低电平二极管就熄灭。所以程序的设计就是根据要求让 D2 输出高电平或低电平。具体的程序如下：

```
int LED = 2;                        //宏定义,LED 的取值为 2
void setup( ) {
   pinMode(LED, OUTPUT);            //规定 D2 脚为输出
}
void loop( ) {
digitalWrite(LED, HIGH);            //D2 脚输出高电平
delay(1000);                        //延时 1000ms
digitalWrite(LED, LOW);             //D2 脚输出低电平
delay(1000);
}
```

程序第一行定义了一个整数型变量 LED，取值为 2，因为发光二极管接在 D2 端口上。在后面的程序行中多次引用 LED，编译器就会用 2 来替代 LED，这样做的好处是：如果硬件电路中 LED 接到了另一个端口，如 D3，只需要将 LED 的取值改为 3，后续的程序无须改动。

程序的 2～4 行为 setup()函数，setup()函数为系统初始化函数，微处理器上电后 setup()函数中的代码只执行一遍。pinMode()函数为 Arduino IDE 提供的库函数，其功能为规定微处理器的引脚模式，需要开发者提供两个参数，一个参数为数字端口的编号，另一个参数规定数字端口的数据方向，取值可以为 OUTPUT 或者 INPUT。程序中规定为 OUTPUT 表示端口 D2 向微处理器外输出数据。

程序的 5～10 行为 loop()函数，loop()函数为系统主程序，微处理器上电后从头到尾反复执行 loop()函数中的代码，类似于 C 语言中的 main()函数。digitalWrite()函数为 Arduino IDE 提供的库函数，其功能为使能微处理器的引脚输出一个电平，需要开发者提供两个参数，一个参数为数字端口的编号，另一个参数规定数字端口输出的电平取值，取值可以为 HIGH 或者 LOW。程序中第 6 行取值为 HIGH 表示端口 D2 输出高电平，程序中第 8 行取值为 LOW 表示端口 D2 输出低电平。

程序第 7 行和第 9 行 delay()函数为 Arduino IDE 提供的库函数，其功能为使能微处理器等待一段时间，需要开发者提供一个参数，表示等待参数取值规定的时间，单位为毫秒，本例中 delay()函数中的参数取值为 1000，表示微处理器等待 1000ms，即延时 1s。

loop()函数中的代码运行到 digitalWrite(LED, HIGH)时，发光二极管被点亮。代码运行到第 7 行的 delay(1000)时，发光二极管的点亮状态保持了 1s。代码运行到

digitalWrite(LED, LOW)时,发光二极管熄灭。代码运行到第 9 行的 delay(1000)时,发光二极管的熄灭状态保持了 1s。如此反复,发光二极管就亮 1s,灭 1s。

3. 保存、编译并下载程序

编辑完源程序后进行保存,如图 2.3.2(a)所示。保存后单击快捷菜单栏的"√"号进行编译,如果编译没有报错,则可将可执行文件下载到 Arduino 微处理器中。下载之前需要进行开发板、处理器和端口设置,设置菜单为"工具",如图 2.3.2(b)所示,其中开发板选择 Arduino 开发板的类型,处理器选择开发板上微处理器的型号,端口选择 USB 转串口的编号(COM 编号可在 Windows 的设备管理器里查看,如图 2.3.2(c)所示)。本例采用国内某型兼容 Nano 开发板,所以选用的开发板为"Arduino Nano"、处理器为"ATmega328P(Old Bootloader)",端口选择图 2.3.2(c)所示的串口编号"COM3"。

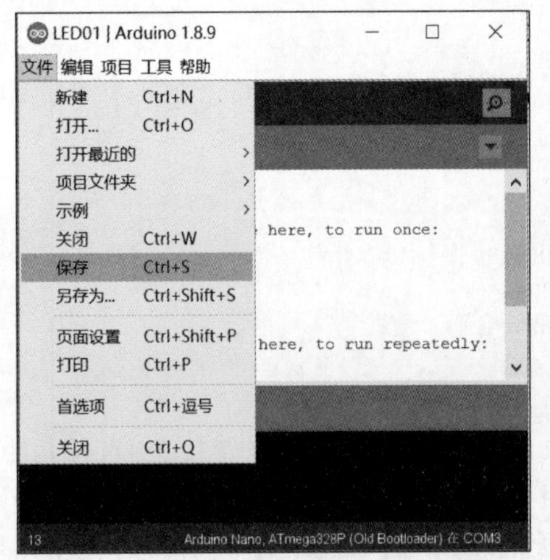

(a) 保存文件

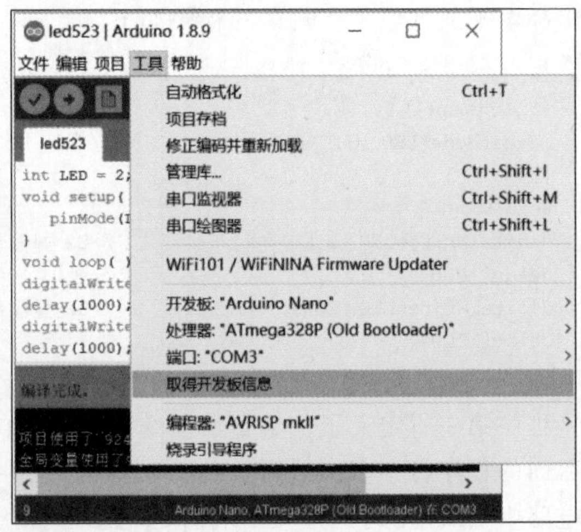

(b) 设置开发板

(c) 查看串口编号

图 2.3.2 文件保存、编译与下载

4. 观察实验现象

下载成功后即可观察实验现象,看看实验现象是否达到预期效果。

2.4 Arduino 和计算机串口通信

2.4.1 串行通信简介

计算机和外设通信的方式有并行通信和串行通信两种，如图 2.4.1 所示。并行通信时数据的各位同时传送，需要使用 N 位数据线和一根地线。串行通信时数据一位一位顺序传送，需要使用一两根数据线（根据发送和接收是否使用同一根数据线而不同）和一根地线。

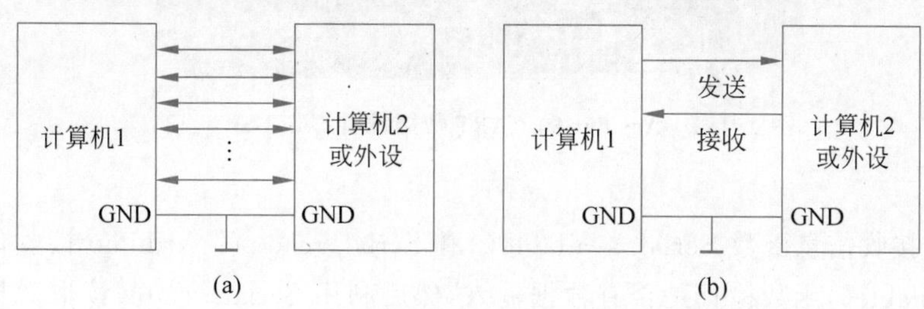

图 2.4.1 计算机并行通信和串行通信

串行通信又可以分为同步通信和异步通信两类。同步串行通信需要通信双方在同一时钟的控制下同步传输数据，串行外设接口（SPI）以及 I^2C 总线均是同步串行通信总线，它们是按照软件识别同步字符来实现数据的发送和接收。异步串行通信是指通信双方使用各自的时钟控制数据的发送和接收过程，是一种利用字符再同步技术的通信方式，通信双方需要事先约定好通信速率和字符格式，RS-232、RS-422、RS-485 和 USB 等总线均是异步串行通信总线。

RS-232 总线接口（也称为串口，实际上串口包括 RS-232、RS-422、RS-485 和 USB 等总线的接口）采用负逻辑电平信号、单端传输方式工作。RS-232 总线规定了 25 条线，但是最简单的系统只利用其中的 3 根，信号发送线（TX）、信号接收线（RX）、地线（GND）即可实现全双工通信。CPU 总线上的数据需要利用通用异步收/发传输器（UART）转换为 RS-232 信号。单片机内部一般都集成了 UART，以便于其他单片机或者 PC 进行异步串行通信。笔记本电脑上一般没有 UART，所以经常利用 USB 转串口芯片（如 CH340/341）模拟出 UART。

Arduino 板载的 MCU 内部集成了 UART，RX 位于引脚 0，TX 位于引脚 1，如图 2.4.2 右上角所示。Arduino 板载的 USB 口通过转换芯片转换出 RX 和 TX 数据线与这两个串口引脚连接（图 2.4.2 左上角），系统调试时利用一根 USB 数据线将 PC 和 Arduino 连接，即建立了 PC 的 CPU 和 Arduino 的 MCU 之间的异步串行通信线路。

2.4.2 Arduino 关于串口的系统函数

Arduino 中关于串口的系统函数主要有以下 5 个：

（1）串口初始化函数 Serial. begin(speed)：参数 speed 定义串口通信波特率，如 300、600、1200、2400、4800、9600、14400、19200、28800、38400、57600、115200Baud。

（2）串口发送信息函数 Serial. print(val)和 Serial. println(val)：Arduino 向串口发送数据，其中参数 val 是要发送的数据；Serial. println(val)在输出完指定数据后，再输出一个

图 2.4.2 Arduino 的 UART 数据线引脚和 USB 接口

回车换行符。

(3) 串口接收信息函数 Serial. available()和 Serial. read():Arduino 接收信息时先利用 Serial. available()函数检查是否有数据输入,然后利用 Serial. read()读取数据到一个变量里供其他函数使用。

2.4.3 Arduino IDE 的串口调试助手

Arduino IDE 提供 PC 端的串口调试助手,包括 Serial Monitor 和 Serial Plotter,如图 2.4.3 所示。使用串口调试助手之前需要先选择串口号,选择的路径如图 2.4.3 中的 Tools→Port:"COM3"菜单。在 Serial Monitor 界面计算机可以向串口发送和接收数据。Serial Plotter 界面如图 2.4.4 所示,计算机从预设的串口获取值并将其绘制在 *XY* 图中。*X* 轴是时间实例,*Y* 轴是来自串口的值,计算机每获取到一组数据 *X* 轴向左滑动一个单位,读取数据的速度越快,滑动就越快。

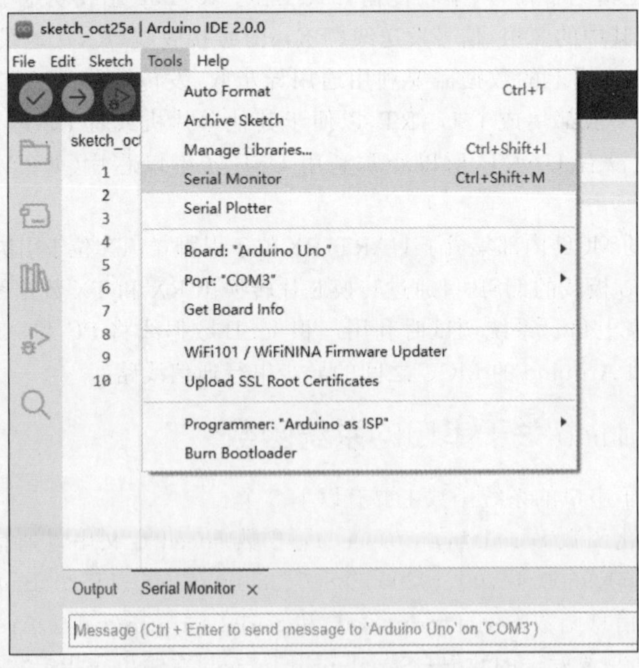

图 2.4.3 Arduino IDE 进入串口调试

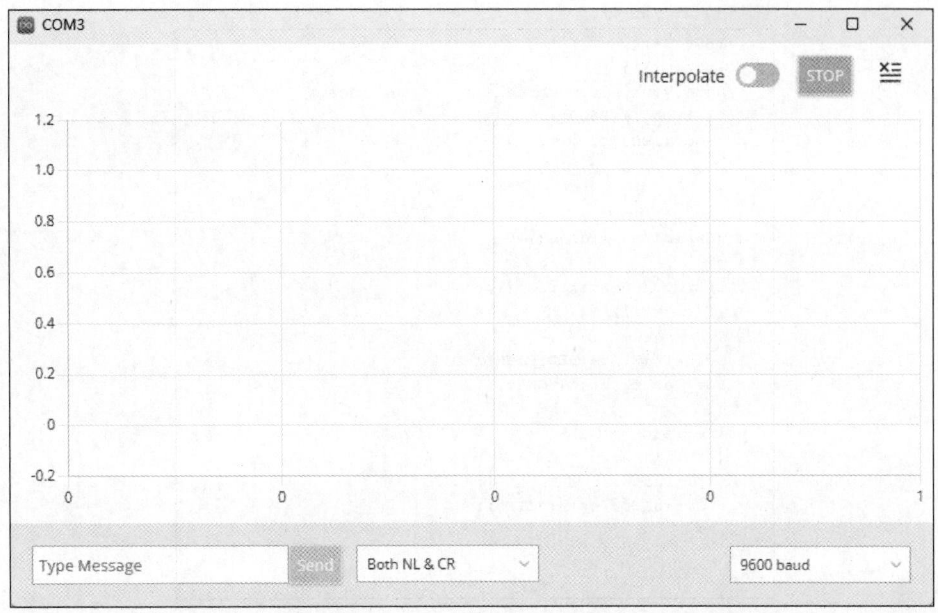

图 2.4.4 **Arduino 的 Serial Plotter 界面**

2.4.4 Arduino 与计算机串口通信实例

本例通过 Arduino IDE 的串口调试助手从计算机的串口输出数据给 Arduino，让 Arduino 控制发光二极管的点亮与熄灭，Arduino 的外围电路如图 2.4.5 所示，Arduino UNO 的 13 脚(数字端口 4)通过限流电阻接发光二极管的阳极，GND 接发光二极管的阴极。

图 2.4.5 **Arduino 的外围电路**

Arduino 的程序如图 2.4.6 所示，首先通过 Serial.begin(9600)给串口初始化(PC 端串口调试助手的波特率也要设置为 9600Baud)，然后在主程序中反复利用 Serial.available()判断串口是否接收到数据，如果接收到数据就存放到变量 c 中，如果 c 的取值为 1，则点亮二极管并向 PC 的串口发送“ON”，如果 c 的取值为 2，则熄灭二极管并向 PC 的串口发送“OFF”。

从 PC 端 Arduino IDE 的 Serial Monitor 中发送数据“1”或“2”给 Arduino，Arduino 在接收到数据以后会返回“ON”或“OFF”给 PC，PC 接收到“ON”或“OFF”数据后显示出如图 2.4.7 所示的界面。

```
int LED = 4;
void setup() {
  // put your setup code here, to run once:
  Serial.begin(9600);
  pinMode(LED,OUTPUT);
}

void loop() {
  if(Serial.available()>0)
  {
    char c = Serial.read();
    if(c =='1')
    {
     digitalWrite(LED,HIGH);
     Serial.println("ON");
    }
   else if(c =='2')
    {
      digitalWrite(LED,LOW);
      Serial.println("OFF");
      }

  }
}
```

图 2.4.6 Arduino 的程序

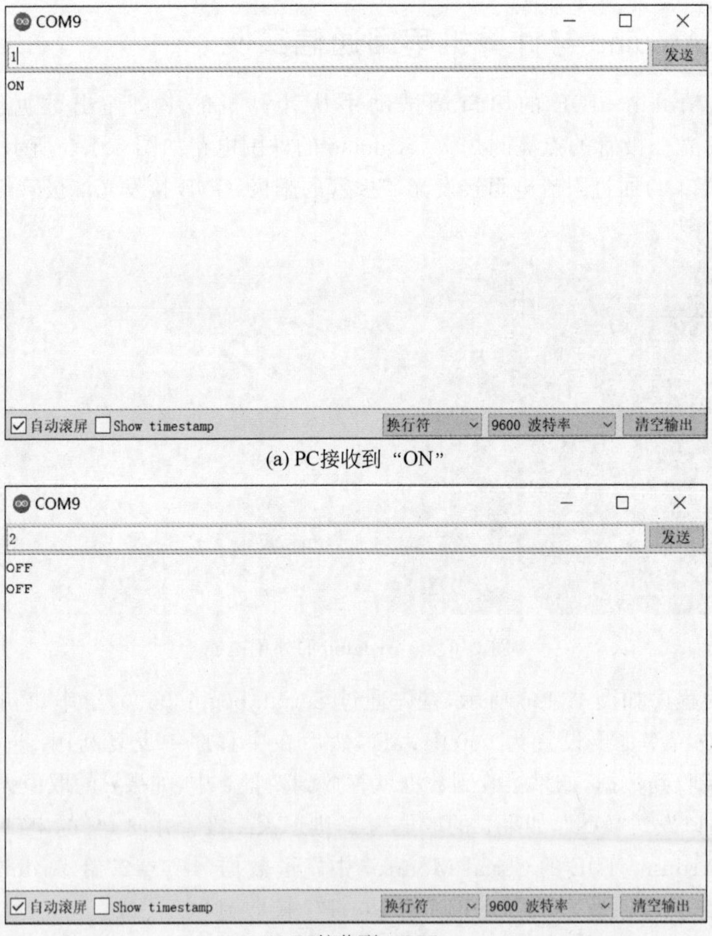

(a) PC接收到“ON”

(b) PC接收到“OFF”

图 2.4.7 Serial Monitor 接收到数据以后的界面

2.5 基于 Arduino 的智能温度报警器

源程序

2.5.1 系统工作原理

利用 LM35 将温度转换为电压，利用 Arduino Nano 自带的 A/D 转换器将电压数字化并显示在数码管上，当温度超过设定数值时，Arduino Nano 驱动蜂鸣器发声。

2.5.2 元器件说明

1. 温度传感器 LM35

LM35 是 National Semiconductor 生产的温度传感器，其外形如图 2.5.1 所示，VCC 的取值范围为 4～30V，检测温度的范围为 0～100℃。

LM35 正常工作时，其第 2 个引脚的输出电压与摄氏温标呈线性关系，转换公式为

$$V_{OUT} = 10T \tag{2.5.1}$$

式中：T 的单位为℃；V_{OUT} 的单位为 mV。

0℃时输出电压为 0V，温度每升高 1℃，输出电压增加 10mV。

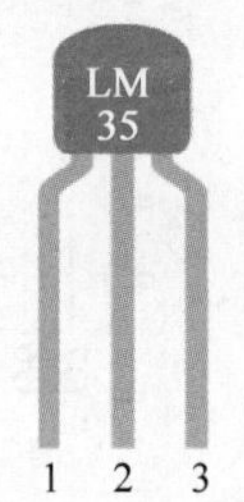

图 2.5.1 LM35 的外形和引脚作用

2. 移位寄存器 74HC595

74HC595 的引脚分配如图 2.5.2 所示，它是一个 8 位串行输入、并行输出的移位寄存器。

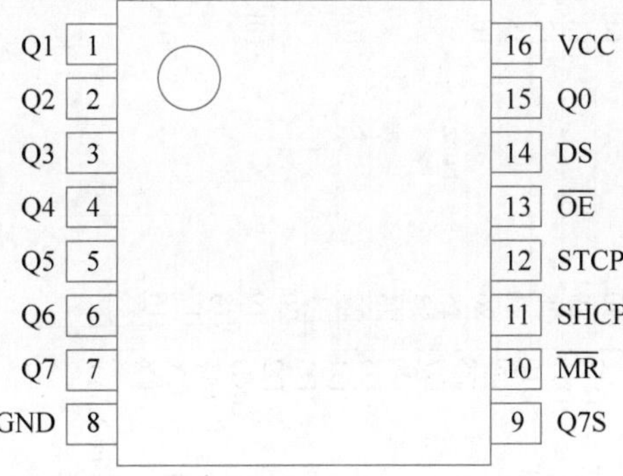

图 2.5.2 74HC595 的引脚分配

74HC595 的串行数据输入端为 DS，八位并行输出端为 Q0～Q7，可以直接控制数码管的 8 个位段。Q7S 为级联输出端，级联时将它接下一个 595 的 DS 端。

74HC595 的控制端有 4 个：$\overline{MR}$ 低电平时将移位寄存器的数据清零，通常接到 VCC 防止数据清零；SHCP 上升沿时数据寄存器的数据移位，下降沿移位寄存器数据不变，STCP 上升沿时移位寄存器的数据进入数据存储寄存器，下降沿时存储寄存器数据不变，通常将 STCP 置为低电平，当移位结束后，在 STCP 端产生一个正脉冲，更新显示数据；$\overline{OE}$ 高电平时禁止输出(高阻态)。

2.5.3 电路设计

温度测量报警电路如图 2.5.3 所示，LM35 的输出电压连接到 Arduino Nano 的 A0 端

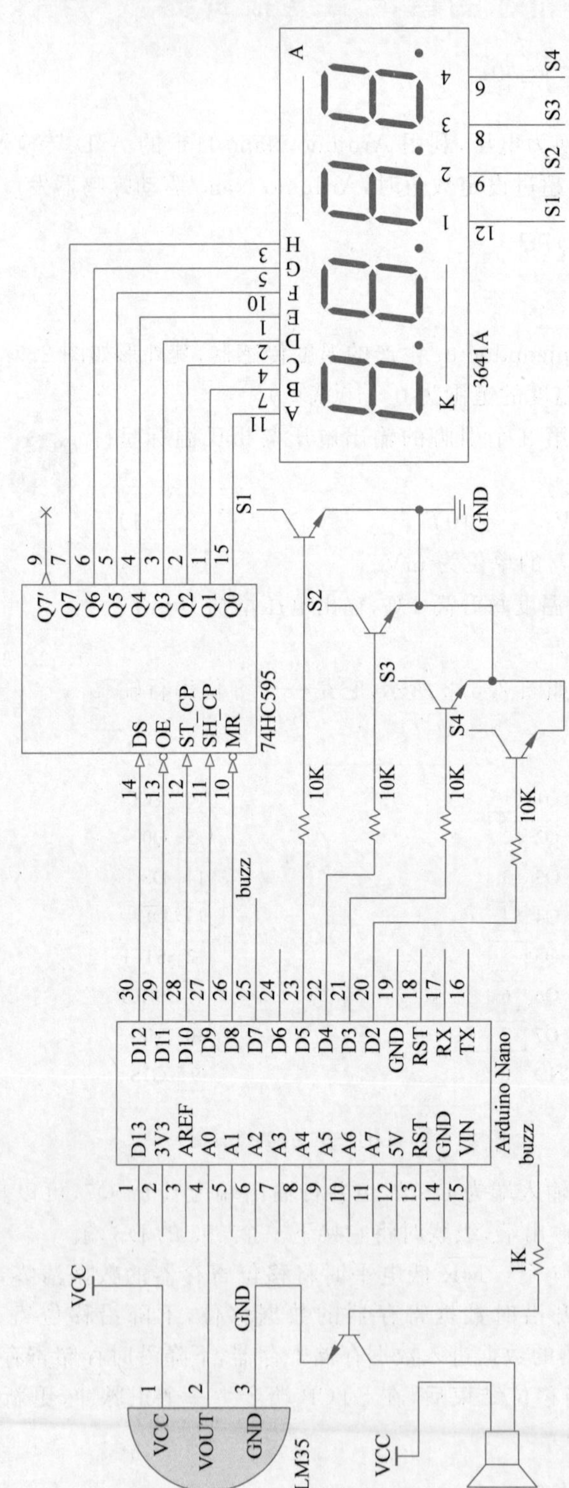

图 2.5.3 温度测量报警电路

口,Arduino Nano 的 D8～D12 用于控制 74HC595 和 4 个三极管配合驱动 4 位一体的数码管 3641A,当温度超过设定阈值时,Arduino Nano 的 D7 引脚驱动蜂鸣器报警。

2.5.4 程序设计

1. 程序工作流程

程序工作流程如下：①采集 A0 端口温度电压,转换为十进制数的温度值；②驱动 74HC595 和 4 个三极管将温度值显示在数码管上；③检查温度值是否超过阈值,若超过,则通过 D7 输出脉冲信号。

74HC595 的工作过程如下：①SHCP 产生一上升沿,将 DS 上的数据移入 74HC595 移位寄存器中,先送低位,后送高位；②STCP 产生一上升沿,将由 DS 上已移入数据寄存器中的数据送入输出锁存器；③将对应数码管的三极管基极设置为高电平,通过三极管后变为低电平驱动一位数码管。

2. 程序代码

程序中使用的核心函数如下：

(1) analogRead(pin)：用于从 Arduino 的模拟输入引脚读取数值。Arduino 控制器有多个 10 位数/模转换通道。这意味着,Arduino 可以将 0～5V 的电压输入信号映射到数值 0～1023,即将 5V 等分成 1024 份,0V 的输入信号对应着数值 0,而 5V 的输入信号对应着 1023。函数 analogRead(0)表示将 A0 的电压进行 A/D 转换。

(2) shiftOut(dataPin,clockPin,bitOrder,val)：其有四个参数,即 dataPin、clockPin、bitOrder、val。dataPin,对于 Arduino 板,它是输出每一位数据的引脚(如某数字口),引脚需配置成输出模式；clockPin 为位移芯片提供时钟的脚(Arduino 板上的某个数字口),当将 dataPin 的数据推送出去时,发送一个高电平(这个引脚须配置成输出模式)；bitOrder,输出位的顺序,有最高位优先(MSBFIRST)和最低位优先(LSBFIRST)两种方式；val,所要输出的数据值,该数据值将以 byte 形式输出。函数 shiftOut(DS,SHCP,LSBFIRST,table[data/10])表示在 SHCP 时钟作用下将 table 数组的二进制位依次从 DS 移出,低位优先。

(3) tone(pin,frequency)：生成音调函数,pin 是生成音调的引脚号。频率以赫(Hz)为单位指定。此函数还可以接受第三个可选参数,即 tone(pin,frequency,duration),如果不指定持续时间,则音调将一直持续,直到 noTone()在同一引脚上调用该函数为止。noTone()函数的语法是 noTone(pin),其中 pin 是希望停止提示音的引脚号。如果 noTone()在指定引脚上没有产生音调,则无效。

(4) millis()：millis()函数可以用来获取 Arduino 开机后运行的时间长度,该时间长度单位是毫秒,最长可记录接近 50 天的时间。如果超出记录时间上限,那么记录将从 0 重新开始。

程序代码如下：

```
float sinVal;
int toneVal;
unsigned long tepTimer ;                    //以上定义变量名称
int SHCP = 11;
int STCP = 12;
int DS = 14;
int OE = 13;
```

```
int MR = 10;
int SW1 = 5;
int SW2 = 4;
int SW3 = 3;
int SW4 = 2;                                  //以上规定信号与 Arduino 引脚编号的关系
int table[] = {0x3f,0x06,0x5b,0x4f,0x66,0x6d,0x7d,0x07,0x7f,0x6f,0x63,0x39};
            //定义驱动数码管的数组
void setup(){
pinMode(STCP,OUTPUT);                         //Arduino 引脚初始化,下同
pinMode(SHCP,OUTPUT);
pinMode(DS,OUTPUT);
pinMode(OE,OUTPUT);
pinMode(MR,OUTPUT);
pinMode(SW1,OUTPUT);
pinMode(SW2,OUTPUT);
pinMode(SW3,OUTPUT);
pinMode(SW4,OUTPUT);
pinMode(7, OUTPUT);
tepTimer = millis();                          //计时初始化
Serial.begin(9600);                           //串口初始化
}

void loop(){
int val;
int data;
val = analogRead(0);                          //读取温度传感器的输出电压
data = (double) val * (5/10.24);              //将电压转换为温度示数
Serial.print(data);                           //Arduino 将温度示数从串口传输到 PC
Serial.println("C ");
digitalWrite(MR,LOW);                         //开始驱动 74HC595
digitalWrite(OE,LOW);
digitalWrite(STCP,LOW);
shiftOut(DS,SHCP,LSBFIRST,table[data/10]);    //显示温度十位数字
digitalWrite(STCP,HIGH);
digitalWrite(SW1,HIGH);
delay(5);
digitalWrite(SW1,LOW);

digitalWrite(STCP,LOW);
shiftOut(DS,SHCP,LSBFIRST,table[data % 10]);  //显示温度个位数字
digitalWrite(STCP,HIGH);
digitalWrite(SW2,HIGH);
delay(5);
digitalWrite(SW2,LOW);

if(data > 25){                                //温度报警
for(int x = 0; x < 180; x++){
sinVal = (sin(x * (3.1412/180)));
toneVal = 2000 + (int(sinVal * 1000));
tone(7, toneVal);
delay(2);
}
}
else {
noTone(7);
}

if(millis() - tepTimer > 500){                //更新串口显示数据
```

```
    tepTimer = millis();
    Serial.print("temperature: ");
    Serial.print(data);
    Serial.println("C");
    }
    }
```

源程序

2.6 基于 Arduino 的超声测距报警系统

2.6.1 系统工作原理

超声波模块在接收到 Arduino 的测量指令后产生超声波脉冲，超声波在传播过程中遇到障碍物后部分超声信号被反射又被超声波模块检测到，假设发射脉冲前沿和返回超声脉冲前沿之间的时间间隔为 t，则根据超声波在空气中的传播速度 $v=340\text{m/s}$（超声波的声速与温度有关，如果温度变化不大，则可认为声速基本不变），可计算出障碍物的距离 $S=(v\times t/2)/\sin\dfrac{\theta}{2}$，其中 θ 为障碍物偏置超声波模块法线方向的角度。当超声波模块正对障碍物且距离较远时，θ 很小，可用 $S=v\times\dfrac{t}{2}$ 近似计算障碍物的距离。

假如测出障碍物距离超声波模块小于一定阈值，则驱动蜂鸣器发声。倒车预警系统根据这一原理设计，系统的组成如图 2.6.1 所示。已有将发射模块和接收模块设计制作在一起的超声波模块，串口显示也可改为数码管或液晶屏显示。

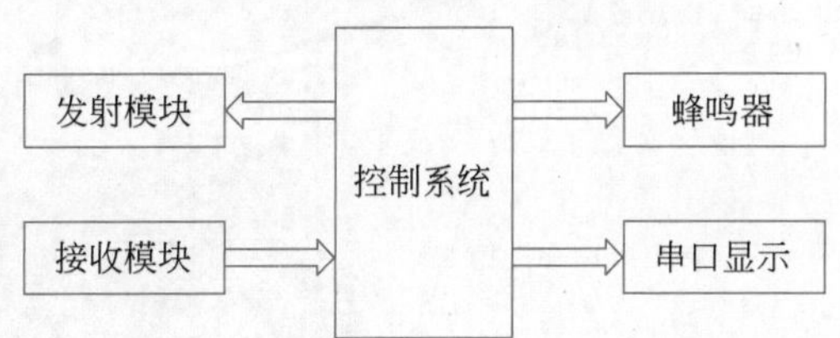

图 2.6.1 超声测距报警系统的组成

2.6.2 超声波模块说明

超声波模块实物图如图 2.6.2 所示，模块上两个“喇叭”一样的圆柱体里分别封装了超声传感器，一个发射，另一个接收，模块有 VCC、Trig（控制端）、Echo（接收端）和 GNG 四个接口。

超声波模块工作过程如图 2.6.3 所示，Arduino 连接超声波模块“Trig”引脚的引脚发出一个 10μs 以上的高电平脉冲，然后在连接超声波模块“Echo”引脚的引脚等待高电平脉冲输入。超声波模块接收到“Trig”信号后自动发送 8 个频率为 40kHz 的方波，然后自动检测是否有回波信号返回，若有信号返回，通过“Echo”引脚输出一高电平脉冲，高电平持续的时间就是超声波从发射到返回的时间 t。

图 2.6.2 超声波模块实物图

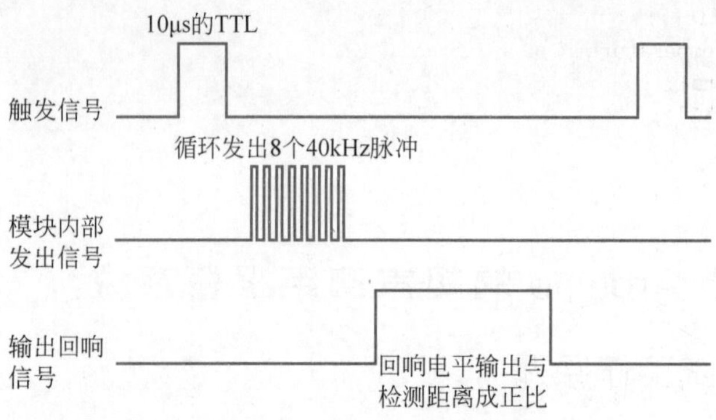

图 2.6.3 超声波模块工作过程

2.6.3 电路设计

超声测距报警系统电路连接如图 2.6.4 所示，超声波模块的 VCC 和 GND 分别与 Arduino 的 5V 输出和 GND 相连，超声波模块的 Trig 和 Echo 以及蜂鸣器的正极可以任意与 Arduino 的数字端口连接，本例为 D10、D9 和 D2。

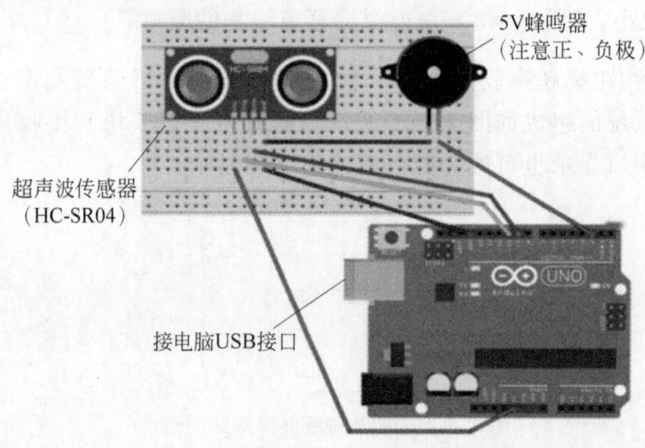

图 2.6.4 超声测距报警系统电路连接

2.6.4 程序设计

程序用到的核心函数为 pulseIn()，格式为 pulseIn(pin, value)或 pulseIn(pin, value, timeout)，该函数用于测量引脚脉冲信号的宽度，pin 指明信号输入的引脚编号，value 指明被测量的脉冲信号是 HIGH 有效还是 LOW 有效。要检测 HIGH 有效脉冲信号，Arduino 将在引脚变为高电平时开始计时，当引脚变为低电平时停止计时，并返回脉冲持续时长(单位为μs)。若 pulseIn(pin, value, timeout)在 timeout 时间内没有读到脉冲信号，则返回 0。

返回时间以μs 为单位，测量距离以 cm 为单位，所以声音速度换算成 0.034cm/μs，计算距离时还要除以 2，所以最终的距离为 pulseIn()的返回值乘以 0.017。

程序代码如下：

```
int trig = 10;                              //映射信号与 Arduino 引脚的编号
int echo = 9;
```

```
int beep = 2;
void setup() {
  pinMode(echo,INPUT);                          //引脚初始化
  pinMode(trig,OUTPUT);
  pinMode(beep,OUTPUT);
Serial.begin(9600);                             //串口初始化
}
void loop() {
  long IntervalTime = 0;
  digitalWrite(trig,HIGH);                      //发射触发信号
  delayMicroseconds(15);                        //等待 15ms
  digitalWrite(trig,LOW);
  IntervalTime = pulseIn(echo,HIGH);            //测量回波与发射波之间的延时
  float S = IntervalTime * 0.017;               //利用时间换算距离
  Serial.print("测距:");
  Serial.print(S);
  Serial.println("cm");
  if(S < 10)                                    //距离过小报警
  {
    digitalWrite(beep,HIGH);
    delay(500);
    digitalWrite(beep,LOW);
    delay(500);
  }
  else{
    delay(500);
   }
   S = 0;                                       //为下次测量做准备
   IntervalTime = 0;
   delay(500);
}
```

2.7 基于 Arduino 的简易计算器

源程序

2.7.1 电路连接关系

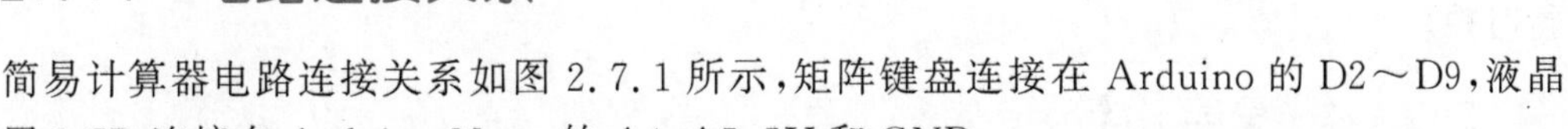

简易计算器电路连接关系如图 2.7.1 所示，矩阵键盘连接在 Arduino 的 D2～D9，液晶显示屏 LCD 连接在 Arduino Nano 的 A4、A5、5V 和 GND。

矩阵键盘内部连接关系如图 2.7.1(b)所示，S1～S16 分别定义为“1”“2”“3”“+”“4”“5”“6”“－”“7”“8”“9”“C”“*”“0”“=”“/”。

基于 ATmega328P 微处理器芯片的 Arduino Nano 和液晶显示屏模块 LCD1602 之间通过 I^2C 总线连接。I^2C 总线是由飞利浦公司开发的一种简单、双向二线制同步串行总线。它只需要两根线即可在连接于总线上的器件之间传送信息：一根是数据线 SDA，用于收发数据；另一根是时钟线 SCL，用于通信双方时钟的同步。I^2C 总线是一种多主机总线，连接在 I^2C 总线上的器件分为主机和从机。主机有权发起和结束一次通信，从机只能被动呼叫。当总线上有多个主机同时启用总线时，I^2C 也具备冲突检测和仲裁的功能来防止产生错误。每个连接到 I^2C 总线上的器件都有一个唯一的地址(7 位)，且每个器件都既可作主机也可作从机(但同一时刻只能有一个主机)，总线上的器件增加和删除不影响其他器件正常工作。

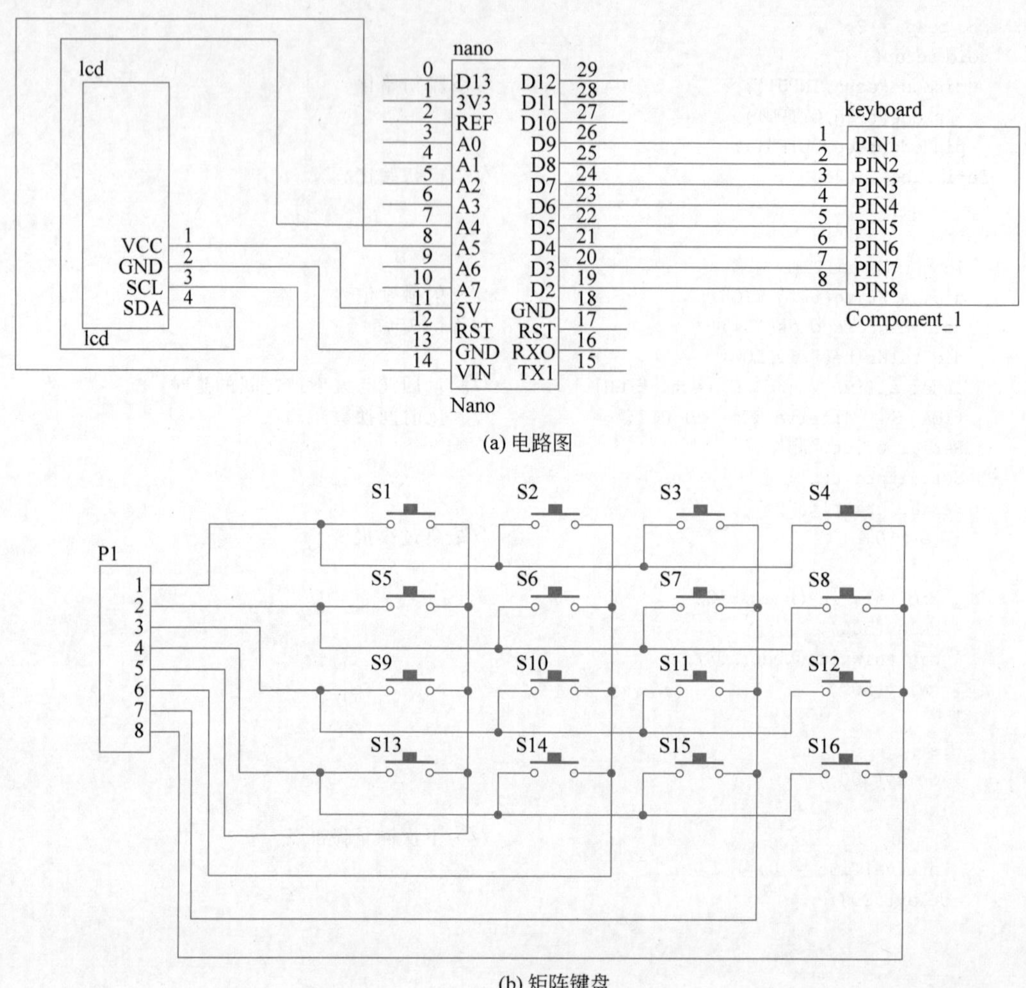

图 2.7.1 简易计算器电路连接关系

Arduino Nano 的模拟端口 4(A4)复用为 SDA(串行数据),模拟端口 5(A5)复用为 SCL(串行时钟)。

2.7.2 程序设计

Arduino 中使用 I^2C 通信可直接调用 Wire.h 库,这个库允许 Arduino 连接其他 I^2C 设备,连接线有两条,分别是 SDA(数据线)和 SCI(时钟线)。

程序设计中要用到 LiquidCrystal_I2C 库函数,它的主要功能是通过 I^2C 驱动 LCD 显示屏,需要在程序设计中包含头文件 LiquidCrystal_I2C.h。本例设计中的 LiquidCrystal_I2C lcd(0x27,16,2)即为 LiquidCrystal_I2C 的一个初始化对象,对象中有三个参数,分别对应 LCD 显示屏的地址、列、行。本例中将 LCD1602 模块上的跳线帽都悬空,所以地址为 0x27(跳线不同,地址不同)。LiquidCrystal_I2C.h 头文件中定义的主要函数有:lcd.init(),用于初始化显示屏;lcd.clear(),用于清空显示屏;lcd.print(),用于显示内容;lcd.backlight(),用于背光;setCursor(x,y),用于设置起始坐标。

Arduino 程序设计中用到的关于矩阵键盘的函数包含在头文件 Keypad.h 中。其中

Keypad(makeKeymap(userKeymap), row[], col[], rows, cols)用于构造键盘,char getKey() 用于获取按下的键值(如果有)。KeyState getState() 返回任何键的当前状态,四个状态为“空闲”“已按下”“已释放”和“保持”。

本设计代码如下:

```
#include <LiquidCrystal_I2C.h>
#include <Keypad.h>
#include <Wire.h>
const byte ROWS = 4;                            //矩阵键盘行数
const byte COLS = 4;                            //矩阵键盘列数
char keys[ROWS][COLS] = {
  {'1', '2', '3', '+'},
  {'4', '5', '6', '-'},
  {'7', '8', '9', 'C'},
  {'*', '0', '=', '/'}
};                                              //按键定义
byte rowPins[ROWS] = {9, 8, 7, 6};              //行的针脚连接的接口,第一行连 9 脚,第二行连 8
                                                //脚,第三行连 7 脚,第四行连 6 脚
byte colPins[COLS] = {5, 4, 3, 2};              //列的针脚连接的接口,第一列连 5 脚,第二列连 4
                                                //脚,第三列连 3 脚,第四列连 2 脚
// Created instances
Keypad myKeypad = Keypad(makeKeymap(keys), rowPins, colPins, ROWS, COLS); //创建 Keypad 类,第
//1 个参数是矩阵键盘的字符值的二维数组,第 2、3 个参数是行和列的接口数组,第 4、5 个参数是行
//数和列数
LiquidCrystal_I2C lcd(0x27, 16, 2);             //在头文件下初始化对象
boolean firstNumState = true;
String firstNum = "";
String secondNum = "";
float result = 0.0;
char operator = ' ';
void setup() {
  lcd.begin();
  lcd.setCursor(0, 0);                          //设置初始坐标
  lcd.print("Arduino Calculator");
  lcd.setCursor(0, 1);
  lcd.print("by zhangxinyuan");
  delay(1000);
  scrollDisplay();                              //滚动显示
  clr();
}
void loop() {
  char newKey = myKeypad.getKey();              //返回按下的键
  if (newKey != NO_KEY && (newKey == '1' || newKey == '2' || newKey == '3' || newKey == '4' ||
newKey == '5' || newKey == '6' || newKey == '7' || newKey == '8' || newKey == '9' || newKey ==
'0')) {
    if (firstNumState == true) {                //接收第一个数
      firstNum = firstNum + newKey;
      lcd.print(newKey);
    }
    else {
      secondNum = secondNum + newKey;           //接收第二个数
      lcd.print(newKey);
    }
  }
  if (newKey != NO_KEY && (newKey == '+' || newKey == '-' || newKey == '*' || newKey ==
'/')) {
    if (firstNumState == true) {                //接收运算符
```

```
        operator = newKey;
        firstNumState = false;
        lcd.setCursor(15, 0);
        lcd.print(operatr);
        lcd.setCursor(5, 1);
      }
    }
    if (newKey != NO_KEY && newKey == '=') {
      if (operator == '+') {                          //加法运算
        result = firstNum.toFloat() + secondNum.toFloat();
      }
      if (operator == '-') {                          //减法运算
        result = firstNum.toFloat() - secondNum.toFloat();
      }
      if (operator == '*') {                          //乘法运算
        result = firstNum.toFloat() * secondNum.toFloat();
      }
      if (operator == '/') {                          //除法运算
        result = firstNum.toFloat() / secondNum.toFloat();
      }
      lcd.clear();                                    //显示计算公式和结果
      lcd.setCursor(0, 0);
      lcd.print(firstNum);
      lcd.print(operator);
      lcd.print(secondNum);
      lcd.setCursor(0, 1);
      lcd.print(" = ");
      lcd.print(result);
      firstNumState = true;
    }
    if (newKey != NO_KEY && newKey == 'C') {
      clr();
    }
  }
  void scrollDisplay() {                              //滚动显示函数
    // scroll 13 positions (string length) to the left
    // to move it offscreen left:
    for (int positionCounter = 0; positionCounter < 3; positionCounter++) {
      // scroll one position left:
      lcd.scrollDisplayLeft();
      // wait a bit:
      delay(300);
    }                                                 //如果显示不下就向左滚动
    delay(1000);
    // scroll 29 positions (string length + display length) to the right
    // to move it offscreen right:
    for (int positionCounter = 0; positionCounter < 3; positionCounter++) {
      // scroll one position right:
      lcd.scrollDisplayRight();
      // wait a bit:
      delay(300);
    }
    delay(2000);
  }
  void clr() {                                        //清屏函数
    lcd.clear();
    lcd.setCursor(0, 0);
    lcd.print("1st: ");
```

```
  lcd.setCursor(12, 0);
  lcd.print("op ");
  lcd.setCursor(0, 1);
  lcd.print("2nd: ");
  lcd.setCursor(5, 0);
  firstNum = "";
  secondNum = "";
  result = 0;
  operator = '';
}
```

小结

本章对 Arduino 的基本概念、硬件资源与接口、开发语言与工具、设计应用系统的流程进行了详细介绍,并设计了温度测量与报警、超声波距离测量与报警等实际应用。通过本章的学习,读者可以自己构思并设计实际的 Arduino 应用系统。

思考题

1. Arduino 与 MCS-51 单片机之间的区别和联系是什么?
2. 开发 Arduino 应用的流程是什么?
3. 构思并设计一个 Arduino 的应用系统。

扩展阅读:Arduino 的诞生

扩展阅读

演示视频

第 3 章 STM32 单片机应用基础

CHAPTER 3

3.1 STM32 单片机简介

英特尔公司在 20 世纪 80 年代推出了 MCS-51 系列单片机，该系列单片机包括了很多品种，如 8031、8051、8751、8032、8052、8752 等，其中 8051 是最典型的产品，该系列其他单片机都是在 8051 的基础上进行功能的增、减而来的，所以人们习惯于用 8051 来称呼 MCS-51 系列单片机。英特尔公司将 MCS-51 的核心技术授权给了很多其他公司，这些公司使用以 MSC-51 架构为核心，根据自身的需求，设计出自己的 51 单片机，如 ATMEL 的 AT89C51、国产宏晶的 STC89C51。

51 单片机在工业界和教育界产生过巨大的影响，时至今日依然经常可以见到 51 单片机的身影。但 51 单片机是 8 位的，随着电子和计算机技术的发展，其并不能满足所有的应用场合。与此同时英国的 ARM 公司在 20 世纪 90 年代做出了一个意义深远的决定：自己不制造芯片，只将芯片的设计方案授权给其他公司来生产。意法半导体公司(STMicroelectronics，ST 公司)正是在这种情况下推出了基于 ARMv7 架构的 32 位单片机，即 STM32 系列单片机。STM32 系列单片机产品多样化、性价比高、开发简单，迅速占领了中低端单片机市场，成为单片机市场一颗耀眼的明星。

STM32 系列单片机除了在单片机内部集成了 ARM 公司提供的微处理器内核外，还在单片机内部集成了大量的片上外设，如 USART(串口)、I^2C、SPI 等。STM32 系列单片机从微处理器的内核上可以分为 Cortex-M0、M3、M4、M7 等，每个内核又根据性能和功耗分为几个系列，如 F0、F1、F2、F3、F4、F5、F6、F7 等属于高性能型，L0、L1、L4 等属于低功耗型。单片机内部集成的片上外设是 ST 公司自己开发的电路模块，如存储器模块、ADC 模块和 GPIO 模块等，这些模块各个具体单片机是不同的，应用的时候要查阅单片机芯片的使用手册(查阅不是全文阅读)。ST 公司基于 Arm Cortex 内核的 32 位 MCU 和 MPU 系列产品如图 3.1.1 所示。

STM32 单片机的开发方式有以下三种：

(1) **寄存器模式**：这种方式直接操作单片机内部各个电路模块对应的控制寄存器，例如，设置单片机第 H 组的 GPIO 的模式寄存器 MODER，需要编写类似“GPIOH_MODER＝

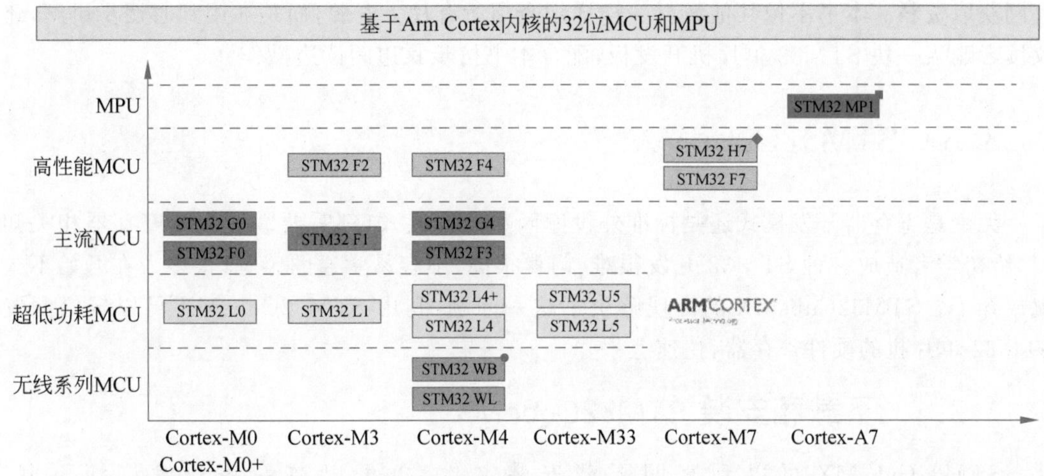

图 3.1.1 ST 公司基于 Arm Cortex 内核的 32 位 MCU 和 MPU 系列产品

0x00100000"这样的代码。这种开发方式需要先搞清楚单片机的内部结构和寄存器每一位的含义,早期的 MCS-51 单片机或 MSP430 单片机开发一般采用这种方式。但是,对 STM32 这种结构较为复杂的单片机,初学者如果没有 MCS-51 单片机或 MSP430 单片机开发经验,一般很难上手。

(2) **标准外设库(SPL)函数模式**:ARM 公司为 Cortex-M 内核提供了 Cortex 微控制器软件接口标准(CMSIS),ST 公司又为单片机上的外设编写了驱动库函数,开发者无须过多关注寄存器每一位的具体含义,只需搞清楚库函数的参数和作用即可编写类似"GPIOH.GPIO_MODE = GPIO_MODE_OUT"这样的代码,开发者很容易理解上面的语句是把 GPIO 的模式设置为输出,这相对于寄存器开发模式又更进一步接近人类语言,便于开发者和程序阅读者理解。

(3) **HAL/LL 库函数模式**:HAL(Hardware Abstract Layer)和 LL(Low Layer)库是 ST 公司推出的另外一种驱动库,相对于 SPL 库的优势在于配置了单片机的图形化配置软件 STM32CubeMX,可以对单片机的资源和外设进行图形化配置,并针对不同的集成开发环境(IDE)工具软件生成基于 HAL/LL 库的外设初始化程序和 IDE 程序框架,开发者只需要把主要精力用于应用程序的编写,节省了大量的时间和精力,特别适合没有单片机开发经验的初学者快速入门。

本书采用 HAL/LL 库函数模式,使用 STM32CubeMX 软件配置单片机硬件资源,采用 STM32CubeIDE 编写应用程序,采用 STM32CubeProgrammer 工具烧录单片机可执行文件。

3.2 STM32 单片机片上资源和开发板

使用 STM32 单片机和使用其他任何一款芯片一样,首先要搞清楚芯片的主要功能、引脚分配以及功能寄存器的配置。各种图书和网络资料从不同的角度介绍了 STM32 单片机的结构、功能和用法,具有一定的参考价值;但出于权威性和知识产权考虑,优先从 ST 公司官网获取资料。本书不像其他教材一样详细介绍所有片上资源，而是在用到时逐步讲解，建议读者购买一块 STM32 单片机开发板，配合本书按步骤边阅读边操作。

3.3 STM32CubeMX

无论是寄存器开发模式还是标准外设库函数开发模式，都需要掌握大量寄存器相关知识，给初学者造成一种 STM32 开发很难、门槛很高、不容易学通的感觉，很多人在开始不久就放弃了。STM32CubeMX 的出现解决了这一问题，利用 STM32CubeMX 可以轻松配置 STM32 单片机的硬件寄存器，快速上手。

3.3.1 下载和安装 STM32CubeMX

STM32CubeMX 可以到官网下载安装文件，也可以在一些开发论坛下载。STM32CubeMX 提供三种操作系统的若干版本，如图 3.3.1 所示，一般选择对应操作系统的最新版本下载。

	产品型号	一般描述	供应商	下载	All versions
+	STM32CubeMX-Lin	STM32Cube init code generator for Linux	ST	Get latest	选择版本
+	STM32CubeMX-Mac	STM32Cube init code generator for macOS	ST	Get latest	选择版本
+	STM32CubeMX-Win	STM32Cube init code generator for Windows	ST	Get latest	选择版本

图 3.3.1 STM32CubeMX 提供三种操作系统版本

下载后双击安装文件，STM32CubeMX 的安装界面如图 3.3.2 所示，第一个界面如图 3.3.2(a)所示，单击“Next”，后续如有协议需要单击同意，按提示安装直至完成，不建议更改安装目录，不建议在安装路径中使用中文。安装的最后一步如图 3.3.2(b)所示。

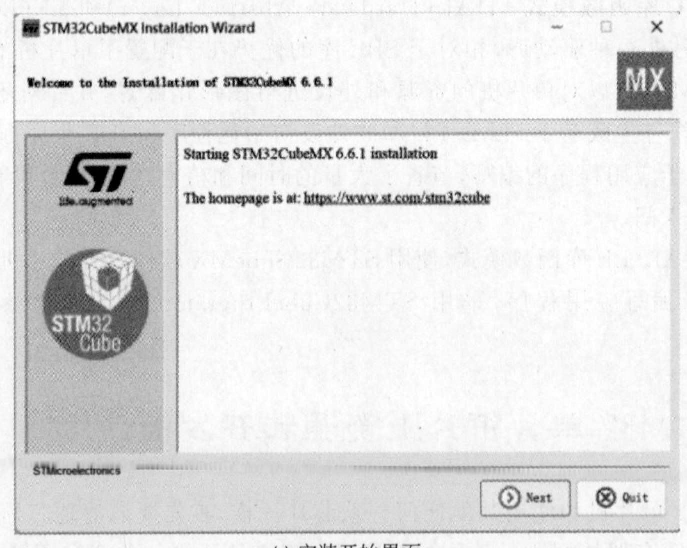

(a) 安装开始界面

图 3.3.2 STM32CubeMX 的安装界面

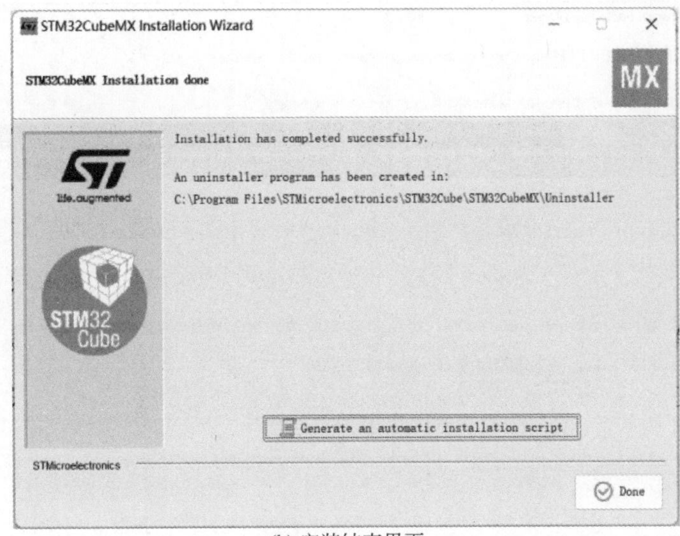

(b) 安装结束界面

图 3.3.2 （续）

启动 STM32CubeMX 后界面如图 3.3.3 所示，左侧为打开已有工程，中间为新建工程，右侧为检查更新软件和安装嵌入式软件包(MCU 驱动库)，单击“INSTALL/REMOVE”后界面如图 3.3.4 所示，选择单片机对应系列的驱动库安装即可。界面最上面的“File”菜单栏提供与工程文件相关的操作，“Window”和“Help”菜单栏提供一些窗口和辅助操作。

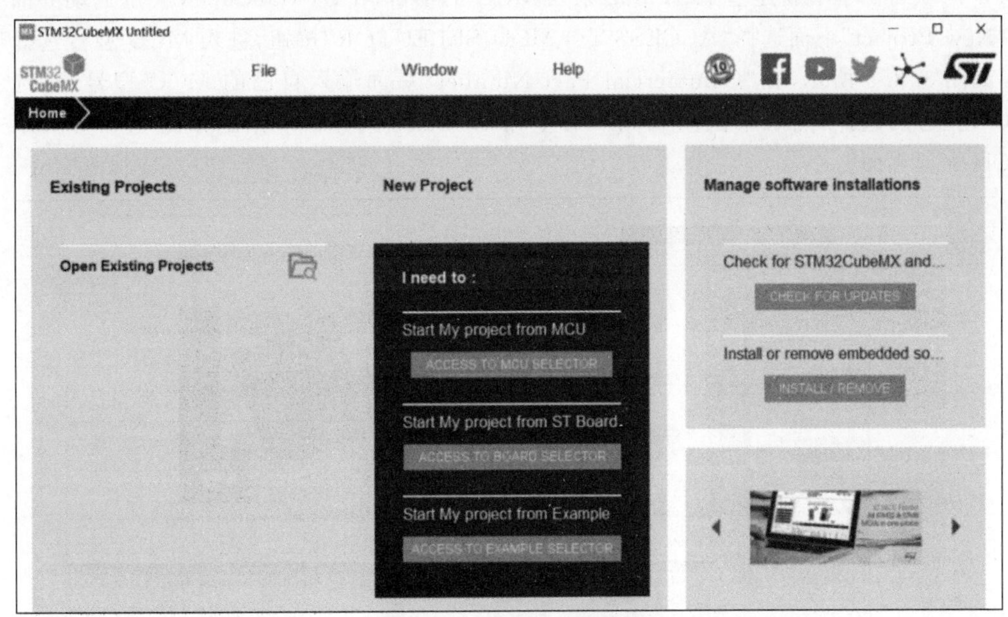

图 3.3.3 启动 STM32CubeMX 后的界面

3.3.2 新建一个 STM32CubeMX 项目

新建 STM32CubeMX 项目有三种方式：一是新建基于 STM32 系列 MCU 的项目；二是新建基于 ST 公司开发板的项目；三是新建基于其他公司 MCU 迁移到 STM32 系列

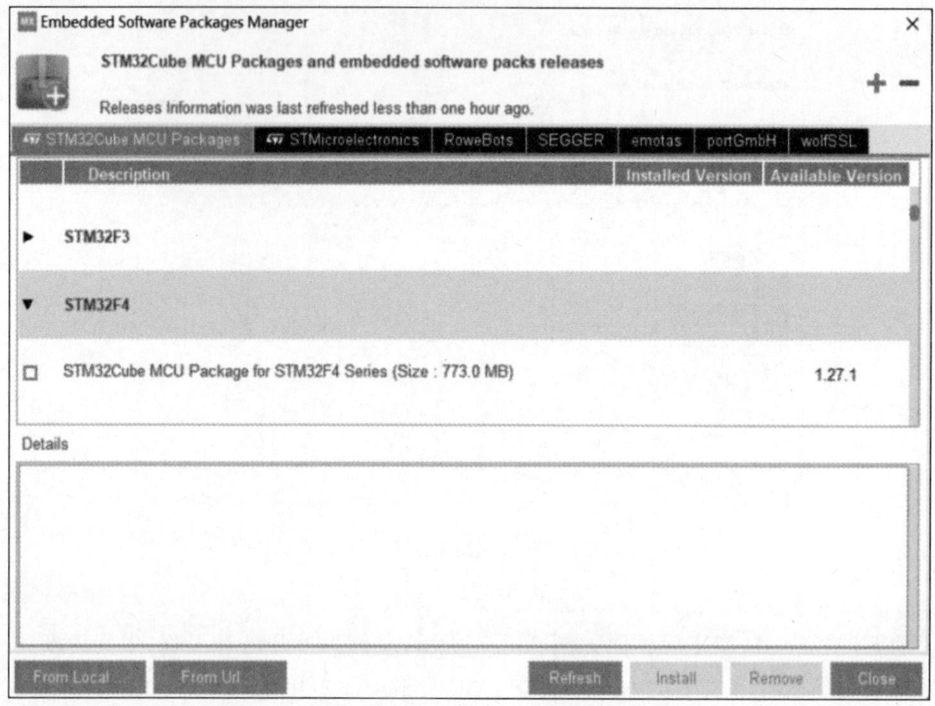

图 3.3.4　单击"INSTALL/REMOVE"后界面

MCU 的项目。本节新建基于 STM32 系列 MCU 的项目，在 STM32CubeMX 的启动界面中的"New Project"下面选择"ACCESS TO MCU SELECTOR"按钮，进入 MCU 型号选择界面，如图 3.3.5 所示，在"Commercial Part Number"后面输入自己的 MCU 型号，筛选到 MCU 型号后选择，然后单击图 3.3.6 右上角的"Start Project"，弹出如图 3.3.7 所示的 MCU 配置界面。

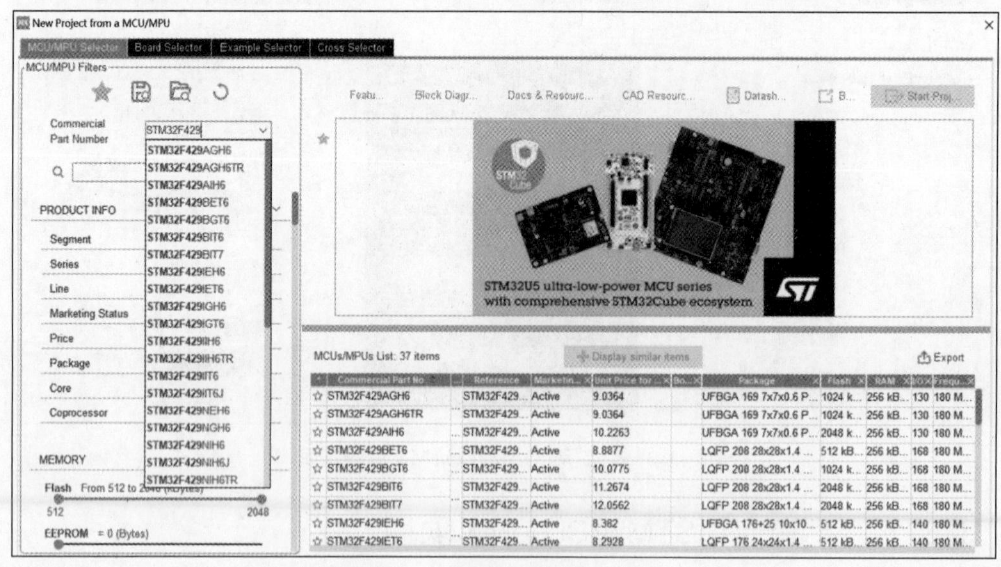

图 3.3.5　MCU 型号选择界面

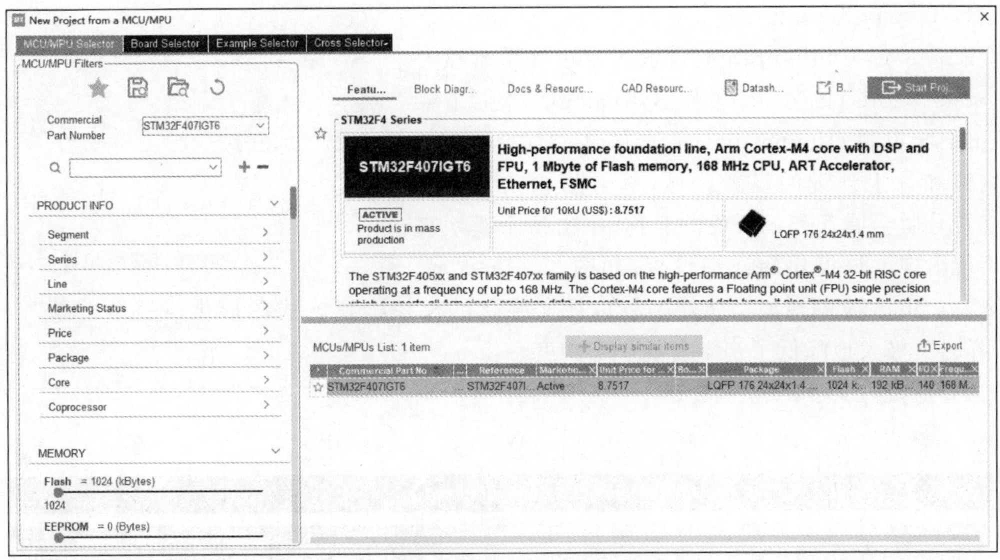

图 3.3.6　选择 MCU 后的界面

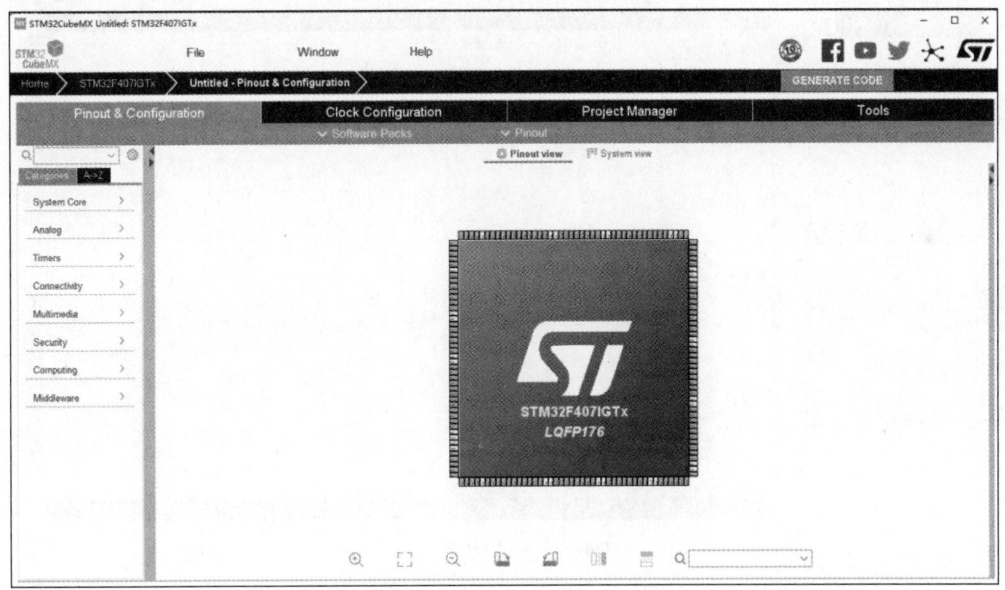

图 3.3.7　MCU 配置界面

MCU 配置界面包括四部分：引脚与配置界面"Pinout & Configuration"，配置 MCU 的系统内核、外设和引脚；时钟配置界面"Clock Configuration"，配置 MCU 的时钟信号频率；项目管理界面"Project Manager"，对项目进行设置；工具界面"Tools"，对 MCU 功耗等性能进行分析。

3.3.3　STM32CubeMX 项目设置示例

本节通过点亮发光二极管的示例展示 STM32CubeMX 项目配置方法。发光二极管电路如图 3.3.8 所示，发光二极管的阴极分别与单片机的 PH10、PH11 和 PH12 引脚相连。

1. Pinout & Configuration 设置

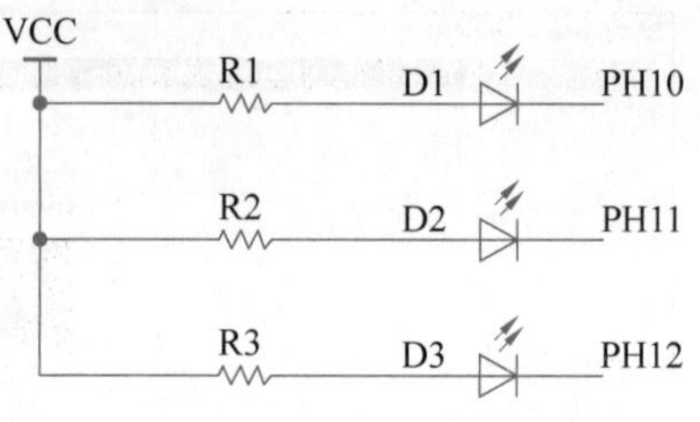

图 3.3.8 发光二极管电路

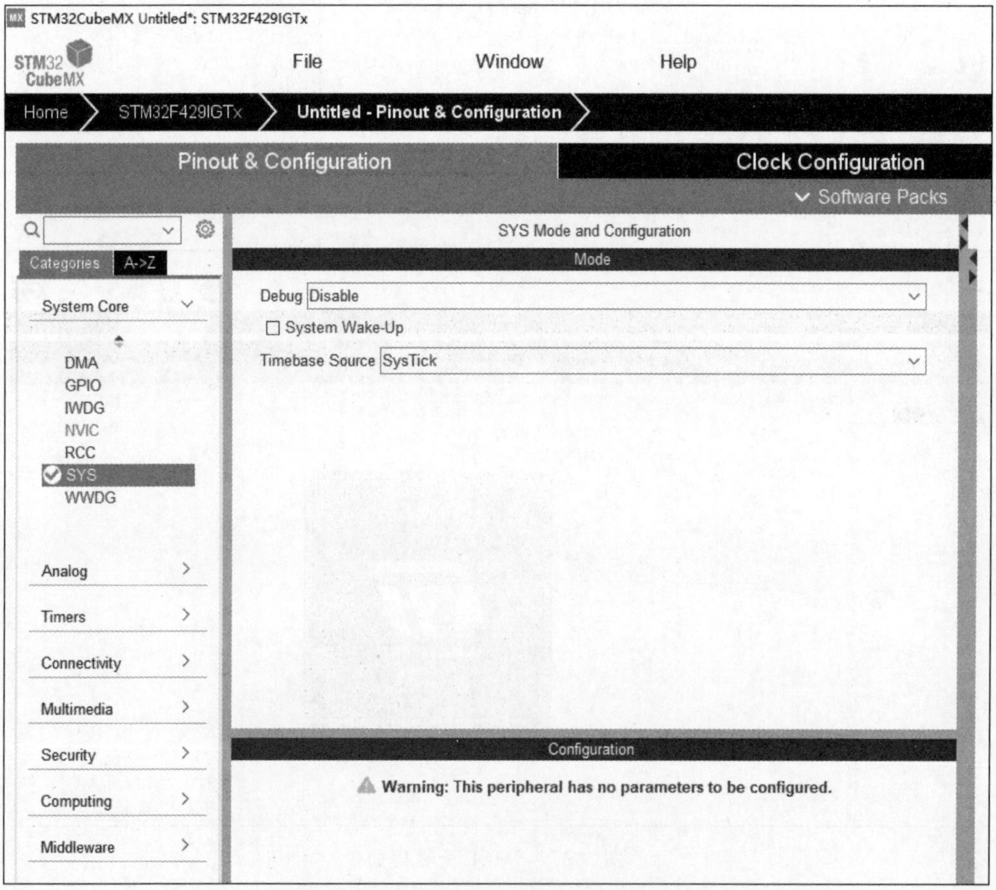

Pinout & Configuration 设置区域包含系统核心(System Core)、模拟电路(Analog)、定时器(Timers)、互联(Connectivity)、多媒体(Multimedia)等内核和片上外设的设置区域，单击图 3.3.7 左侧“>”符号后会展开若干模块的名称，单击每个模块名称后就出现了该模块的详细设置，如图 3.3.9 所示。STM32CubeMX 的最大功能就是将以往文字化的模块配置方式图形化，把“填空题”改成“选择题”，极大地降低了初学者的学习难度。

图 3.3.9 Pinout & Configuration 设置区域

在利用 STM32CubeMX 进行项目开发时，SYS 和 RCC 是任何一个项目都必须要设置的模块。SYS 模块设置如图 3.3.9 所示，主要设置调试接口和时钟源，本书采用串口调试，所以将图 3.3.9 中的 Debug 方式由“Disable”改为“Serial Wire”，其余设置不变。RCC 模块主要设置系统时钟源，设置界面如图 3.3.10 所示，本项目计划采用单片机的外部高速时钟源，所以将图 3.3.10 所示 High Speed Clock(HSE)由“Disable”改为“Crystal/Ceramic Resonator”，其余设置不变。

本例中用到了 GPIO 引脚，所以还要设置 GPIO 模块。单击图 3.3.9 中 System Core

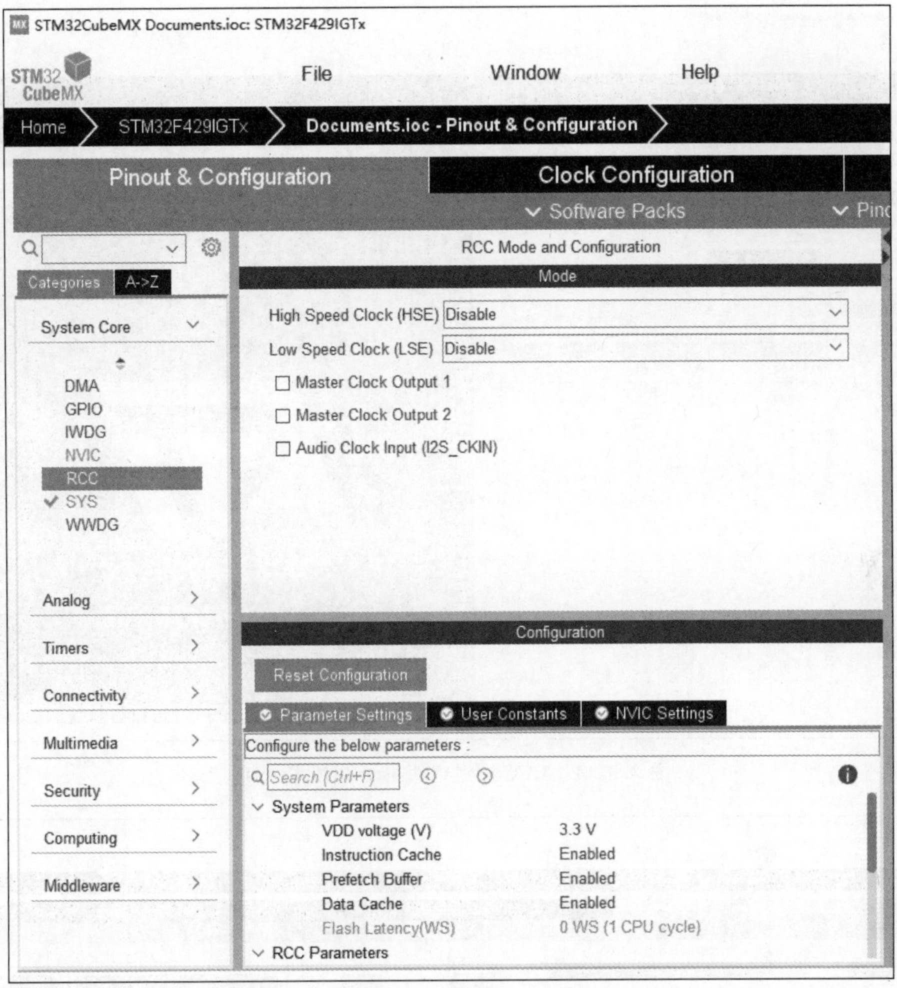

图 3.3.10 RCC 模块设置界面

下面的 GPIO 模块，可以看到有些 GPIO 端口已经被设置，这是因为 SYS 设置中采用串口调试占用了 PA13 和 PA14，RCC 设置中使用外部高速时钟源占用了 PH0 和 PH1，如图 3.3.11 所示。

本例中三个发光二极管连接到了 PH10、PH11 和 PH12，所以还需要设置这三个端口。在图 3.3.11 中单击右下方芯片的 PH10 引脚，在弹出的选项中选择“GPIO_Output”选项，即设置好了 PH10，如图 3.3.12 所示。按照同样的方法将 PH11 和 PH12 设置为输出模式。

在图 3.3.12 中间的“GPIO Mode and Configuration”设置区域将引脚 PH10、PH11 和 PH12 的别名设置为 LED0、LED1 和 LED2，设置完成后该区域如图 3.3.13 所示。这样设置的好处是：以后在单片机的应用程序设计中可通过对 LED0、LED1 和 LED2 赋值而改变引脚 PH10、PH11 和 PH12 的电平，程序可读性更高。

2. Clock Configuration 设置

Clock Configuration 设置主要是设置单片机系统的时钟，在图 3.3.12 上单击“Clock Configuration”后出现如图 3.3.14 所示界面，首先在 HSE 模块左边的“input frequency”处输入石英晶体的实际频率，笔者手头的开发板采用 25MHz 晶体振荡器，所以输入“25”。本

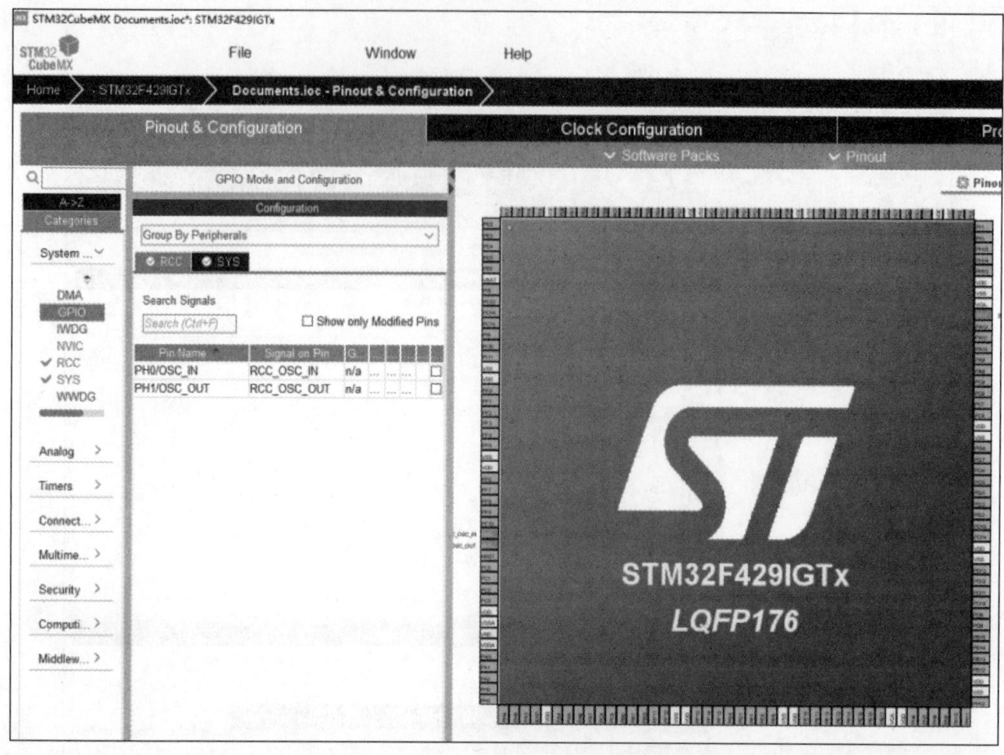

图 3.3.11　RCC 设置中使用了 PH0 和 PH1

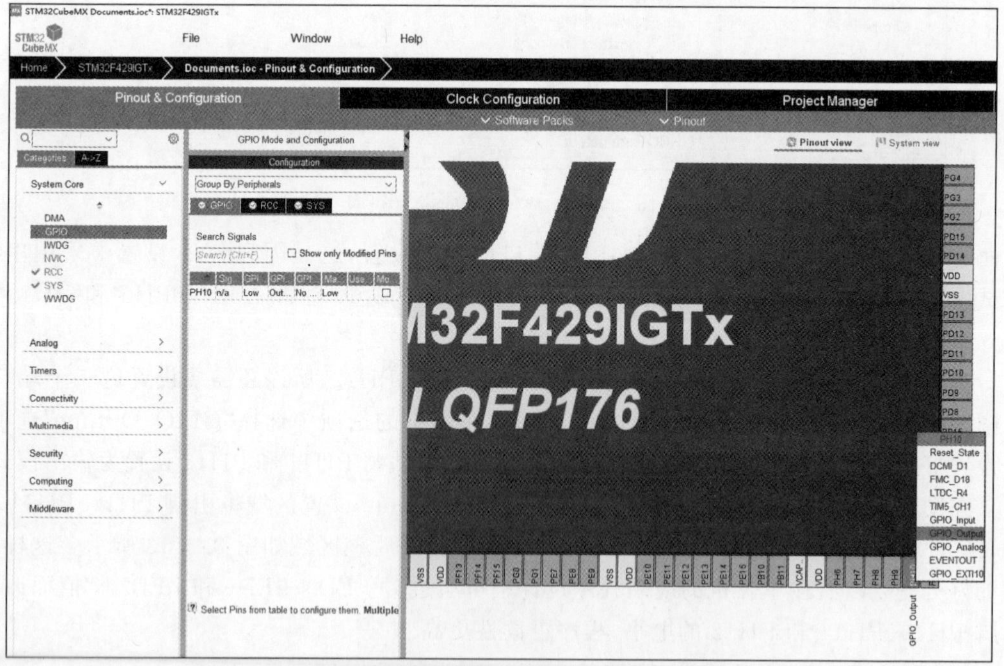

图 3.3.12　设置 PH10 为“GPIO_Output”选项

例中只是演示 GPIO 的用法，对时钟频率无特殊要求，可在 HCLK(MHz)范围内(180MHz)设置 150MHz。

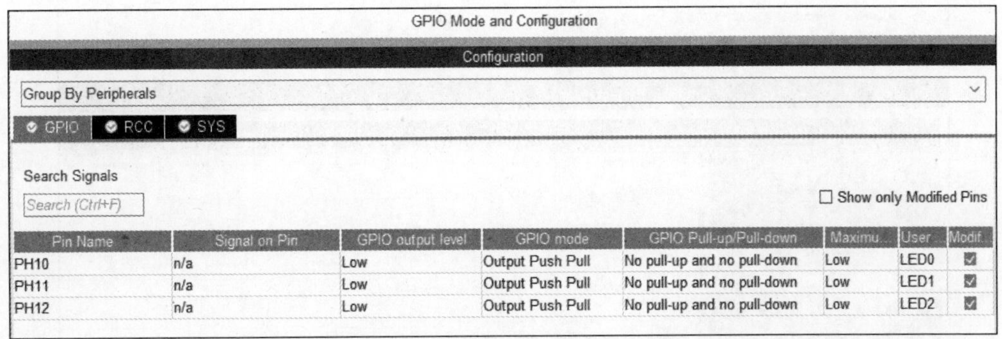

图 3.3.13 设置引脚 PH10、PH11 和 PH12 的别名

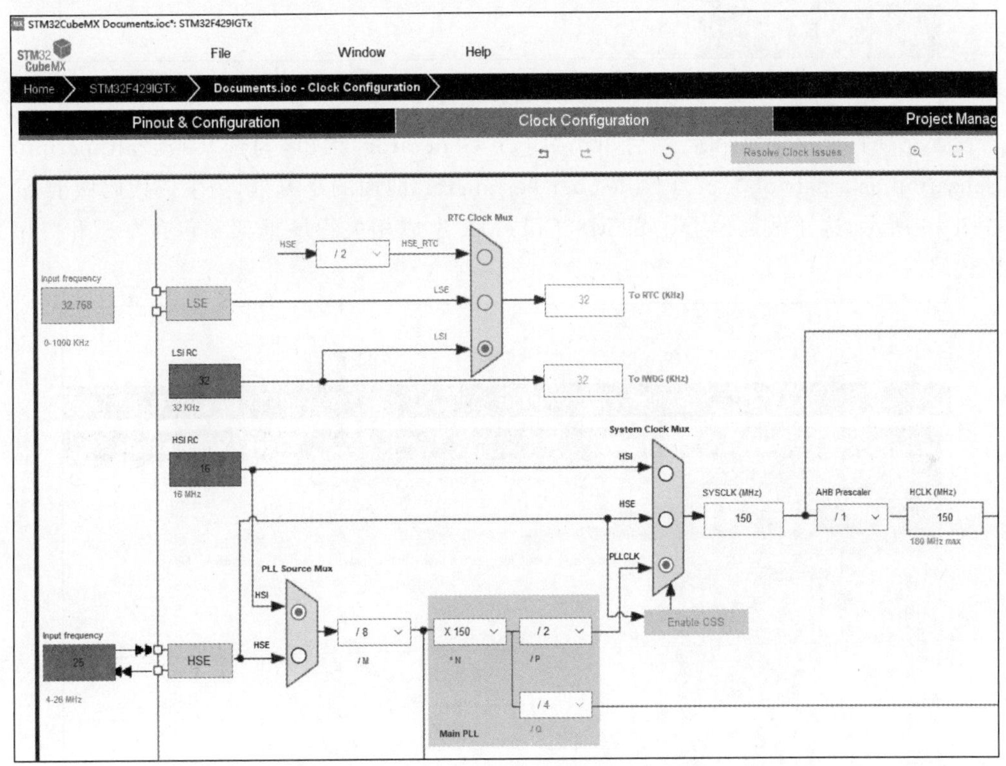

图 3.3.14 Clock Configuration 设置

3.3.4 STM32CubeMX 项目生成代码

在 STM32CubeMX 项目设置的最后一步为生成项目代码，首先单击图 3.3.7 上侧中间的“Project Manager”菜单，出现如图 3.3.15 所示界面，单击“Project”菜单，设置项目名称和项目保存的位置。不要将项目保存在有中文名的文件路径下，项目名称也不要取中文名。本书在 D 盘里新建了一个 STM32Cube 文件夹，将项目保存在 D:\STM32Cube 里，设置项目名称为 MXProject_LED，并将应用软件开发工具“Toolchain/IDE”设置为“STM32CubeIDE”(因为下一步计划采用 STM32CubeIDE 作为开发工具)，如图 3.3.15 所示。

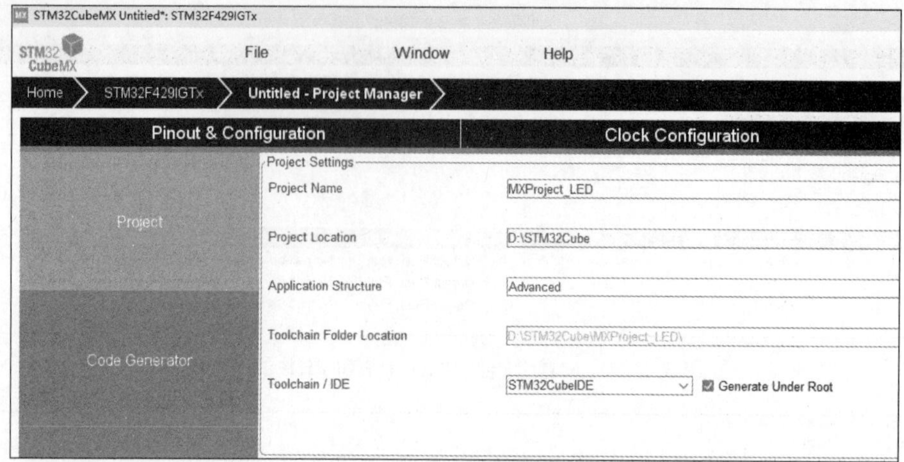

图 3.3.15 设置项目保存地址和名称

设置完项目保存地址和名称后单击"Code Generator"菜单，勾选"Generate peripheral initialization as a pair of '. c/. h' files per peripheral"前面的小方框，为生成代码做准备，如图 3.3.16 所示，这样做是为了让 STM32CubeMX 生成相关程序框架和包含". c"和". h"的程序代码。

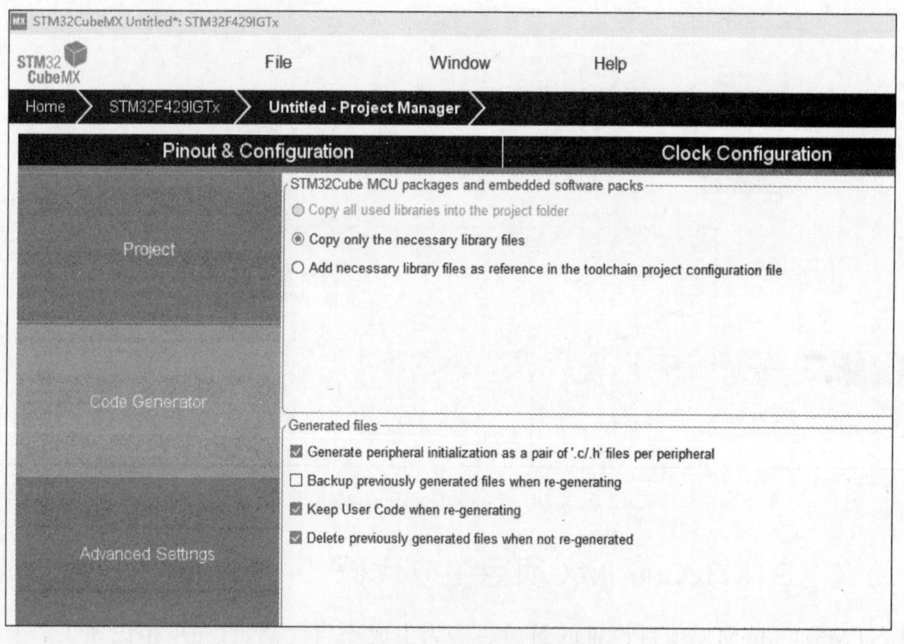

图 3.3.16 设置"Code Generator"

最后单击图 3.3.7 右上角的"GENERATE CODE"菜单生成项目代码，此时 STM32CubeMX 已经给应用软件源程序做好了一个框架，并且"编写"好了系统初始化的代码，下一步就可以在应用软件开发 IDE 中进一步添加代码。打开 D:\STM32Cube 文件夹，可以看到文件夹里多了一个名为 MXProject_LED 的文件夹，文件夹里的文件和文件夹如图 3.3.17 所示。

图 3.3.17 MXProject_LED 文件夹的界面

3.4 STM32CubeIDE

利用 STM32CubeMX 只是对 STM32 单片机的硬件进行了初始化，并且做了一个源程序的框架，要完成软件的全部功能还需要编写应用程序，这就要使用源程序的编辑和编译集成开发环境。STM32 单片机的集成开发环境有很多，如 IAR、Keil 等，本书采用 STM32CubeIDE 开发环境。

3.4.1 下载和安装 STM32CubeIDE

ST 公司官方提供 Linux、macOS 和 Windows 等几种版本的 STM32CubeIDE，本书以 Windows 版本为例介绍。下载、解压后以管理员身份运行即可安装。安装过程中若提示错误可能是计算机用户名设置中文名导致环境变量中有中文，修改环境变量即可正常安装。

安装完成后，双击桌面生成的图标启动 STM32CubeIDE。出现如图 3.4.1 所示界面，显示要选择一个文件目录设置为工作空间。更改 STM32CubeIDE 的工作空间目录为 D:\STM32Cube，与 3.3 节中 STM32CubeMX 项目相同。

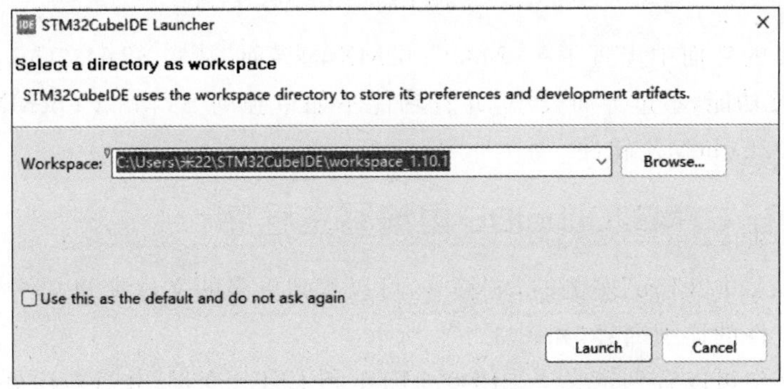

图 3.4.1 STM32CubeIDE 更改工作空间界面

更改工作空间文件夹后单击下一步，进入初始界面，如图 3.4.2 所示。界面左边是新建或打开工程的快速入口，中间是一些关于 STM32CubeIDE 的快速链接，右边是一些 ST 公司相关网站链接。选择“Start new project from STM32CubeMX file(.ioc)”，选择 D:\STM32Cube\MXProject_LED 文件夹中以“.ioc”结尾的文件，如图 3.4.3 所示，然后单击“Finish”。打开 STM32CubeMX 工程文件后，STM32CubeIDE 的界面如图 3.4.4 所示。

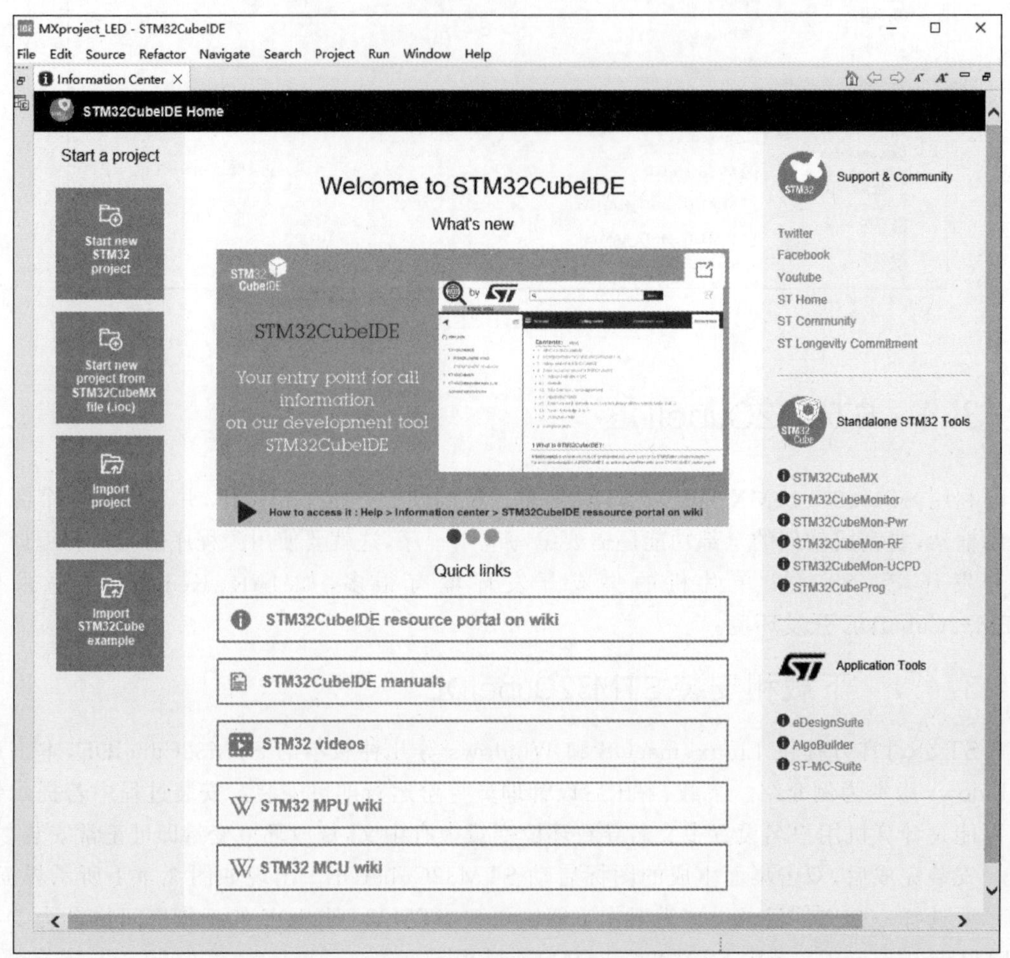

图 3.4.2 STM32CubeIDE 初始界面

在图 3.4.4 的界面中出现了 STM32CubeMX 的界面，其实 STM32CubeIDE 里集成了 STM32CubeMX 功能，不过界面较小，并且功能不如单独的 STM32CubeMX 强大，建议使用独立的 STM32CubeMX 软件。

3.4.2 在 STM32CubeIDE 里编写主程序

单击图 3.4.4 中“Core”左侧的“>”符号，可以看到更多的文件夹和文件，双击“main.h”文件可以看到文件的详细内容，如图 3.4.5 所示。

在图 3.4.5 中可以看到定义了 LED0、LED1 和 LED2 变量，并且对应好了引脚 PH10、PH11 和 PH12。

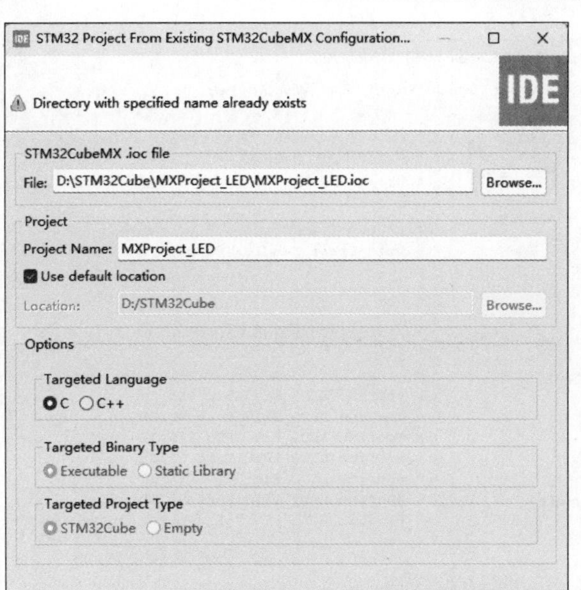

图 3.4.3　选择 STM32CubeMX 工程文件

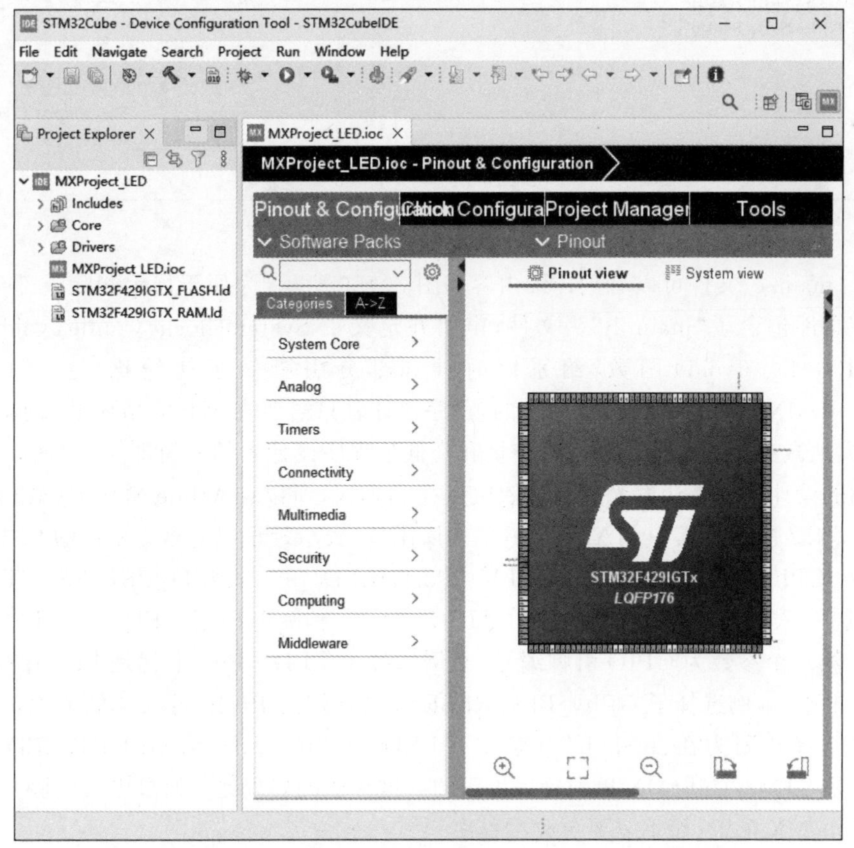

图 3.4.4　打开 STM32CubeMX 工程文件后 STM32CubeIDE 的界面

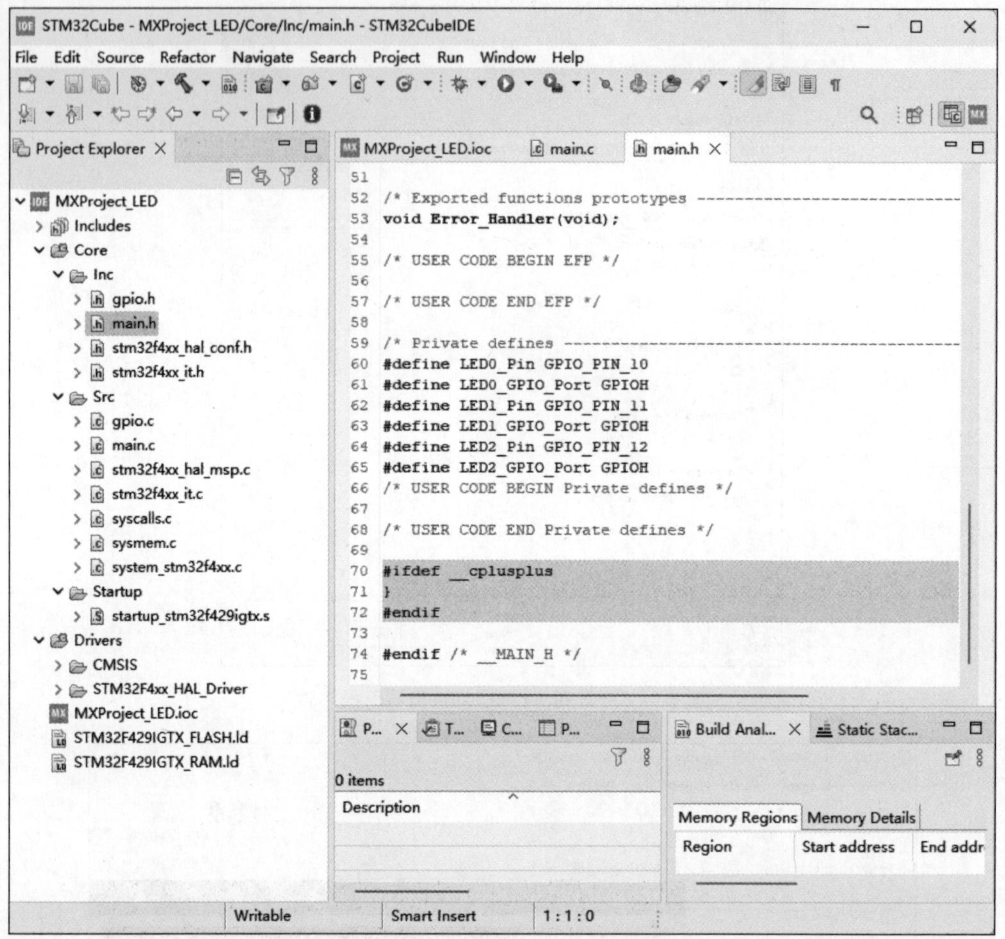

图 3.4.5 “main.h”文件的详细内容

单击“main.c”文件可以看到详细内容如图 3.4.6 所示(为便于展示删除了部分注释)。“main.c”文件包含了“main.h”头文件，声明并定义了 SystemClock_Config(void)函数和 MX_GPIO_Init(void)函数，给系统时钟和部分引脚做了初始化，这些工作都是 STM32CubeMX 软件替程序设计者做的，程序设计者只需要在 While 循环里添加功能代码即可，极大地减小了程序设计者的工作量和降低了程序设计者的入门难度。

本例的设计任务是让发光二极管依次点亮和熄灭，所以在 While 循环中添加了部分代码，如图 3.4.7 所示。其中 HAL_Delay()为库函数，表示延迟以毫秒为单位的 CPU 时间。

HAL_GPIO_WritePin(LED0_GPIO_Port, LED0_Pin,GPIO_PIN_RESET)函数向 GPIO 引脚写入数据，第一个参数为 GPIO 端口号，本例选择了 LED0 的端口号也就是 GPIOH；第二个参数为 GPIO 引脚编号，本例选择了 LED0_Pin，也就是 PH10；第三个参数为高低电平，本例选择了 GPIO_PIN_RESET，也就是向 PH10 写入了低电平，二极管点亮。这样选择是因为在“main.h”中定义了 LED0_GPIO_Port 为 GPIOH，LED0_Pin 为 PH10，这是 STM32CubeMX 里配置后生成的。这样做的好处是：如果更换引脚，只需要在 STM32CubeMX 配置，而不需要更改主程序。

HAL_Delay(1000)将单片机空转 1000ms，发光二极管的状态保持。

File Edit Source Refactor Navigate Search Project Run Window Help

Project Explorer | MXproject1.ioc | main.h | stm32f4xx_hal_conf.h | stm32f4xx_it.h | *main.c

- MXproject1
  - Includes
  - Core
    - Inc
      - main.h
      - stm32f4xx_hal_conf.h
      - stm32f4xx_it.h
    - Src
      - main.c
      - stm32f4xx_hal_msp.c
      - stm32f4xx_it.c
      - syscalls.c
      - sysmem.c
      - system_stm32f4xx.c
    - Startup
      - startup_stm32f429igtx.s
  - Drivers
  - MXproject1.ioc
  - STM32F429IGTX_FLASH.ld
  - STM32F429IGTX_RAM.ld

```
#include "main.h"
void SystemClock_Config(void);
static void MX_GPIO_Init(void);
int main(void)
{
    HAL_Init();
    SystemClock_Config();
    MX_GPIO_Init();
    while (1)
    {
      /* USER CODE END WHILE */

      /* USER CODE BEGIN 3 */
    }

}

void SystemClock_Config(void)
{
  RCC_OscInitTypeDef RCC_OscInitStruct = {0};
  RCC_ClkInitTypeDef RCC_ClkInitStruct = {0};


  __HAL_RCC_PWR_CLK_ENABLE();
  __HAL_PWR_VOLTAGESCALING_CONFIG(PWR_REGULATOR_VOLTAGE_SCALE1);

  RCC_OscInitStruct.OscillatorType = RCC_OSCILLATORTYPE_HSI;
  RCC_OscInitStruct.HSIState = RCC_HSI_ON;
  RCC_OscInitStruct.HSICalibrationValue = RCC_HSICALIBRATION_DEFAULT;
  RCC_OscInitStruct.PLL.PLLState = RCC_PLL_ON;
  RCC_OscInitStruct.PLL.PLLSource = RCC_PLLSOURCE_HSI;
  RCC_OscInitStruct.PLL.PLLM = 8;
  RCC_OscInitStruct.PLL.PLLN = 150;
  RCC_OscInitStruct.PLL.PLLP = RCC_PLLP_DIV2;
  RCC_OscInitStruct.PLL.PLLQ = 4;
  if (HAL_RCC_OscConfig(&RCC_OscInitStruct) != HAL_OK)
  {
```

图 3.4.6 “main.c”文件的详细内容

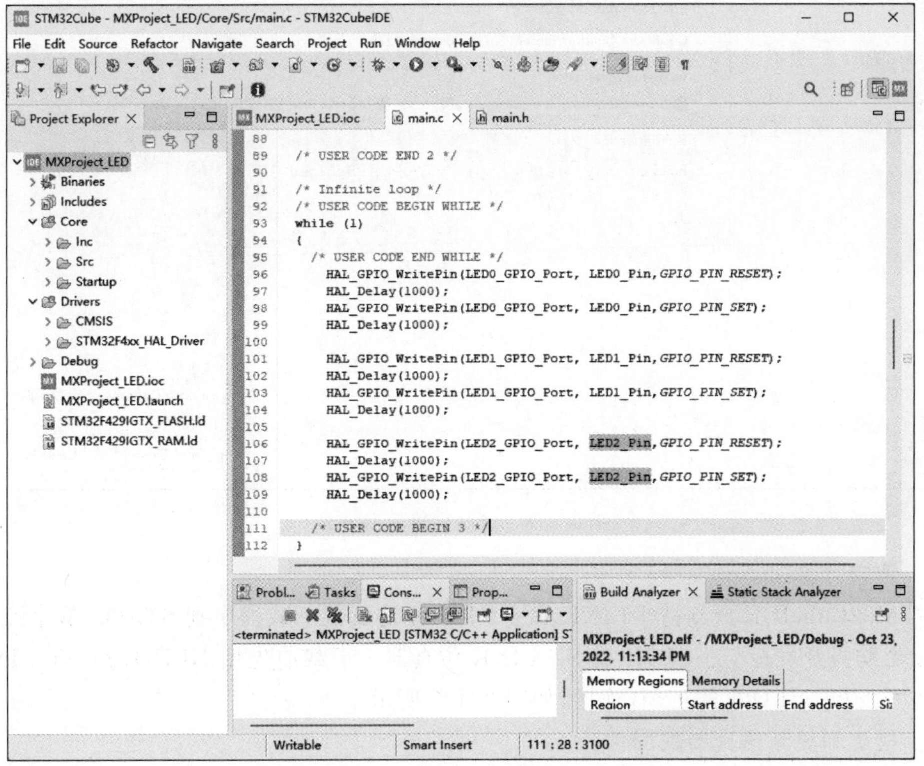

图 3.4.7 While 循环中的部分代码

HAL_GPIO_WritePin(LED0_GPIO_Port, LED0_Pin,GPIO_PIN_SET)函数向 GPIO 引脚写入高电平,将发光二极管熄灭。

HAL_Delay(1000)将单片机时钟空转 1000ms,发光二极管的状态保持。

以上程序合起来的功能就是让发光二极管亮 1s,灭 1s,while(1)内的代码是循环执行的,执行的效果就导致二极管不停闪烁。

3.4.3 在 STM32CubeIDE 里构建项目和下载程序

1. 选择构建方式

主程序编写完成后即可构建项目,构建的方式有 Debug 和 Release,Debug 用于在线调试,Release 用于最终发布。本例只是调试程序,所以选择 Debug,选择 Project→Properties→C/C++Build→Configuration 菜单命令,选择构建项目方式,如图 3.4.8 所示。

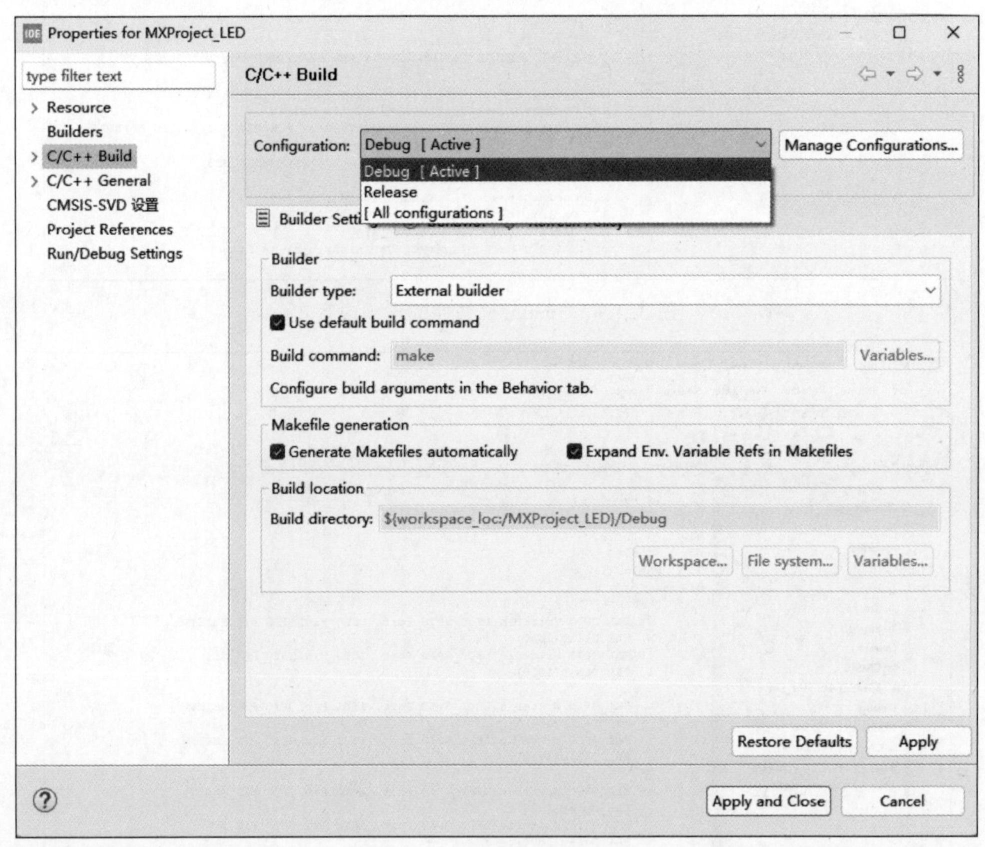

图 3.4.8 选择构建项目方式

2. 连接计算机与开发板

STM32CubeIDE 只支持 J-LINK 和 ST-LINK 仿真器下载程序到 STM32 单片机,所以建议读者购买开发板与 J-LINK 或 ST-LINK 仿真器。下载前先用 J-LINK 或 ST-LINK 仿真器将开发板与计算机的 USB 连接,如图 3.4.9 所示。

3. 检测和更新仿真器的固件

开发板上电后计算机会自动检测仿真器并提示是否更新仿真器的固件程序,如果没有

图 3.4.9 开发板与计算机的 USB 连接方式

反应，则可以选择 Help→ ST-LINK 更新菜单命令进行检测和更新仿真器的固件，如图 3.4.10 所示。

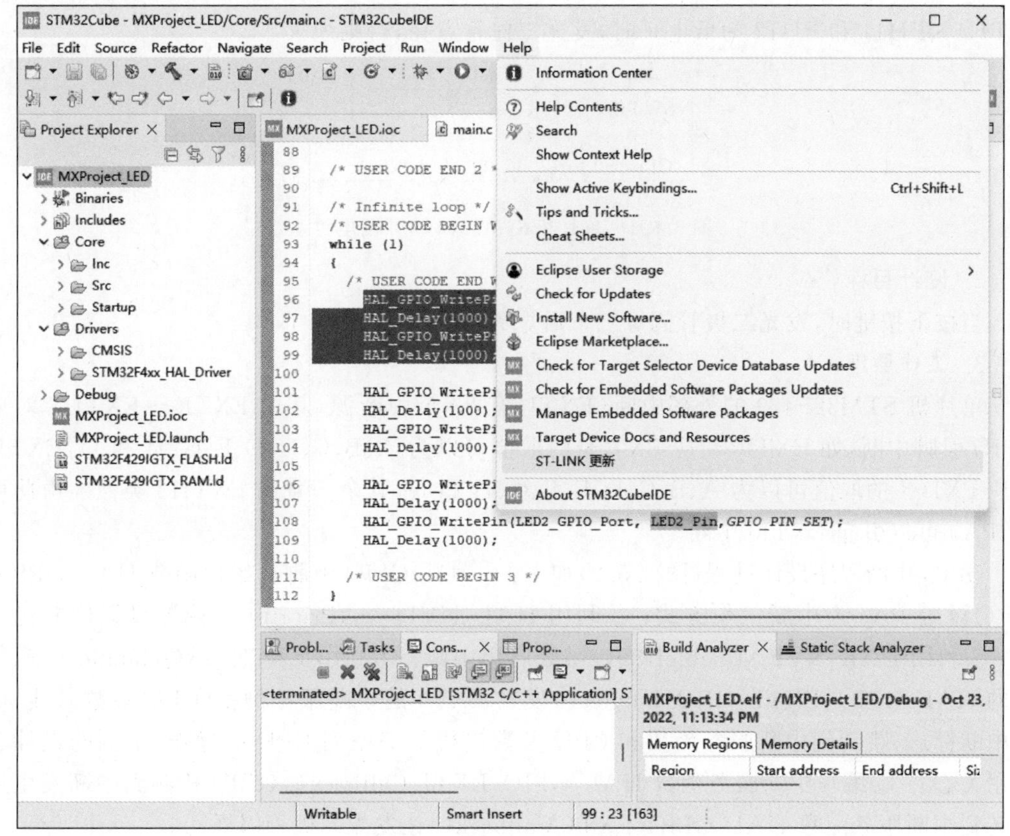

图 3.4.10 检测和更新仿真器的固件

4. 程序下载

项目构建无误、开发板连接成功后，将可执行程序下载到开发板。选择 Run→Debug 菜单命令或者快捷工具栏上的 Debug 按钮即可下载并调试程序。本例在下载成功后若观察到 3 个发光二极管依次闪烁（重复点亮并熄灭），则可判定实验成功。

源程序

3.5 STM32 单片机开发实例

本节通过中断应用实例进一步介绍利用 STM32CubeMX、STM32CubeIDE 以及 HAL 库函数开发 STM32 单片机的方法。

单片机的主程序一般是一个 while(1)循环,CPU 循环运行 while(1)循环内的语句,当某个外设或内部条件发生异常时,才跳转到相应的异常处理程序去处理和应对,处理完毕后继续运行 while(1)循环内的语句,这个过程称为中断。STM32 单片机根据型号不同有不同的中断来源,具体需要查阅单片机的参考手册,但都有 GPIO 外部中断。CPU 处理中断的过程以及中断程序的编写方法都是类似的,所以本节以 GPIO 外部中断为例进行讲解。

1. 单片机外围电路

单片机 STM32F429 外围电路如图 3.5.1 所示,GPIO 端口 PA0 外接触发按键,按键悬空时,PA0 为低电平,按键按下时,PA0 为高电平。PH10、PH11 和 PH12 外接发光二极管,当 PH10、PH11 和 PH12 为低电平时,发光二极管点亮,否则熄灭。

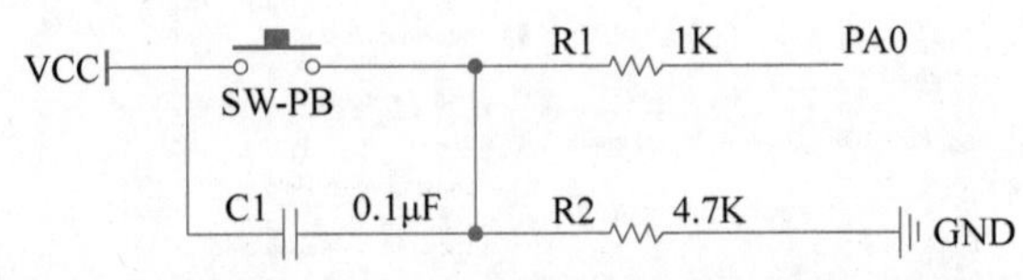

图 3.5.1 单片机 STM32F429 外围电路

2. 设计目标

当按下按键时,发光二极管闪烁三下后熄灭,闪烁时间间隔 1s。

3. 工作原理

单片机 STM32F429 的外部中断(EXTI)有 23 个中断源,其中 EXTI0～EXTI15 对应 GPIO 引脚中断,如 EXTI0 对应 PX0(X 的取值可以为 A、B、C、D、E、F、G、H 和 I),EXTI1 对应 PX1(X 的取值可以为 A、B、C、D、E、F、G、H 和 I),其余一直到 EXTI15 类似。由此可知,PA0 可以引起 EXTI0 中断。

GPIO 中断程序设计过程(图 3.5.2)如下：①利用 GPIO 引脚初始化函数 HAL_GPIO_Init()设置 PA0 为中断工作方式；②利用 HAL_NVIC_SetPriority ()函数设置中断优先级；③利用 HAL_NVIC_EnableIRQ()函数启用中断；④利用 EXTI0_IRQHandler()函数中的 HAL_GPIO_EXTI__IRQHandler()设置 EXT0 的中断服务例程(CPU 参数入栈、清除中断标志、跳转到中断服务函数和 CPU 参数出栈等一系列 CPU 的操作,本例的设计者不用关心)；⑤编写中断服务函数 HAL_GPIO_EXTI_Callback()(CPU 检测到中断发生后跳转到中断服务函数 HAL_GPIO_EXTI_Callback()让发光二极管闪烁)。

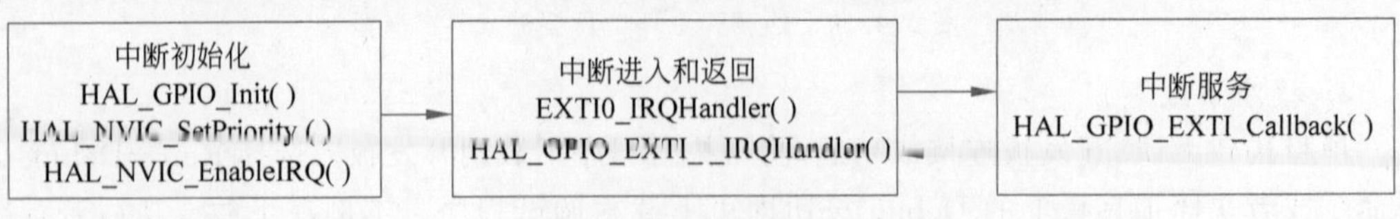

图 3.5.2 中断程序设计过程

4. 设计实现

图 3.5.2 中 HAL_GPIO_Init()、HAL_NVIC_SetPriority()、HAL_NVIC_EnableIRQ()、EXTI0_IRQHandler()利用 STM32CubeMX 设置生成，流程如下：

(1) 在 D 盘新建 MX_Project_inter 文件夹。

(2) 在 STM32CubeMX 中创建项目，保存名称为 MXProject_inter.ioc，路径为新建的 MX_Project_inter 文件夹，具体步骤参考 3.3 节。配置 Debug 接口为 Serial Wire，设置 HCLK 为 168MHz。

(3) 设置按键和 LED 对应的 GPIO 设置如图 3.5.3 所示，LED 对应引脚和 3.3 节相同，按键对应 GPIO 端口 PA0 设置为上跳沿触发外部中断。

GPIO | RCC | SYS | NVIC

Search Signals

Search (Ctrl+F) ☐ Show only Modified Pins

Pin Name		GPIO mode	GPIO Pull-up/Pull-down		User Label	Modified
PA0/WKUP	...	External Interrupt Mode with Rising edge trigger detection	Pull-up	...	KeyInter	☑
PH10	...	Output Push Pull	No pull-up and no pull-down	...	LED0	☑
PH11	...	Output Push Pull	No pull-up and no pull-down	...	LED1	☑
PH12	...	Output Push Pull	No pull-up and no pull-down	...	LED2	☑

图 3.5.3 按键和 LED 对应的 GPIO 设置

(4) 在 System Core 组件面板里单击 NVIC，设置中断优先级，如图 3.5.4 所示。首先在 Priority Group 下拉列表里选择优先级分组，将表示中断优先级的 4 位二进制数分为 2+2 位，前两位用于抢占优先级，后两位用于次优先级(也可以做其他分配方式)。然后在“EXTI line0 interrupt”打钩，并将抢占优先级和次优先级都设置为 1(也可以做其他级别设置，但不要将抢占优先级的级别设为 0，因为 HAL_Delay()函数用到的定时器中断已经设置为 0 这个最高优先级)。

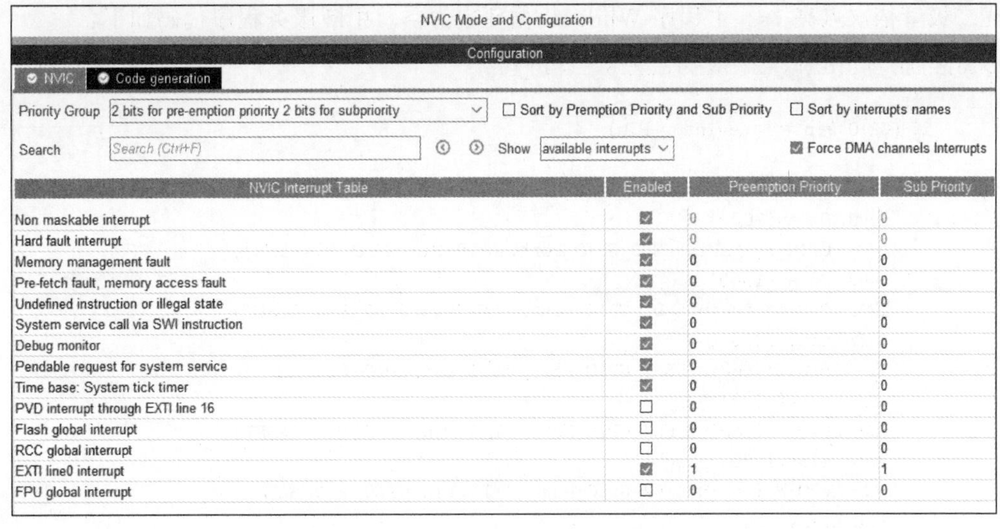

NVIC Mode and Configuration

Configuration

NVIC | Code generation

Priority Group: 2 bits for pre-emption priority 2 bits for subpriority ☐ Sort by Premption Priority and Sub Priority ☐ Sort by interrupts names

Search: Search (Ctrl+F) Show: available interrupts ☑ Force DMA channels Interrupts

NVIC Interrupt Table	Enabled	Preemption Priority	Sub Priority
Non maskable interrupt	☑	0	0
Hard fault interrupt	☑	0	0
Memory management fault	☑	0	0
Pre-fetch fault, memory access fault	☑	0	0
Undefined instruction or illegal state	☑	0	0
System service call via SWI instruction	☑	0	0
Debug monitor	☑	0	0
Pendable request for system service	☑	0	0
Time base: System tick timer	☑	0	0
PVD interrupt through EXTI line 16	☐	0	0
Flash global interrupt	☐	0	0
RCC global interrupt	☐	0	0
EXTI line0 interrupt	☑	1	1
FPU global interrupt	☐	0	0

图 3.5.4 在 NVIC 里设置中断优先级

(5) 设置完成后选择应用开发环境为 STM32CubeIDE 并生成应用程序框架。

(6) 生成应用程序框架后打开 main.c 可以看到如下代码，系统初始化后是一个 while(1)

循环。

```
#include "main.h"
#include "gpio.h"
void SystemClock_Config(void);
int main(void)
{
  HAL_Init( );
  SystemClock_Config( );                          //时钟初始化
  MX_GPIO_Init( );                                //GPIO 初始化
  while (1)
    {
    }
}
```

（7）打开 main.h 可以看到如下宏定义，为应用程序编写名称提供依据。

```
#define KeyInter_Pin GPIO_PIN_0
#define KeyInter_GPIO_Port GPIOA
#define KeyInter_EXTI_IRQn EXTI0_IRQn
#define LED0_Pin GPIO_PIN_10
#define LED0_GPIO_Port GPIOH
#define LED1_Pin GPIO_PIN_11
#define LED1_GPIO_Port GPIOH
#define LED2_Pin GPIO_PIN_12
#define LED2_GPIO_Port GPIOH
```

（8）打开 STM32CubeIDE 开发工具，进入开发环境后首先切换工作空间到 MX_Project_inter 文件夹，然后根据 MXProject_inter. ioc 文件新建应用程序工程。打开 gpio. c 文件，在"/ * USER CODE BEGIN 2 * /"和"/ * USER CODE END 2 * /"之间的代码沙箱里编写中断服务函数，主要内容是如果检测到 PA0(KeyInter_Pin)的中断标志后将三个发光二极管依次点亮 1s。主程序 While(1)循环中为空。中断服务程序代码如下：

```
void HAL_GPIO_EXTI_Callback(uint16_t GPIO_Pin)
{
    if (GPIO_Pin == KeyInter_Pin)
    {
         HAL_GPIO_WritePin(LED0_GPIO_Port, LED0_Pin, GPIO_PIN_RESET);
         HAL_Delay(1000);
         HAL_GPIO_WritePin(LED0_GPIO_Port, LED0_Pin, GPIO_PIN_SET);
         HAL_Delay(1000);
        HAL_GPIO_WritePin(LED1_GPIO_Port, LED1_Pin, GPIO_PIN_RESET);
        HAL_Delay(1000);
        HAL_GPIO_WritePin(LED1_GPIO_Port, LED1_Pin, GPIO_PIN_SET);
        HAL_Delay(1000);
        HAL_GPIO_WritePin(LED2_GPIO_Port, LED2_Pin, GPIO_PIN_RESET);
        HAL_Delay(1000);
        HAL_GPIO_WritePin(LED2_GPIO_Port, LED2_Pin, GPIO_PIN_SET);
        HAL_Delay(1000);
    }
}
```

（9）编写完成后保存，执行 Run→Debug 菜单命令或者单击快捷工具栏上的 Debug 按钮即可下载并调试程序(要保证程序没有错误以及开发板连接到计算机并上电)。本例在下载成功后每按下一次 PA0 引脚上的按键就观察到三个发光二极管依次点亮 1s 并熄灭。

小结

本章对 STM32 单片机的基本概念、开发语言与工具、设计应用系统的流程进行了详细介绍,并实际设计了外部引脚中断应用实例。通过本章的学习读者可以在参考 STM32 单片机硬件资源的基础上初步设计 STM32 应用系统。

思考题

1. STM32 单片机与 Arduino 和 MCS-51 单片机之间的区别是什么?

2. STM32 单片机应用的流程是什么?

3. 到官网或其他论坛查阅 STM32 单片机的硬件资源和开发方法,进一步学习 STM32 单片机的应用。

扩展阅读:我国 MCU 产业的发展

扩展阅读

演示视频

第4章 FPGA应用基础

CHAPTER 4

现场可编程门阵列(FPGA)是一种可编程的集成电路,这种集成电路在出厂时没有固定的功能,其功能需要用户编写硬件描述语言程序或绘制电路图来定义。还有一类可编程的集成电路称为复杂可编程逻辑器件(CPLD),其功能和FPGA类似。

4.1 FPGA基础知识

4.1.1 FPGA主要供应商

FPGA的外观看起来和其他集成电路芯片并没有什么不同,不同之处在于没有编程之前它的功能不确定,就像一张空白的画布,工程师可以通过编程定义它的功能。生产FPGA的厂家很多,市场份额较大的有Altera、Xilinx和Lattice三家。

1. Altera公司(已被英特尔公司收购)的FPGA

Altera公司成立于1983年,总部在美国加利福尼亚,是设计、生产、销售高性能、高密度可编程逻辑器件及相应开发工具的一家公司。Altera公司成立至今,一直在同行业中保持着领先地位。Altera公司拥有各类封装的PLD器件超过500种,能够满足用户不同的需要。在提供器件的同时,Altera公司还可以为其用户提供完善的开发系统和良好的售后支持服务。Altera公司的FPGA/CPLD产品有MAX、cyclone、Arria和Stratix四个系列。其开发软件有MAX+PLUSII和Quartus软件,软件集编辑、调试、器件编程于一体。MAX+PLUSII已被Quartus取代。2015年12月,英特尔公司斥资167亿美元收购了Altera公司。

2. Xilinx公司(已被AMD公司收购)的FPGA

Xilinx公司是全球领先的可编程逻辑完整解决方案的供应商。Xilinx公司研发、制造并销售范围广泛的高级集成电路、软件设计工具以及作为预定义系统级功能的知识产权(IP)核。Xilinx公司的主流FPGA分为两大类:一种侧重低成本应用,容量中等,性能可以满足一般的逻辑设计要求,如Spartan系列;另一种侧重于高性能应用,容量大,性能能满足各类高端应用,如Virtex系列。Xilinx公司的FPGA开发软件是ISE、Foundation和VIVADO。Foundation是Xilinx公司早期的开发工具,逐步被ISE取代。2022年2月14日,AMD公司以近500亿美元的价格收购了Xilinx公司。众所周知,英特尔公司和AMD公司是桌面处理器最重要的两家供应商,目前在FPGA领域也是如此。

3. Lattice 公司的 FPGA

Lattice 公司提供业界最广范围的现场可编程门阵列、可编程逻辑器件及其相关软件。Lattice 公司的 FPGA 产品在低功耗、小尺寸方面应用广泛，市场份额仅次于 Xilinx 和 Altera 公司。

4.1.2 FPGA 的开发语言

超高速集成电路硬件描述语言(VHDL)和 Verilog HDL 作为 IEEE 的工业标准硬件描述语言，得到众多 EDA 公司支持，在电子工程领域已成为事实上的通用硬件描述语言。

1. VHDL

VHDL 诞生于 1982 年。1987 年底，VHDL 被 IEEE 和美国国防部确认为标准硬件描述语言。自 IEEE-1076 版(简称 87 版)之后，各 EDA 公司相继推出自己的 VHDL 设计环境，或宣布自己的设计工具可以和 VHDL 接口。1993 年，IEEE 对 VHDL 进行了修订，从更高的抽象层次和系统描述能力上扩展 VHDL 的内容，公布了新版本的 VHDL，即 IEEE 标准的 1076-1993 版本(简称 93 版)。VHDL 与其他的硬件描述语言相比，具有更强的行为描述能力，从而决定了它成为系统设计领域最佳的硬件描述语言。强大的行为描述能力是避开具体的器件结构、从逻辑行为上描述和设计大规模电子系统的重要保证。

2. Verilog HDL

Verilog HDL 是由 Gateway 设计自动化公司的工程师于 1983 年末创立的。1990 年，Gateway 设计自动化公司被当时世界上最大的 EDA 软件供应商 Cadence 公司收购。1995 年，Verilog HDL 成为了 IEEE1364—1995 标准，成为通用的硬件描述语言。Verilog HDL 的最大特点是易学易用，如果有 C 语言的编程经验，就可以在一个较短的时间内很快地学习和掌握。相比于 VHDL，Verilog HDL 的底层电路描述能力更强。

4.1.3 FPGA 的开发流程

FPGA 属于可编程器件，开发 FPGA 的流程如下：

1. 下载 FPGA 开发软件

几乎每个 FPGA 厂家都会提供自家 FPGA 的开发软件，本节以英特尔公司的 Max 系列 FPGA 和 Quartus 软件为例。登录英特尔官方网站，选择“下载中心”→“英特尔® FPGA”→“产品”→“英特尔® Quartus® Prime 设计软件”→“下载”，页面如图 4.1.1 所示。

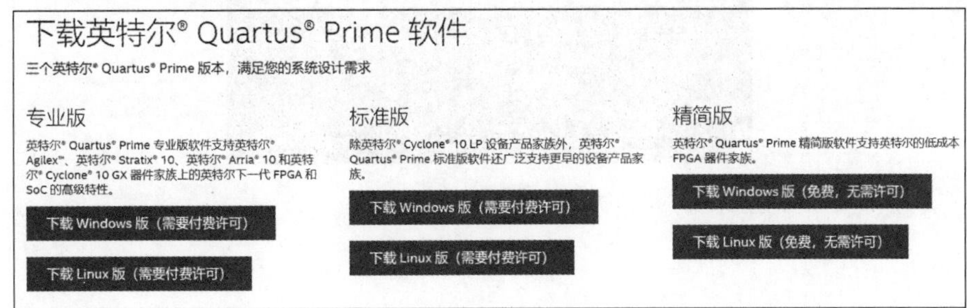

图 4.1.1 Quartus 软件下载页面

软件提供专业版、标准版和精简版三个版本，专业版和标准版支持的器件更多但是需要付费许可，本书采用 MAX 系列器件，下载精简版即可。

2. 安装 FPGA 开发软件

下载完成后解压缩，双击“QuartusLiteSetup-xxx-Windows. exe”(xxx 为版本号)开始安装，过程中单击“Next”和同意软件协议，在出现器件选择时，如果硬盘空间足够，可以都选择，如图 4.1.2 所示。然后单击“Next”，直至安装完成。

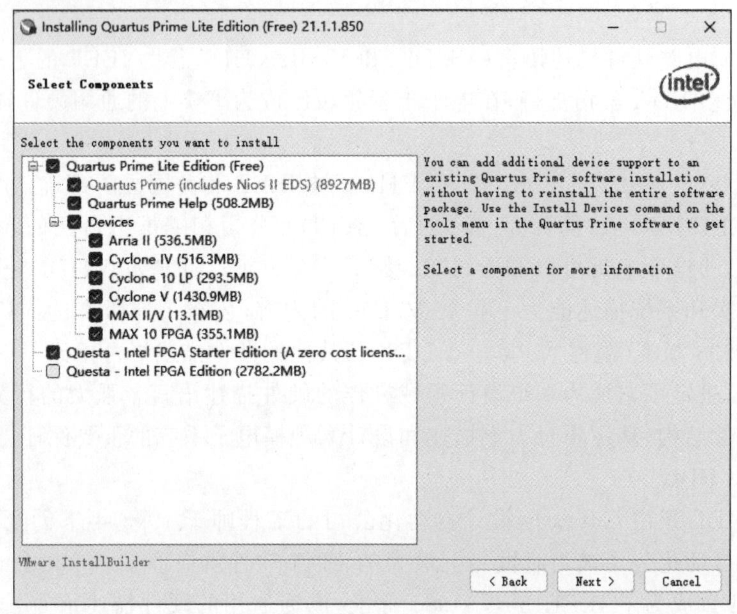

图 4.1.2 Quartus 安装器件选择界面

Quartus 软件安装完成后会提示是否要安装下载器的驱动，选择安装以便于后续使用下载器给 FPGA 烧写程序。安装完打开软件时选择不购买软件许可，直接运行界面如图 4.1.3 所示。

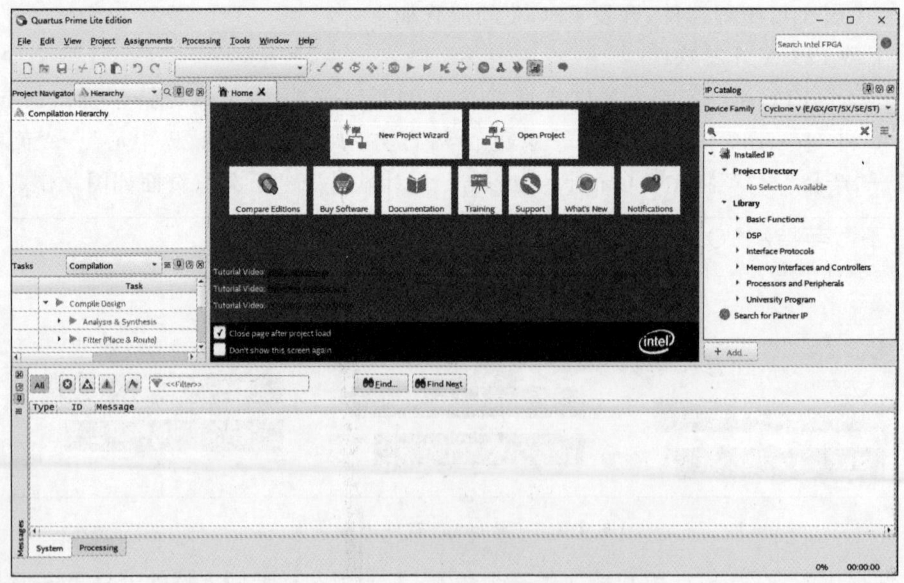

图 4.1.3 Quartus 软件的直接运行界面

3. 通过 New Project Wizard 创建工程

在 Intel® Quartus® Prime 主窗口中，选择 File → New Project Wizard。在弹出的页面中单击“Next”后进入指定工程目录、名称和顶层实体名的界面，如图 4.1.4 所示。

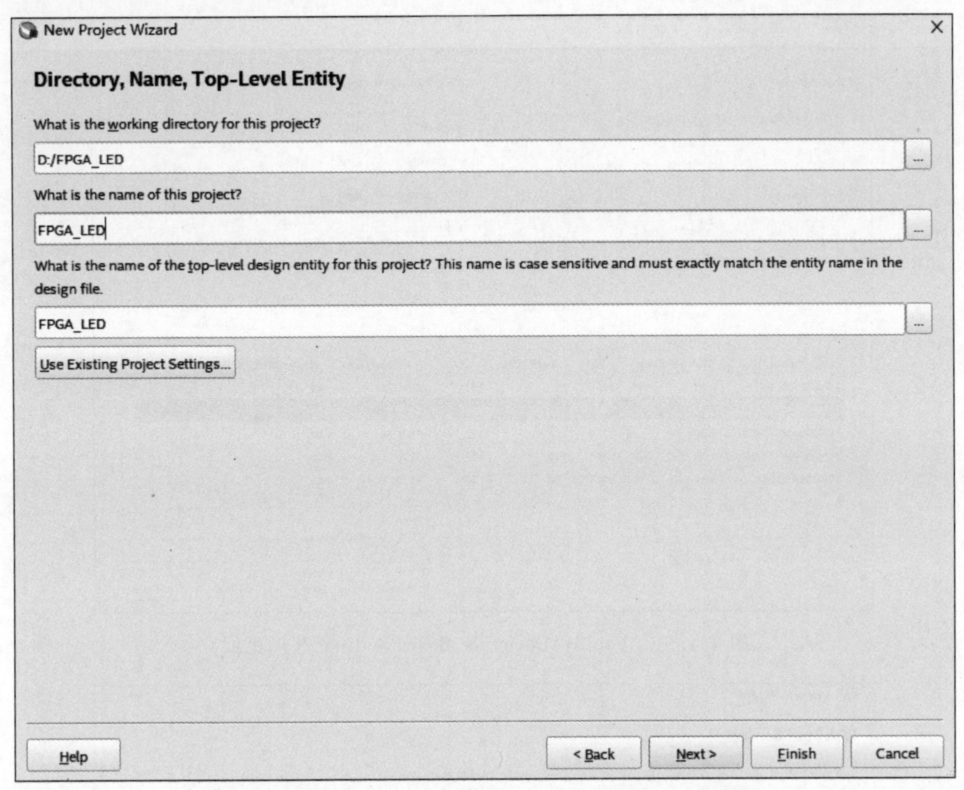

图 4.1.4 指定工程目录、名称和顶层实体名的界面

选择“Next”→“Project Type”→“empty project”(作者购买的不是英特尔公司的开发板，若购买了英特尔公司的开发板，则可以选择“project template”使用英特尔公司提供的工程模板)。

单击“Next”后进入添加文件页面，目前还没有编写任何文件，所以直接单击“Next”，如果有编写好的硬件描述语言程序等文件，就可以在这个页面添加到工程里。

单击“Next”后进入“Family，Device & Board Setting”选择页面，如图 4.1.5 所示，作者手头的开发板上器件型号为“10M08SAM153C8G”，所以“Family”选项栏选择“MAX10 (DA/DF/DC/SA/SC/SL)”，“Device”选项栏选择“MAX 10 SA”，在最下面的“Name”栏里选择“10M08SAM153C8G”。

单击“Next”后进入其他 EDA 工具选择页面，如图 4.1.6 所示，Quartus 软件可以配合其他 EDA 软件完成综合、仿真、时序分析和信号完整性分析等工作，需要在工作计算机上安装其他 EDA 工具并在这个页面里进行设置。本书采用 Verilog HDL 语言编写程序、利用 ModelSim 软件仿真，所以在 Simulation 栏里选择“Verilog HDL”和“ModelSim”。然后单击“Finish”完成工程建立。

4. 编写 Verilog HDL 程序

选择 File→New→Verilog HDL 文件类型，单击“OK”，就在 Quartus 软件里新建了一

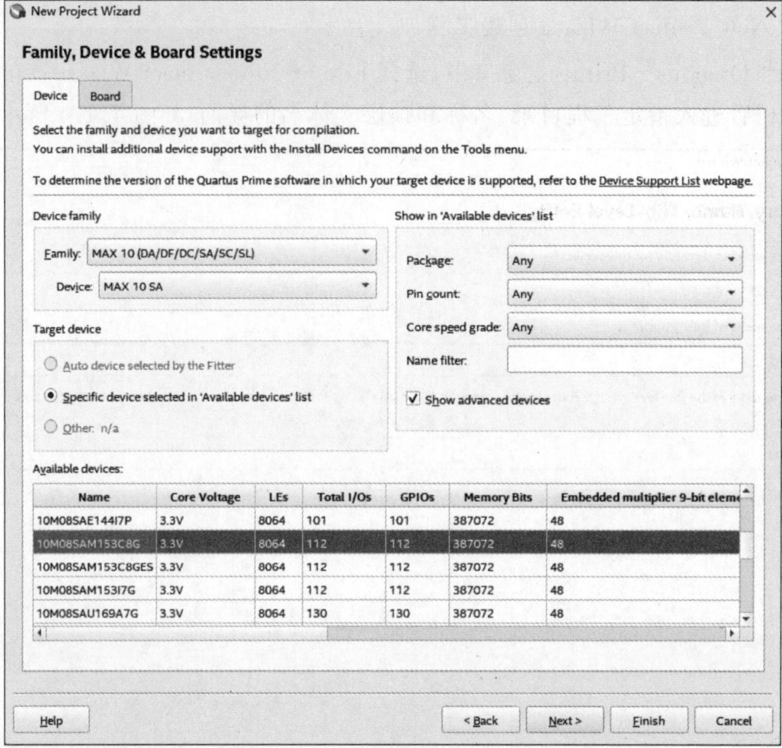

图 4.1.5 “Family,Device & Board Setting”选择页面

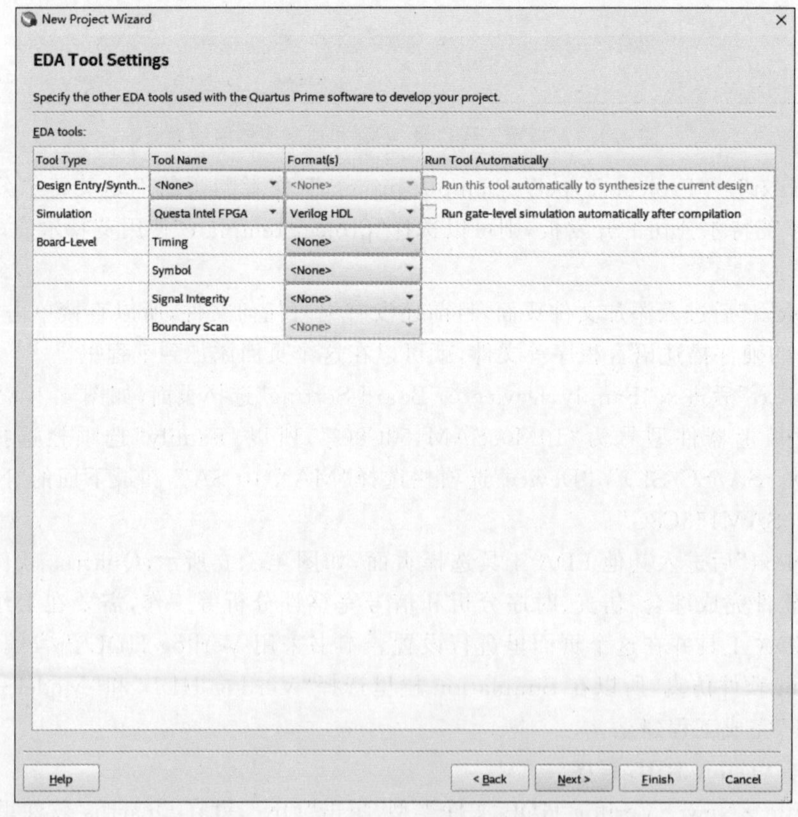

图 4.1.6 第三方 EDA 工具选择页面

个 Verilog 类型的文件，这时出现 Verilog HDL 程序编辑界面，如图 4.1.7 所示。

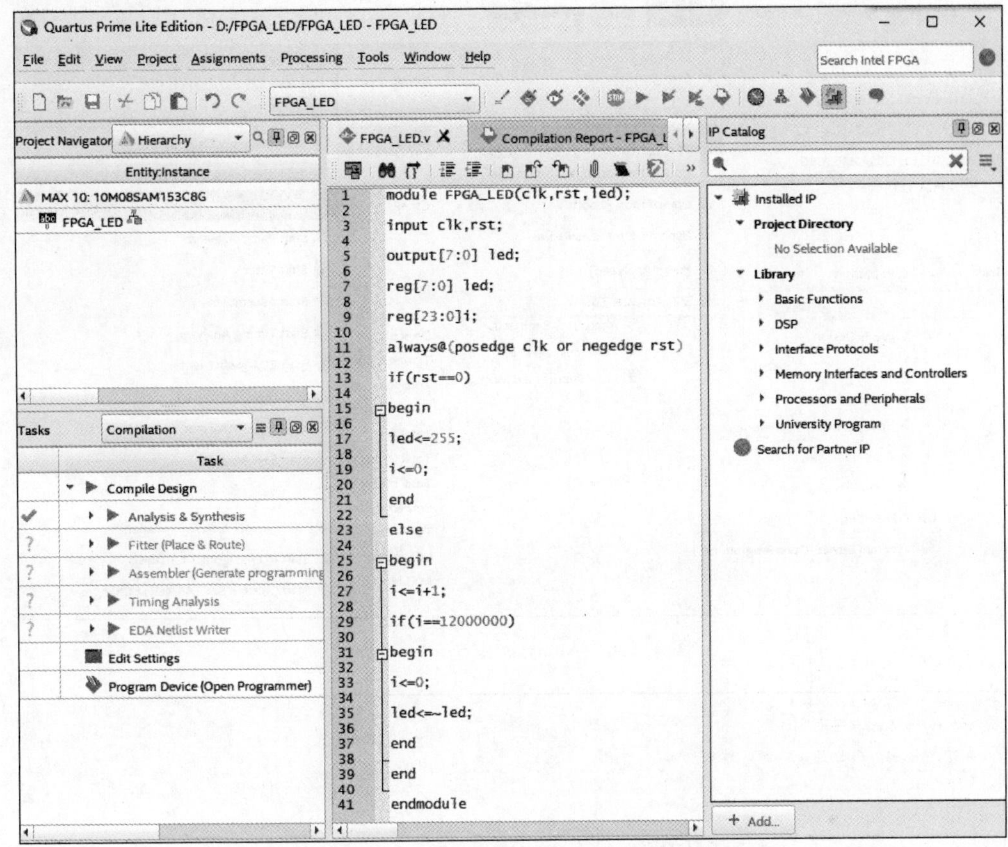

图 4.1.7 Verilog HDL 程序编辑界面

这里我们编写一个 Verilog HDL 程序控制 FPGA 引脚上外接的 7 个发光二极管交替闪烁，对 Verilog 程序不熟悉的读者可以不分析程序，只要知道这个程序控制 FPGA 的 7 个引脚交替出现高低电平即可。

Verilog HDL 程序编辑界面和具体的 Verilog HDL 程序如图 4.1.7 所示。程序编辑完成后，单击快捷菜单保存按钮保存。

5. 分析与综合 Verilog HDL 程序

选择 Processing → Start→ Start Analysis & Synthesis，在工程中运行 Analysis 和 Synthesis，如图 4.1.8 所示。若程序没有错误，则 Quartus 软件左下角综合任务栏中 Analysis & Synthesis 字样会变成绿色，同时左侧出现绿色对勾。若程序有错误，则分析不成功，窗口最下面的信息提示栏会有错误提示，双击错误提示定位到程序错误所在地修改错误后重新分析和综合，直至分析成功。

分析与综合成功后，可以选择 Tools→Netlist Viewers→RTL Viewer 查看电路，结果如图 4.1.9 所示。

6. 进行引脚分配

在 Verilog 程序中输出的高低电平用一些变量字符表示，而实际的电信号则要和 FPGA 芯片的某个引脚对应起来，所以在开发的过程中需要指定程序中的变量究竟是和

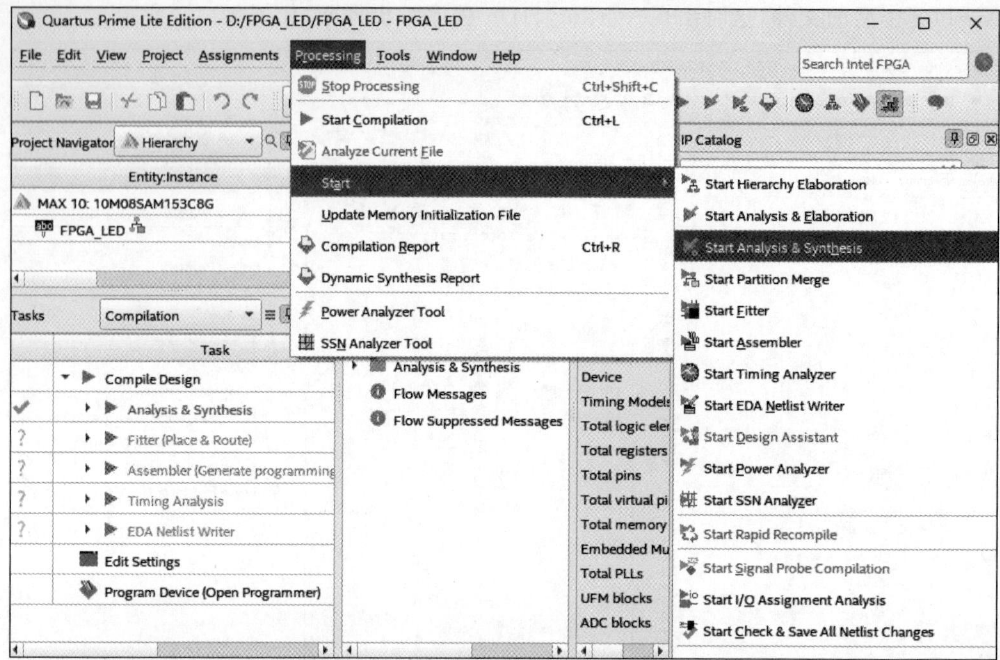

图 4.1.8 Analysis 和 Synthesis 界面

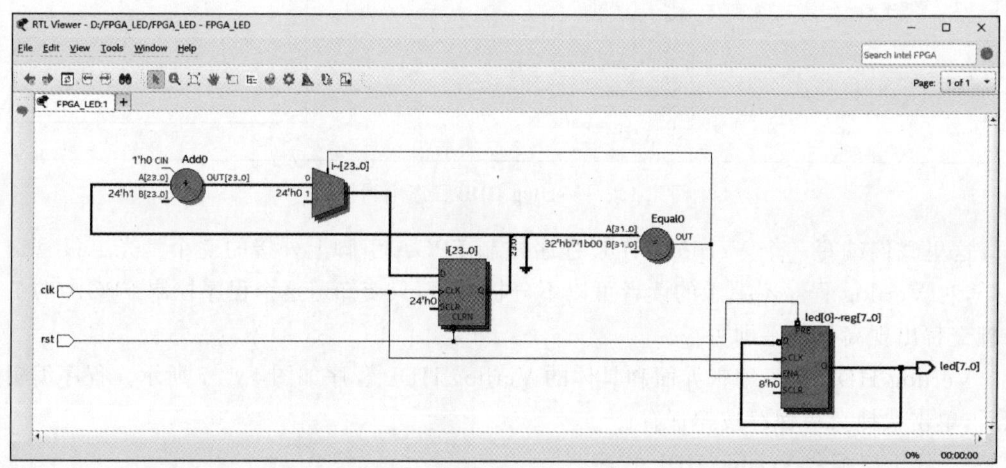

图 4.1.9 RTL Viewer 查看电路界面

FPGA 的哪个引脚对应。选择 Assignments→Pin planner，进入引脚分配页面，如图 4.1.10 所示，将变量名和引脚名进行联系。编者手头的开发板上时钟信号和 FPGA 芯片的 J5 引脚相连接，所以在 clk 的 Location 栏里选择 PIN_J5，FPGA 芯片的 N15 引脚外接有发光二极管，所以在 led[7]的 Location 栏里选择 PIN_N15，其余以此类推，如图 4.1.10 所示。

7. 编译设计

编译设计根据器件特性和设计约束来综合逻辑设计文件。编译之前还可以进行时序和时钟约束等，此处从略。运行完整设计编译，选择 Processing→Start Compilation。编译完成后，界面左下角任务状态栏成功运行的模块旁会显示一个绿色图标“✔”，如图 4.1.11 所示。

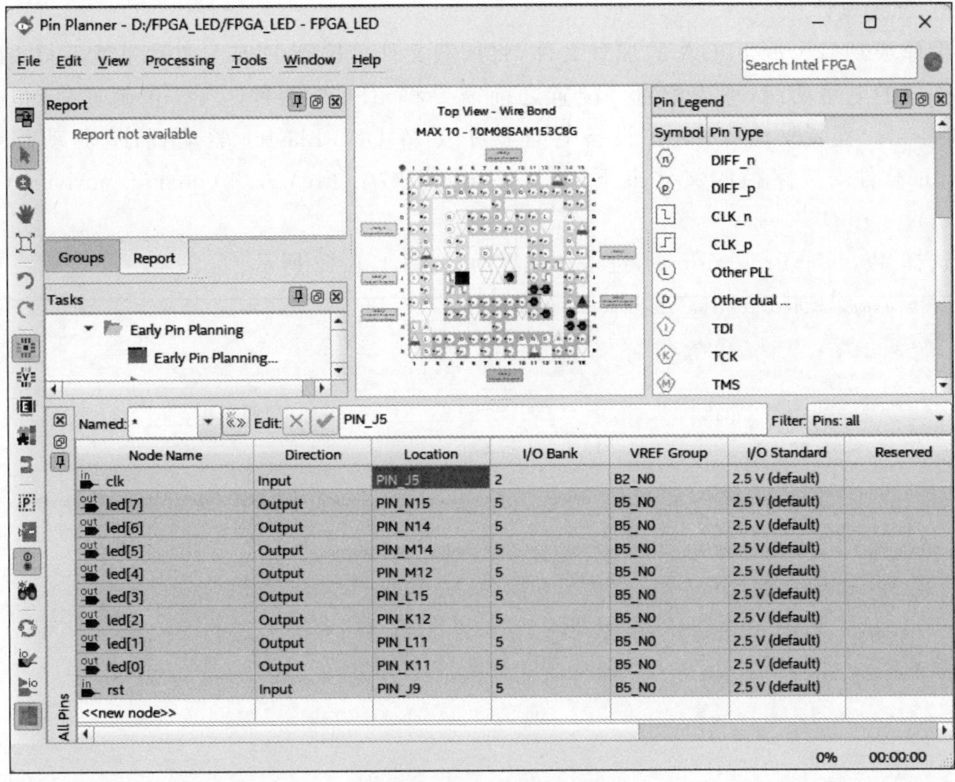

图 4.1.10 引脚分配页面

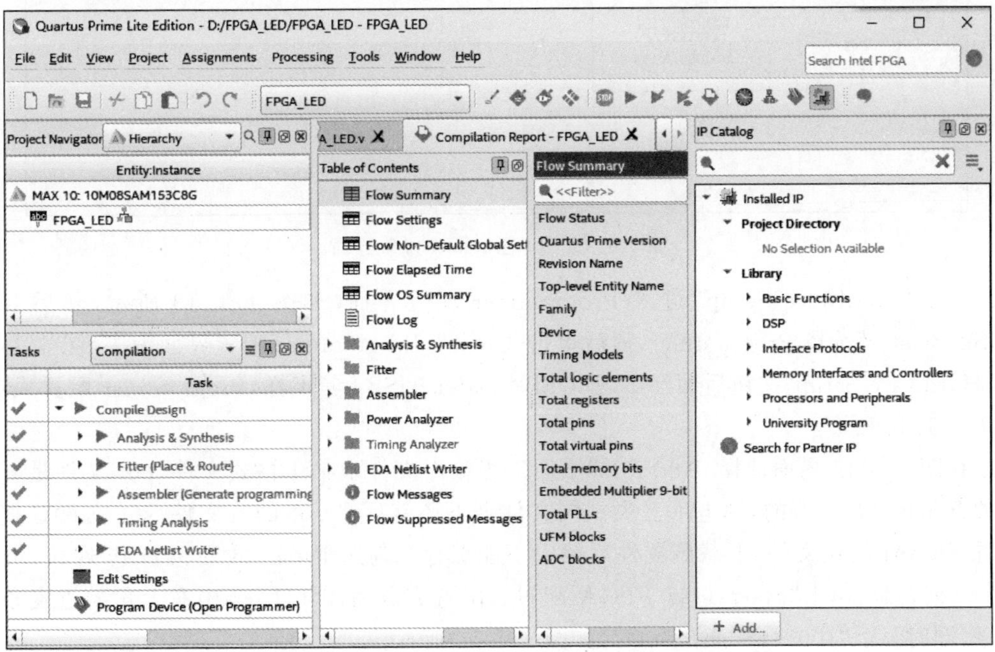

图 4.1.11 编译成功后的界面

8. 配置设计

编译成功后生成 FPGA 的加载文件，将加载文件传输到 FPGA 芯片里就使得 FPGA 具有期望的电路功能，称为配置。配置之前需要将 FPGA 器件与 PC 正确连接，包括给 USB-Blaster 安装驱动程序（在设备管理器中更新 USB-Blaster 驱动程序，驱动程序在 Quartus 软件安装路径的文件夹下，如 C:\intelFPGA_lite\21.1\quartus\drivers\usb-blaster）。

选择 Tools →Programmer，进入加载界面，如图 4.1.12 所示。

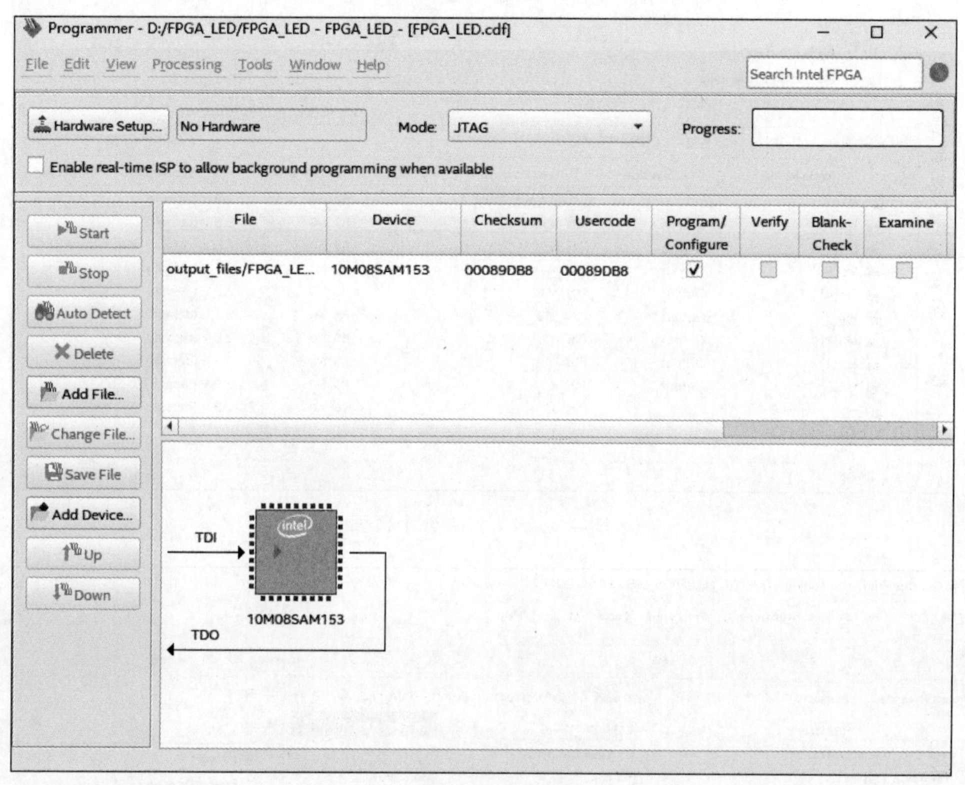

图 4.1.12 Programmer 加载界面

单击“Hardware Setup”进入 Programmer 配置界面，如图 4.1.13 所示，然后双击“USB-Blaster”选择 Programmer，最后单击“Close”，Programmer 配置界面消失，图 4.1.13 的“Hardware Setup”按钮后面会出现“USB-Blaster[USB-0]”字样，Programmer 配置成功，如图 4.1.14 所示。

在图 4.1.14 界面选择“Add File”添加工程输出文件中 pof 格式文件，pof 文件是对芯片的 Flash 进行配置的，掉电不丢失。同文件夹下还有后缀 sof 的流文件，sof 文件是直接配置 SRAM 的流文件，下载到器件后掉电不能保存。勾选 Program 列、Verify 列和 Blank Check 列，然后单击“Start”进行 FPGA 配置。配置完成后图 4.1.14 中右上角的进度条变绿色，同时显示“100%(Successful)”，如图 4.1.14 所示。

至此，FPGA 开发初步完成。后续的工作就是验证设计的正确性，可以直接观察和测试设计的功能是否合格。还可以在 ModelSim、Questa 等电路仿真软件中进行功能和时序仿真。

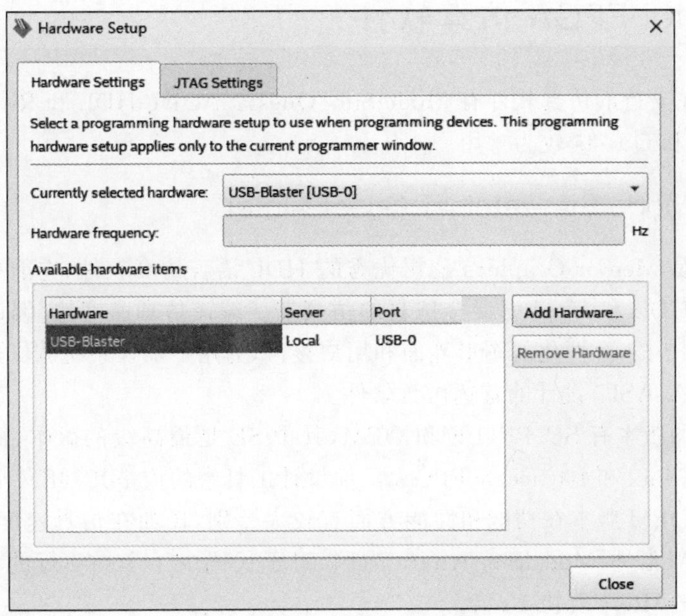

图 4.1.13 Programmer 配置界面

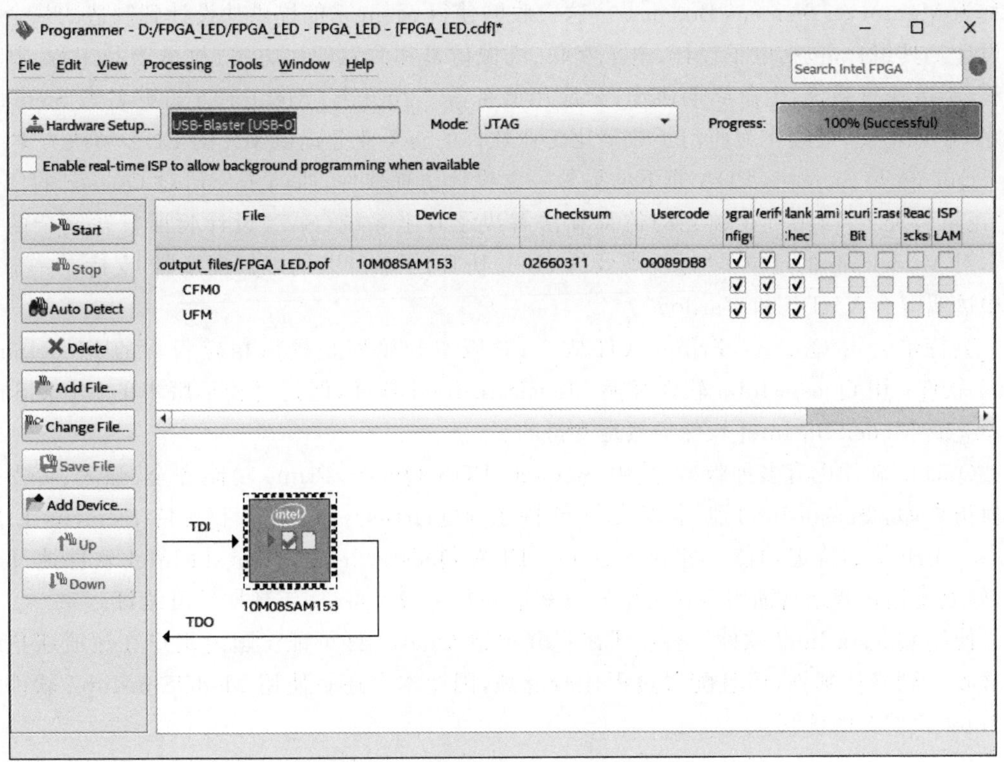

图 4.1.14 FPGA 配置完成后的界面

4.2 Intel FPGA 仿真软件

Intel FPGA 支持的仿真软件有 ModelSim、Questa、Active-HDL 和 Riviera-PRO 等，其中以 ModelSim 和 Questa 较为常用。

4.2.1 ModelSim-Intel 与 Questa-Intel

ModelSim 是 Mentor Graphics 公司优秀的 HDL 语言仿真软件，它能提供友好的仿真环境，是支持 VHDL 和 Verilog 混合仿真的仿真器。编译仿真速度快，编译的代码与平台无关，便于保护 IP 核，个性化的图形界面和用户接口，为用户加快系统调试进度提供强有力的手段，是 FPGA/ASIC 设计的首选仿真软件。

ModelSim 的版本有 SE、PE、LE 和 OEM，其中 SE 是最高级的版本，而集成在 Actel、Atmel、Altera、Xilinx 和 Lattice 等 FPGA 厂商设计工具中的均是其 OEM 版本。

SE 版本和 OEM 版本在功能和性能方面有较大差别，比如在仿真速度方面，以 Altera 公司提供的 OEM 版本 ModelSim-Altera 为例，对于代码少于 40000 行的设计，ModelSim SE 比 ModelSim-Altera 要快 10 倍。

英特尔公司收购了 Altera 公司后，ModelSim-Altera 更名为 ModelSim-Intel。

2016 年，西门子公司收购了 Mentor Graphics，并入西门子数字化工业软件部门，合并后称为 Mentor，a Siemens Business。这一收购使得 Mentor 能提供从设计到制造的最全面的设计工具组合，包括电子设计、电子互联、机械仿真和测试解决方案、机械产品工程、制造工程、制造执行系统、生命周期协作、云应用服务等。2021 年，Mentor 正式更名为 Siemens EDA，业务不变，继续作为西门子数字化工业软件的旗下业务提供领先的 EDA 解决方案。

Questa 是 Siemens EDA 旗下的另外一款设计仿真软件，西门子公司对 Questa 的定位是"逻辑验证工具，用行业领先的仿真算法解决了片上系统(SoC)设计验证日益复杂的问题"，对 ModelSim 的定位是"经济高效的 HDL 仿真，屡获殊荣的单核模拟器，支持在一个设计中透明混合 VHDL 和 Verilog"。

英特尔公司 Quartus Prime 软件从 21.3 版本开始停止提供相应版本的 ModelSim-Intel 软件，用 Questa-Intel 软件替换 ModelSim-Intel 软件，但是对较早版本的 ModelSim-Altera 或 ModelSim-Intel 软件仍然是支持的。

Questa 软件也有多种版本，其中 Siemens EDA Questa Prime 功能齐全、强大、可支持任何仿真库，Questa-Intel 版本仅支持英特尔（Quartus）仿真库，不支持 Siemens EDA Questa Prime 的特定功能。相比 Siemens EDA Questa Prime，Questa-Intel 软件速度较慢，好处是用户登录自助服务许可中心可获取一年免费许可，一年到期后可续订。

使用 Questa-Intel 软件需要注册账户并申请 Questa 许可证。国内用户在注册账户时经常收不到确认邮件，而且配置过程比较麻烦，因此本书还是使用 ModelSim-Intel 软件进行 Intel FPGA 的仿真。

4.2.2 ModelSim-Intel 的安装与设置

ModelSim-Intel 软件按照安装文件的提示逐步安装完成后，即可在 Quartus 软件中调用。

安装完成后，打开 Quartus，选择 Tools→Options→General→EDA Tool Options，设置 ModelSim-Intel 的路径，单击 ModelSim 栏最右边的三个点，选择路径到 ModelSim-Intel 软件安装路径中的 modelsim_ase/win32aloem 文件夹，然后单击“OK”关闭界面，如图 4.2.1 所示。

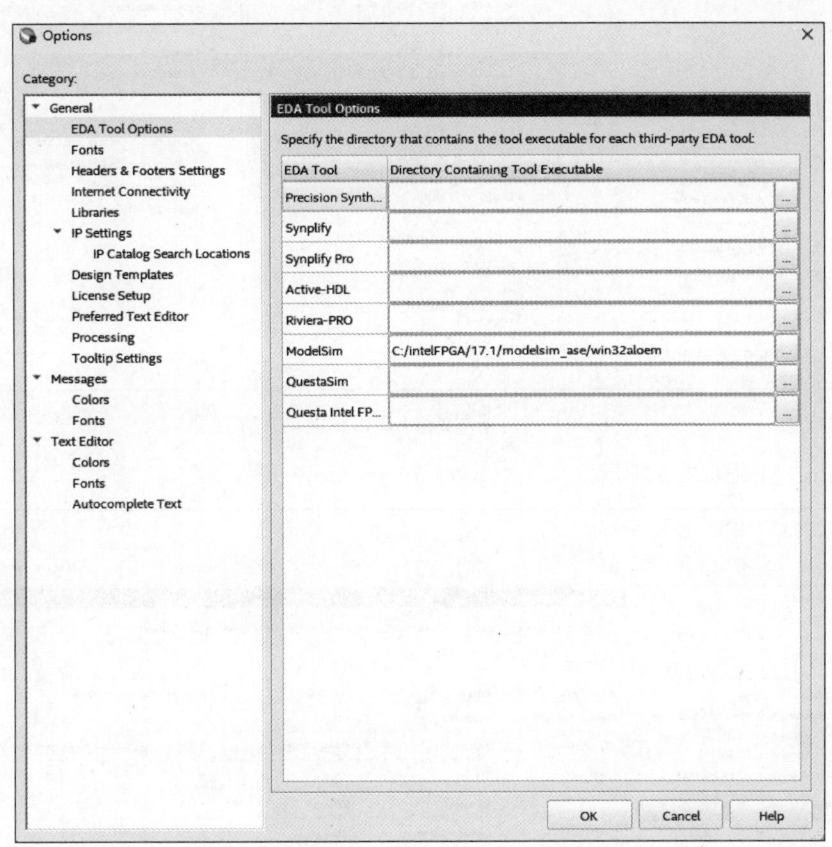

图 4.2.1 设置 ModelSim-Intel 路径的界面

4.2.3 ModelSim-Intel 的使用

ModelSim 在 FPGA 设计中的主要功能是验证 Verilog HDL 程序的正确性，所以使用 ModelSim 进行仿真前先要编写测试文件，也就是给 Verilog HDL 程序最终生成的电路一个激励，然后将激励信号传递到 Verilog HDL 程序最终生成的电路，通过响应检查设计是否达到要求。

1. 编写测试文件

在 4.1.3 节给 FPGA 编写了一个让发光二极管闪烁的程序，该程序有一个时钟输入 clk、一个复位输入 rst 和 8 位控制发光二极管的输出 led。在 Quartus 中新建 Verilog 程序文件，编写的测试文件如图 4.2.2 所示。程序的语法遵循 Verilog HDL 程序语法，后续会详细介绍，暂时只需要知道给 clk 和 rst 施加了激励信号即可。

2. 确认仿真工具设置为 ModelSim

在 Quartus 软件中选择 Assignment→Setting→EDA Tool Settings，确认仿真工具选择

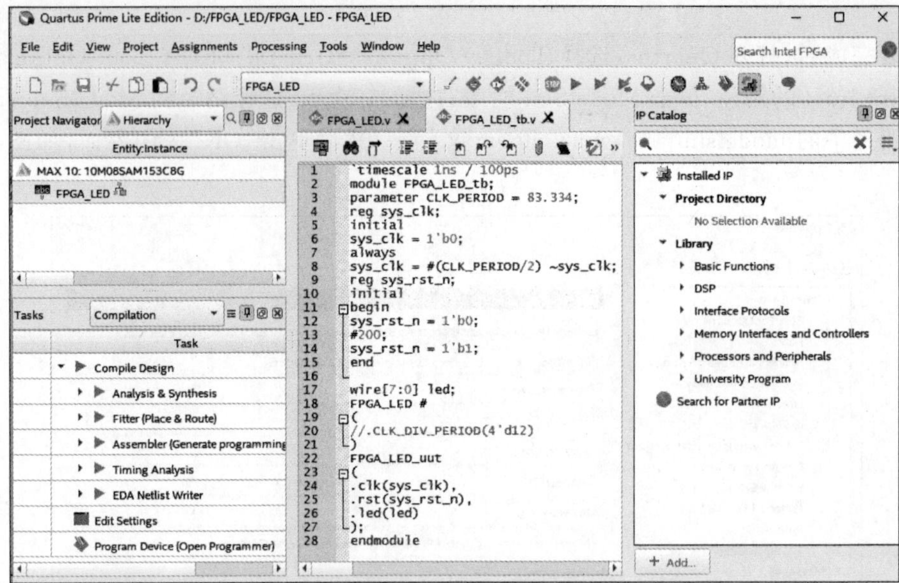

图 4.2.2 编写的 LED 闪烁测试文件

了 ModelSim，如图 4.2.3 所示。

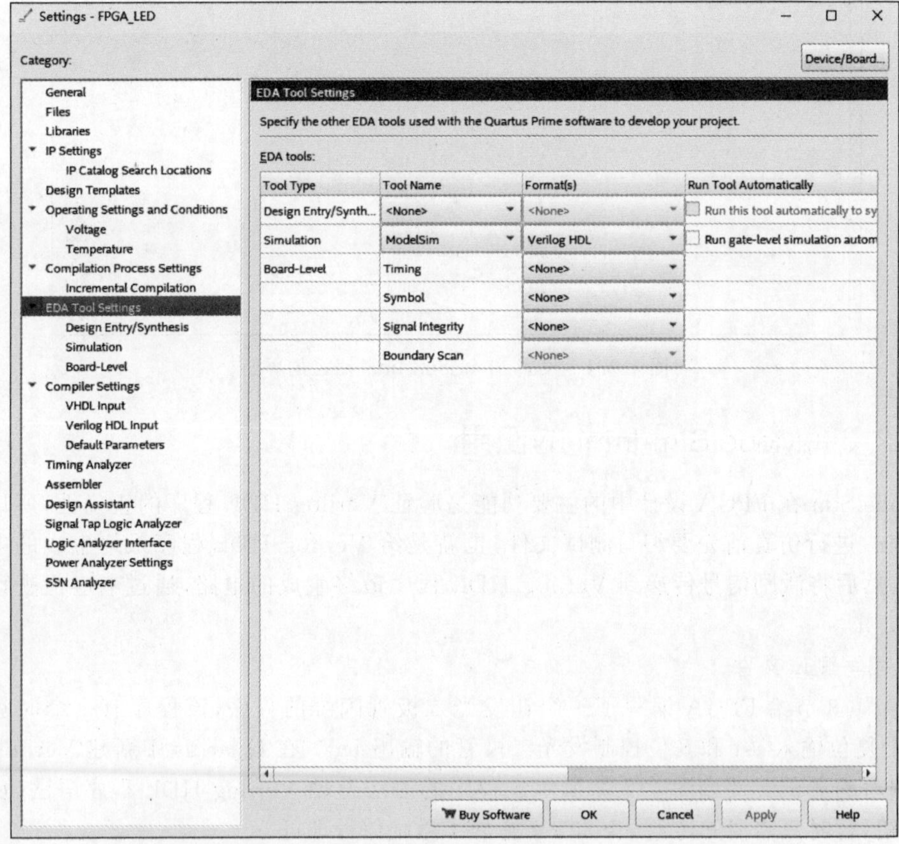

图 4.2.3 确认仿真工具选择了 ModelSim

3. 关联测试文件到工程

在 Quartus 软件中选择 Assignment→Setting→Simulation→Compile test bench，在右侧选择"Test Benches"，弹出对话框后单击"New"，出现如图 4.2.4 所示界面，在"Test bench name"中输入测试文件的名称（本例为"FPGA_LED_tb"），单击"File name"栏右边的三个点选择测试文件，然后单击"Add"，最后单击三次"OK"，关闭三个对话框。

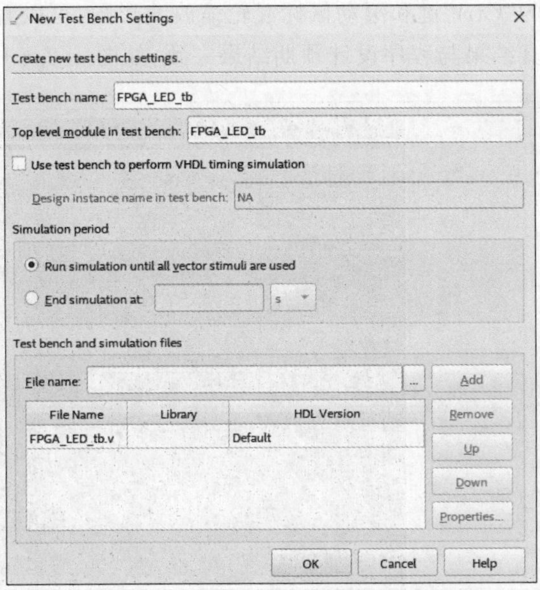

图 4.2.4 "Test bench name"配置对话框

4. 启动 ModelSim

在 Quartus 软件中选择 Tools→Run Simulation Tool→RTL Simulation，启动 ModelSim，界面如图 4.2.5 所示。除了菜单栏和工具栏外，图中下方还有三个窗口，中间的是仿真对象窗口，右边的是波形窗口。选中仿真对象，右击可以选择将仿真对象添加到波形窗口，图中 ModelSim 默认添加了 Verilog 程序生成电路的输入和输出端口。

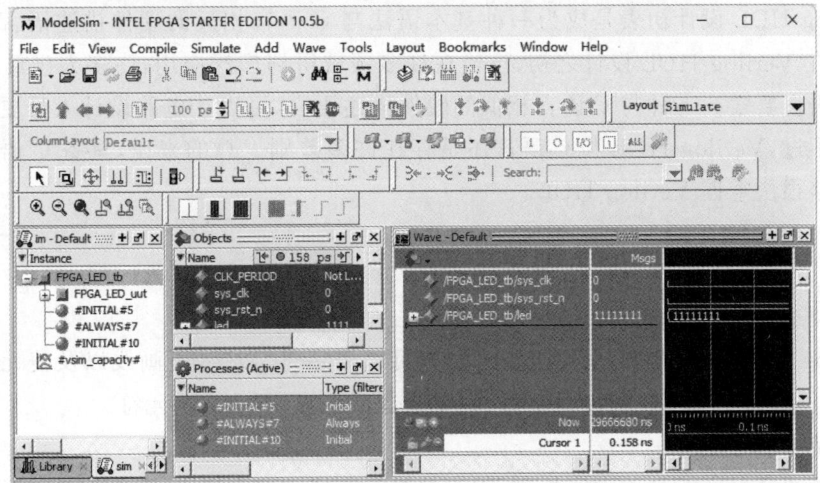

图 4.2.5 Quartus 启动 ModelSim 后的界面

5. 设置仿真时间重新启动仿真

Quartus 启动 ModelSim 后默认进入仿真状态，单击图 4.2.5 中快捷菜单里的“STOP”按钮，在快捷菜单第二行里修改仿真时间为 10000000000000ps(10s)。然后单击图 4.2.5 中快捷菜单第二行第 5 个按钮“Restart”将波形图清零，最后单击图 4.2.5 中快捷菜单第二行第 7 个按钮“Run”(仿真时间右边)重新开始仿真。过一段时间后可以拖动波形图窗口的进度条，并按住键盘上的“Ctrl”键和滚动鼠标混轮缩放波形图，可以看到每隔 1s，led 的取值改变一次，可以判断仿真结果与程序设计预期结果一致，如图 4.2.6 所示。

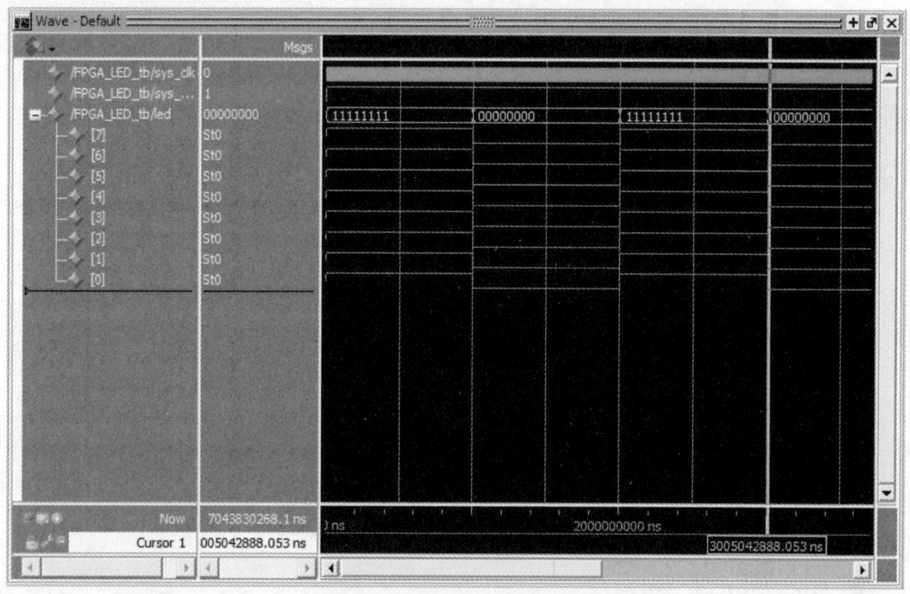

图 4.2.6 发光二极管仿真波形图

4.3 Verilog HDL 程序设计基础

Verilog HDL 设计初衷是成为一种基本语法与 C 语言相近的硬件描述语言。这是因为 C 语言在 Verilog HDL 设计之初，已经在许多领域得到广泛应用，许多人已经习惯 C 语言的许多语言要素。一种与 C 语言相似的硬件描述语言，可以让电路设计人员更容易学习和接受。不过，Verilog HDL 与 C 语言还是存在许多差别。总的来说，具备 C 语言的设计人员将能够很快掌握 Verilog HDL。

4.3.1 Verilog HDL 的基本元素

1. 命名规则

Verilog HDL 中的命名是区分大小写的，可以由字母、数字、下画线以及美元符($)来表示，标识符的第一个字符只能是字母、数字或者下画线，不能为美元符。

2. 关键字

程序员的命名不能与关键字相同，因为关键字有特殊的含义，一些常用的关键字会在出现的时候慢慢介绍。初学者也不用担心自己的命名和没介绍的关键字重复，程序在编译的时候会出现警告或者错误。

3. 数据类型

数据类型分为线网类型和寄存器类型。常用的线网类型为 wire,可以理解为电路中的导线。另外,还有常用的寄存器类型为 reg,它和电路中的真实寄存器有类似之处,但又不同,它只是表示一个存储数值的变量。此外,还有 integer(整数)、time(时间)、real(实数)等寄存器类型。

4. 数字的表示

数字表示的基本语法结构为<位宽>'<数制的符号><数值>,例如 4'b0111 表示位宽为 4 位的二进制数“0111”,10'd123 表示位宽 10 位的十进制数 123(123 转换为二进制数不够 10 位高位补'0')。

5. 向量

向量表示具有多个二进制位的变量,例如,wire [3:0] led 表示一个名为 led 的 4 位 wire 型向量,最高位是 led[3],最低位是 led[0]。

6. 运算符

常用的运算符有按位取反(~)、按位与(&)、按位或(|)、按位异或(^)、按位同或(~^或者^~)、逻辑取反(!)、逻辑与(&&)、逻辑或(||)、缩减与(&)、缩减与非(~&)、缩减或(|)、缩减或非(~|)、缩减异或(^)、缩减同或(~^或^~)、加(+)、减(-)、乘(*)、除(/)、求幂(**)、大于(>)、小于(<)、大于或等于(>=)、小于或等于(<=)、逻辑相等(==)、逻辑不等(!=)、逻辑右移(>>)、逻辑左移(<<)、算术右移(>>>)、算术左移(<<<)等,其含义与 C 语言相同。

7. 程序流控制

Verilog HDL 提供了多种程序流控制语句,包括 if、if-else、if-else-if-else 等形式的条件结构,case 分支结构和 for、while 循环结构等,这些程序流控制语句与 C 语言的用法相似。

8. 端口方向

Verilog HDL 程序是用来描述电路结构的,电路的信号有着流动方向,Verilog HDL 规定端口具有 input、output 和 inout 三种传输方向,分别对应电信号为输入型、输出型和双向型,所有的端口均默认为 wire 数据类型。

9. 字符串

双撇号内的字符序列表示字符串,不允许分成多行书写。在表达式和赋值语句中字符串要转换成无符号整数,用一串 8 位 ASCII 码表示,每个 8 位 ASCII 码代表一个字符。例如,字符串“ab”等价于 16'h5758。存储字符串“INTERNAL ERROR”,需要定义 8×14 位的变量。

4.3.2 Verilog HDL 程序的基本结构

Verilog HDL 程序的基本结构为模块(module),每个模块对应电路中的逻辑实体,模块(module)由模块声明、输入和输出端口声明、信号类型声明、逻辑功能描述四部分组成。

以下面的程序为例进行说明:

```
module full_add (a,b,c,sum,cout) ;
input a,b,c;
```

```
output sum,cout;
reg m1,m2,m3;
wire cout,sum;
xor(s1,a,b)
assign sum = s1^c;
always @(a or b or c)
begin
m1 = a & b;
m2 = b & c;
m3  = a & c;
end
assign cout = m1 || m2 || m3;
endmodule
```

1. 模块声明

本例中程序的第一行和最后一行为模块声明,以关键字 module 和 endmodule 为标志,非常类似 C 语言中的一对大括号。基本格式:

```
module   模块名(端口 1,端口 2,端口 3,端口 4, …); endmodule
```

本例中的模块名为 full_add ,端口为 a、b、c、sum 和 cout。

2. 输入和输出端口声明

本例中程序的第 2 行和第 3 行为输入和输出端口声明,说明了端口 a、b、c 为输入端口,sum 和 cout 为输出端口。输入和输出端口声明的基本格式:

```
输入口:input 端口名 1,端口名 2,…,端口名 i;
输出口:output 端口名 1,端口名 2,…,端口名 j;
```

3. 信号声明

本例中程序的第 4 行和第 5 行为信号声明,说明了信号 m1、m2、m3 为 reg 类型信号,cout 和 sum 为 wire 型信号。信号声明的基本格式:

```
reg [width-1 : 0] 信号名 1,信号名 2,…;
wire [width-1 : 0] 信号名 1,信号名 2,…;
```

4. 逻辑功能描述

本例中程序的第 6~14 行为模块的逻辑功能描述。

第 6 行用 xor 例化了一个异或门,异或门的输入为 a 和 b,输出为 s1。

第 7 行用 assign 关键字描述了一个异或门,异或门的输入为 s1 和 c,输出为 sum。

第 8~13 行用 always 关键字描述了信号 m1、m2 和 m3 与 a、b 和 c 的关系。always@()语句的意思是 always 模块中的任何一个输入信号或电平发生变化时,该语句下方的模块将被执行。always 语句有两种触发方式:一是电平触发,例如 always @(a or b or c),a、b、c 均为变量,当其中一个发生变化时,下方的语句将被执行。二是沿触发,例如 always @(posedge clk or negedge rstn),即当时钟处在上升沿或下降沿时,语句被执行。任何在 always 块内被赋值的变量都必须是寄存器型(reg)。

4.3.3 Verilog Testbench 的基本结构

利用 ModelSim 进行 Verilog HDL 程序的功能仿真时需要给 Verilog HDL 程序编写一个 Testbench,给 Verilog HDL 程序生成的电路施加激励信号,在 4.2 节曾经直接给出了一个 Testbench 而未加说明。这个 Testbench 文件也是用 Verilog HDL 编写的。以图 4.2.2 中的 Testbench 文件为例来说明 Verilog Testbench 的基本结构。

程序内容如下：

```
`timescale 1ns / 100ps
module FPGA_LED_tb;
parameter CLK_PERIOD = 83.334;
reg sys_clk;
initial
sys_clk = 1'b0;
always
sys_clk = #(CLK_PERIOD/2) ~sys_clk;
reg sys_rst_n;
initial
begin
sys_rst_n = 1'b0;
#200;
sys_rst_n = 1'b1;
end
wire[7:0] led;
FPGA_LED #
(
//.CLK_DIV_PERIOD(4'd12)
)
FPGA_LED_uut
(
.clk(sys_clk),
.rst(sys_rst_n),
.led(led)
);
endmodule
```

1. 时间建模

首先利用`timescale <时间单位>/<仿真精度>定义仿真的时间单位，时间单位是激励信号变化的单位，本例中设计为 1ns；仿真精度一般比时间单位小，在仿真精度的时间间隔内仿真器对信号的变化不再区分。本例中的仿真精度设计为 100ps。

用"#<数字>"表示信号的保持或延时，本例程序的第 3 行定义了参数"CLK_PERIOD = 83.334；"表示时钟周期为 83.334 ns，对应 FPGA 的晶振时钟为 12 MHz。在第 8 行用"#(CLK_PERIOD/2)"表示 sys_clk 信号延时 CLK_PERIOD/2＝83.334/2 个时间单位，即 83.334/2ns。在第 13 行用"#200；"表示 sys_rst 信号保持 200 个时间单位，即 200ns。

2. 模块命名

程序第 2 行的 module 和最后一行的 endmodule 将 Testbench 的模块命名为"FPGA_LED_tb"，这和普通的 Verilog HDL 程序是一样的。

3. 激励信号的生成

程序第 4～8 行生成了系统时钟信号 sys_clk。首先利用 reg 定义了 sys_clk，接着用"initial sys_clk = 1'b0；"规定了 sys_clk 的初始值为'0'，最后用"always sys_clk = #(CLK_PERIOD/2) ~sys_clk；"描述了 sys_clk 信号每隔二分之一个时钟周期取反一次。

本例中用到 initial 和 always 关键字。initial 后接的语句只在模块开始运行时运行一次，若后接语句不止一条，则需要用“begin-end”括起来，就像 C 语言中的中括号一样。always 后接的语句则要反复执行，正如它通常的意思一样。

程序第 9～15 行生成了系统复位信号 sys_rst。用 initial 关键字描述了 sys_rst 一开始的取值为“0”，200ns 后变为“1”，以后再不变化。

4. 仿真信号的输出

从仿真器的角度来看，仿真器只是执行了 Testbench 描述的模块，而 Testbench 描述的模块本身并没有定义电路功能，Testbench 只是调用了待测试的 Verilog HDL 程序，所以在 Testbench 中仍然要定义仿真信号的输出，也就是待测试的 Verilog HDL 程序对应电路的输出，程序第 16 行定义了 8 位线网 LED。

5. 参数的传递

Testbench 和待测试的 Verilog HDL 程序之间如果有参数传递，则利用“待测试模块名称 ＃（.参数名称（参数值））”的格式来传递，程序第 17～20 行实际传递的参数为空。

6. 端口的映射

Testbench 和待测试的 Verilog HDL 程序之间是调用关系，所以需要将 Testbench 生成的激励信号传递给待测试的 Verilog HDL 程序，待测试的 Verilog HDL 程序输出的响应又要传递给 Testbench 的输出信号，两者是一一对应的。程序第 21～26 行将 Testbench 的 sys_clk、sys_rst 和 led 分别与待测试的 Verilog HDL 程序中的 clk、rst 和 led 进行映射，一一对应。待测试的 Verilog HDL 程序中的端口在前，Testbench 中的端口在后。

源程序

4.4 Intel FPGA 的 IP 核设计实例

FPGA 的集成度越来越高，规模越来越大，设计越来越复杂，产品的交付周期越来越短，这与人类有限的设计能力形成了巨大矛盾。如果 FPGA 设计还是全部由设计者从最底层的 HDL 代码写起，那么必然不能在越来越苛刻的开发周期内完成相关项目。IP 核的出现解决了这个问题。IP 核是一段具有特定电路功能的硬件描述语言程序，该程序通常与集成电路工艺无关，可以移植到不同的半导体工艺中去生产集成电路芯片。由于 IP 核将一些在数字电路中常用但比较复杂的功能块设计成可修改参数的模块，因此 FPGA 的设计人员可以通过调用相关 IP 核来完成所需逻辑功能，从而节省了大量的开发时间。调用 IP 核能避免重复劳动，大大减轻设计人员的负担，因此使用 IP 核必然成为将来 FPGA 设计的一个发展趋势。

大部分 IP 核是需要付费的，不过仍有很多免费的 IP 核资源，其中最主要的就是每个 FPGA 厂商都会为自己的软件集成开发环境提供一些比较基本的免费的 IP 核，以增加自家产品的行业竞争力。例如，最常用的 FIFO 模块、PLL 模块等。对于平常的设计来说，利用好这些免费的 IP 核就能达到事半功倍的效果。

按 IP 核的硬件描述及实现程度，可将它分为软核、硬核和固核。

IP 软核一般是指用硬件描述语言描述的功能块，不涉及用什么具体电路元件实现这些功能，软核的代码直接参与设计的编译流程，就像编写的 HDL 代码一样，虽然一般会对软核的 RTL 代码进行加密，但其保密性还是比较差。

IP 硬核是以经过完全的布局布线的网表形式提供，由于不再参与设计的编译流程，它的性能具有很强的可预见性，并且保密性好，不过移植性差。

IP 固核是软核与硬核的折中，它只对描述功能中一些比较关键的路径进行预先的布局布线，而其他部分仍然可以任由编译器进行相关优化处理。例如，使用 IP 核生成一个 8×8 的乘法器时，如果选择使用逻辑资源块来实现，此时的乘法器 IP 核就相当于一个软核；如果选择使用 DSP 资源来实现，此时的乘法器 IP 核就相当于一个硬核；如果用 DSP 资源生成一个 36×36 的乘法器时，那么 FPGA 需要若干 DSP 资源来实现，这时候，每个 DSP 核的布局布线是固定的，但究竟选择哪几个 DSP 资源来实现是可以由编译器来决定的，此时的乘法器 IP 核就相当于一个固核。

英特尔公司以及战略 IP 伙伴面向 Intel FPGA 器件提供最佳可配置 IP 核的广泛组合。Intel Quartus Prime 软件安装包括 Intel FPGA IP 库。将已优化和已验证的 Intel FPGA IP 核集成到设计中，以缩短设计周期并实现性能最大化。Intel Quartus Prime 软件还支持来自其他源的 IP 核集成。可使用 IP Catalog(Tools > IP Catalog)有效参数化，并生成用于定制 IP 系列的综合及仿真文件。

直接数字合成信号发生器

1. 直接数字合成技术简介

直接数字合成(DDS)技术将先进的数字信号处理理论与方法引入信号合成领域，将数据流经过数/模转换器后直接输出期望的信号。直接数字频率合成器的组成框图及其各点波形如图 4.4.1 所示。相位累加器由一个加法器和一个相位寄存器组成，在参考时钟 f_c 的作用下相位寄存器的值每次增加一个频率控制字。波形存储器是一个只读存储器(ROM)，存储的内容为要产生波形一个周期的时域波形。在参考时钟 f_c 的作用下，相位累加器的输出作为波形存储器的地址将波形存储器的内容读出，波形存储器的输出经过数/模转换器和低通滤波后作为频率合成器的输出。

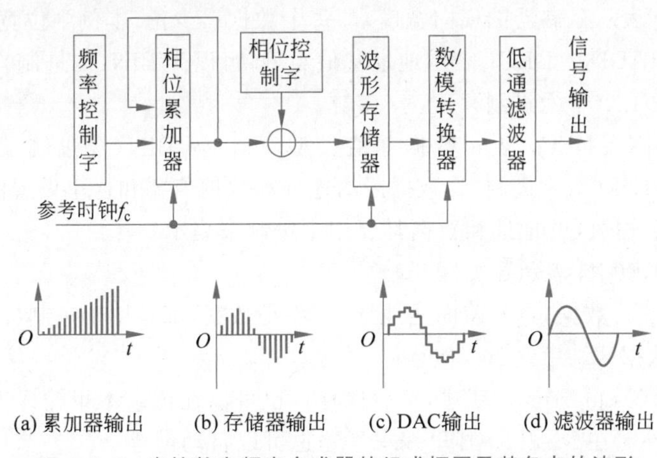

图 4.4.1　直接数字频率合成器的组成框图及其各点的波形

2. 直接数字合成产生正弦波参数计算

FPGA 的晶振时钟记为 f_0，波形存储器的数据长度为 L，如果 FPGA 依次读出波形存储器的数据输出，则输出正弦波的频率 $f_{\min}=f_0/L$。要产生频率为 f_{out} 的正弦波，则 FPGA 不能依次读出波形存储器的数据输出，而是需要对波形存储器的数据抽样输出，即间

隔性地读出数据，这个间隔就是相位累加器的输入，也叫作频率控制字，其可表示为

$$f_{ctr}=f_{out}/f_{min}=(f_{out}\times L)/f_0$$

假设 FPGA 的晶振时钟为 12MHz，波形存储器的数据长度为 65536(16 位地址线)，如果 FPGA 依次读出波形存储器的数据输出，则输出正弦波的频率为

$$f_{min}=12\times 10^6/65536\approx 183.10546875(\text{Hz})$$

要产生频率为 40kHz 的正弦波，则有

$$f_{ctr}=40\times 10^3\times 65536/(12\times 10^6)\approx 218.45333333(\text{Hz})$$

取整数得 218Hz。实际输出正弦波的频率为

$$f_{out}=f_{min}\times f_{ctr}=39.91699218(\text{kHz})$$

3. 波形寄存器的 mif 文件

mif 在 FPGA 设计中是 memory initialization file 的缩写，即存储器初始化文件。一个简单的 mif 文件的内容(可以用记事本将 mif 文件打开，看到里面的代码)：

```
DEPTH = 256;
WIDTH = 8 ;
ADDRESS_RADIX = DEC ;
DATA_RADIX = DEC ;
CONTENT
BEGIN
      0:0;
      1:1;
  (此处略去若干行，真正的 mif 文件里是类似上一行的数据)
    255:255;
END;
```

代码分析如下：

DEPTH=256；表示存储器的纵向容量，表示存多少个数据，本例中是 256 个。

WIDTH=8；表示存储器的横向宽度，即每个数据多少位，本例中位宽 8 位。

ADDRESS_RADIX=DEC；表示地址基值类型，可以为 BIN(二进制)、OCT(八进制)、DEC(十进制)和 HEX(十六进制)。

DATA_RADIX=DEC；表示数据基值类型，可以为 BIN(二进制)、OCT(八进制)、DEC(十进制)和 HEX(十六进制)。数据区的地址和数据值要和这里设置的值一致，如果这里设置 DEC，那么数据区的地址和数据都要用十进制来表示。

CONTENT BEGIN 表示数据区开始。

0:0；表示第一行数据，冒号前面是地址，后面是数据，都是用十进制(DEC)表示。

END；表示数据区结束。

mif 文件可以在 Quartus 里新建，然后保存。也可以在记事本里输入上述代码，然后保存为.mif 格式文件。在 MATLAB 里编写程序也可以自动创建。

4. 利用 MATLAB 生成 mif 文件

在 MATLAB 中编写如图 4.4.2 所示程序，运行后会自动在文件夹下生成 rom_sin.mif 文件，同时显示正弦波波形如图 4.4.3 所示。

5. 在 Quartus 中调用 ROM IP 核

新建工程(参考 4.1.3 节)，然后选择 Tools→IP Catalog，在搜索框里输入“ROM”，选择

```
clear all;clc;close all;
depth = 65536;
width = 16;
fid = fopen('rom_sin.mif','w');
fprintf(fid, 'DEPTH=%d;\n', depth);
fprintf(fid, 'WIDTH=%d;\n', width);
fprintf(fid, 'ADDRESS_RADIX=UNS;\n');
fprintf(fid, 'DATA_RADIX=UNS;\n');
fprintf(fid, 'CONTENT BEGIN\n');
for x = 1 : depth
fprintf(fid,'%d:%d;\n',x-1,round((2^(width-1)-1)*sin(2*pi*(x-1)/depth)+(2^(width-1)-1)))

end
fprintf(fid, 'END;');
fclose(fid);
y=[1:depth];
for x = 1 : depth
z(x)=round((2^(width-1)-1)*sin(2*pi*(x-1)/depth)+(2^(width-1)-1 ));

end
plot(y,z);
hold on;
```

图 4.4.2 生成 mif 文件的 MATLAB 程序

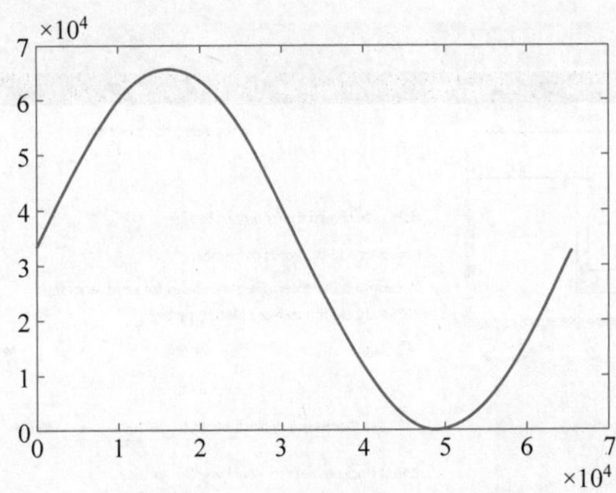

图 4.4.3 mif 文件的正弦波波形

“ROM：1-PORT”，如图 4.4.4 所示。

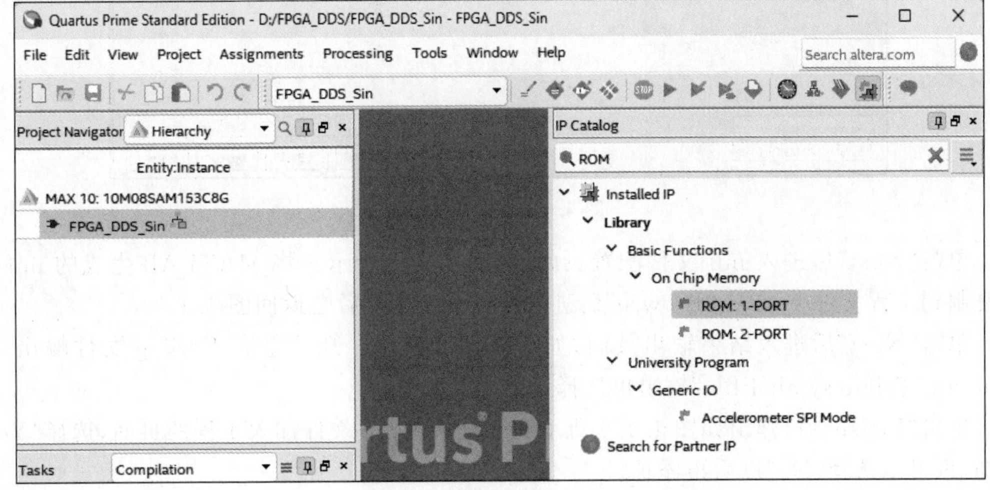

图 4.4.4 选择 ROM IP 核

双击对应符号，弹出如图 4.4.5 所示对话框，输入 ROM 例化名称。

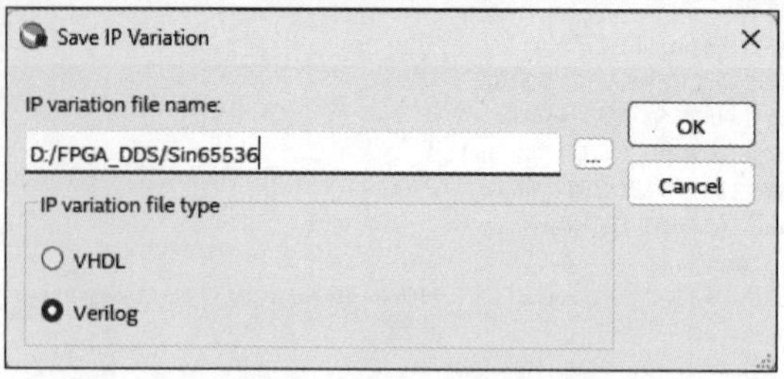

Save IP Variation

IP variation file name:

D:/FPGA_DDS/Sin65536

OK

Cancel

IP variation file type

VHDL

Verilog

图 4.4.5　ROM 例化名称

单击“OK”后配置 ROM，如图 4.4.6 所示。ROM 的输出位数根据输出信号噪声和 D/A 转换器的位数确定，本例选择 16 位。存储器的深度根据存储器的地址位数确定，本例选择 65536 位深度。

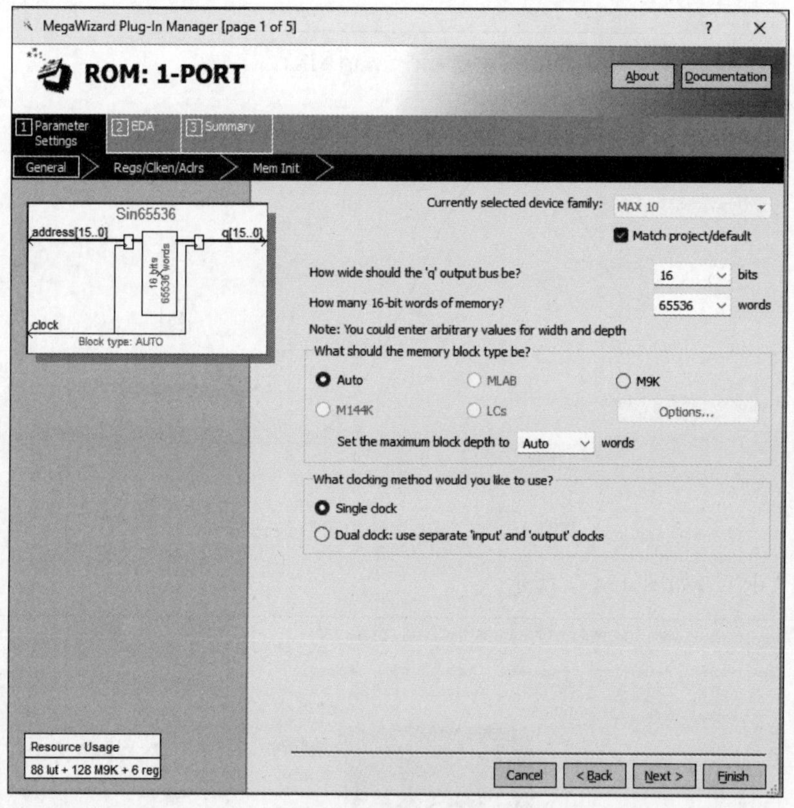

图 4.4.6　配置 ROM

单击“Next”后进入 mif 文件配置页面，如图 4.4.7 所示。将 MATLAB 生成的 mif 文件复制到工程文件夹，单击“Browse”后进入选择 mif 文件后会返回图 4.4.7。

单击“Next”后进入结果输出页面，如图 4.4.8 所示。默认会有 Verilog 文件输出，将“Quartus Prime symbol file”输出也选择选上。

单击“Finish”后，弹出如图 4.4.9 所示询问是否将 qip 文件加入工程的页面，选择“Yes”添加，也可以选择“No”以后再添加。

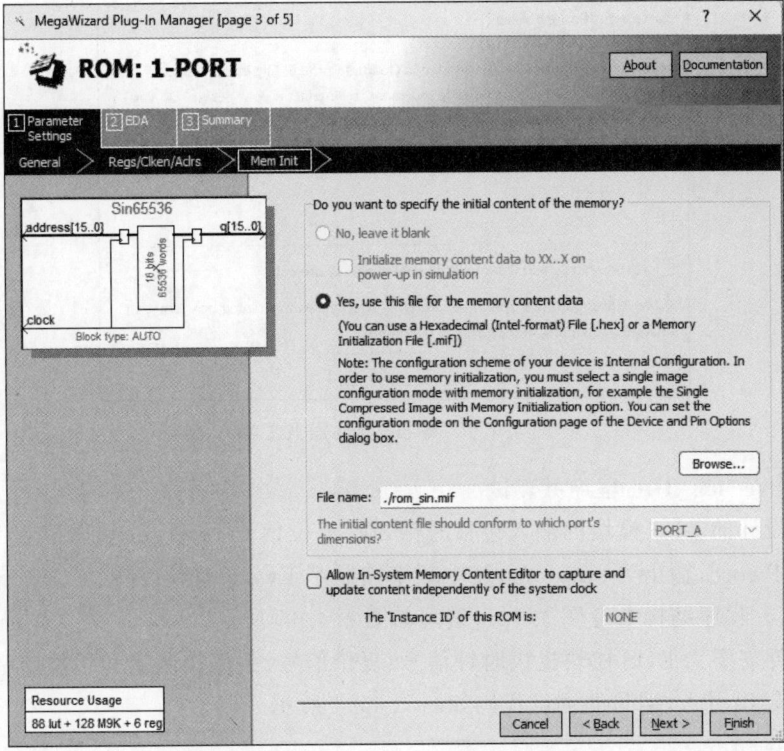

图 4.4.7　mif 文件配置页面

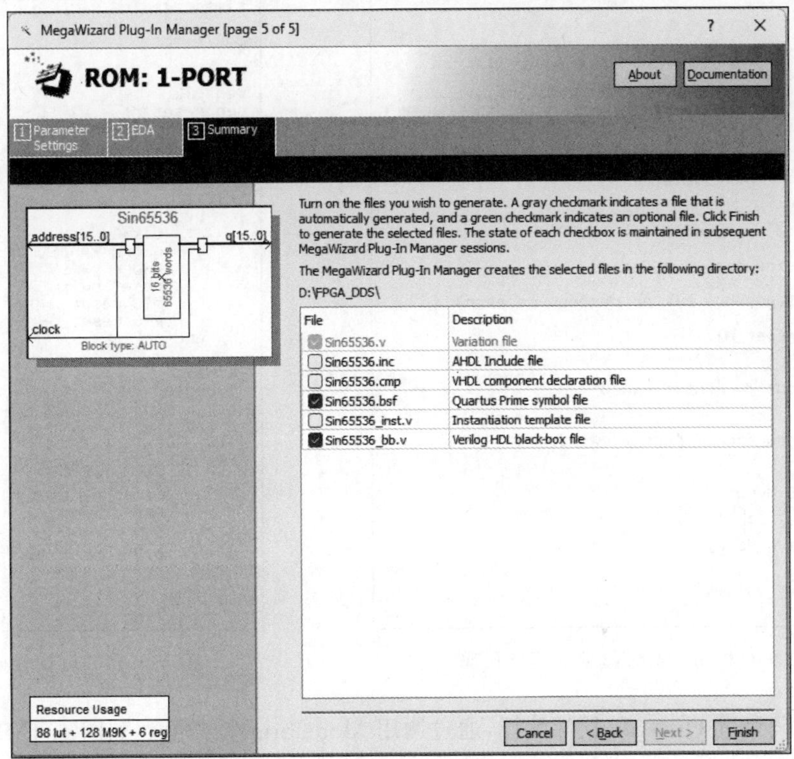

图 4.4.8　结果输出页面

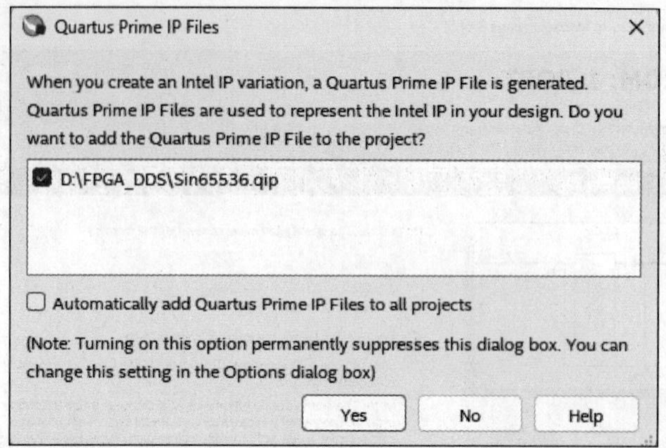

图 4.4.9 将 qip 文件加入工程

6. 编写 Verilog HDL 程序并测试

本例中设计的 DDS 模块的输入包括时钟 clk、复位信号 reset_n、频率控制字 Fword 和相位控制字 Pword，输出为 sine_out，其中频率控制字 Fword、相位控制字 Pword 和输出均为 16 位宽度。程序结构参考图 4.4.1，编写如图 4.4.10 所示。

测试文件需要为 DDS 模块提供时钟信号、复位信号、频率控制字和相位控制字，还要将 DDS 模块的输出引入，编写的测试代码如图 4.4.11 所示。

```
`timescale 1ns / 10ps

module FPGA_DDS_Sin(
    clk,reset_n,Fword,Pword,sine_out
);


input clk;
input reset_n;
output[15:0] sine_out;

input[15:0] Fword;
input[15:0] Pword;

wire[15:0] wave_data;

reg[15:0] Fcnt;
wire[15:0] rom_addr;

assign sine_out=wave_data;

always @(posedge clk or negedge reset_n)
    begin
    if(!reset_n)
        Fcnt <= 16'd0;
    else
        Fcnt <= Fcnt + Fword;
    end

assign rom_addr = Fcnt + Pword;


sin65536 myrom (
    .address(rom_addr),
    .clock(clk),
    .q(wave_data)
    );


endmodule
```

图 4.4.10 DDS 模块的程序代码

```
`timescale 1ns / 1ps

module tb(

    );
 reg clk;
 reg reset_n;
 reg [15:0] Fword;
 reg [15:0] Pword;
 wire [15:0] sine_out;

 initial
     begin
         clk=0;
         Fword <= 16'd1;
         Pword <= 16'd0;
         reset_n=1;
         #20 reset_n=0;
         #20 reset_n=1;
     end
   always
     begin
         #(83.334/2) clk=~clk;
     end

 FPGA_DDS_Sin     my_sin(
         .clk(clk),
         .reset_n(reset_n),
         .Fword(Fword),
         .Pword(Pword),
         .sine_out(sine_out)
         );

endmodule
```

图 4.4.11 测试代码

测试代码经过 Quartus 软件编译，通过调用 ModelSim 仿真得到如图 4.4.12 所示正弦波，观察波形可大致确认程序设计是否正确。

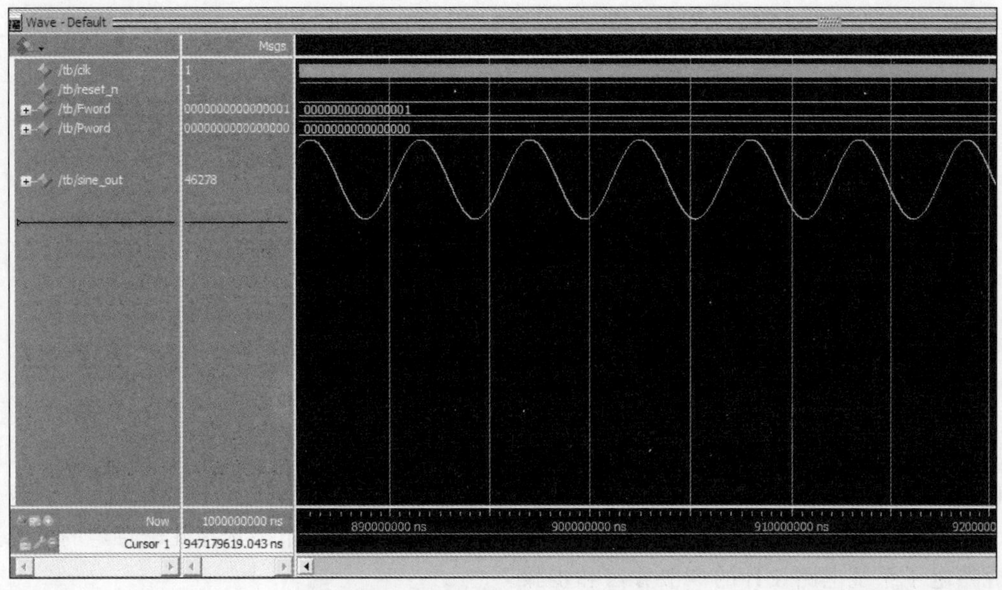

图 4.4.12 ModelSim 仿真波形

小结

本章对 FPGA 的基本概念、开发语言与工具、设计应用系统的流程进行了介绍，并实际设计了点亮发光二极管和 DDS 信号发生器等应用实例。通过本章的学习，读者可以参考应用实例初步设计 FPGA 应用系统。

思考题

1. FPGA 与单片机在结构和用途上的区别是什么？
2. 开发 FPGA 应用系统的流程是什么？
3. 按照本章的开发流程设计一个实际的 FPGA 应用案例，比如利用 FPGA 设计一个周期性脉冲信号的频率测量系统。

扩展阅读：麒麟复出需过三关

扩展阅读

第5章 电子系统电路设计

CHAPTER 5

从信息的角度来说，电子系统是为了完成信息的获取、传输、处理、存储、显示和应用的硬件和软件的集合。电子系统种类繁多、形式多样，小到一个温度自动控制系统，大到载人航天系统，不同种类和规模的电子系统其设计方法也不尽相同，本书选择几个特定的电子系统介绍电子系统电路设计的一般方法和步骤。

演示视频

5.1 水声探测系统电路设计

本书的水声探测系统是声呐(SOund NAvigation and Ranging，SONAR)的一种具体形式。声呐是利用声波对目标进行探测、定位、通信甚至分类和成像的电子设备，也称为"水下雷达"。声呐和雷达的一个显著区别：声呐用声波进行信息的获取，而雷达用电磁波进行信息的获取。这是因为电磁波在水中的穿透能力有限，传播几十到几百米即无法实现检测，而声波在水中衰减较小，可以传播得很远。声呐按其工作时是否发射声波分为主动声呐和被动声呐，按功能可分为探测声呐、通信声呐和成像声呐(合成孔径声呐)等。

一种水声探测系统(简称"声呐")的组成框图如图5.1.1所示，其基本工作过程：①发射机在信号处理机的控制下向水声换能器组成的基阵输出脉冲信号；②水声换能器将电脉冲信号转换为声波信号辐射到水中；③声波信号被水中目标反射后返回水声换能器；④换能器将返回声信号转换为电信号并送给接收机；⑤接收机将接收到的微弱电信号进行放大、滤波和A/D转换然后送给信号处理机；⑥信号处理机根据发射信号和接收信号计算出目标所在方位和距离，然后送给显示与控制台；⑦显示控制台将目标方位和距离显示在显示屏上，同时工作人员也可通过显示控制台录取目标信息或主动干预声呐工作过程。

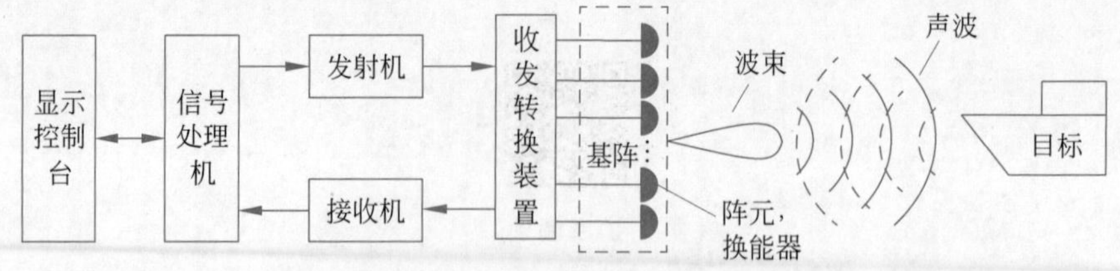

图5.1.1 水声探测系统的组成原理框图

1. 目标距离的测量原理

主动声呐在工作时，换能器将电脉冲信号转换为脉冲声波(也有发射连续波的)辐射出去，辐射的声波被目标反射回来后又被换能器感知并转换为电脉冲，比较发射信号和回波信号之间的时间差，即可测量目标和声呐之间的距离，如图 5.1.2 所示。

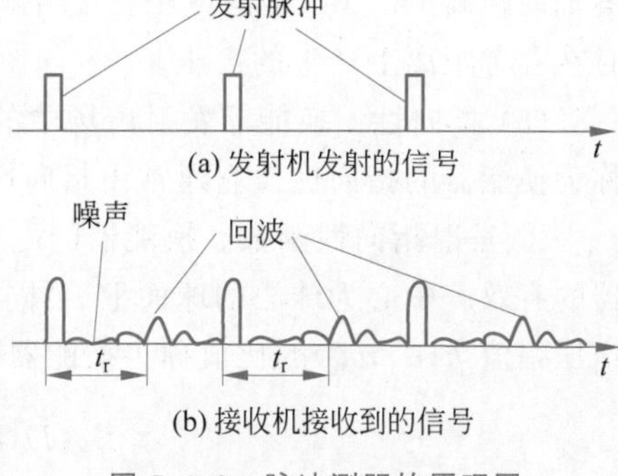

图 5.1.2 脉冲测距的原理图

发射信号和回波之间的时间差记为 t_r，在 t_r 时间间隔内声波从换能器出发到达目标又返回换能器，是双程，所以声波从换能器出发传播到目标的时间间隔是 $t_r/2$，声波在水中的传播速度记为 c（约为 1500m/s），目标距离记为 R，假设 R 远大于换能器尺寸，根据距离计算公式可得

$$R=\frac{ct_r}{2} \tag{5.1.1}$$

2. 目标角度的测量原理

目标角度测量的原理是利用发射声波的指向性（利用某种方法让声波在特定方向上形成波束，详见后续波束形成原理）以及声波在水中按直线传播（实际上在传播距离较远或海水密度不均匀时按曲线传播）的理论实现的。若在波束“照射”的方向上有目标，则会有回波出现，根据波束的指向即可判断出目标的角度方向。根据这种原理测量目标角度的测量精度与波束宽度成正比，波速越窄，测量精度越高，而波束的宽度又与工作波长、换能器的尺寸和数量等因素有关。

5.1.1 换能器与基阵

1. 换能器

这里的换能器是指水声换能器，是实现电声能量互换的器件。当它处于发射状态时，把电信号能量转换为机械振动能量以辐射声波；当它处于接收状态时，把声波的机械振动能量转换为电信号（送给接收机）。换能器的种类有很多，应用最广泛的是压电陶瓷换能器，某型压电陶瓷换能器的外观如图 5.1.3 所示。

图 5.1.3 某型压电陶瓷换能器的外观

水声换能器的主要技术指标：

（1）工作频率。水声换能器的工作频率需要根据声呐的工作要求选择，也是声呐的重要技术参数。声呐的工作频率为几百赫兹到几十千赫兹。

（2）频带宽度。在换能器的发射或接收响应曲线上，低于最大响应 3dB 的两个频率差定义为换能器的带宽。换能器的频带宽度必须能保证发射信号和接收信号的失真度保持在一定的范围内。

（3）接收灵敏度。水声换能器的接收灵敏度是由单位声压（在水听器放入声场之前）的平面波产生的水听器的端电压来衡量的。习惯上，接收灵敏度以水听器不接负载的开路响应来表示。通常，接收灵敏度记以分贝数，参考级为 1V/μPa。接收灵敏度与频率有关。

（4）发射-电流响应。换能器的发射-电流响应表示当单位电流注入换能器时，在声束图案轴向距离1m处产生的声压。发射响应通常以分贝数表示，参考级为注入发射器1A电流时在参考距离上产生的声压。

(5) 指向性。换能器发射声场中的声压或接收到的声压随着方位不同具有一定分布，称为换能器的指向性。它通常由指向性函数来描述。

① 发射指向性函数。换能器的电信号端加上电信号，在远离换能器的声场中，以换能器的有效声中心为球心的球面上，不同方向(α,θ)处的声压幅值$p(\alpha,\theta)$与最大值方向上的声压幅值$p(\alpha_0,\theta_0)$的比值称为换能器的发射指向性函数，以$D(\alpha,\theta)$表示，即

$$D(\alpha,\theta)=\frac{p(\alpha,\theta)}{p(\alpha_0,\theta_0)} \tag{5.1.2}$$

式中：α为声线在xOy平面上的投影与y轴的夹角；θ为声线与z轴的夹角。

② 接收指向性函数。在平面声波的作用下，不同方向(α,θ)处的换能器电信号端输出的电压幅值$V(\alpha,\theta)$与最大值方向上的电压幅值$V(\alpha_0,\theta_0)$的比值称为接收指向性函数。根据声场的互易原理，同一换能器的接收指向性函数与发射指向性函数相同。

2. 基阵

单个换能器在很大的空间方向辐射声波，无法确定反射的声波来自哪个方向。利用若干个换能器(称为阵元或基元)按照一定的几何形状和分布规律排列成阵列，称为基阵。基阵的多个阵元向周围发射声波，各阵元的声波在水中传播过程中，由于相位不同，在某个方向刚好同向叠加，那么在该方向上必然声能集中，在某些方向上由于反相，声能则互相抵消，这样就形成了声传播的方向性，即发射波束。

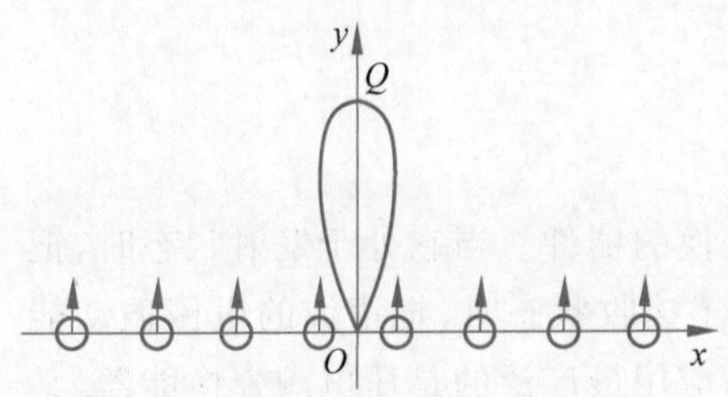

图 5.1.4　8个阵元直线阵同相激励的波束图

图5.1.4是由8个阵元直线阵同相激励的波束图。若8个阵元被同相信号激发，在基阵法线方向上远处的某点Q，由于距离相等(近似)，8个阵元所产生的声波在该点同相叠加，具有最大的声压值。偏离法线方向，由于相位不同，声压值将逐渐减小，这样就形成了图5.1.4所示的方向性波束图。图中，小圆圈表示阵元，小圆圈中心出发的箭头表示声波辐射方向，瓜子形实线表示波束，坐标原点到实线上的点形成的矢量方向表示相对方位，矢量的模值表示声压值的相对大小。

若将图5.1.4所示的基阵以O点为中心朝其他方向旋转，则波束指向也转向其他方向。但声呐基阵一般固定，而是采用其他方法改变波束指向，详见后续波束形成方法。

5.1.2　水声探测系统发射机组成与设计

1. 发射机的组成

某型声呐发射机的组成框图如图5.1.5所示，主要包含四部分：一是发射激励波形发生器，它的功能是产生一定形式的波形信号，其工作频率、脉冲长度和重复周期都可以选择，信号可以是单频脉冲调制波，也可以是线性调频脉冲波或其他信号波形；二是发射波束形成器，它的作用是在全向或一个扇面空间连续发射多个波束信号，以提高目标搜索速度；三是功率放大器，它对发射信号进行功率放大并对换能器进行阻抗匹配，以便能够以足够高的效率向水中辐射足够的声信号能量；四是储能电源，它为功率放大器等供电。

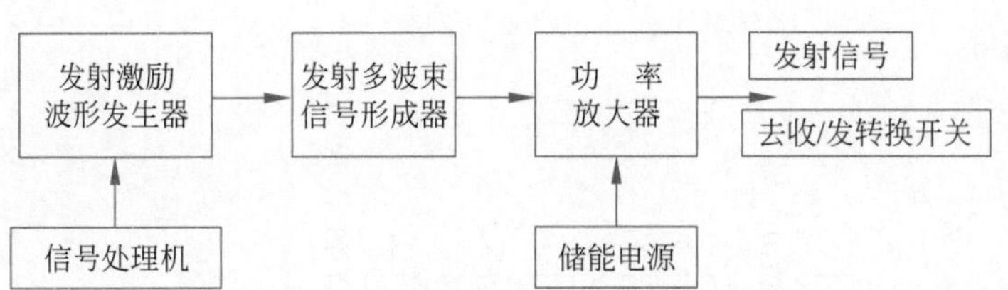

图 5.1.5 某型声呐发射机的组成框图

2. 发射激励波形发生器设计

声呐发射机末级功放电路向负载换能器输出的常用发射波形有矩形包络单频正弦脉冲波、矩形包络线性调频正弦脉冲波和矩形包络双曲调频正弦脉冲波三种。要产生这些发射波形,其激励波形与发射机末级功率放大电路有关。对于 AB 类功率放大器,要求激励信号波形与发射信号一致。对于 D 类功率放大器,要求发射激励是同频率的方波。对于可控硅逆变器,其激励信号波形则是触发可控硅管控制极的窄脉冲。

本书设计的某型声呐发射机采用的是 AB 类功率放大器,因此发射激励波形发生器输出的波形与发射信号一致。发射激励波形发生器输出的信号可以通过由延迟线网络构成的多波束形成器,形成多路具有固定相移的信号,送给各个功率放大器。但是,由于延迟线网络的延时不容易精确控制,而且不容易调节,故本书利用 DDS 技术和数字延迟技术将发射激励波形发生器和多波束形成器在 FPGA 里合二为一,形成波形、相移均可调节的声呐发射信号。

激励波形发生、延时、转换与滤波的组成框图如图 5.1.6 所示,具体由 PC(或单片机)、数据传输、FPGA、数/模转换器和低通滤波器等组成。

PC(或单片机)生成发射脉冲宽度、重复周期、填充信号频率、起始相位、各路信号延迟时间等参数传输给 FPGA,由 FPGA 合成矩形包络线性调频正弦脉冲并进行数字延迟,得到的各路数字信号经 D/A 转换器和低通滤波器输出。

利用 DDS 技术实现信号发生的方法参考第 4 章,本节的线性调频信号形成方法和第 4 章相同,其核心是波形存储器。波形存储器存储了一个周期的正弦波形,其地址为 12 位,共 4096 个存储单元,每个存储单元 12bit。波形存储器的地址由信号起始相位控制字、信号起始频率控制字累加的结果以及信号步进频率控制字累加的结果三方面共同生成。信号的起始频率定义为线性调频信号的低端频率,记为 $f_{\min}$。信号的步进频率定义为系统时钟周期内信号频率的增加量,记为 Δf。若信号的步进频率控制字为零,则在系统时钟 CLK 的作用下,波形存储器的地址每次增加起始频率控制字,波形存储器输出等时间间隔采样的正弦波形。若信号的步进频率控制字不为零,则输出信号的瞬时频率 $f_{\text{out}}=f_{\min}+n\Delta f$,其中 n 为从 0 开始的时钟脉冲计数值,最大取值为 T_{CLK}/τ,其中 T_{CLK} 为系统时钟周期,τ 为发射脉冲的宽度。信号的初相位由信号起始相位控制字决定。这样就可以形成初相位固定的单频正弦信号或线性调频正弦信号。

脉宽和重复周期计数器根据重复周期计数器的值循环计数,在脉宽时间内输出高电平,使得步进频率累加器和相位累加器正常工作,波形存储器输出波形;否则,输出低电平使得波形存储器的输出锁定,并且步进频率累加器和相位累加器的寄存器处于清零状态。这样就实现了对线性调频信号的脉冲调制,形成了矩形包络线性调频正弦脉冲。

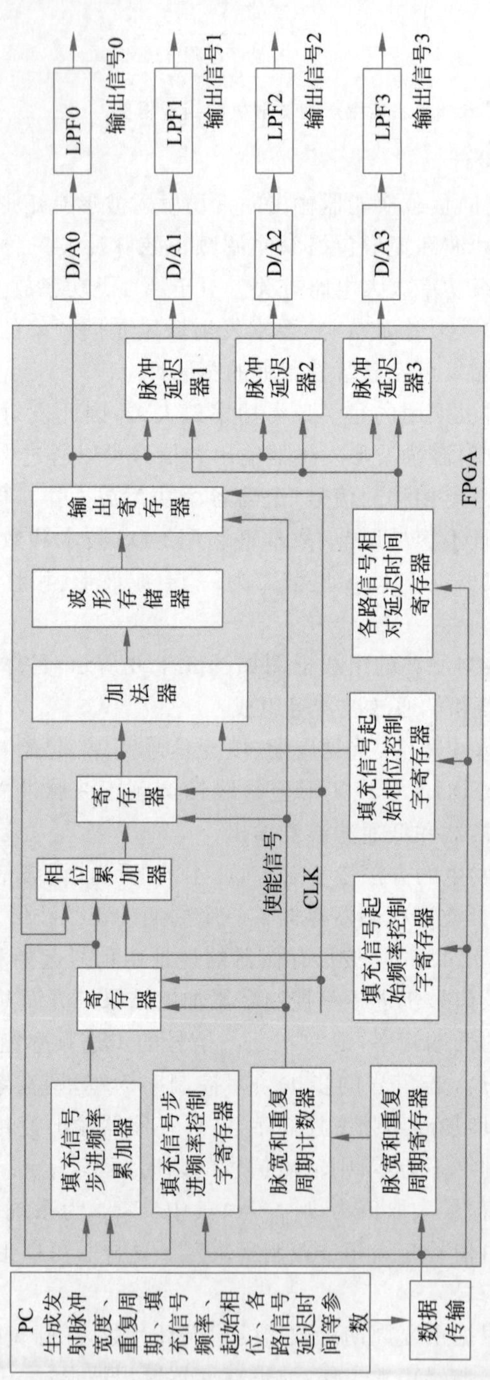

图 5.1.6 波形发生、延时、转换与滤波的组成框图

(1) 信号起始频率控制字、步进频率控制字和瞬时频率控制字的生成。

根据 DDS 的原理，DDS 输出信号的频率为

$$f_{out}=(f_{CLK}\times M)/2^N$$

式中：f_{CLK} 为系统时钟频率；M 为瞬时频率控制字；N 为相位累加器的位宽，本书中 $N=32$。

假设待生成的线性调频脉冲信号的起始频率为 f_{min}，终止频率为 f_{max}，每个时钟脉冲的步进频率为 Δf，假设在发射脉冲宽度时间内线性调频信号的瞬时频率从 f_{min} 线性变化到 f_{max}。当 $n=0$ 时，由瞬时频率 $f_{out}=f_{min}$，可求得线性调频信号起始频率控制字为

$$M_{min}=(f_0\times 2^N)/f_{CLK}$$

当 $n=T_{CLK}/\tau$ 时，由瞬时频率 $f_{out}=f_{max}$，可求得线性调频信号终止频率控制字为

$$M_{max}=(f_{max}\times 2^N)/f_{CLK}$$

所以线性调频信号步进频率控制字为

$$M_{\Delta}=\frac{M_{max}-M_{min}}{T_{CLK}/\tau}=\frac{(f_{max}-f_{min})\times 2^N/f_{CLK}}{T_{CLK}/\tau}=(f_{max}-f_{min})\times 2^N\times\tau$$

瞬时频率控制字为

$M=M_{min}+nM_{\Delta}$，M_{min}、M_{Δ} 和 M 均化为 32 位自然二进制数。

(2) 填充信号起始相位控制字的生成。

(3) 为了提高 DDS 的频率分辨率，图 5.1.6 中频率控制字和相位累加器的字长都取为 32 位，但是波形存储器的存储单元只有 4096 个，地址线为 12 位，因此相位累加器的输出作为波形存储器的地址使用时被截断，只使用了高 12 位。设填充信号的起始相位控制字为 M_p，其高 12 位为 M'_p，DDS 输出信号的起始相位为 φ，则有 $\varphi=2\pi\times M'_p/2^{12}$，由此可得 $M'_p=\varphi\times 2^{12}/2\pi$，$M'_p$ 后补 20 个"0"即可得到 32 位起始相位控制字 M_p。

(4) 电路的仿真验证。

假设线性调频正弦脉冲的宽度为 1ms、重复周期为 2ms、起始相位为 0°、起始频率为 10kHz、终止频率为 30kHz，第二路信号相对于第一路信号的延迟时间为 1ms 时，Quartus Ⅱ的仿真结果如图 5.1.7 所示。其中，"clk"为系统时钟，"q1"为第一路输出信号，"q2"为第二路输出信号。

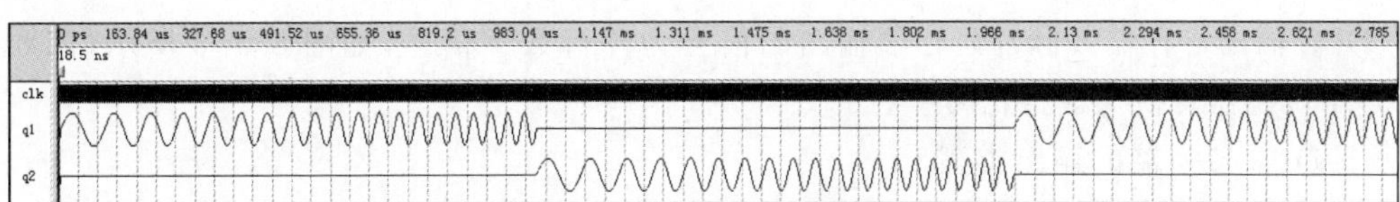

图 5.1.7 Quartus Ⅱ的仿真结果

3. 发射波束形成器设计

发射波束形成器的实质是对同一激励信号给予不同的延时或相移，形成多路信号再馈送给不同的功率放大器(换能器)，使得各个换能器发出的声波之间存在相移而在空间形成干涉，形成特定方向的发射波束。

1) 延时量的计算

各路信号相对于基准信号的延时量 $\tau=d/c$，其中 d 为声程差，c 为水中声速。以 24 个基元组成的直径 1.08m 的圆阵为例，如果基阵中 20～4 号 9 个相邻基元发射声波，在一组

有一定延时的信号激励下,可以在基元 0 的方向上形成一个发射波束,9 个信号之间的声程差如图 5.1.8 所示,取 $c=1450\text{m/s}$ 计算得到对应的延时量如表 5.1.1 所示。

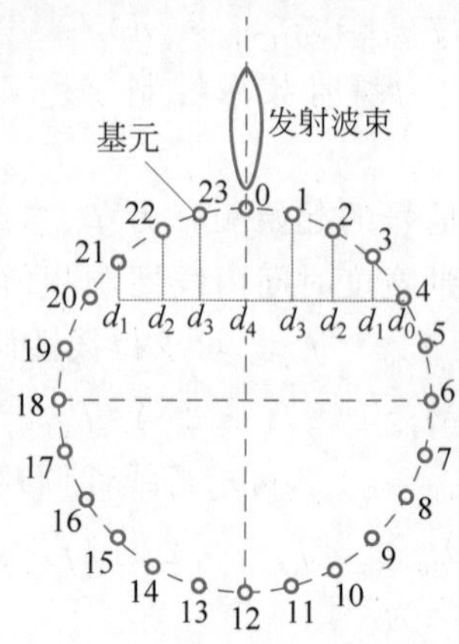

图 5.1.8　24 个基元组成的圆阵及声程差

表 5.1.1　激励 9 个相邻基元的 9 个信号对应的延时量

基元号	20	21	22	23	0	1	2	3	4
声程差	d_0	d_1	d_2	d_3	d_4	d_3	d_2	d_1	d_0
延迟值/μs	0	77	135	172	188	172	135	77	0

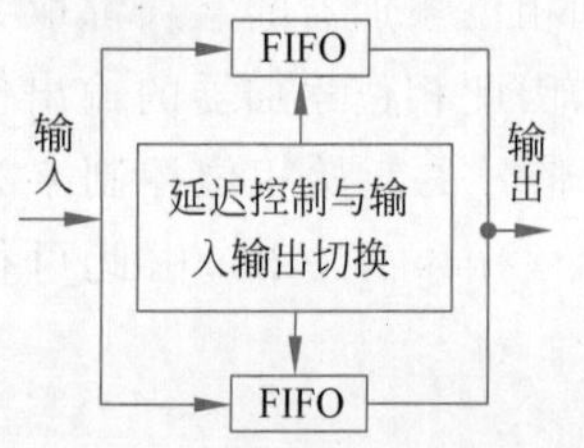

图 5.1.9　存储器法实现脉冲延迟的原理

2）脉冲延迟器的实现

脉冲延迟的基本方法有计数器法、存储器法和数控延迟线法。由于延迟动态范围较大时计数器法需要的计数器数目很大,而数控延迟线法单靠 FPGA 又无法实现,因此本书采用存储器法实现脉冲延迟,其原理如图 5.1.9 所示。

系统时钟 CLK 对输入脉冲进行采样,并把采样结果存储在 FIFO 中。当写入 FIFO 的数据时间长度等于延迟值时,延迟控制电路开始读信号输出,因此 FIFO 的深度应大于最大延时量。输入输出切换电路可以实现两路 FIFO 无缝连接,以适应延迟值的更新。

4. D/A 转换器设计

DDS 输出寄存器或脉冲延迟器输出的信号为并行数字信号,如图 5.1.6 所示,需要利用 D/A 转换器转换为模拟信号。

1) D/A 转换器的输出类型

(1) 电流输出型。电流输出型 D/A 转换器输出的电流和输入信号成比例,要想得到和输入信号成比例的电压,还需要外接电路将电流转换为电压。有两种方法：一是只在输出引脚上接负载电阻而进行电流-电压转换；二是外接运算放大器进行电流-电压转换。用负载电阻进行电流-电压转换的方法,虽然可以在电流输出引脚上出现电压,但是必须在规定的输出电压范围内使用,而且输出阻抗高,因此电流输出型 D/A 转换器一般外接运算放大器使用。此外,大部分 CMOS 的 D/A 转换器当输出电压不为零时不能正确动作,也必须外接运算放大器使用。当外接运算放大器进行电流-电压转换时,由于在 D/A 转换器的电流建立时间上加入了运算放大器的延迟,使得响应变慢。此外,这种电路中运算放大器因输出引脚的内部电容而容易产生振荡，有时需要做相位补偿。

(2) 电压输出型。电压输出型 D/A 转换器在内部集成了输出放大器，因而不会产生放大器部分的延迟，故常作为高速 D/A 转换器使用。但电压型输出电流小，只能接高输入阻抗的设备。电流输出型 D/A 转换器输出电流大，而且线性度好。

2) D/A 转换器的分辨率、精度与线性度

D/A 转换器的分辨率是指 D/A 转换器模拟输出所能产生的最小变化量。分辨率与输入数字量的位数有确定的关系，可以表示成$\frac{V_{REF}}{2^n}$，其中 V_{REF} 为参考电压，n 为 D/A 转换器的位数。对于 5V 的满量程，采用 8 位的 D/A 转换器时，分辨率为 5V/256=19.5mV；当采用 12 位的 D/A 转换器时，分辨率为 5V/4096=1.22mV。显然，位数越多，分辨率就越高。

D/A 转换器的转换精度分为绝对精度和相对精度。绝对精度(简称精度)是指在整个刻度范围内，任一输入数码所对应的模拟量实际输出值与理论值之间的最大误差。绝对精度是由 D/A 转换器的增益误差(当输入数码为全 1 时，实际输出值与理想输出值之差)、零点误差(数码输入为全 0 时，D/A 转换器的非零输出值)、非线性误差和噪声等引起的。绝对精度(最大误差)应小于 1 个 LSB。相对精度用最大误差相对于满刻度的百分比表示。

线性度有积分非线性(INL)和微分非线性(DNL)两个指标。积分非线性指的是 D/A 转换器整体的非线性程度。微分非线性指的是 D/A 转换器局部(细节)的非线性程度。非线性一般以百分比给出，或者以若干 LSB 给出。

3) D/A 转换器的建立时间和转换速率

D/A 转换器的建立时间是指输入的数字量发生满刻度变化时，输出模拟信号达到满刻度值的±1/2LSB 所需的时间。D/A 转换器的建立时间是描述 D/A 转换速率的一个动态指标。电流输出型 D/A 转换器的建立时间一般较短。电压输出型 D/A 转换器的建立时间主要取决于运算放大器的响应时间。建立时间越短，转换速率越高，根据建立时间的长短，可以将 D/A 转换器分成超高速(<1μs)、高速(10～1μs)、中速(100～10μs)、低速(≥100μs)几档。

4) D/A 转换器的选型

D/A 转换器的生产厂家主要有 ADI、TI 和 BB 等公司，选择时需要根据具体应用场景决定，可以登录厂家的官方网站筛选。例如，登录 ADI 公司的官方网站，依次单击“产品”“数模转换器”可以看到 ADI 公司的 D/A 转换器分类，如图 5.1.10 所示。ADI 公司首先将 D/A 转换器分为数字电位器、集成式/特殊用途数模转换器、精密 DAC 和高速数模转换器四种类型。

数字电位器也称数控可编程电阻器，是一种代替传统机械电位器(模拟电位器)的新型 CMOS 数字、模拟混合信号处理的集成电路。数字电位器由数字输入控制，产生一个模拟量的输出。依据数字电位器的不同，抽头电流最大值可以从几百微安到几毫安。数字电位器采用数控方式调节电阻值，具有使用灵活、调节精度高、无触点、低噪声、不易污损、抗振动、抗干扰、体积小、寿命长等优点，可在许多领域取代机械电位器。从用途来看，这一类型不属于常规的 D/A 转换器。

集成式/特殊用途数模转换器类型下又有若干子类型，例如 ADC 和 DAC 组合、正交数字上变频器(QDUC)、混合信号前端(MxFE)和直接数字频率合成器(DDS)等，显然这一类

图 5.1.10 ADI 公司的 D/A 转换器分类

型也不属于常规的 D/A 转换器。

顾名思义，精密 DAC 的转换精度相对较高，高速 D/A 转换器的转换速率较高，二者可能不能兼得，高速 D/A 转换器类型下的快速精密 D/A 转换器则兼顾了转换精度和转换速率。

本书设计的水下探测系统工作频率在几千赫至几十千赫，显然不属于高速 D/A 转换器，因此主要考虑精密 DAC 这一类型。观察精密 DAC 类型下的子类型，需要考虑使用场景是电压输出还是电流输出、单通道输出还是多通道输出、并行接口输入还是串行接口输入以及是否需要高压输出等。考虑到图 5.1.6 中脉冲延迟器采用并行数据输出，因此在精密 DAC 类型下选择并行接口电压输出 D/A 转换器，弹出界面如图 5.1.11 所示。可以根据 DAC 的通道数、分辨率、非线性、建立时间、价格等进行筛选。本例根据设计需要选择了 AD5725ARSZ，它是一个 4 通道、12 位分辨率、最大 1LSB 非线性误差、建立时间为 10μs、可双极性输出的 DAC。进一步访问可下载 AD5725 的器件使用手册(PDF 文档)。

5）AD5725 电路设计

AD5725 的内部组成和引脚编号如图 5.1.12 所示，数字信号在 $\overline{CS}$、$R/\overline{W}$、A1、A0 引脚控制下输入 DAC，模拟信号在 $\overline{LDAC}$ 控制下输出 DAC。

AD5725 可输出单极性信号也可输出双极性信号，输出双极性信号需要采用正、负参考电压，厂家建议的 AD5725 参考电源电路如图 5.1.13 所示，需采用 AD588/688 芯片。

并行接口电压输出数模转换器

产品型号	Analog.com Inventory	Channels	Resolution bits	DAC INL max | LSBs	DAC DNL max | LSBs	Output Range	Settling Time typ | s p-p	Data Input Interface	Price (1000+) ¥RMB
Filter Parts		1 - 40	8 - 16	0.25 - 16	0.25 - 1	OR AND 33 选定值	800n - 60u	OR AND 6 选定值	26.5 - 495.8
94 器件									
AD5686	60	4	16	3	1	0V to 2.5V, 0V to 5V	5μ	SPI	¥94.79000 (AD5686ARUZ-RL7)
AD5725	Check Distributor Inventory	4	12	0 5	1	±10V, ±5V, 0V to 10V, 0V to 5V	10μ	Parallel	¥88.00000 (AD5725ARSZ-1500RL7)
AD5378	Check Distributor Inventory	32	14	3	1	±14.5V	20μ	Parallel, SPI	-
AD5382-3	2	32	14	4	1	0V to 3.6V	3μ	I²C, Parallel, SPI	-
AD5382-5	2	32	14	4	1	0V to 5.5V	3μ	I²C, Parallel, SPI	-
AD5379	Check Distributor Inventory	40	14	3	1	±14.5V, ±14V	20μ	Parallel, SPI	-
AD5380-3	2	40	14	4	1	0V to 3.6V	3μ	I²C, Parallel, SPI	-
AD5380-5	2	40	14	4	1	0V to 5.5V	3μ	I²C, Parallel, SPI	-
AD5381-3	6	40	12	1	1	0V to 3.6V	3μ	I²C, Parallel, SPI	¥495.86000 (AD5381BSTZ-5-REEL)
AD5381-5	6	40	12	1	1	0V to 5.5V	3μ	Parallel, SPI	¥495.86000 (AD5381BSTZ-5-REEL)
AD5383-3	1	32	12	1	1	0V to 3.6V	3μ	I²C, Parallel, SPI	-
AD5383-5	1	32	12	1	1	0V to 5.5V	3μ	I²C, Parallel, SPI	-
AD5348	16	8	8	1	0.25	1mV to 5.499V	6μ	Parallel	¥45.40000 (AD5348BRUZ)

图 5.1.11 并行接口电压输出数模转换器筛选界面

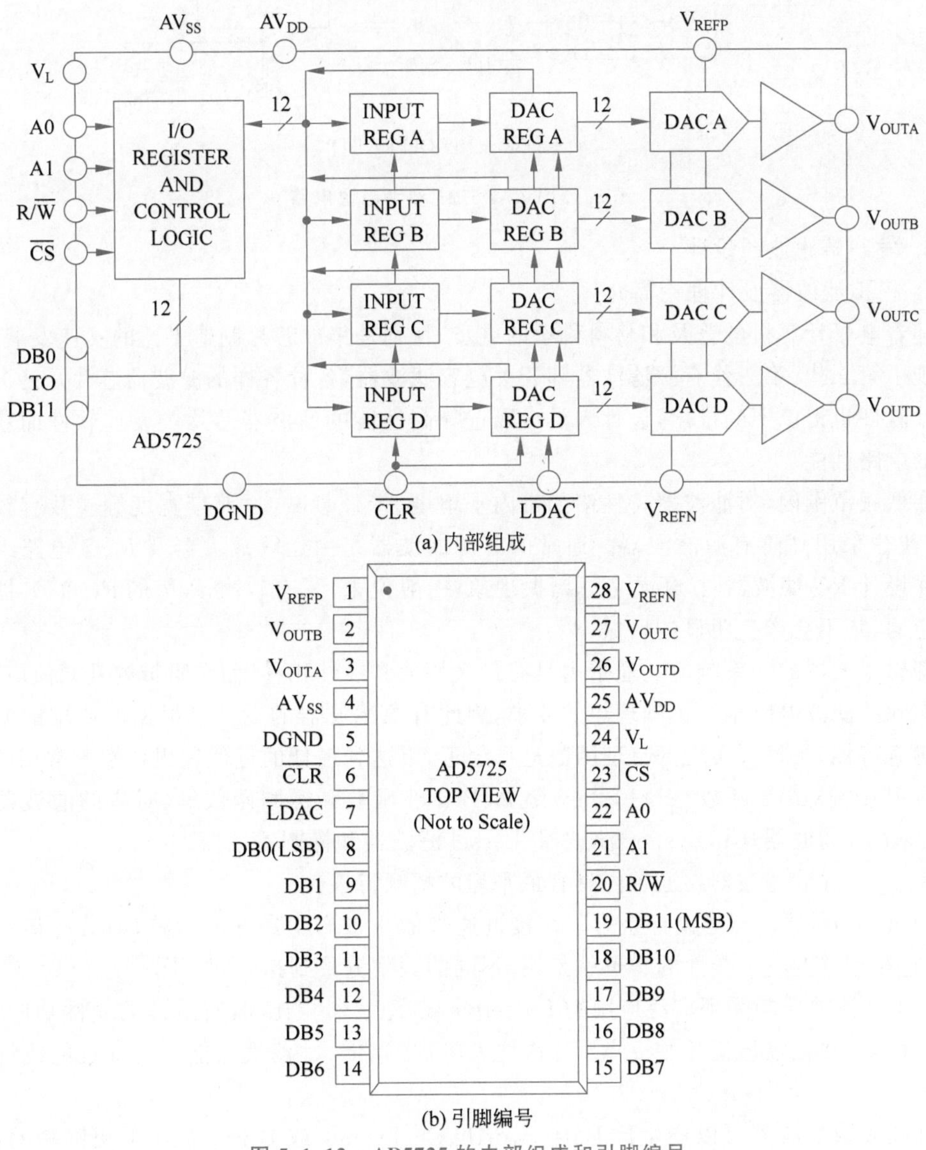

(a) 内部组成

(b) 引脚编号

图 5.1.12 AD5725 的内部组成和引脚编号

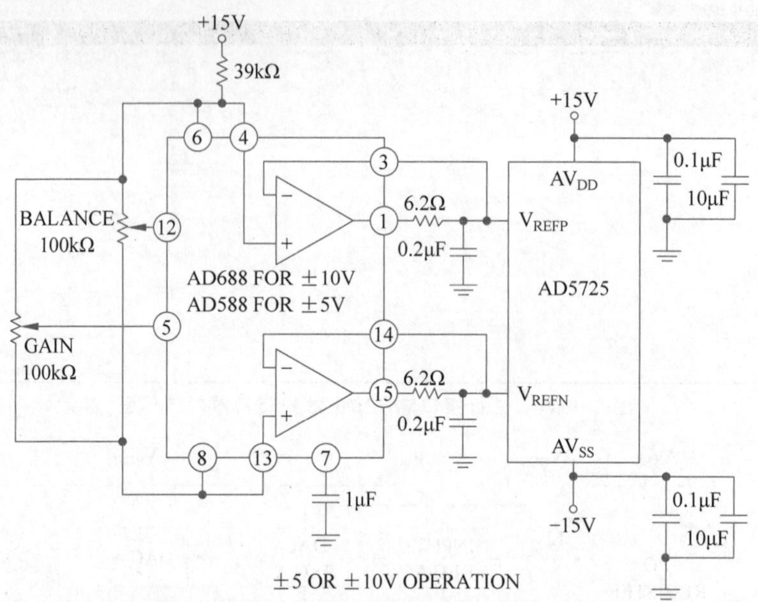

图 5.1.13　AD5725 参考电源电路

5. 发射端滤波器设计

1）模拟滤波器设计理论简介

随着电子计算机的普及和材料科学的进步，特别是集成芯片制造工艺的飞速发展，市场上出现了第二代、第三代有源滤波器和开关电容滤波器，各种各样的滤波器芯片及滤波器辅助设计软件也得以不断推出，设计人员可以选择高性能的滤波器芯片及设计软件而获得所需要的电路性能。

在低频范围内，对滤波器特性诸如带内平坦度、带外衰减、过渡带宽度等参数有较高要求时，往往采用高阶有源滤波器。通常的有源滤波器是由运算放大器及 R、C 电路组合而成。在设计 RC 滤波器时，还要考虑谐振现象，一般说来，具有较大 R 值的 RC 滤波器是比较理想的，它不会产生明显的谐振。

理想滤波器的频率响应在通带内具有最大幅值和线性相移，而在阻带内其幅值应为零。但是实际的滤波电路难以达到理想的要求，因此有源滤波器的设计是根据所要求的幅频和相频响应特性，寻找可实现的有理函数进行逼近，以达到最佳的近似理想特性。常用的逼近函数有 Butterworth 函数、Chebyshev 函数、Bessel 函数和椭圆函数等，对应的滤波器称为 Butterworth 滤波器、Chebyshev 滤波器、Bessel 滤波器和椭圆滤波器。

Butterworth 滤波器在通带内具有最平坦的幅频特性。

Chebyshev 滤波器的设计是为了在接近通带的止带产生最佳的衰减，即具有最快的滚降，但它在相位上不是线性的。也就是说，不同的频率分量到达时间不同。

Bessel 滤波器与受到广泛应用的 Butterworth 滤波器相比，具有最佳的线性响应，但是滚降慢得多，并且较早就开始滚降。逐次增大阶次的 Bessel 滤波器能获得优良的线性相位函数。

椭圆函数滤波器可以产生比 Butterworth、Chebyshev 或 Bessel 滤波器更陡峭的截止，但是在通带和止带引入内容复杂的纹波，并造成高度的非线性相位响应。

2）MAX275 简介

美国 Maxim 公司开发的四阶连续时间有源滤波器芯片 MAX275 将两个二阶节（滤波器）集成在一个芯片中，最高中心频率可达 300kHz。该滤波器不需要外置电容，每个二阶节的中心频率 f_0、Q 值、放大倍数均可由其外接电阻 $R_1 \sim R_4$ 的设计来确定。集成化后的二阶节较之由运算放大器和 RC 电路组成的二阶节，其外接元件少、参数调节方便、不受运算放大器频响影响，对电路杂散电容也有更优的抗干扰性。图 5.1.14 方框内为 MAX275 的组成，它包括 4 个运算放大器、2 个电容和 5 个电阻，图中 $R_1 \sim R_4$ 为采用 MAX275 设计滤波器时外接的电阻。FC 根据所要设计的滤波器的特性连接到正电源、负电源或者地时 R_X、R_Y 有不同的取值，具体取值如表 5.1.2 所示。

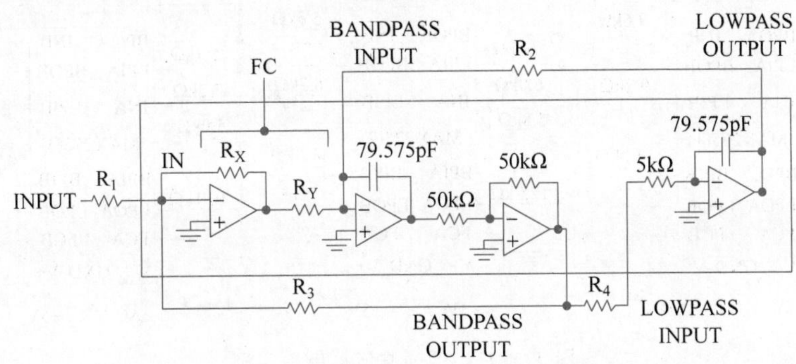

图 5.1.14 MAX275 的组成及其典型应用

表 5.1.2 FC 接法不同时 R_Y/R_X 的取值

CONNECT FC TO	$(R_Y/R_X)/\text{k}\Omega$
＋VS	13/52
GND	65/13
－VS	325/13

采用 MAX275 设计滤波器就是要确定外接电阻 $R_1 \sim R_4$ 的值。可以根据基尔霍夫电流定律（KCL）、基尔霍夫电压定律（KVL）以及运算放大器的特性列写电路方程，求得滤波器的传递函数，再根据所要设计的滤波器的特性求解 $R_1 \sim R_4$ 的值。但是这样做很麻烦，一般在要求较高的场合才应用。为了方便广大的电子工程师采用 MAX275 设计滤波器，Maxim 公司开发了专门的滤波器设计软件，在 Maxim 公司的网站上下载该软件后可以按照以下步骤确定 $R_1 \sim R_4$ 的取值：

（1）进入软件主界面后选择确定滤波器的性能子菜单，进入子界面后输入要设计的滤波器类型、通带内最大衰减量、阻带内最小衰减量、滤波器中心频率、带宽和过渡带带宽，这时软件会自动确定 Butterworth、Chebyshev、Bessel 和椭圆滤波器的阶数，并可以观察滤波器的频率特性。

（2）返回主界面后进入实现滤波器子菜单，进入子界面后即可查看各节滤波器的 $R_1 \sim R_4$ 值，选择是否要进行某些优化后记录各节滤波器的 $R_1 \sim R_4$ 和 FC 的值即宣告设计结束。

3）低通滤波器实例

Chebyshev 低通滤波器的具体电路如图 5.1.15 所示。其具体技术指标：通带宽度为

200kHz,通带内波动小于 0.1dB；过渡带宽度为 20kHz；阻带衰减大于 40dB。

将低通滤波器设计为 Chebyshev 滤波器的原因如下：

(1) 虽然 Butterworth 滤波器在通带内具有最平坦的幅频特性,但是相同性能的 Butterworth 滤波器与 Chebyshev 滤波器相比需要更多的阶数。

(2) 相同性能的椭圆滤波器与 Chebyshev 滤波器相比可以在阻带内产生更陡峭的滚降,但 MAX275 不支持这种类型的滤波器设计。

(3) Chebyshev 滤波器在阻带内快速的滚降特性却给本书设计的滤波器带来极大的好处,图 5.1.15 中的滤波器为 12 阶,实际的工作性能优良。

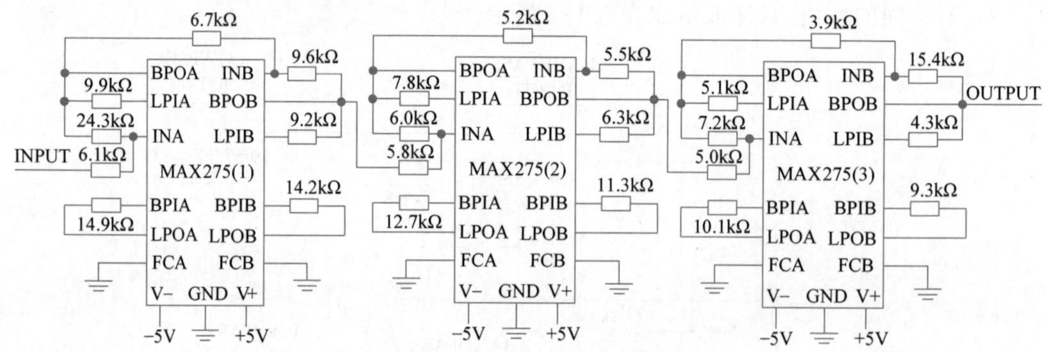

图 5.1.15 低通滤波器电路实例

6. 发射端的功率放大器设计

功率放大器在国外分为 A 类、B 类、C 类、D 类、E 类等,在国内称为甲类、乙类、丙类、丁类和戊类等。

1) 甲乙类(AB 类)功率放大器

甲类、乙类和甲乙类功率放大器属于线性功率放大器,放大电路中各点电压波形是随输入信号线性变化的。甲类功率放大器的晶体管在整个信号周期内都是导通的,失真较小,但是效率低下。甲类功率放大器的电路及波形如图 5.1.16 所示。

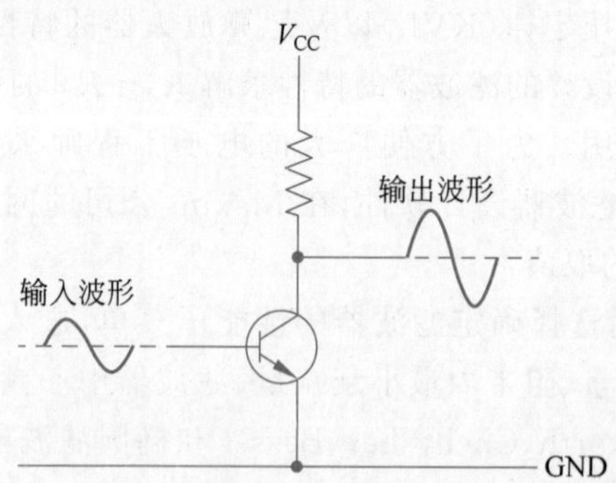

图 5.1.16 甲类功率放大器的电路及波形

乙类功率放大器的晶体管只在半个信号周期内导通,效率较高,但存在交越失真。乙类功率放大器的电路及波形如图 5.1.17 所示。

甲乙类功率放大器克服了甲类和乙类功率放大器的缺点,在水声工程领域是常用的功率放大器。一个甲乙类功率放大器的电路如图 5.1.18 所示。

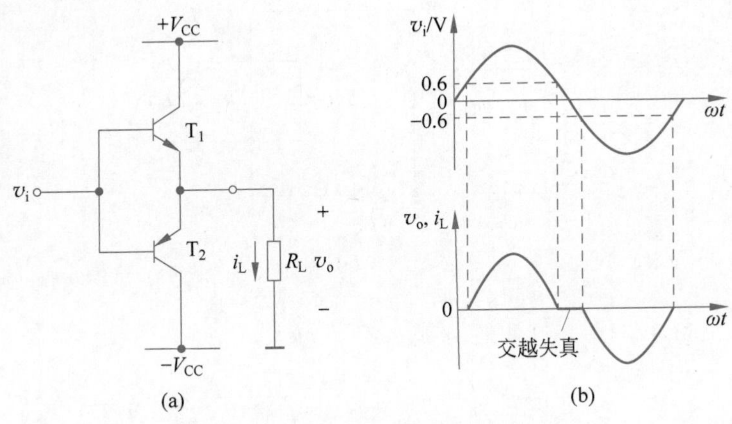

图 5.1.17 乙类功率放大器的电路及波形

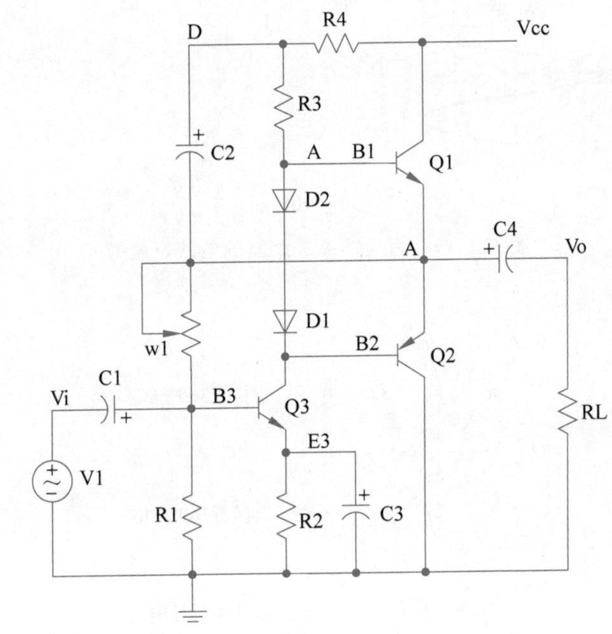

图 5.1.18 一个甲乙类功率放大器的电路

2）丙类（C 类）功率放大器

丙类功率放大器的晶体管在信号周期的很小一段时间内导通，工作在开关状态，它只处理正半周信号，也就是脉动直流信号。而水声信号是正、负都有的交流信号，使用丙类功率放大器会产生严重的失真，因而在水声通信的发射端一般不使用丙类功率放大器。丙类功率放大器的电路及波形如图 5.1.19 所示。

甲、乙、丙类功率放大器的晶体管在一个信号周期内集电极电流和导通角如图 5.1.20 所示。

3）丁类（D 类）功率放大器

丁类功率放大器一般使用在音频领域，也就是在 20Hz～20kHz 的频率范围内。在水声工程的应用领域中，多数工程应用中采用的频率都在音频范围内，这就为丁类功率放大器在水声领域中的应用提供了广阔的平台。丁类功率放大器的优点是能量转换效率较高，体

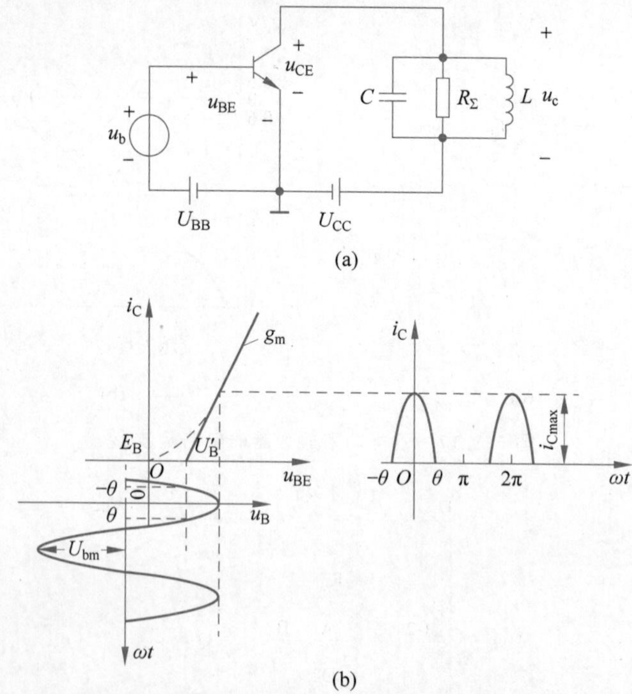

图 5.1.19　丙类功率放大器的电路及波形

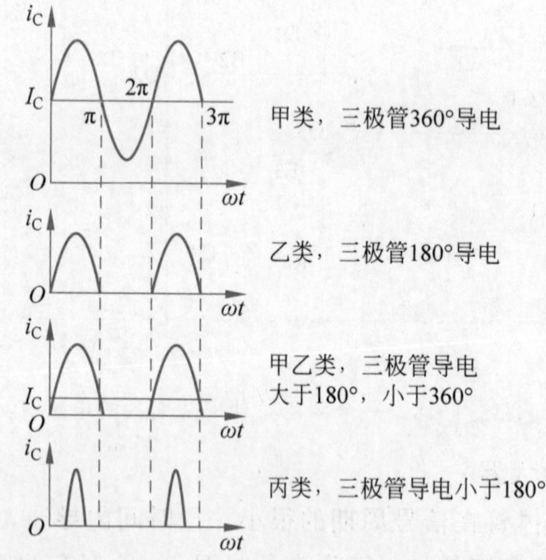

图 5.1.20　四类功率放大器的晶体管集电极电流和导通角

积小，可靠性高，适合长时间工作。目前，国内外的水声设备多采用丁类功率放大器作为功率放大单元。

丁类功率放大器晶体管工作在开关状态，所以在信号输入放大器之前，需要用输入信号去调制其他波形，例如调制后产生输出脉冲宽度与输入信号幅度成正比的脉冲信号，称为脉冲宽度调制（PWM）。

一种脉冲宽度调制电路的结构和波形如图 5.1.21 所示，载波是频率远大于调制信号的三角波。当调制信号的幅度大于载波信号的幅度时，比较器输出高电平；否则，输出低电平。在正半周，调制信号幅度大于载波信号的时间越长，高电平持续的时间就越长；在负半轴，调制信号幅度小于载波信号的时间越长，低电平持续的时间就越长。

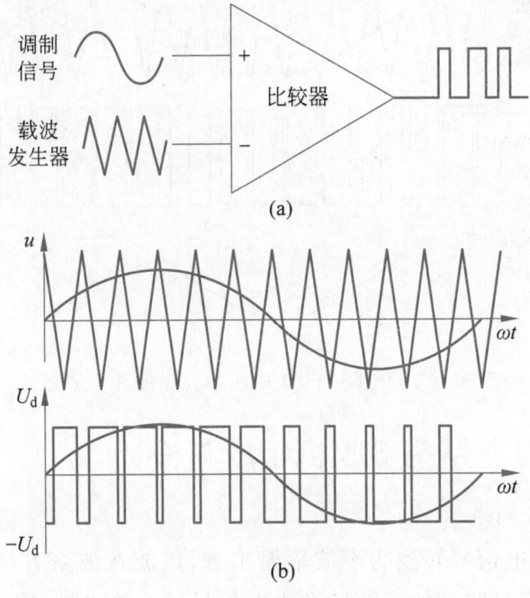

图 5.1.21　一种脉冲宽度调制电路的结构和波形

一个完整的丁类功率放大器组成框图和具体电路如图 5.1.22 所示，其由 PWM 调制器、开关放大器和低通滤波器组成。

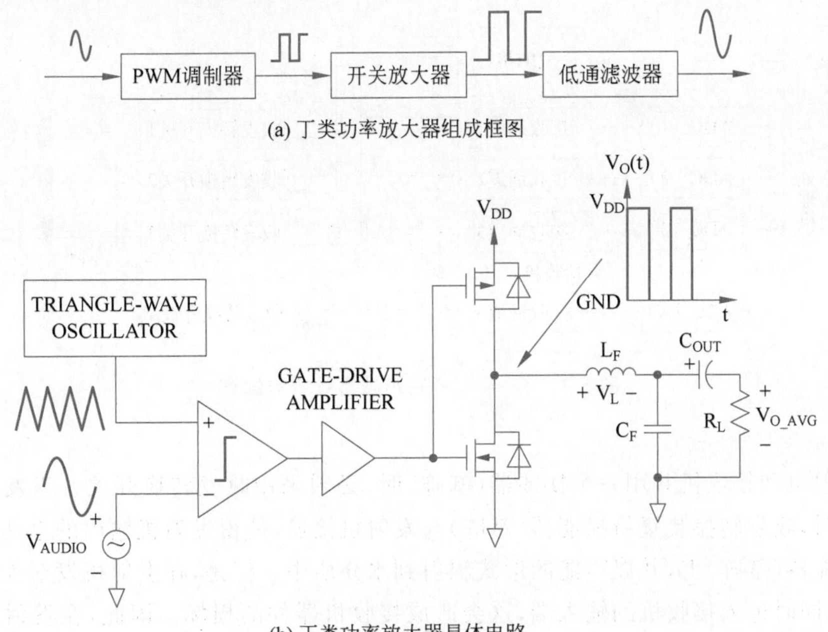

图 5.1.22　一个完整的丁类功率放大器组成框图和具体电路

开关放大器的作用是将低电平的脉冲信号转换为高电平的脉冲信号，这样可以提高功率放大器的输出功率。低通滤波器的作用是从脉冲宽度调制信号中恢复出原始信号，一般

采用 LC 滤波器实现。图 5.1.22 电路中完整的信号波形如图 5.1.23 所示。

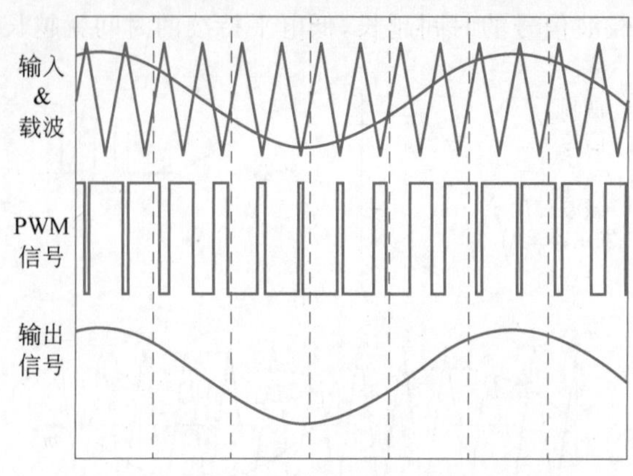

图 5.1.23 图 5.1.22 电路中完整的信号波形

5.1.3 水声探测系统接收机组成与设计

1. 接收机在声呐中的位置

发射机利用基阵将电信号转换为声波辐射出去，声波在波束方向上遇到障碍物被反射后原路返回基阵，基阵将接收到的声波转换为电信号送给接收机，接收机在声呐系统中的位置如图 5.1.24 虚线框中所示。接收机一般由若干个接收通道组成，每个接收通道负责接收一个换能器的信号(接收通道不是与换能器直接连接的，而是通过收发转换开关与换能器连接)。

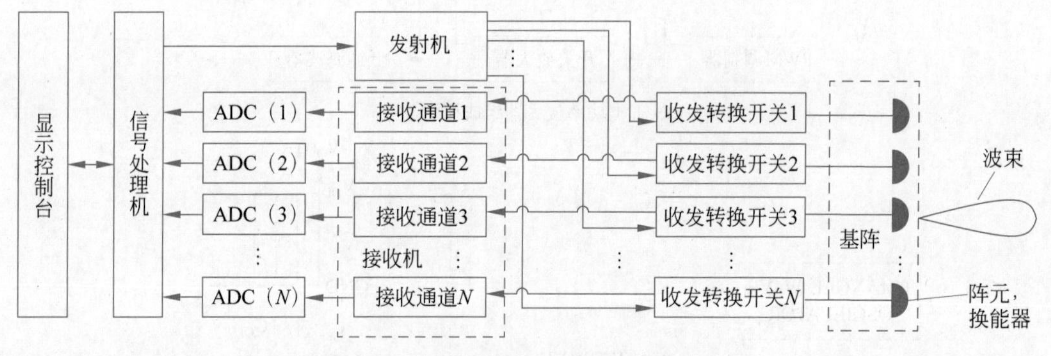

图 5.1.24 接收机在声呐系统中的位置

2. 收发转换开关

当发射机和接收机共用一个换能器(基阵)时，必须采用收发转换开关。当发射机正在发射信号时，收发转换装置将换能器(基阵)与发射机接通，使得发射机输出的电功率绝大多数加到换能器(基阵)上，并以声能的形式辐射到水介质中。但是，在发射机发射大功率信号时，该信号同时进入接收机的输入端，这会造成接收机器件的损坏。因此，在发射机发射信号时，收发转换装置要将接收机输入端可靠地短路，一旦信号发射完毕，又要使接收机输入端转为正常工作状态，让换能器接收到的回波信号进入接收机中。一种采用无触点二极管构成的收发转换开关电路如图 5.1.25 所示。

图 5.1.25 中共有两组反向并联的二极管，收发转换装置的任务是由它们来完成的。发

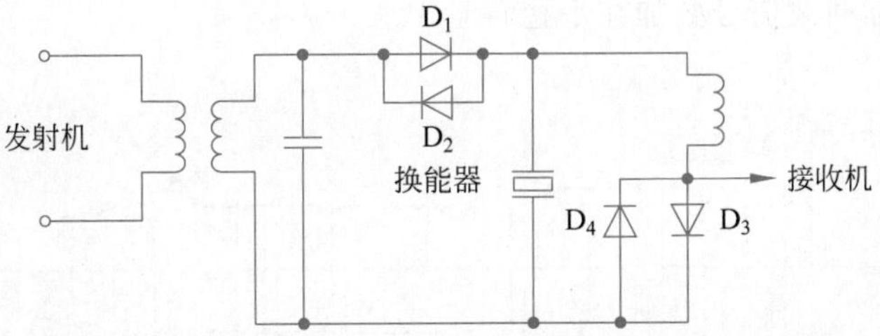

图 5.1.25 采用无触点二极管构成的收发转换开关电路

射时，当发射信号的电压大于二极管导通电压时，反向并联的二极管 D_1 和 D_2 必有一个导通，发射信号施加到换能器上。接收时换能器两端产生的电压小于二极管导通电压值时，反向并联的二极管 D_3 和 D_4 均不导通，接收信号进入接收机。

反向并联的二极管 D_3 和 D_4 另一个作用是防止发射信号造成接收机电路的阻塞现象。阻塞现象是由于在很高的发射信号电压通过接收机输入端的隔直流电容时对该电容充电。当发射脉冲结束后，电容器储存的电能释放需要很长一段时间。在这段时间内，这个耦合电容的电位就会使模拟放大器的工作点发生偏移，严重时会使得模拟电路的工作点进入非线性区(饱和区或截止区)，从而造成接收机电路在这段时间内出现不能正常地将信号进行放大、滤波的现象，它被形象地称为“阻塞”现象。当接收机的输入端接在图 5.1.25 位置时，接收机输入端的大信号(发射信号的一部分)钳位在并联二极管的导通电压值，因此隔直电容上的能量被限制在有限值上，这样将其能量释放到正常值的时间就可以大大缩短，从而使发射信号引起的接收机阻塞时间减小到声呐盲区所允许的范围之内。

3. 接收通道的组成

一个典型的接收通道组成如图 5.1.26 所示，主要部件有前置低噪声放大器、自动增益控制电路、抗混叠滤波器、固定增益放大器等。

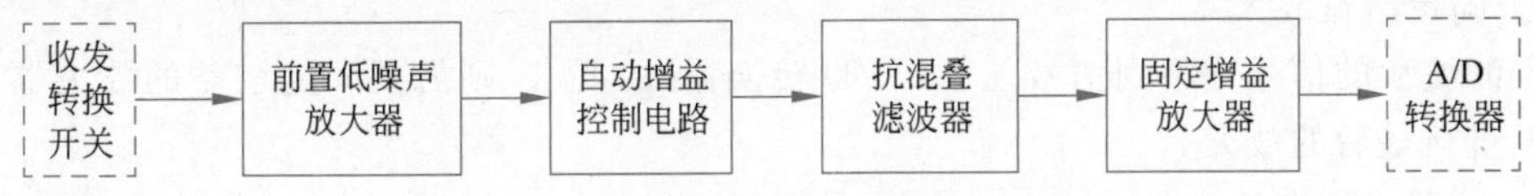

图 5.1.26 一个典型的接收通道组成

1) 前置低噪声放大器

当声呐接收远距离目标时，信号是极其微弱的，通常在微伏数量级，需要放大，而且要求放大器的内部噪声尽可能小，一般要求内部噪声小于 0.5μV，所以接收通道最前面的是低噪声前置放大器。

2) 自动增益控制电路

在主动声呐中，接收机最早接收到的信号是从发射机泄露(收发转换开关不能做到完全隔离发射机和接收机)过来的发射信号，随后还有强度极大的海面混响、体积混响和海底混响(混响是存在于海洋中大量无规则散射体对发射信号产生的散射波，是一个无规则的随机信号，而且距离接收机很近的散射体回波比目标回波信号还强)，以后才是相对平稳的环境噪声，目标回波信号则是叠加在这些混响和环境噪声之中。接收信号的波形示意如图 5.1.27 所示。接收信号经前置放大器放大后波形基本不变。该波形需要变换成如图 5.1.28 所示的波形才适合目标信号的检测，这就需要自动增益控制电路，使接收机的增益随输入量的强弱自动改变，使目标回波信号叠加在平稳背景上。

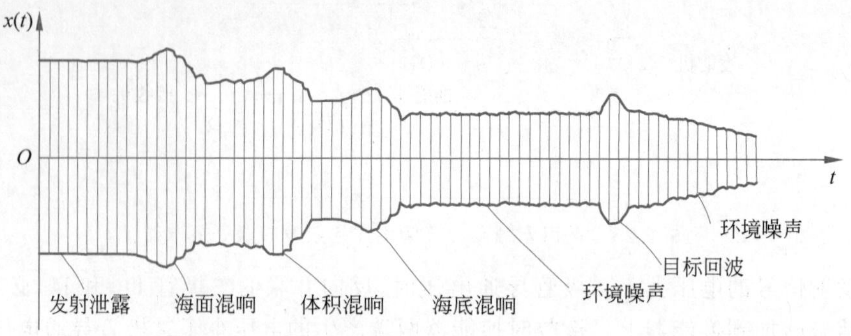

图 5.1.27　接收信号的波形示意

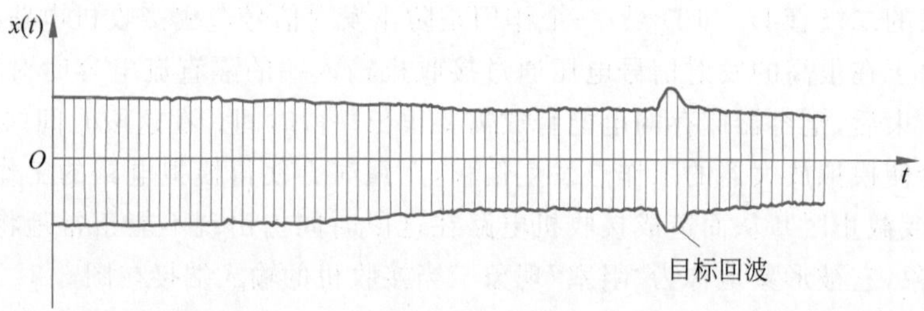

图 5.1.28　自动增益控制电路的输出信号

3）抗混叠滤波器

目标回波信号的带宽是有限的，对声呐来说带宽外的频率分量最好去除，以利于目标信号检测，对数字信号处理的声呐进行数据采集时还需要进行抗混叠滤波，所以综合考虑可设置带通和低通滤波器。

4）固定增益放大器

若滤波后的信号达不到信号采集（A/D 转换器）的要求，则需要固定增益的放大器对模拟信号进行最后的放大。

4. 前置低噪声放大器设计

接收机中的低噪声放大器是一个放大微弱信号，以便接收机进一步处理的有源网络。理想的放大器只增加期望信号的幅度，而不增加任何噪声和失真。然而，已知放大器都会在期望的信号中增加噪声和失真。在接收通道中，接收传感器后的第一级放大器贡献了大部分的噪声。因此，降低这一级放大器带来的系统信噪比的恶化被电子工程师关注。低噪声放大器由输入匹配网络、放大电路和输出匹配网络组成。它主要有四个特点：一是它位于接收机最前端，这就要求它的噪声系数越小越好。为了抑制后面各级噪声对系统的影响，还要求有一定的增益；但为了不使后面的电路过载，产生非线性失真，它的增益又不宜过大。二是它所接收的信号是微弱的，所以低噪声放大器必须是小信号放大器。而且由于受传输路径的影响，信号的强弱又是变化的，在接收信号的同时又可能伴随许多强干扰信号的输入，因此要求放大器有足够的线性范围，增益最好是可调节的。三是低噪声放大器一般与传感器相连，放大器的输入端必须和它们很好地匹配，以达到功率最大传输或者最小的噪声系数。四是它应具有一定的选频功能，能够抑制带外和镜像频率干扰，因此一般是频带放大器。

早期低噪声放大器主要由分立元件(三极管和场效应管等)组成,双极型三极管输入阻抗过小,制约了三极管在水声信号放大中的应用,因而大部分水下低噪声前置放大器由场效应管组成。随着电子元器件集成度的提高,大量低噪声、一致性优异的大规模模拟集成芯片的涌现,为前置电路的低噪声和一致性实现提供了良好的条件。当前大部分前置放大器由低噪声、高输入阻抗运算放大器组成。低噪声放大器应选择具有较低电流噪声的运算放大器。由于水声换能器(或水听器)的源阻抗较高,能够胜任这项工作的主要是输入端由结型场效应管(Junction Field-Effect Transistor, JFET)组成的运算放大器。

运算放大器的选型要考虑多种技术指标,主要指标如下:

(1) 开环带宽(BW,-3dB 带宽):将一个恒幅正弦小信号输入运算放大器的输入端,在运算放大器的输出端测得开环电压增益下降 3dB(或是相当于运算放大器的直流增益的 0.707)所对应的信号频率范围。这个指标主要用于小信号处理中运算放大器的选型。

(2) 单位增益带宽(GB):运算放大器的闭环增益为 1 倍条件下,将一个恒幅正弦小信号输入运算放大器的输入端,从运算放大器的输出端测得闭环电压增益下降 3dB(或是相当于运算放大器输入信号的 0.707)所对应的信号频率范围。单位增益带宽是一个很重要的指标,对正弦小信号放大时,单位增益带宽等于输入信号频率与该频率下的最大增益的乘积。换句话说,当知道要处理的信号频率和信号需要的增益以后,可以计算出单位增益带宽,用以选择合适的运算放大器。这个指标主要用于小信号处理中运算放大器选型。

(3) 增益带宽积(GBP):一般是指电压反馈运算放大器的一个特征参数,定义为在某频率下测量的开环电压增益与测量频率的乘积,其单位为 Hz。GBP 的大小可以用单位增益带宽来表示,对于电压反馈运算放大器,增益带宽积为常数。对于电流反馈运算放大器,增益带宽积并无多大意义,因为在电流反馈运算放大器中增益和带宽之间不存在线性关系。

(4) 全功率带宽(BW):在额定的负载时,运算放大器的闭环增益为 1 倍条件下,将一个恒幅正弦大信号输入运算放大器的输入端,使运算放大器输出幅度达到最大(允许一定失真)的信号频率。这个频率受到运算放大器转换速率的限制。近似地,全功率带宽=转换速率/($2\pi V_{op}$),其中 V_{op} 为运算放大器的峰值输出幅度。全功率带宽是一个很重要的指标,用于大信号处理中运算放大器选型。

(5) 转换速率(SR,也称为压摆率):运算放大器接成闭环条件下,将一个大信号(含阶跃信号)输入到运算放大器的输入端,从运算放大器的输出端测得运算放大器的输出上升速率。由于在转换期间运算放大器的输入级处于开关状态,所以运算放大器的反馈回路不起作用,也就是转换速率与闭环增益无关。转换速率对于大信号处理是一个很重要的指标,一般运算放大器的转换的速率 SR≤10V/μs,高速运算放大器的转换速率 SR>10V/μs。目前,高速运算放大器最高转换速率达到 6000V/μs。这用于大信号处理中运算放大器选型。

(6) 建立时间:在额定的负载时,运算放大器的闭环增益为 1 倍条件下,将一个阶跃大信号输入到运算放大器的输入端,使运算放大器输出由 0 增加到某一给定值所需要的时间。由于是阶跃大信号输入,输出信号达到给定值后会出现一定抖动,这个抖动时间称为稳定时间。稳定时间+上升时间=建立时间。对于不同的输出精度,稳定时间有较大差别,精度越高,稳定时间越长。建立时间是一个很重要的指标,用于大信号处理中运算放大器选型。作为 A/D 转换前端信号调理时,也直接影响整个数字信号输出的延迟时间。

(7) 等效输入噪声电压:屏蔽良好、无信号输入的运算放大器,在其输出端产生的任何交流无规则的干扰电压。这个噪声电压折算到运算放大器输入端时，就称为运算放大器等效输入噪声电压(有时也用噪声电流表示)。对于宽带噪声，普通运算放大器的输入噪声电压有效值为 10～20μV。

(8) 偏置电流：运算放大器是集成在一个芯片上的晶体管放大器，偏置电流就是第一级放大器输入晶体管的基极直流电流，这个电流保证放大器工作在线性范围，为放大器提供直流工作点。因为运算放大器要求尽可能宽的共模输入电压范围，而且都是直接耦合的，不可能在芯片上集成提供偏置电流的电流源，所以都设计成基极开路的，由外电路提供电流。因为第一级偏置电流的数值都很小，从微安到纳安数量级，所以一般运算电路的输入电阻和反馈电阻就可以提供这个电流。而运算放大器的偏置电流值也限制了输入电阻和反馈电阻数值不可以过大，否则不能提供足够的偏置电流，使放大器不能稳定地工作在线性范围。

(9) 共模抑制比(CMRR)：为了说明差动放大电路抑制共模信号的能力，常用共模抑制比作为一项技术指标来衡量，其定义为放大器对差模信号的电压放大倍数 A_{vd} 与对共模信号的电压放大倍数 A_{vc} 之比。

(10) 差模输入阻抗：运算放大器工作在线性区时，两输入端的电压变化量与对应的输入端电流变化量的比值。差模输入阻抗包括输入电阻和输入电容，在低频时仅指输入电阻，一般产品也仅仅给出输入电阻。采用双极型晶体管作输入级的运算放大器的输入电阻不大于 10MΩ，场效应管作输入级的运算放大器的输入电阻一般大于 $10^9\,\Omega$。

(11) 共模输入阻抗：运算放大器工作在输入信号时(运算放大器两输入端输入同一个信号)，共模输入电压的变化量与对应的输入电流变化量之比。在低频情况下，它表现为共模电阻。通常，运算放大器的共模输入阻抗比差模输入阻抗高很多，典型值在 $10^8\,\Omega$ 以上。

(12) 输出阻抗：运算放大器工作在线性区时，在运算放大器的输出端电压变化量与对应的电流变化量的比值。在低频时仅指运算放大器的输出电阻。这个参数在开环测试。

(13) 轨到轨(R-R)：从输入来说，其共模输入电压范围(信号对地电压输入叫共模)可以从负电源到正电源电压；从输出来看，其输出电压范围可以从负电源到正电源电压。“轨到轨”的特性：它的输入或输出电压幅度即使达到电源电压的上、下限，此时放大器也不会像常规运算放大器那样发生饱和与翻转。例如，在＋5V 单电源供电的条件下，即使输入、输出信号的幅值低到接近 0V，或高至接近 5V，信号也不会发生截止或饱和失真，从而大大增加了放大器的动态范围。这在低电源供电的电路中尤其具有实际意义。

(14) 信噪比(SNR)：狭义来讲是指放大器的输出信号的电压与同时输出的噪声电压的比，常用分贝数表示。设备的信噪比越高，它产生的杂音越少。一般来说，信噪比越高，混在信号里的噪声越小；否则，相反。差分输入的 SNR 通常比单端输入要高得多。

(15) 供电方式：运算放大器作为模拟电路的主要器件之一，在供电方式上有单电源和双电源两种。双电源供电的运算放大器的输入可以是在正、负电源之间的双极性信号，而单电源供电的运算放大器的输入信号只能在 0V 至供电电压之内的单极性信号，其输出亦然。双电源供电的运算放大器电路可以有较大的动态范围，单电源供电的运算放大器电路可以节约一路电源。单电源供电的运算放大器的输出不能达到 0V，双电源供电的稳定性比单电源供电的要好。单电源运算放大器对接近 0V 的信号放大时误差很大，且容易引入干扰。单电源供电对运算放大器的指标要求要高一些，一般需要用轨到轨，运算放大器的价格一般会高一些。随着器件水平的提高，有越来越多地用单电源供电代替双电源供电的应用，这是一个趋势。

(16) 零点漂移(简称零漂):在直接耦合的放大电路中,即使将输入端短路,在输出端也会有变化缓慢的输出电压。这种输入电压为零而输出电压偏离原来起始点而上下漂动的现象称为零点漂移现象。

(17) 失调电压:又称输入失调电压,记为 U_{io},即室温及标准电源电压下,运算放大器两输入端间信号为零时,为使输出为零,在输入端加的补偿电压。

运算放大器的生产厂家众多,选择时需要根据具体应用场景决定,可以登录厂家的官方网站筛选。例如,登录 ADI 公司的官方网站,以此单击"产品""放大器",可以看到 ADI 公司的放大器分类,如图 5.1.29 所示。

图 **5.1.29** ADI 公司的放大器分类

根据前述对声呐前置低噪声放大器的分析,需要选择 JFET 输入运算放大器,单击图 5.1.29 右上角的"JFET 输入运算放大器",进入图 5.1.30 所示页面,根据所需运算放大器的技术指标和价格选择具体型号。

本书设计的接收机信号工作频率约为 40kHz,前置放大器的放大倍数不超过 10,因此增益带宽积选择 1MHz 已足够,此时型号数量已降为 5 个。考虑到多个接收通道,因此优先选择单片内有多个运算放大器的芯片型号,锁定为 LT1464/LT1465。同时,在图 5.1.29 右上角还有"低噪声运算放大器",单击后选择增益带宽积为 1MHz,得到图 5.1.31 所示低噪声运算放大器筛选页面,根据需要也可选择 AD708 或其他产品。在价格和供货满足的条件下还可以进一步对比产品的技术指标,从而选择最优的器件。

5. 自动增益控制电路设计

1) 自动增益控制原理

自动增益控制(AGC)电路原理框图如图 5.1.32 所示,可变增益放大器的放大倍数 A_v 受控制电压 V_C 的控制,检波器的输出反映可变增益放大器输出信号电平的有效值(或峰值),通过低通滤波器后,在比较器中与参考电平 V_R 相比较,产生控制信号 V_C 去控制可变

选择参数 全部选择 重置表格 最大值滤波器 按最新排序 保存至 myAnalog 下载到 Excel 分享 Quick Tips 发送反馈

产品型号	GBP typ | Hz	Slew Rate typ | V/us	Ibias max | A	Current Noise Density typ | A/rtHz	VNoise Density typ | V/rtHz	Rail to Rail
Filter Parts	175k - 410M	130m - 870	20f - 1000p	0 - 12p	2.9n - 76n	OR AND 4 选定值
81 器件	HIDE	HIDE	HIDE	HIDE	HIDE	HIDE
ADA4625-2	18M	48	75p	4.5f	3.3n	In to V-, Output
ADA4625-1	18M	48	75p	4.5f	3.3n	In to V-, Output
ADA4622-4	8M	23	10p	800a	12.5n	In to V-, Output
ADA4622-1	8M	23	10p	800a	12.5n	In to V-, Output
ADA4530-1	2M	1.4	20f	70a	14n	Output
ADA4622-2	8M	23	10p	800a	12.5n	In to V-, Output
ADA4350	175M	100	1p	1.1p	5n	-
ADA4610-1	16.3M	25	25p	1f	7.3n	Output
ADA4610-4	16.3M	25	25p	1f	7.3n	Output
AD8244	-	800m	2p	800a	13n	In to V-, Output
ADA4001-2	16.7M	25	30p	3f	7.7n	Output
ADA4610-2	16.3M	25	25p	1f	7.3n	Output
AD823A	10M	35	25p	1f	13n	In to V-, Output

图 5.1.30 JFET 输入运算放大器的型号和技术指标

选择参数 全部选择 重置表格 最大值滤波器 按最新排序 保存至 myAnalog 下载到 Excel 分享 Quick Tips 发送反馈

产品型号	# of Amps	GBP typ | Hz	BW -3 dB typ | Hz	Slew Rate typ | V/us	VNoise Density typ | V/rtHz	Current Noise Density typ | A/rtHz
Filter Parts	OR AND 5 选定值	60k - 1M	1.6M - 1.65G	200m - 5.5k	850p - 10n	0.5f - 46p
7 器件	HIDE	HIDE	HIDE	HIDE	HIDE	HIDE
AD8677	1	600k	-	200m	10n	74f
OP07D	1	600k	-	200m	10n	74f
AD708	2	900k	-	300m	9.6n	120f
OP77	1	600k	-	300m	9.6n	120f
LT1001	1	800k	-	250m	9.6n	100f
LT1002	2	800k	-	250m	9.6n	100f
OP07	1	600k	-	300m	9.6n	120f

图 5.1.31 低噪声运算放大器筛选页面

增益放大器。当输入电压幅度 V_i 增加或电路参数变化使增益变大而导致 V_o 增加时，环路产生控制信号使可变增益放大器增益减小；反之，在各种因素造成 V_o 减小时，环路也会产生控制信号使可变增益放大器增益增加。即通过环路控制作用，无论是 V_i 变化还是系统参数变化，输出信号电平都将保持在由 V_R 决定的电平上。图 5.1.32 中，低通滤波器的作用是决定反馈支路的反应速度，因此其时间常数是整个自动增益控制环路的重要参数。时间常数小，通带宽，反应速度快，即在输入端信号起伏频率较高时，自动增益控制系统的反馈支路也能及时地反应，使输出的信号基本保持不变。

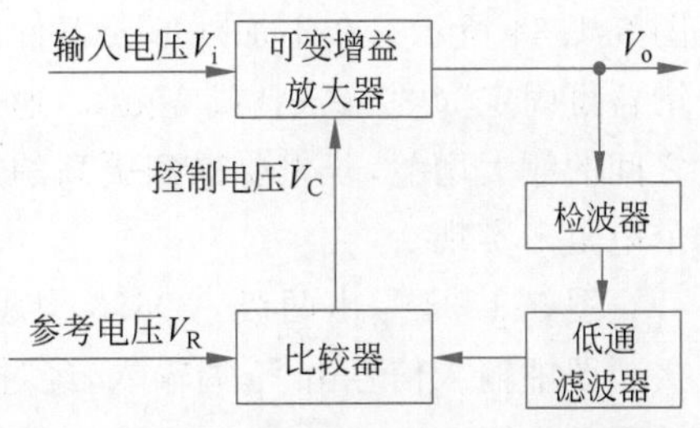

图 5.1.32 自动增益控制电路原理框图

2）可变增益放大器选型

可变增益放大器(VGA)的生产厂家众多，可以登录厂家的官方网站筛选。例如，登录 ADI 公司的官方网站，以此单击“产品”“放大器”和“可变增益放大器”，可以看到 ADI 公司的可变增益放大器分为可编程增益放大器、基带可编程可变增益放大器滤波器、数字控制可变增益放大器和模拟控制可变增益放大器四类。单击“模拟控制可变增益放大器(VGA)”，进入具体型号筛选页面，如图 5.1.33 所示，主要有 AD600/602/603/604/605 和 AD8330/8331/8332/8335/8337/8368 以及 MAX2056/2057 等系列芯片。

产品型号	Amp Architecture	Freq Response min | Hz	Freq Response max | Hz	Gain dB min | dB	Gain dB max | dB	Gain Set
Compare Filter Parts 39器件	OR AND 9选定值 HIDE	0 - 27G HIDE	10M - 31.5G HIDE	-32 - 6 HIDE	-7.6 - 80 HIDE	OR AND 3选定值 HIDE
AD8368	ADC Driver, Differential Amp, VGA	10M	800M	-12	22	Analog
AD8337	VGA	0	100M	0	24	Analog
ADL5330	VGA	10M	3G	-32	21	Analog
MAX2056	VGA	800M	1G	-	15.5	Analog
MAX2057	VGA	1.3G	2.7G	-	15.5	Analog
AD8335	VGA	100k	70M	-10	38	Analog
AD8331	VGA	100k	120M	-4.5	43	Analog
AD8351	ADC Driver, Differential Amp, VGA	1M	2.2G	0	26	Analog
AD8330	VGA	0	150M	0	50	Analog
AD8332	VGA	100k	100M	-4.5	43.5	Analog
AD8367	Differential Amp, VGA	10M	500M	-2.5	42.5	Analog
AD604	VGA	100k	40M	0	48	Analog
AD605	VGA	100k	40M	-14	34	Analog
AD603	VGA	16k	90M	-11	31	Analog
AD600	VGA	100k	10M	0	40	Analog
AD602	VGA	100k	10M	-10	30	Analog

图 5.1.33 模拟控制可变增益放大器具体型号筛选页面

3）AD603 构成的 AGC 电路

AD603 性能较好、价格适中，ADI 公司官方推荐的由 AD603 构成的 AGC 电路如

图 5.1.34 所示。在不加外部元器件的情况下，AD603 的输出为一固定增益放大器，其电压增益可固定为 31.07dB 或 50dB。通过在 5 脚和 7 脚之间加一固定电阻可以得到处于两者之间的放大增益，若想要得到更高的放大增益，则可以在 5 脚和“COMM”端(4 脚)之间接一个电阻来实现。

图 5.1.34 是由两级 AD603 构成的自动增益控制电路，两个 AD603 采用级联的方式连接。图中输入信号由 J_1 端输入，经过电容 C_1 进入第一个 AD603(A_1)的输入端，由 A_1 放大后再进入第二个 AD603(A_2)中。最终的输出信号由三极管 Q_1 和电阻 R_{11} 检波后，由电容 C_{AV} 形成自动增益控制电压 V_{AGC}。流进电容 C_{AV} 的电流为两个三极管 Q_2 和 Q_1 的集电极电流之差，而且其大小随 A_2 输出信号的幅度大小变化而变化，也就使得电压 V_{AGC} 随着输出信号的幅度变化而变化。将 V_{AGC} 加在 A_1、A_2 放大器的 1 脚上，就达到了自动调整放大器增益的目的。

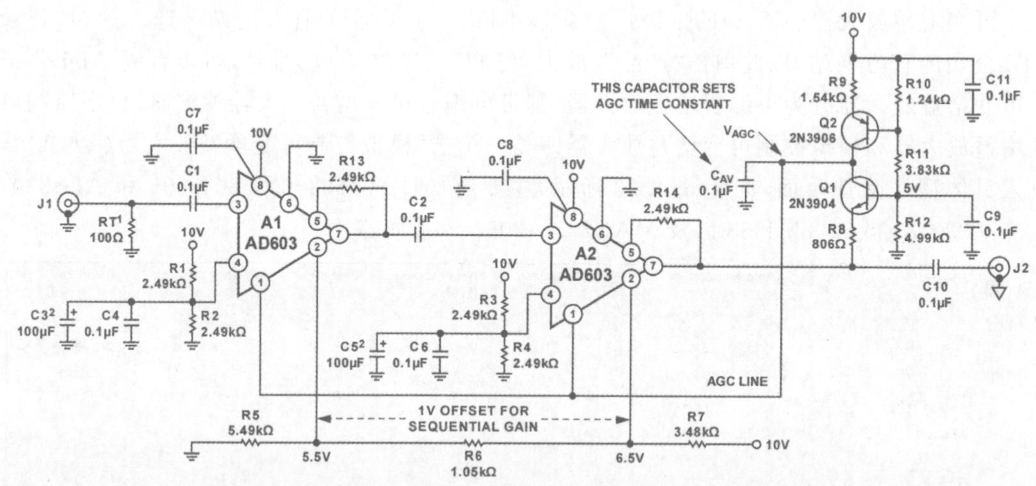

图 5.1.34　ADI 公司官方推荐的由 AD603 构成的 AGC 电路

6. 抗混叠滤波器设计

混叠现象是指对连续信号进行等间隔采样时，如果不能满足采样定理，采样后就会有频率重叠现象，即高于采样频率和低于采样频率的信号混杂在一起，出现失真，这种失真即为混叠失真。在统计、信号处理和相关领域中，混叠是指取样信号被还原成连续信号时产生彼此交叠而失真的现象。当混叠发生时，原始信号无法从取样信号还原。混叠发生在时域上称为时间混叠，发生在频域上称为空间混叠。抗混叠滤波器一般指低通滤波器。低通滤波环节用于滤除信号中的高频分量。信号采集过程中不可避免地会有高频干扰信号混杂在有用信号中。为了使这些信号的频率满足奈奎斯特(Nyquist)采样定理所规定的范围，除去采集的一些不确定信号对有用信号造成的干扰，并最大限度地抑制或消除混叠现象对数据采集的影响，就需要先利用低通滤波器对无用信号进行衰减和滤除。抗混叠滤波器除了对无用信号的衰减和滤除外，还可以为 A/D 转换产生的瞬态能量提供缓冲。最简单的抗混叠滤波器是一阶 *RC* 低通滤波器，或者采用运算放大器加 *RC* 网络组成有源滤波器。如果选用二阶低通滤波器，就可以使用运算放大器加 *RC* 网络组成有源滤波器。如果选用高阶低通滤波器，就可以利用 MAX275 设计的低通滤波器(参考 5.1.2 节)。

5.1.4 水声探测系统信号处理机组成与设计

1. 信号处理机的组成

信号处理机是现代声呐最核心的分机，在控制发射机和接收机的基础上需要完成测向、测距、测速等各种功能性任务，还需要与显示控制台(操作员)进行各种交互。根据声呐的战术和技术指标不同，信号处理机的工作原理和流程各不相同，但具体实现基本都用到高性能微处理器和可编程逻辑器件，这就需要掌握相关微处理器(DSP、ARM 等)的编程语言(C/C++等)以及可编程逻辑器件开发的硬件描述语言(HDL)。第 2～4 章介绍的微处理器和 FPGA 开发即为信号处理机的设计打下一些基础。

本书设计的声呐只完成测向和测距功能，信号处理机的工作流程如图 5.1.35 所示。信号处理机首先控制发射机发射信号，然后进行数据采集、接收波束形成、匹配滤波和参数估计。

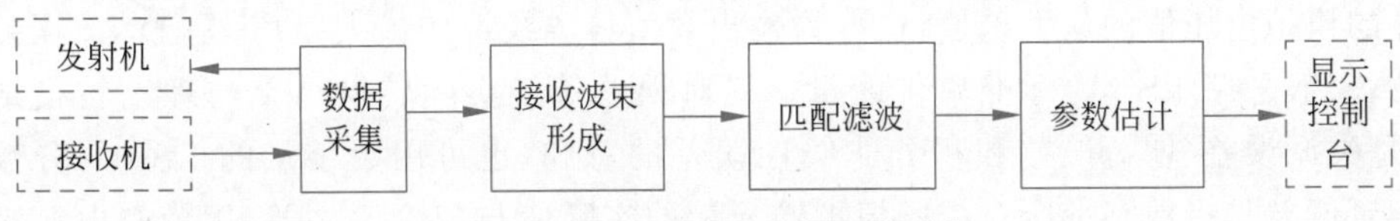

图 5.1.35 信号处理机的工作流程

2. 数据采集电路设计

1) 采样定理与方案

根据奈奎斯特采样定理，对于截止频率低于 f_H 的低通信号，以 $2f_H$ 的采样频率对原始信号进行采集，即可重建原始信号。声呐信号通常是带通的窄带信号(信号的中心频率远大于信号带宽)，对于带通信号，若采样频率满足

$$f_s = \frac{2(f_L + f_H)}{2n + 1}$$

也可重建原始信号，其中 f_s 为采样频率，f_L 为低端频率，f_H 为高端频率，n 为能满足 $f_s \geqslant 2(f_H - f_L)$ 的最大正整数。在工程实践中，采样频率往往取信号带宽的 3～5 倍。

在 A/D 转换器转换速率不够的情况下可以采用模拟电路混频、滤波然后进行正交采样，即用两个 A/D 转换通道分别得到信号的同相分量(I 通道信号)和正交分量(Q 通道信号)，然后将 I 通道的信号作为实部，Q 通道的信号作为虚部，形成一个复信号进行后续处理。但是，这种方法需要利用本振、乘法器等模拟电路，存在复杂度高且可靠性相比直接采样下降的劣势。随着电子技术的发展，A/D 转换器的转换速率和微处理器的处理能力不断提高，使得相对通信、雷达系统而言工作频率较低的声呐信号可以进行直接采样。

数据采集过程中除了选择正确的采样频率外，还需要考虑量化噪声的影响。降低量化噪声影响有两个途径：一是增加 A/D 转换器的字长(位数)。二是对信号进行放大使得信号最大幅度尽可能接近 A/D 转换器的参考电压(这也是在 A/D 转换器前面设置固定增益放大器的原因之一)。当然，对信号进行放大后最大幅度不能超过 A/D 转换器的参考电压，否则使得信息丢失或者说产生了饱和噪声。

2）A/D 转换器选型应考虑的因素

（1）位数与分辨率：A/D 转换器的位数是指 A/D 转换器将模拟电压量化后的二进制数的个数，A/D 转换器的分辨率是指使输出数字量最低位变化一个相邻数码所需输入模拟电压的变化量。分辨率与转换器的位数和参考电压有关，例如一个 10V 满刻度的 12 位 A/D 转换器能分辨输入电压变化最小值是 $10\text{V}\times 1/2^{12}\approx 2.44\text{mV}$。

（2）误差与精度：失调误差是描述 A/D 转换器零输入情况下的输出偏移，这导致其和理想量化输出曲线右移一段距离，右移的电压偏移即为失调误差。测量时将数字输出"0"转换得到的电压与理论零点电压作比较可以得到失调误差。增益误差是指输出量化阶梯曲线的直线斜率对比理想输出量化阶梯曲线的直线斜率而存在的斜率误差，通常表示为满幅范围的百分比（%FSR）。微分非线性（DNL）误差是 A/D 转换器的实际转换阶梯度量和理想转换阶梯度量的差值。要保证没有丢码和单调的转移函数，A/D 转换器的 DNL 误差必须小于 1LSB。积分非线性（INL）误差是 A/D 转换器所有输出数字码对应的模拟电压值与实际采样的模拟电压值的最大差值，也称为输出数值偏离线性的最大距离，是 DNL 误差累积的结果，一般采用 LSB 为标准单位度量。绝对误差等于实际转换结果与理论转换结果之差，它是失调误差、增益误差和积分非线性误差的总和，也可用数字量的 LSB 的分数值表示。相对误差是指数字量所对应的模拟输入量的实际值与理论值之差，用模拟电压满量程的百分比表示。转换误差越小，精度越高。分辨率和精度是两个不同的概念，理论上分辨率越高的 A/D 转换器转换精度也应该越高，实际上也有分辨率较小而转换误差却较大的 A/D 转换器。

（3）转换时间与转换速率：转换时间是指 A/D 转换器完成一次 A/D 转换所需要的时间（发出转换命令信号到转换结束的时间）。转换时间的倒数称为转换速率，例如某个 A/D 转换器的转换时间是 25μs，则转换速率为 40kHz。转换速率关系着数据采集的最高采样速率，为了保证转换的正确完成，采样速率必须小于或等于转换速率。因此有人习惯上将转换速率在数值上等同于采样速率也是可以接受的。采样速率常用的单位是 KSPS（kilo Samples per Second，每秒采样千次）和 MSPS（Million Samples per Second，每秒采样百万次）。

（4）输入电压方式与范围：A/D 转换器的输入电压方式有差分输入和单端输入之分，输入电压范围有单极性和双极性之分。

（5）输出数码方式：A/D 转换器的输出数码方式有并行输出和串行输出之分。

3）A/D 转换器选型实例

A/D 转换器的生产厂家众多，可以登录厂家的官方网站筛选。例如，登录 ADI 公司的官方网站，以此单击"产品""模数转换器"可以看到 ADI 公司的 A/D 转换器分类，如图 5.1.36 所示，可分为"精密模数转换器"、"集成式/专用转换器"和"高速 ADC（>10MSPS）"三类。本例设定的信号工作频率约为 40kHz，对转换速率要求不高，根据采样定理不必选用高速 ADC（>10MSPS），也不属于集成式/专用转换器，所以可以将目标集中在精密 A/D 转换器这一类。考虑到声呐接收机具有多个通道，可以重点关注图 5.1.36 中多路复用 A/D 转换器这一子类。

官方网站对这一类模/数转换器的介绍如下：ADI 公司的多路复用精密 A/D 转换器包括一个 ADC，分辨率范围为 8～24 位，通道数高达 16 通道，转换速率为几 kSPS 至 10 MSPS，

图 5.1.36 ADI 公司的 A/D 转换器分类

同时在噪声、线性度和动态范围方面提供业界领先的性能。ADI 公司提供能够快速轻松部署的多通道解决方案，可以满足多种不同应用的速度、功耗和尺寸需求。多路复用转换器支持单端、差分和伪差分输入设计，提供了下一代终端系统所需的特性组合。提供的 ADC 架构，包括 SAR-逐次逼近型 ADC 和 Σ-Δ 型调制器。单击"多路复用模数转换器"后进入 ADI 公司的多路复用模/数转换器型号筛选页面，如图 5.1.37 所示。在筛选页面可以设置通道数、分辨率和采样速率等参数缩小范围，本例综合考虑选择 AD7324 模/数转换器作为数据采集的核心器件。

选择参数　全部选择　重置表格　最大值滤波器　按最新排序　保存至 myAnalog　下载到 Excel　分享　Quick Tips　发送反馈

Compare　107 器件

产品型号	Channels	Resolution bits	Sample Rate max | SPS	ADC SNR in dBFS typ | dBFS	ADC INL max | LSBs	Device Architecture
Filter Parts	4 - 16	16 - 32	6.8 - 3M	45 - 133	-0.4 - 754.9	OR / AND 6 选定值
	HIDE	HIDE	HIDE	HIDE	HIDE	HIDE
AD4111	16	24	31.25k	-	-	Sigma-Delta
AD4112	16	24	31.25k	-	-	Sigma-Delta
AD4114	16	24	31.25k	-	-	Sigma-Delta
AD4115	16	24	125k	-	-	Sigma-Delta
AD4116	16	24	62.5k	-	-	Sigma-Delta
AD4130-8 NEW	8	24	2.4k	97.9	251.7	Sigma-Delta
AD4695	16	16	500k	93	1	SAR
AD4696	16	16	1M	93	-	SAR
AD4697 NEW	8	16	500k	93	1	SAR
AD4698 NEW	8	16	1M	93	1	SAR
AD7124-4	4	24	19.2k	-	-	Sigma-Delta
AD7124-8	8	24	19.2k	-	-	Sigma-Delta
AD7172-2	4	24	31.25k	-	-	Sigma-Delta
AD7172-4	8	24	31.25k	-	-	Sigma-Delta

图 5.1.37 ADI 公司的多路复用模/数转换器型号筛选页面

4）AD7324应用

AD7324是一款4通道、12位带符号位的1 MSPS逐次逼近型ADC。该ADC配有一个高速串行接口，最高转换速率可达1MSPS。AD7324可处理双极性输入信号。经过对片上模式寄存器编程，可选择双极性电压范围，包含±10V、±5V和±2.5V三种。AD7324还可处理0～10V的单极性输入电压。每个模拟输入通道均支撑独立编程，通过设置控制寄存器中的相应位即可设为四个输入模式之一。模拟输入通道可设置为单端、全差分或伪差分三种形式之一。内置一个2.5V的基准电压，也可选用外部基准。AD7324的内部组成和外部接口如图5.1.38所示，左侧为模拟电压输入接口，右侧为数字输入/输出接口。

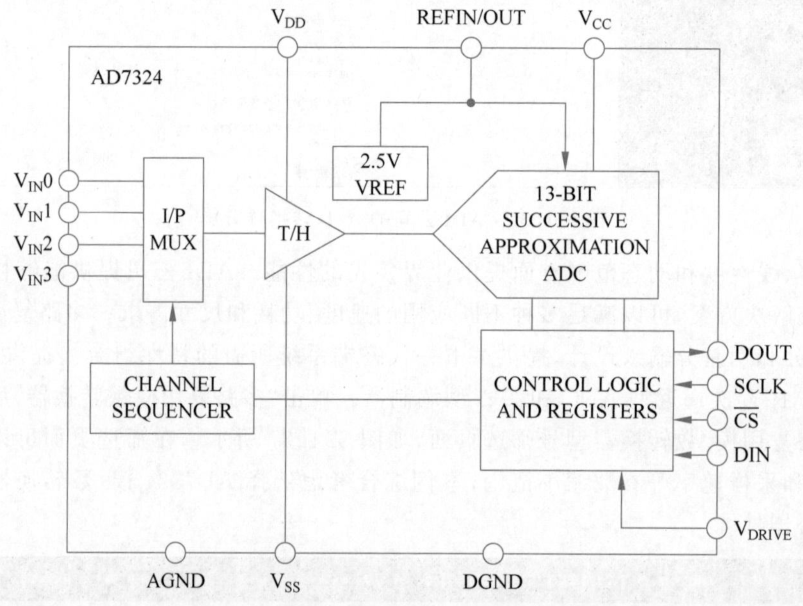

图5.1.38 AD7324的内部组成和外部接口

AD7324有3个可编程寄存器，分别为控制寄存器、序列寄存器和范围寄存器，这些寄存器都是只可写的。与AD7324通信一次需要16个时钟周期。最高3位决定了准备对哪个寄存器进行写操作，其中包括写使能位、寄存器选择位1和寄存器选择位2。写使能位高电平有效，寄存器选择位为"00"时对控制寄存器写入后面的12位数据，寄存器选择位为"01"时对范围寄存器写入后面的8位数据，寄存器选择位为"11"时对序列寄存器写入后面的4位数据。

控制寄存器是用来选择模拟信号输入模式和电源管理的，对信号输入模式的控制包括输入通道、范围、参考和编码，见表5.1.3～表5.1.7。

表5.1.3 控制寄存器总体描述

位15	位14	位13	位12	位11	位10	位9	位8
WRITE	REG SEL1	REG SEL2	ZERO	ADD1	ADD0	MODE1	MODE0
位7	位6	位5	位4	位3	位2	位1	位0
PM1	PM0	CODING	REF	SEQ1	SEQ2	ZERO	0

表 5.1.4 控制寄存器位功能描述

位	标 记	描 述
12、1	ZERO	必须写"0"
11、10	ADD1、ADD0	当连续转换不使能时,此 2 位用来设置下一次准备转换的通道号。当连续转换使能时,此 2 位用来设置连续转换的结束通道号
9、8	MODE1、MODE0	设定 4 个通道的配置,需要和地址位 ADD0、ADD1 相配合,方式见表 5.1.5
7、6	PM1、PM0	电源模式选择,方式见表 5.1.6
5	CODING	设定下一次 AD7324 转换结果的输出编码格式。若为"0",则输出数据分为两部分;若为"1",则输出数据为一整串二进制。在连续转换使能情况下,输出格式为最后一次设置模式
4	REF	使能内部参考。0 代表外部参考;1 代表内部参考
3、2	SEQ1、SEQ2	控制连续转换使用模式,见表 5.1.7

表 5.1.5 模拟输入通道配置方式

地址位		MODE1=1 MODE0=1		MODE1=1 MODE0=0		MODE1=0 MODE0=1		MODE1=0 MODE0=0	
		3 虚拟差分输入		2 完全差分输入		2 虚拟差分输入		4 单通道输入	
ADD0	ADD1	VIN+	VIN−	VIN+	VIN−	VIN+	VIN−	VIN+	VIN−
0	0	VIN0	VIN3	VIN0	VIN1	VIN0	VIN1	VIN0	AGND
0	1	VIN1	VIN3	VIN0	VIN1	VIN0	VIN1	VIN1	AGND
1	0	VIN2	VIN3	VIN2	VIN3	VIN2	VIN3	VIN2	AGND
1	1	X	X	VIN2	VIN3	VIN2	VIN3	VIN3	AGND

表 5.1.6 电源模式选择

PM1	PM0	描 述
1	1	完全关断。控制寄存器内信息保留
1	0	自动关断。在第 15 个时钟上升沿后自动关断,其间可设置控制寄存器
0	1	自动备用。除了参考,其余全部关断。在第 15 个时钟上升沿后自动关断,其间可设置控制寄存器
0	0	正常模式

表 5.1.7 连续转换模式选择

SEQ1	SEQ2	描 述
0	0	连续模式关断。控制寄存器中的地址位选择下一采样通道
0	1	根据以前设置的序列寄存器中的采样顺序方式进行采样。AD7324 从设置的最低通道开始进行采样
1	0	连续模式。从 0 通道开始,控制寄存器中的地址位选择结束通道
1	1	连续模式关断。控制寄存器中的地址位选择下一采样通道

序列寄存器为一个 4 位只写寄存器。每一个通道与寄存器内的一位相对应。将寄存器内相应的位置 1 可以选择相应的通道加入采样序列中,见表 5.1.8。

表 5.1.8 序列寄存器

位 15	位 14	位 13	位 12	位 11	位 10	位 10	位 9～0
WRITE	REG SEL1	REG SEL2	VIN0	VIN1	VIN2	VIN3	0

范围寄存器用来设置每一个通道的输入范围,8 位只写寄存器。每通道 2 设置位,可设置为±10V、±5V、±2.5V 和 0V~10V,见表 5.1.9 和表 5.1.10。

表 5.1.9 范围寄存器总体描述

位 15	位 14	位 13	位 12	位 11	位 10	位 9
WRITE	REG SEL1	REG SEL2	VIN0A	VIN0B	VIN1A	VIN1B
位 8	**位 7**	**位 6**	**位 5**	**位 4~0**		
VIN2A	VIN2B	VIN3A	VIN3B	0		

表 5.1.10 范围寄存器范围选择

VINxA	VINxB	描述
0	0	±10V
0	1	±5V
1	0	±2.5V
1	1	0V~10V

对寄存器配置时将 DIN 的 WRITE 位置 1。本次采样间隔内的数据无效,即可忽略。在配置完以后每次 DIN 的 WRITE 位置 0 可进行采样,AD7324 的寄存器配置和数据采样时序如图 5.1.39 所示,图中 $t_1 \sim t_{10}$ 为读写时序要求的时间,具体可参考 AD7324 的使用手册。

3. 接收波束形成

1) 接收波束形成的原理与方法

接收波束形成通过对换能器基阵接收的信号进行处理,从而测定不同方位回波的强度,也称为"空间滤波器"。假设基阵为 N 阵元直线阵,编号为 $H_1 \sim H_N$,阵元等间隔排列,如图 5.1.40 所示,设入射信号为单频信号 $A\cos 2\pi ft$,它与基阵法线方向的夹角为 θ,则第 i 个阵元所接收到的信号相位滞后 H_i,滞后量取决于程差 H_iP_i,即

$$\varphi_i = 2\pi(i-1)\frac{d\sin\theta}{\lambda} = (i-1)\varphi \tag{5.1.3}$$

式中:d 为阵元间距;λ 为波长。

第 i 个阵元所接收到的信号复包络为

$$\tilde{s}_i(t) = A\exp\{\mathrm{j}2\pi(i-1)d\sin\theta/\lambda\} \tag{5.1.4}$$

若将各个阵元的信号不加权,也不延时直接相加,则得到

$$\tilde{s}(t) = \sum_{i=1}^{N}\tilde{s}_i(t) = A\sum_{i=1}^{N}\exp[\mathrm{j}(i-1)\varphi] = A\exp\left[\mathrm{j}\frac{N-1}{2}\varphi\right]\frac{\sin\frac{N\varphi}{2}}{\sin\frac{\varphi}{2}} \tag{5.1.5}$$

将 $\tilde{s}_i(t)$ 取模并归一化后,得到指向性函数为

$$D(\theta) = \left|\frac{\sin\left(\frac{N\pi}{\lambda}d\sin\theta\right)}{N\sin\left(\frac{\pi}{\lambda}d\sin\theta\right)}\right| \tag{5.1.6}$$

通过对指向性函数分析可知:

(1) $D(\theta)$ 类似辛克函数取绝对值,在 $\theta=0$ 时取得最大值 1。

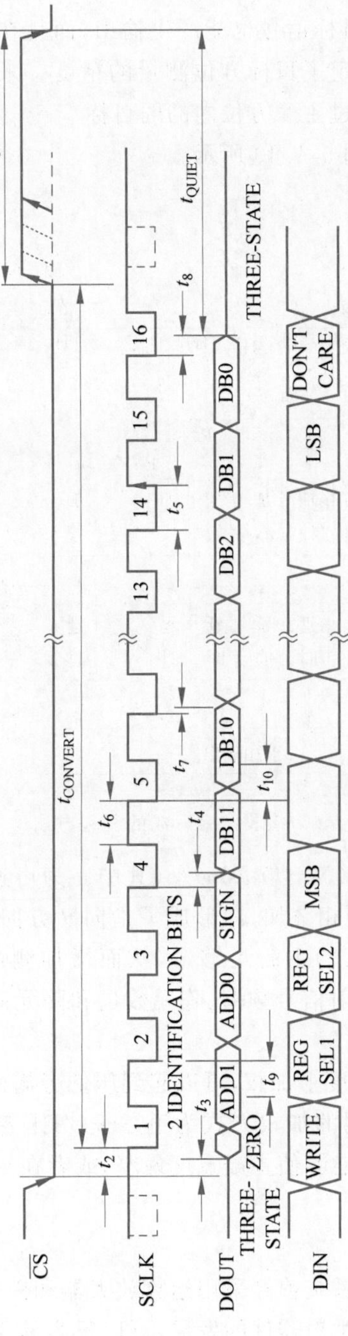

图 5.1.39 AD7324 的寄存器配置和数据采样时序

(2) 当 $x=1.39$ 时，$|(\sin x)/x|=0.707$，据此可求出主瓣宽度约为 $\arcsin(0.44\lambda/Nd)$。

(3) 查阅 $|(\sin x)/x|$ 第一旁瓣高度为 22%，因此 $D(\theta)$ 的第一旁瓣高度约为 22%。

接收波束形成的目标是只接收特定方位的回波信号，从而测定目标的方位。通过以上分析可知，将均匀直线阵的各个阵元信号直接相加来自 $\theta=0°$ 方向上的目标信号能够产生最强的输出，偏离 $\theta=0°$ 方向上的目标信号也能产生输出，而且在主瓣宽度内这些目标信号不可区分，所以主瓣宽度基本上决定了目标方位测量的精度。来自副瓣方位的强目标也能给波束形成器造成输出，甚至能超过主瓣方位内的弱目标。

接收波束形成的一种方法如图 5.1.40 所示。

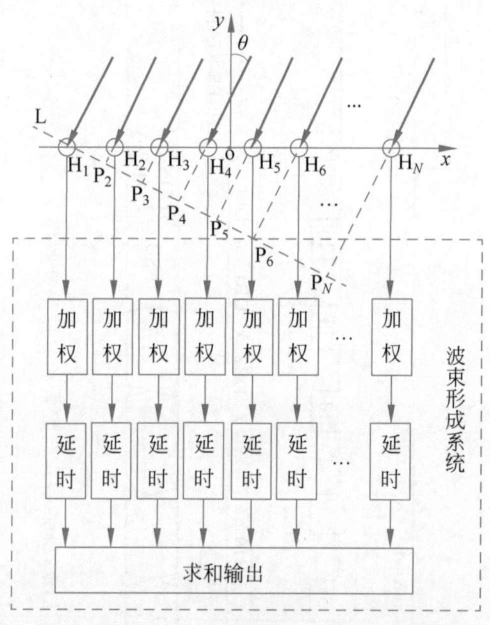

图 5.1.40 接收波束形成的一种方法

通过将 H_i 接收到的信号延时 $(N-i)d\sin\theta/c$（其中 c 为声速）使得从 θ 方向到达的目标信号在所有传感器阵元上能够同相叠加，即形成了指向 θ 方向的接收波束。通过延时形成了波束的主瓣，设计者希望波束的主瓣足够窄，从而增加测向的精度。考察主瓣宽度 $\arcsin(0.44\lambda/Nd)$ 可知，可增加发射信号频率、阵元数量和阵元间距，但这些参数都会受到其他方面的制约，不能无限制增大。

通过将 H_i 接收到的信号在幅度上加权，可以起到压低旁瓣的作用，从而避免过高的波束副瓣会导致虚假目标。线阵常用的加权方式为道尔夫-切比雪夫加权，通过道尔夫-切比雪夫加权后，在给定的旁瓣电平下能够使主瓣宽度最窄，或者在给定的主瓣宽度下能够使旁瓣电平最低。

2）接收波束形成的电路实现

图 5.1.40 中的接收波束形成系统曾经采用运算放大器和模拟延迟线实现过，随着数字电路的发展，特别是大规模可编程逻辑器件的发展，可以很容易用 FPGA 来实现，其中延时求和电路的一种实现方法如图 5.1.41 所示。阵元信号 S_i（假设基阵有 5 个阵元，$i=1,2,3,4,5$）在采样时钟 CLK_{fs} 的作用下通过一系列移位寄存器（Di,j），每经过一个移位寄存器，S_i 就被延时一个采样时钟周期 T_s，j 是移位寄存器的级数，其取值根据延时量确定。

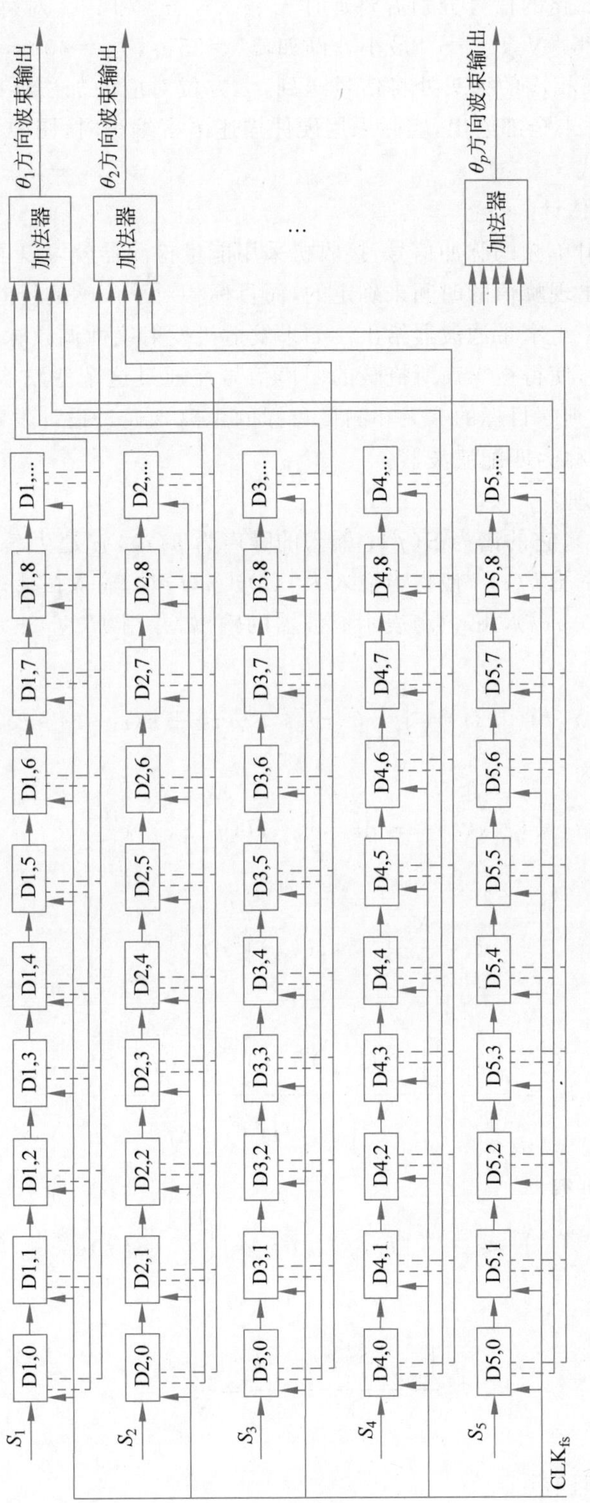

图 5.1.41 延时求和电路的一种实现方法

假设要形成某方向 θ_k(k 为方位编号,$k=1,2,3\cdots,P$,P 为编号最大取值)的波束信号,由计算可得 1、2、3、4 和 5 路的信号分别需要延时 τ_1、τ_2、τ_3、τ_4 和 τ_5。对每一个 τ_i,应找出一个非负的整数 N_i,使得 $|N_i T_s-\tau_i|$ 最小。例如,$\tau_2=85\mu s$,$T_s=40\mu s$,那么应取 $N_2=2$。在求出 N_i 之后,就在相应的抽头处将信号送到 θ_k 方位对应的加法器中。P 个方位一共是 P 个加法器,图中并未全部绘出,实际采用硬件描述语言编程时,图中每个加法器可以用若干二输入加法器替代。

4. 匹配滤波和参数估计

如果声呐发射机发射单频的脉冲信号,接收机采用能量检测器就可以了。这时,目标的距离是根据检测器输出出现峰值的时间来确定的,而目标相对于声呐的径向速度(根据多普勒频移确定),则可通过一组窄带滤波器给出。如果发射机发射线性调频脉冲或阶梯调频脉冲信号,设计一种滤波器,使得被噪声所掩蔽的回声信号在通过这个滤波器时,其输出端能获得最大的信号比(从而判断目标的有无和测量目标的距离),通过设计发现滤波器的特性和输入信号相匹配,因而称为匹配滤波器。

1) 匹配滤波器的原理

设输入的信号为 $s(t)$,它的谱为 $S(f)$;输入的噪声为 $n(t)$,它是功率谱为 $N_0/2$ 的白噪声。要找到一个线性系统 $h(t)$,使得当输入为 $s(t)+n(t)$时,输入在某一时刻 t_0 的信噪比最大。令 $x(t)=s(t)+n(t)$,用 $y(t)$表示滤波器的输出,并用 $H(f)$表示系统的传替函数,于是有

$$y(t)=x(t)*h(t)=\int_{-\infty}^{\infty}h(\tau)[s(t-\tau)+n(t-\tau)]\mathrm{d}\tau \tag{5.1.7}$$

t_0 时刻的输出信号为

$$y_s=\int_{-\infty}^{\infty}h(\tau)s(t_0-\tau)\mathrm{d}\tau=\int_{-\infty}^{\infty}H(f)S(f)\mathrm{e}^{\mathrm{j}2\pi f t_0}\mathrm{d}f \tag{5.1.8}$$

输出噪声为

$$y'_n=\frac{N_0}{2}\int_{-\infty}^{\infty}|H(f)|^2\mathrm{d}f \tag{5.1.9}$$

所以输出信噪比为

$$L_0=\frac{y_s}{y'_n}=\frac{\left[\int_{-\infty}^{\infty}H(f)S(f)\mathrm{e}^{\mathrm{j}2\pi f t_0}\mathrm{d}f\right]^2}{\frac{N_0}{2}\int_{-\infty}^{\infty}|H(f)|^2\mathrm{d}f} \tag{5.1.10}$$

利用施瓦兹不等式可得

$$\left(\int_{-\infty}^{\infty}H(f)S(f)\mathrm{e}^{\mathrm{j}2\pi f t_0}\right)^2\leqslant\int_{-\infty}^{\infty}|H(f)|^2\mathrm{d}f\times\left(\int_{-\infty}^{\infty}|S(f)\mathrm{e}^{\mathrm{j}2\pi f t_0}|^2\mathrm{d}f\right) \tag{5.1.11}$$

于是,可得

$$L_0\leqslant\frac{\int_{-\infty}^{\infty}|S(f)|^2\mathrm{d}f}{\frac{N_0}{2}}=\frac{2E}{N_0} \tag{5.1.12}$$

式中:E 为信号的能量,且有

$$E=\int_{-\infty}^{\infty}|S(f)|^2\mathrm{d}f$$

式(5.1.11)中的等号仅当

$$H(f)=cS^{*}(f)e^{-j2\pi f t_0} \tag{5.1.13}$$

时才成立,其中 c 为常数。这样的 $H(f)$ 就是所求滤波器的频响。式(5.1.13)在时域的形式为

$$h(t)=cs^{*}(t_0-t) \tag{5.1.14}$$

这说明滤波器的脉冲响应函数是输入信号的复制,只不过在时间轴上倒过来了,因而叫作"匹配滤波器"。

2) 匹配滤波器的实现

将式(5.1.14)代入式(5.1.7),可得

$$\begin{aligned} y(t)=x(t)*h(t)&=\int_{-\infty}^{\infty}x(\tau)h(t-\tau)\mathrm{d}\tau \\ &=\int_{-\infty}^{\infty}x(\tau)cs^{*}(t_0-t+\tau)\mathrm{d}\tau=cR_{xs}^{*}(t_0-t)=cR_{xs}(t-t_0) \end{aligned} \tag{5.1.15}$$

由式(5.1.15)可知,匹配滤波器实际上是一个相关器,可由图5.1.42所示的电路实现,其中的延时在FPGA中可用移位寄存器 $D_0,D_1,D_2,\cdots,D_n$ 实现,每一级移位寄存器的延时量为数据采集周期 T_s。相关器在FPGA中可用乘法器和累加器实现。图中共有 M 个相关器,不同相关器的一路输入信号来自波束形成器的输出信号,另一路输入信号来自发射信号不同的延时,相关器的数量需要根据距离分辨率来确定,距离分辨率越高,需要的相关器数量越多。

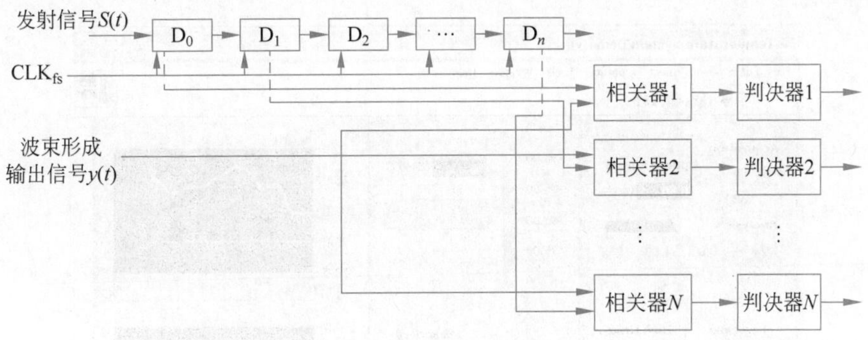

图5.1.42 匹配滤波器的电路实现

3) 参数估计

声呐的测量结果中最重要的参数是目标的方位角和距离。假设只有一个点目标,则图5.1.40中波束形成系统中只有一路信号(假设目标刚好落在可分辨的方位之内)有较大的输出,这一路信号的方位 θ_i 即是目标的方位角。这一路信号经过图5.1.42的匹配滤波器后在其中的一个相关器有最大的输出,这一个相关器对发射信号的延时量为 τ_i,则目标距离的估计值为 $c\tau_i/2$(c 为声速)。

5.1.5 显示控制台设计

声呐的显示控制台主要的作用是显示探测目标的信息和输入声呐控制的参数,此外可能还有操作手册、故障诊断甚至通信等功能。早期的声呐显示控制台功能较为单一,随着计算机技术的发展,现代声呐的显示控制台功能强大、形式多种多样。由于其主要技术不属于

电子设计，故只作简要介绍。

1. 利用 LabVIEW 设计显示控制台

1）LabVIEW 简介

实验室虚拟仪器集成环境（LabVIEW）是美国国家仪器（NI）公司创立的一个功能强大而又灵活的虚拟仪器开发工具。LabVIEW 是科学研究和工程领域最主要的图形开发环境，广泛应用于仿真、数据采集、仪器控制、测量分析和数据显示等嵌入式应用系统的开发。它提供了几乎所有经典的信号处理函数和大量现代的高级信号分析工具，而且 LabVIEW 把计算机平台与具有标准接口的硬件模块以及开发测试软件结合起来构成仪器系统，这种系统具有通用性、灵活性，便于开发和应用。LabVIEW 综合了 USB、GPIB、VXI、PXI、RS-232 和 RS-485 等标准接口，以及数据采集卡等硬件通信的全部功能，它还内置了便于应用 TCP/IP、ActiveX 等软件标准的库函数，另外 LabVIEW 还提供了许多标准的仪器功能模块和数据处理模块。

LabVIEW 程序称为“虚拟仪器”（VI）。LabVIEW 不同于其他文本的编辑语言（如 C 语言），它是一种图形编程语言——G 编程语言，其编程过程就是通过图形符号描述程序的行为。LabVIEW 使用的是科学家和工程师所熟悉的术语，还使用了易于识别的构造 G 语言的图形符号。采用 LabVIEW 开发的上位机软件的结构大体可以分为测试管理层、测试程序层、仪器驱动层和 I/O 接口层，其中测试管理层生成和响应系统的操作界面，并且执行测试任务。NI 公司官网的一个温度采集与显示系统的操作界面如图 5.1.43 所示，界面形象，操作方便。

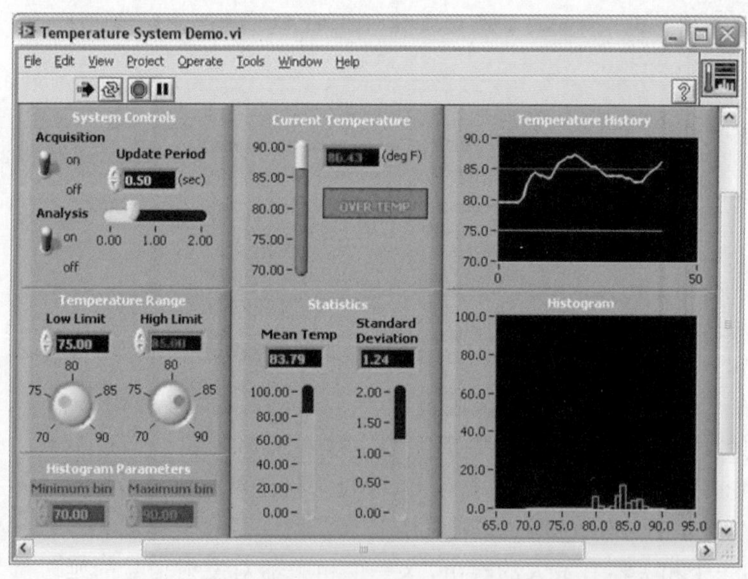

图 5.1.43 NI 公司官网的一个温度采集与显示系统的操作界面

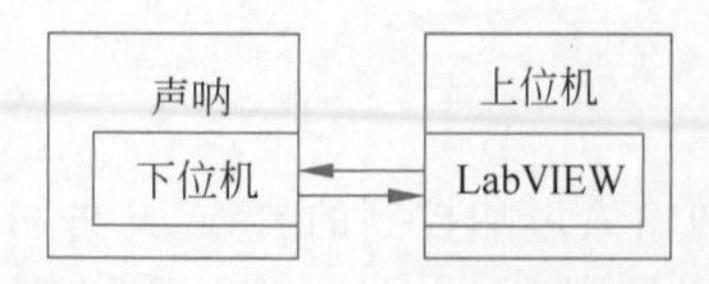

图 5.1.44 利用 LabVIEW 设计显示控制台的总体方案

2）利用 LabVIEW 设计显示控制台

（1）总体方案。利用 LabVIEW 设计显示控制台的总体方案如图 5.1.44 所示，LabVIEW 安装在上位机（台式计算机或笔记本电脑）上，利用串口、USB 或网线与下位机（各种单片机、DSP 或者 FPGA）通信，下位机接收

LabVIEW 的指令并控制声呐工作，声呐探测的数据又通过串口、USB 或网线传递给 LabVIEW 显示出来。

(2) LabVIEW 的工作流程。LabVIEW 的工作流程(图 5.1.45)：对串口初始化，等待用户设置控制参数和启动探测(用户用键盘在软件界面上输入测试参数并用鼠标单击按钮)；将用户输入的十进制的控制参数转换为特殊的二进制数并组合成代码发送给下位机；等待下位机返回“探测结果”；将下位机返回的“探测结果”分解，从中取出信息写入 Excel 表格；再次收到“探测结果”时对 Excel 表格进行追加；收到下位机结束命令后调用显示程序读取 Excel 表格数据绘制探测图形。

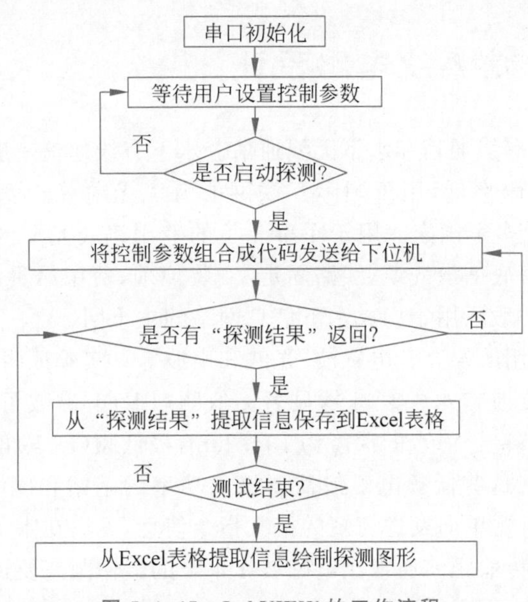

图 5.1.45 LabVIEW 的工作流程

(3) LabVIEW 程序的组成。LabVIEW 程序包括前面板程序和背面板程序两部分。前面板程序负责人机交互，在本书中用来设置控制参数、启动探测命令和绘制探测图形。背面板程序负责上位机和下位机的交互以及信号和数据处理。背面板程序完成的功能：将测试参数组合成“测试命令码”，串口数据的收发，“探测结果”的分解和数据保存，探测图形的绘制。LabVIEW 程序包括主窗口操作界面、串口通信控制模块、测试参数设置模块和数据采集处理模块，如图 5.1.46 所示。其中，主窗口操作界面是前面板程序，串口通信控制模块、测试参数设置模块和数据采集处理模块组成背面板程序。

2. 利用 Qt 设计显示控制台

1) Qt 简介

Qt 是 1991 年由 Qt Company 开发的跨平台 C++图形用户界面应用程序开发框架，主要用来开发图形用户界面(GUI)程序，也可以开发不带界面的命令行(CUI)程序。Qt 支持多语言开发，即可以使用 Python、Ruby、Perl 等脚本语言开发基于 Qt 的程序。Qt 支持的操作系统有很多，例如，桌面操作系统 Windows、Linux 和 macOS 等，智能手机操作系统 Android 和 iOS 等，嵌入式操作系统

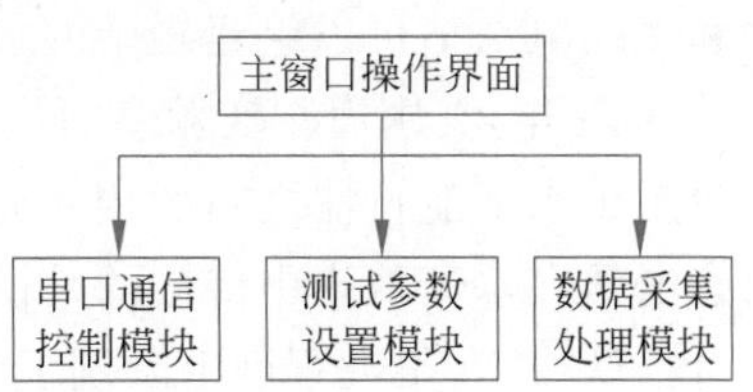

图 5.1.46 LabVIEW 程序的组成

QNX 和 VxWorks 等，能够做到"一次开发、任意部署"，有了 Qt，一个代码栈和一个开发团队就能同时支持所有目标平台。Qt 提供了 Qt Design Studio、Qt Creator 和 Squish GUI Tester 等一系列设计、开发和测试工具，极大地方便了 GUI 程序的设计。Qt 的详细介绍可参考官方网站。

2) 利用 Qt 设计显示控制台

利用 Qt 设计显示控制台的方法和利用 LabVIEW 设计显示控制台的方法相似，首先需要 Qt 和下位机协商好通信协议，然后 Qt 的发送控制信息给下位机，下位机将探测结果返回给 Qt，Qt 将结果绘制图形。Qt 的详细使用可参考相关专门书籍。

演示视频

5.2 水声通信系统电路设计

水下通信分为水下有线通信和水下无线通信。水下有线通信一般利用光缆作为信息传输介质，通信速率高、误码率低，用于国际互联网的海底光缆总长度已经超过 130 万海里(nmile)，连接世界上 30 多个国家。用于军事斗争的专用海底光缆网络也是各国海军重点建设的项目。但是，在海底铺设线缆，线路固定、安装烦琐，费用昂贵，还容易受到水下航行器和海洋生物的破坏，一般只用于构成水下信息网络的主干网。

水下无线通信可利用的媒介有电磁波、光波和声波等。实验证明，电磁波在水中衰减非常显著，频率越高的电磁波在水中衰减越显著。低频(LF)电磁波可穿透海水的深度是几米，甚低频(VLF)电磁波穿透海水的深度为 10～20m，极低频(ELF)电磁波穿透海水的深度为 100～200m，但是发射这些低频电磁波需要极大功率的基站和庞大的天线，只能作为战略通信手段，对水下航行器单向发送简短的报文指令信息，无法在水下进行通信组网。

蓝绿激光在水下的传输距离通常比电磁波在水下的传输距离要远，最远可达数百米，因此也利用蓝绿激光实现水下无线通信。

声波在水中的传播衰减远远小于电磁波和光波，有实验表明，在低频情况下，声音在水中能传播 18000km 还能被接收到，因此声波是目前唯一一种能够实现水下远距离无线通信的信息载体。水声通信就是在水下利用声波作为信息传输载体的通信技术。

浮标和水下航行器之间可以利用声波进行通信，浮标漂浮在水面上，可以接收常规无线电信号，然后将其转换为水下航行器能够在深海接收的声波发射出去，从而实现水面上的航行器和水下航行器之间的通信。

利用水声通信技术也可以实现水下通信的组网，综合利用水声通信、光纤通信、激光通信和无线电通信可以组建复杂的水下信息网络。

1945 年，美国海军实验室研发了真正意义上的水声通信系统——水下语音电话，并把它应用于水下航行器之间的相互通信，这是水声通信发展历史上的重要里程碑。这种水下语音电话在水声信道中传输的是模拟信号，信号在传输过程中受水声信道的影响很大，通信质量很低，这在很大程度上限制了水声通信的发展。

从 20 世纪 70 年代开始，科学家在水声通信中传输数字信号，采用振幅键控(ASK)和频移键控(FSK)等调制技术，通信质量有很大提升，但是速率较低。在这一时期，多进制频移键控(MFSK)被研究得最多。从 80 年代开始，相干调制开始应用到水声通信中。水声通信也从非相干调制转向相干调制。相干调制主要包括相移键控(PSK)、差分相移键控

(DPSK)和正交振幅调制(QAM)等调制方式。相干调制的带宽利用率高,传输的速率相对非相干来说得到了提升,但是解调比非相干复杂。到90年代,正交频分复用技术(OFDM)开始进入水声通信的研究中。在2000年,Byung-Chul Kim 等运用 OFDM 技术实现了3584b/s 传输速率的水声通信。

我国对水下通信技术的研究起步较晚,从20世纪80年代中后期开始,尤其是90年代以后,相继开展了对非相干、相干水声通信技术的研究。

点对点远距离水声通信已经被美国列为21世纪的重大课题。目前,很多国家利用水声通信系统初步组建了水下无线通信网络。

5.2.1 水声通信系统组成

1. 水声通信系统的组成框图

水声通信系统的组成与数字通信系统大体相同,其基本组成框图如图5.2.1所示。

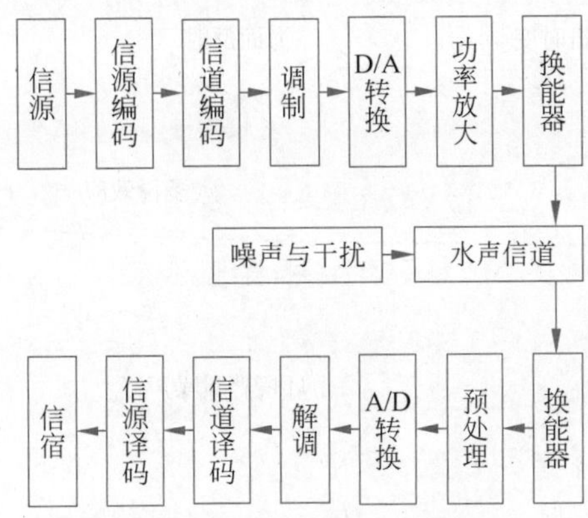

图5.2.1 水声通信系统的组成

在水声通信系统结构中,信源编码和译码的主要作用是降低信源信息的冗余度,这有助于提高通信效率或降低信道带宽占用。

信道编码和译码是克服信道传输特性不理想及噪声与干扰对信息传输的影响而采用的差错控制技术。对于具有时变频变特性的水声信道而言,信道编码性能的好坏对于整个系统的误码率有着决定性作用,尤其是对于采用有失真、高压缩比的信源编码形式。

调制和解调的作用是让传输的信号更加适应信道环境或者利用不同的频带,比如:基带信号不适合在信道中直接传输,就通过调制变换到特定频率上传输;所有的信号都变换到同一个频率上会造成互相干扰,就通过调制把信号变换到不同的频率上进行传输。

D/A 转换将二进制的数字信号转换为模拟电压信号,功率放大则进一步将模拟信号的电压和电流放大到需要的功率水平上送给发射换能器。

发射换能器将电信号转换为声波辐射到水声信道,即海水中。

声波信号在海水中传播会受到衰减、海洋噪声的污染甚至人为的干扰,可能会发生信号的畸变。

接收换能器将接收到的水声信号重新转换为电信号,但此时的信号可能是极其微弱的,还有可能混进了噪声以及人为干扰,所以在接收端的预处理模块里,一是要设置前置低噪声放大器、可变增益放大器等放大器将接收到的微弱信号放大到 A/D 转换器的参考电压量级,二是要设置滤波器滤除频带外的噪声和干扰。

A/D 转换将模拟电压信号转换为数字信号以便进行数字处理,包括解调、译码等,从而得到信源的估计值。估计可能会出现错误,传输中出现错误的码元个数与传输码元总个数的比值称为误码率。误码率是水声通信系统的一个重要技术指标。衡量水声通信系统能力强弱是在特定的海洋环境和误码率下,通信速率与通信距离乘积的大小,乘积越大,水声通信系统的能力越强。

2. 水声通信系统的信道

水声通信系统之所以有别于其他无线通信系统,关键在于其信道。水声信道是一个带宽窄、噪声高、多途干扰严重、多普勒效应明显的信道,整个水声通信系统所采取的技术措施主要是围绕如何克服水声信道特性对信息传输的影响而确定的。

1) 多途干扰

水声通信信号多途径传播的示意如图 5.2.2 所示。

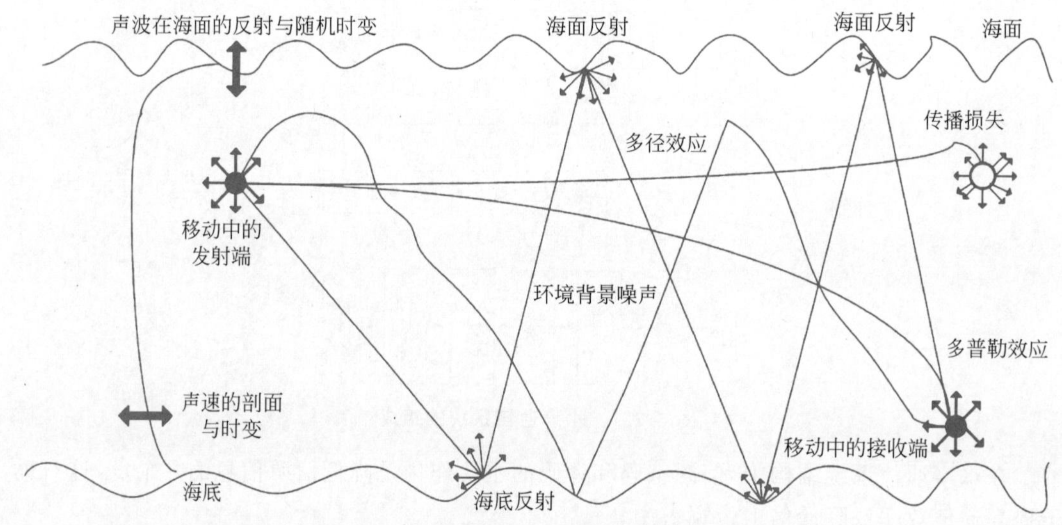

图 5.2.2 水声通信信号多途径传播的示意

发射端的一部分信号可能经过类似直线的方式传播到接收端,另外一部分信号可能经过海底和海面多次反射后到达接收端,多途传播的脉冲信号产生的拖尾,会对后续信号产生干扰,称为码间干扰,码间干扰会导致误码,从而降低通信质量。

2) 多普勒效应

发射端相对接收端产生位置移动,或者海面波浪的运动以及海中湍流都会引起接收信号相对发射信号的多普勒频移,这种频移会使接收到的信号随时间发生起伏性的变化,在多普勒频移下接收信号会产生畸变,从而可能导致误码。

5.2.2 水声通信系统的调制方式

数字调制是指用数字基带信号去调制某个载波,载波是一个确知的周期性信号,一般为高频的正弦信号。正弦波的参数有振幅、频率和相位,它们都可以被独立地调制,即按照基带信号的变化规律而变化。根据需要调制的参数不同,可以把基本数字调制方式分为振幅键控、频移键控和相移键控等。随着技术的进步,特别是超大规模集成电路和数字信号处理技术的发展，又出现了先进的数字调制解调方式，主要包括最小频移键控、正交频分复用技术和扩展频谱技术等。其中，正交频分复用技术和扩展频谱技术在现代水声通信中得到深入研究和应用，尤其是在高速水声通信方面，正交频分复用的优点很明显。

1．ASK 调制与解调

当调制信号的电平有 2 个时，ASK 调制称为 2ASK；当调制信号的电平有 M 个时，ASK 调制称为 MASK。2ASK 调制的波形如图 5.2.3 所示。$S(t)$为调制信号，载波信号是单频的连续正弦波，已调的 2ASK 信号体现在时域上是调制信号为高电平时有载波信号输出，调制信号为低电平时无载波信号输出，所以 2ASK 又称为通断键控(OOK)。

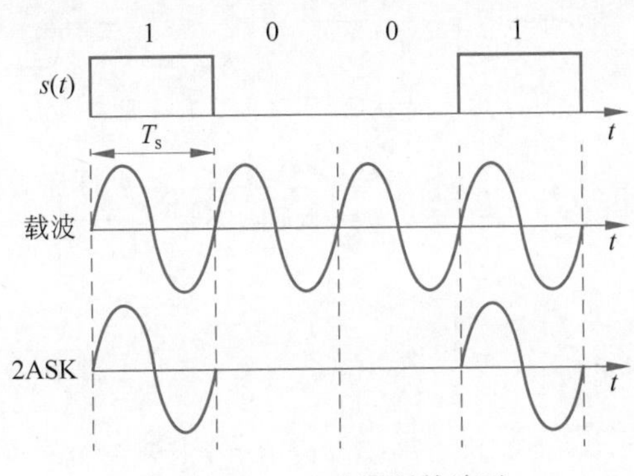

图 5.2.3　2ASK 调制的波形

2ASK 调制可以用模拟乘法器或者电控开关电路来实现，如图 5.2.4 所示。

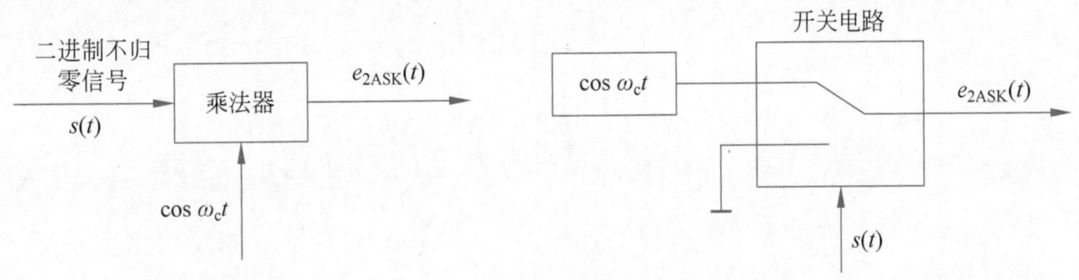

图 5.2.4　2ASK 调制的实现

2ASK 信号的解调可以采用低通滤波器实现，因为不需要从接收信号中提取载波信号，属于非相干解调。其结构如图 5.2.5 所示。由图可见，接收信号首先经过带通滤波器，尽可能地滤除载波频率以外的信号，接着经过整流器后幅值变为非负值，然后经过整流器和低通滤波器就得到脉冲信号，最后经过定时脉冲的抽样即可估计调制信号。

2ASK 信号的解调也可以采用乘法器和低通滤波器实现，因为需要从接收信号中提取载波信号，属于相干解调。其结构如图 5.2.6 所示。由图可见，电路中多了载波提取，复杂度增加，但是误码率可能得到降低。

对于 ASK 的调制信号，由于在水声信道中衰减严重，故它的抗干扰能力相对较差，使用较少，但它对于理解 FSK 调制有很大帮助。

2．FSK 调制与解调

当载波信号的频率有 2 个时，FSK 调制称为 2FSK；当载波信号的频率有 M 个时，FSK 调制称为 MFSK。2FSK 调制的波形如图 5.2.7 所示，$s(t)$为调制信号，载波信号是两个单频的连续正弦波，频率分别为 ω_1 和 ω_2，将调制信号 $s(t)$取反后得到 $\overline{s(t)}$，s(t)和 $\overline{s(t)}$分别

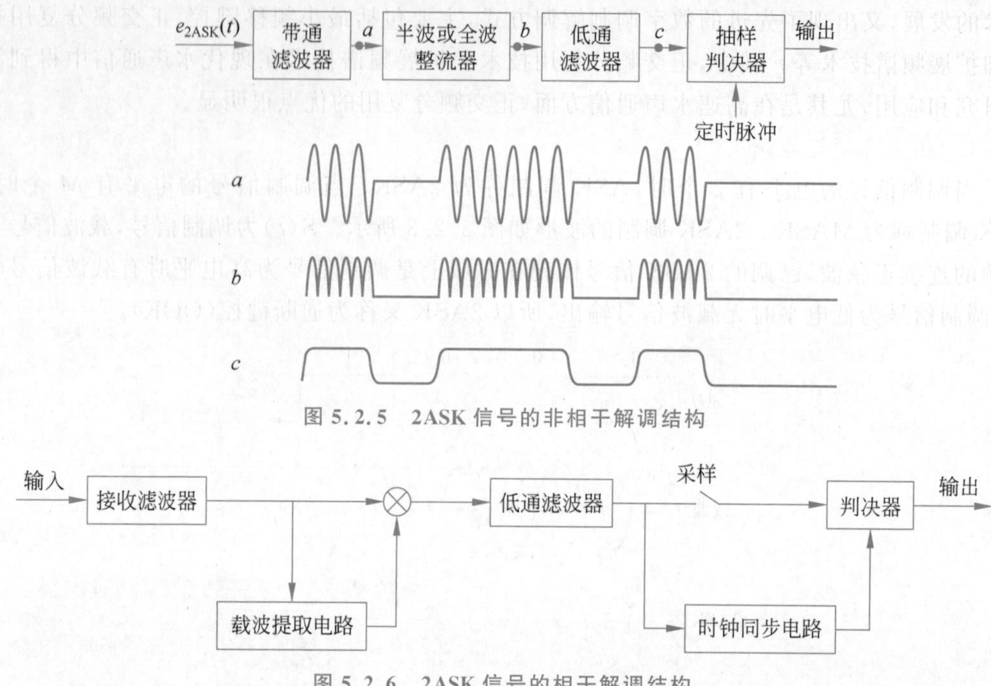

图 5.2.5 2ASK 信号的非相干解调结构

图 5.2.6 2ASK 信号的相干解调结构

对频率为 ω_1 和 ω_2 的正弦波进行 ASK 调制，然后进行相加，即可得到已调的 2FSK 信号。

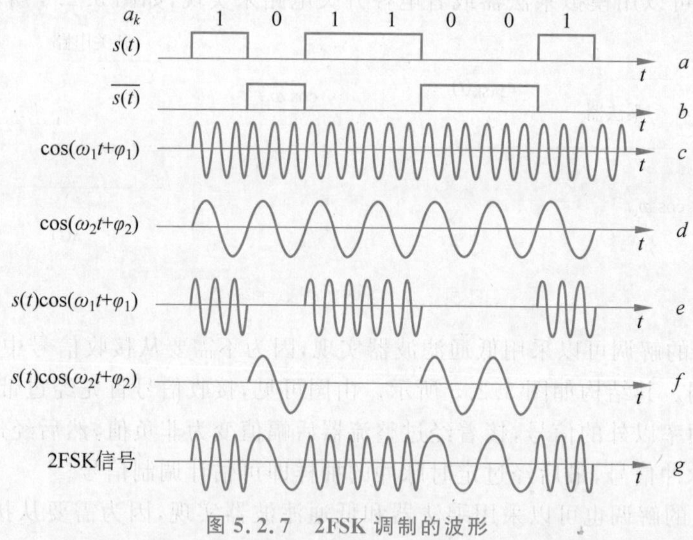

图 5.2.7 2FSK 调制的波形

2FSK 信号体现在时域上是调制信号为高电平时输出频率为 ω_1 的正弦波，调制信号为低电平时输出频率为 ω_2 的正弦波。2FSK 调制器的组成是两个载波发生器和一个二选一模拟开关，如图 5.2.8 所示。调制信号为高电平时，开关接通上面的信号源，调制信号为低电平时，开关接到下面的信号源。

同理，4FSK 调制需要 4 个不同频率的载波，调制的时候两位二进制数对应 1 个频率的载波，即调制信号为“00”时输出频率为 ω_1 的正弦波，调制信号为“01”时输出频率为 ω_2 的正弦波，调制信号为“10”时输出频率为 ω_3 的正弦波，调制信号为“11”时输出频率为 ω_4 的

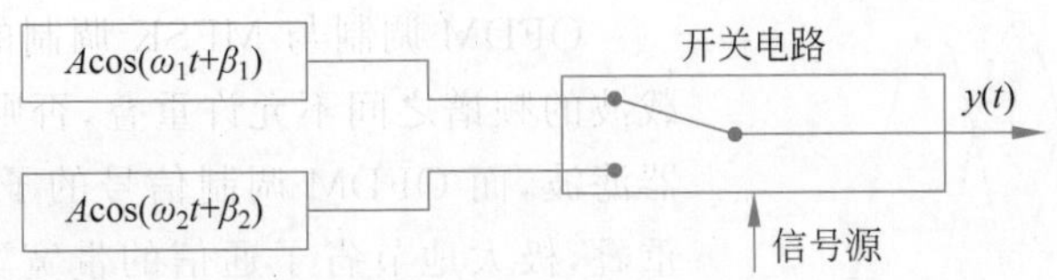

图 5.2.8 2FSK 调制器的组成

正弦波。

2FSK 信号的解调也分为非相干解调法和相干解调法。最简单的非相干解调方法是包络检波法，其电路结构包括带通滤波器、包络检测器和抽样判决器等，如图 5.2.9 所示。

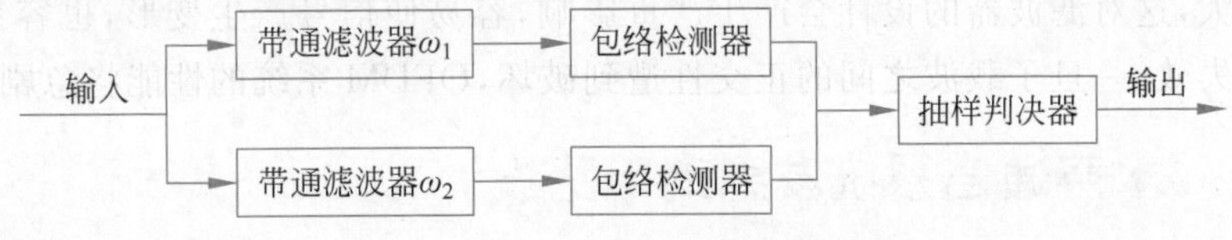

图 5.2.9 2FSK 信号的非相干解调

不同频率的信号只能通过对应中心频率的滤波器，任一时刻两个或多个包络检测器中只有一个有较大的信号输出，从而估计发射的信号。2FSK 信号的相干解调与 ASK 的相干解调类似，不同在于需要两个 2ASK 解调器。

3. OFDM 调制与解调

首先把传输的高速数据流分解成若干低速的数据流，也就是将待传输的数据流进行串并转换，转换后每个数据的持续时间变为原来的 N 倍；然后再用这些并行的低速数据分别去调制若干正交的子载波；最后将所有调制后的子载波信号叠加输出，在相同的时间内仍然发射出原来所有的数据。OFDM 调制电路的组成结构如图 5.2.10 所示。

OFDM 解调电路和 FSK 信号相干解调电路类似，其组成结构如图 5.2.11 所示，用接收到的信号分别与发射端相同频率的子载波信号相乘，然后积分，求得发射信号的估计值，最后进行并串转换，输出高速数据流。

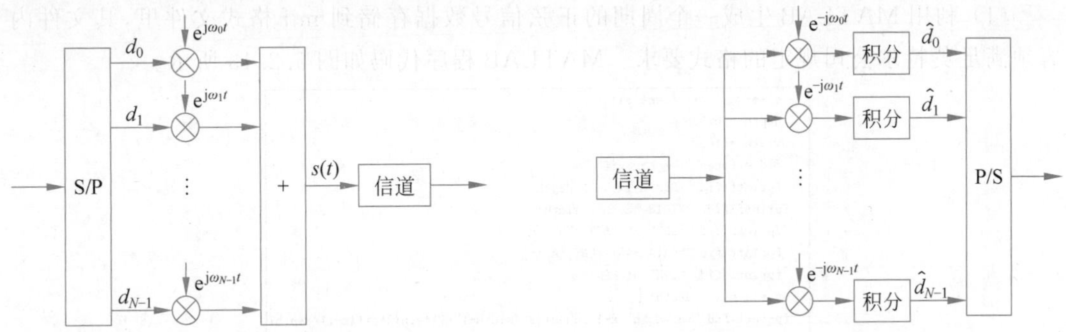

图 5.2.10 OFDM 调制电路的组成结构

图 5.2.11 OFDM 解调电路的组成结构

每个数据能正确解调的原因在于其子载波的正交性，子载波的正交性是指如果两个子载波的频率不同，则它们相乘积分后的值为零。所以 OFDM 解调的关键在于必须保持子载波之间的正交性。假如串并转换后数据的持续时间为 T_B，则必须保证公式中的 f_i 和 f_j 之间的频率间隔为 $1/T_B$ 的整数倍。OFDM 符号的频谱如图 5.2.12 所示，在每个子载波的中心频率处，其他子载波的强度必须为零。

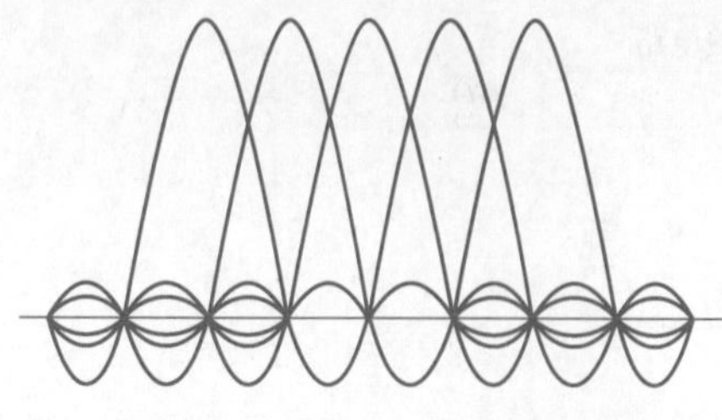

图 5.2.12 OFDM 符号的频谱

OFDM 调制与 MFSK 调制的区别在于 MSK 各载波的频谱之间不允许重叠,否则无法通过带通滤波器滤波,而 OFDM 调制信号的子载波之间允许频率重叠,极大地节省了通信的带宽资源,在相同的带宽情况下可以达到更高的通信速率。但是 OFDM 也有缺点,由于 OFDM 发送信号是多个正交的子载波之和,它容易受到多普勒频偏的影响,也容易受到多径效应的影响,这样子载波的正交性就会受到影响。另外,OFDM 信号的峰值功率与平均功率的比值很大,这对滤波器的设计会产生严重影响,容易使信号产生变形,也容易导致子载波的正交性失效,一旦子载波之间的正交性遭到破坏,OFDM 系统的性能将急剧下降。

5.2.3 水声通信系统发射端电路设计

从本节开始,以一个 2FSK 调制方式为例介绍水声通信系统的电路设计方法。在 2FSK 调制方式的水声通信系统发射端,主要的电路结构包括调制信号产生电路、D/A 转换器、滤波器和功率放大器等。

1. 水声通信系统发射端的调制信号产生电路

2FSK 调制信号的形成可以利用模拟电路手段或者数字电路手段,其中数字电路手段包括专用芯片、单片机、DSP 和 FPGA 等。本书利用 FPGA 形成 2FSK 调制信号。

第一步,利用 DDS 技术在 FPGA 里生成载波。

利用 FPGA 实现 2FSK 调制首先要生成两个频率的正弦载波,在 FPGA 里生成正弦波信号一般采用直接数字频率合成技术,也就是将一个周期的正弦波形以极小相位的间隔进行采样,并将其存储于一个只读存储器(ROM)中,然后根据输出波形的频率和相位读取这个存储器中的数据输出。

采用英特尔公司的 FPGA 设计正弦信号发生器的步骤如下:

(1) 利用 MATLAB 生成一个周期的正弦信号数据存储到 mif 格式文件里,其文件内容须满足英特尔公司规定的格式要求。MATLAB 程序代码如图 5.2.13 所示。

```
clear all;clc;close all;
depth = 65536;
width = 16;
fid = fopen('rom_sin.mif','w');
fprintf(fid, 'DEPTH=%d;\n', depth);
fprintf(fid, 'WIDTH=%d;\n', width);
fprintf(fid, 'ADDRESS_RADIX=UNS;\n');
fprintf(fid, 'DATA_RADIX=UNS;\n');
fprintf(fid, 'CONTENT BEGIN\n');
for(x = 1 : depth)
fprintf(fid,'%d:%d;\n',x-1,round((2^(width-1)-1)*sin(2*pi*(x-1)/depth)

end
fprintf(fid, 'END;');
fclose(fid);
y=[1:depth];
for(x = 1 : depth)
z(x)=round((2^(width-1)-1)*sin(2*pi*(x-1)/depth)+(2^(width-1)-1 ));

end
plot(y,z);
hold on;
```

图 5.2.13 利用 MATLAB 生成一个周期正弦信号的程序源代码

（2）在英特尔公司的 FPGA 开发软件 Quartus 中调用 ROM IP 核，将 MATLAB 生成的 mif 文件与 ROM IP 核相关联，ROM IP 与 mif 文件关联的界面如图 5.2.14 所示，这样就做好了波形存储器模块。

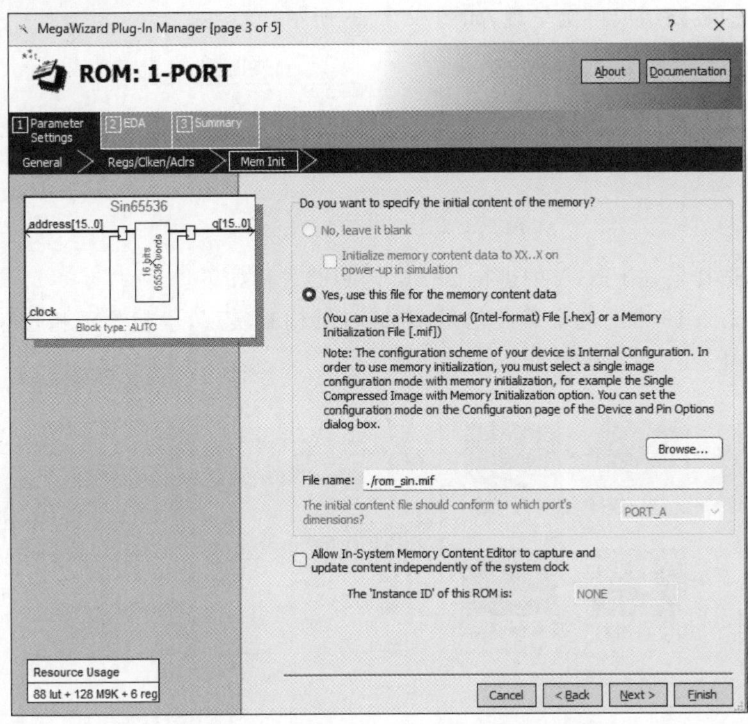

图 5.2.14　ROM IP 与 mif 文件关联的界面

（3）在 Quartus 软件中编写相位累加器的程序，相位累加器实际上是一个计数器，计数器在每个时钟到来之时增加一个频率控制码，其结果作为波形存储器的地址，去读取波形存储器里的数据输出，就形成了正弦波。在 Quartus 软件中生成的正弦波如图 5.2.15 所示。

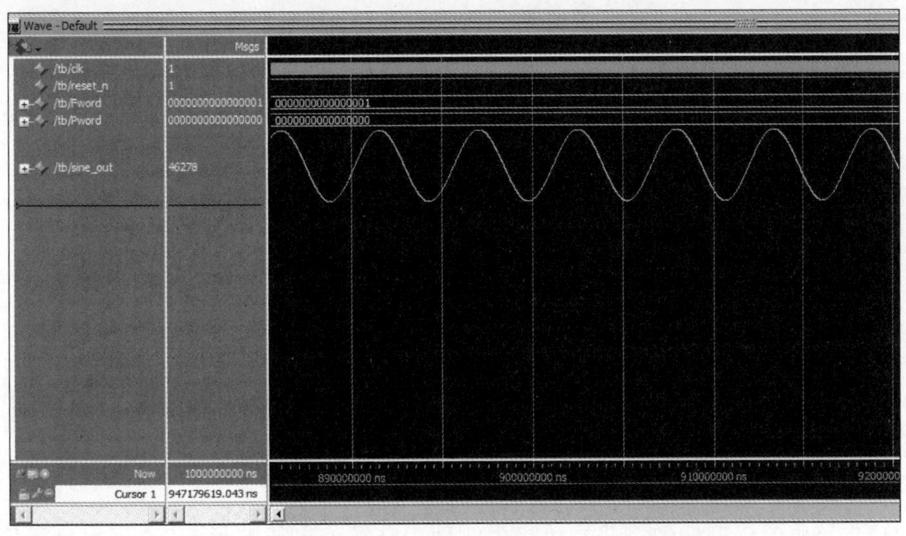

图 5.2.15　在 Quartus 软件中生成的正弦波

第二步，利用数据选择器在 FPGA 中进行 2FSK 调制。

生成了正弦载波就完成了 2FSK 调制的一大半工作。理论上进行 2FSK 调制需要两个正弦载波，但实际上在 FPGA 中并不需要两个波形存储器，只需要一个就可以。

将 2FSK 的电路组成再次呈现，如图 5.2.16 所示。

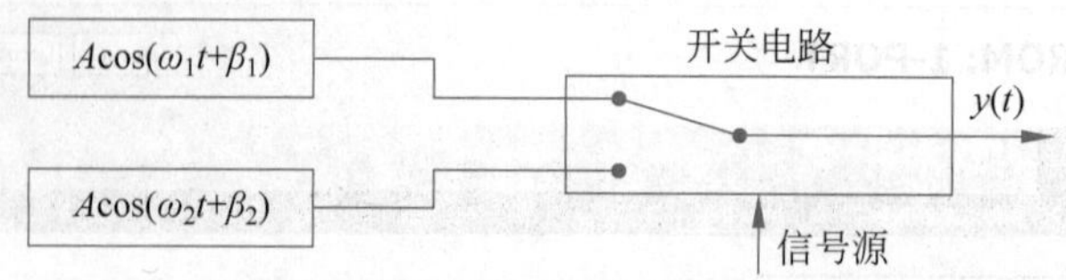

图 5.2.16 2FSK 的电路组成

利用数据选择器在 FPGA 中进行 2FSK 调制的过程如下：

(1) 将图 5.2.16 中的两个载波信号用 DDS 结构来实现，也就是用相位累加器和波形存储器替代，如图 5.2.17 所示。

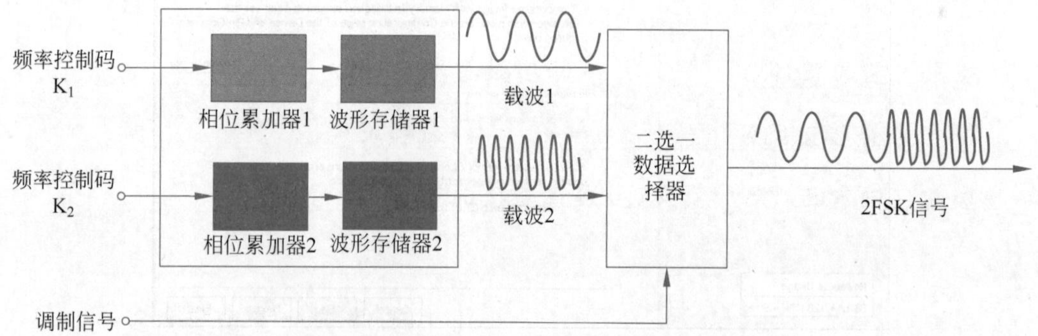

图 5.2.17 包含 DDS 结构的 2FSK 电路组成

(2) 将数据选择器和波形存储器的位置互换，互换以后，两个波形存储器可以共用，这样就节约一个波形存储器，再进行 MFSK 调制时就可以节约 $M-1$ 个波形存储器，电路设计效率大大提高。利用 FPGA 实现 2FSK 的电路组成如图 5.2.18 所示。

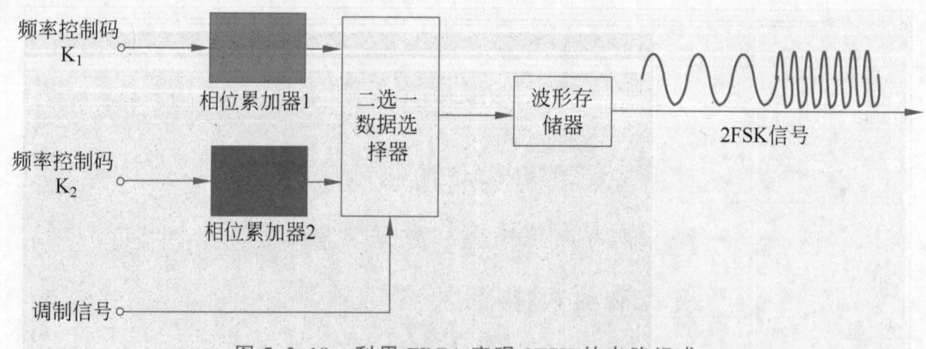

图 5.2.18 利用 FPGA 实现 2FSK 的电路组成

(3) 在 FPGA 内部添加一些额外的寄存器，在 FPGA 外部连接 D/A 转换器就可以输出 2FSK 信号。用示波器观察到的 2FSK 信号如图 5.2.19 所示。

2. 水声通信系统发射端的 DAC 电路

DAC 电路将二进制的数字信号转化为时间上连续的电压波形，其输入为数字信号，输出为模拟信号。DAC 电路一般采用专门的 DAC 芯片再配合一些分立的元器件实现。一个

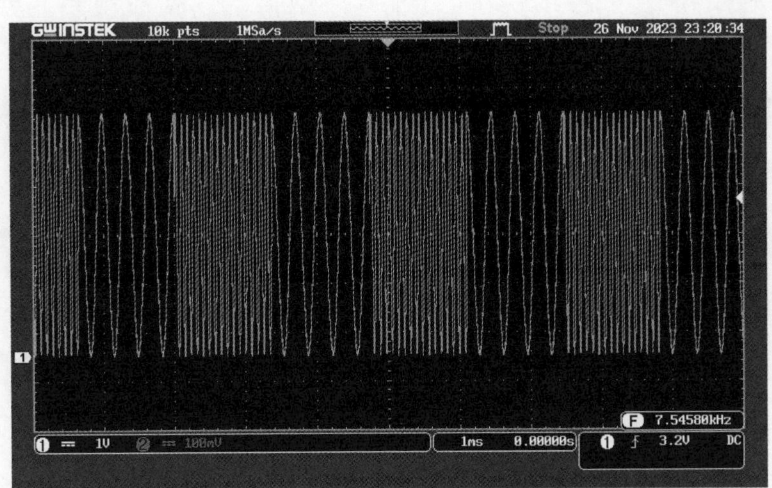

图 5.2.19 用示波器观察到的 2FSK 信号

由 DAC8552 构成的 DAC 电路如图 5.2.20 所示。LM7805 是稳压芯片，输出 5V 的直流电给 DAC8552 供电；LM7806 也是稳压芯片，输出 6V 的直流电给参考电源芯片 REF195 供电；REF195 输出 5V 的参考电压。虽然 LM7805 和 REF195 的输出电压都为 5V，但是 REF195 输出电压的稳定度要比 LM7805 高很多。

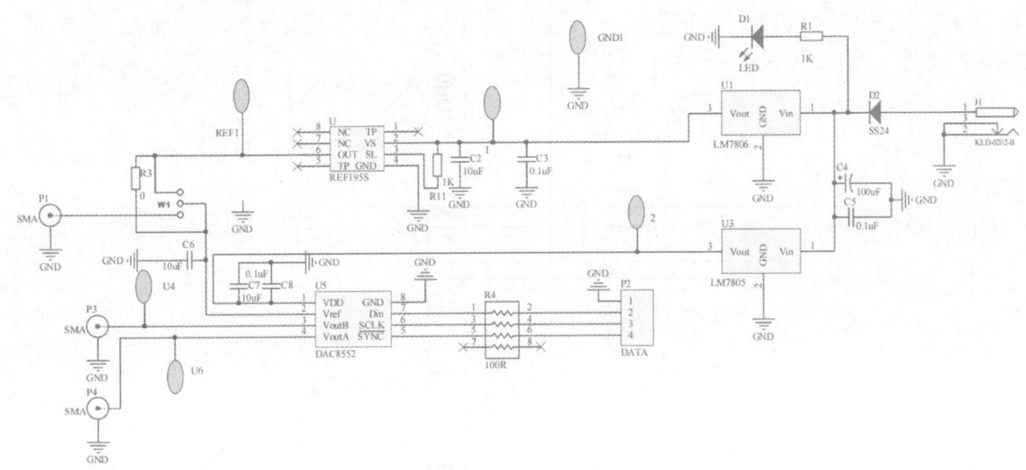

图 5.2.20 一个由 DAC8552 构成的 DAC 电路

DAC8552 是一个串行输入二进制数的 DAC 芯片，其 D_{IN}、SCLK 和 $\overline{\text{SYNC}}$ 引脚与单片机、DSP 或者 FPGA 相连，分别是数据线、时钟线和同步信号线。DAC8552 应用的关键是利用单片机、DSP 或者 FPGA 给 DAC8552 输入这三根线上的数据，DAC8552 的时序要求如图 5.2.21 所示。

时钟信号 SCLK 是周期性的方波，其频率不能高于 DAC8552 要求值。

进行 D/A 转换时首先让 SYNC 信号由高电平变为低电平，然后送出一位二进制数，当时钟信号 SCLK 的下降沿到来时，一位二进制数就被 DAC8552 接收了；进行一次 D/A 转换 FPGA 需要送给 DAC8552 芯片 24 位二进制数，其中前 8 位是控制码，后 16 位是 D/A 转换的数据；送出 24 位二进制数后，FPGA 把 SYNC 信号由低变高，这样就完成了一次 D/A 转换。

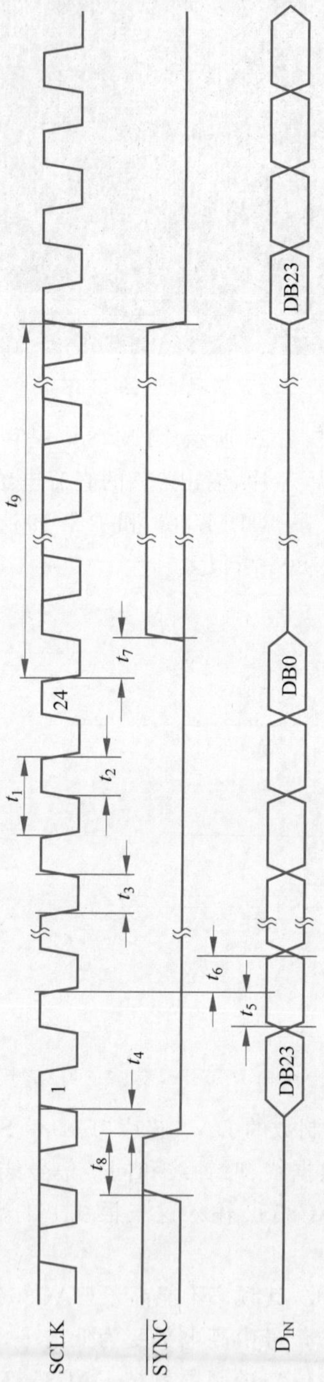

图 5.2.21 DAC8552 的时序要求

利用FPGA控制DAC8552输出的正弦波如图5.2.22所示，图中的每个台阶对应着FPGA给DAC8552的一个16位二进制数。

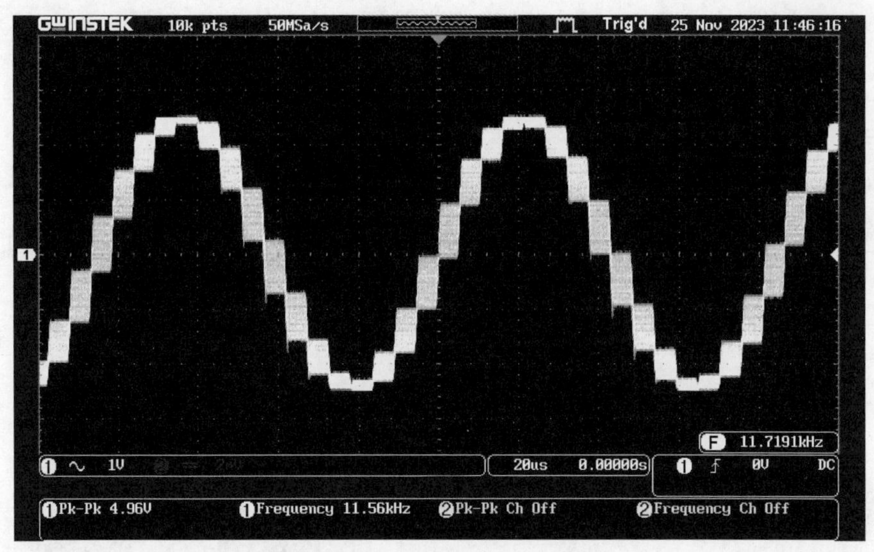

图5.2.22　DAC8552输出的正弦波

3. 水声通信系统发射端的滤波电路

DDS输出的数字信号经过D/A转换后变成在时间上连续的电压波形，受制于DDS技术本身的特点，这种电压波形并不光滑，存在一个一个的台阶。

对DDS信号进行频谱分析可知，DAC电路输出的信号不仅含有正弦信号的基频，还有高次谐波以及噪声，正是这些高次谐波和噪声让正弦信号看起来不是那么光滑。滤波器可以从频域滤除掉信号中的高次谐波和噪声，因此可以在水声通信发射端的DAC电路之后、功率放大器之前增加一个滤波电路，从而滤除发射信号中的高次谐波并降低发射信号的频带外的噪声。

滤波器的频率特性有低通、高通和带通等形式，具体采用何种形式需要根据发射信号的功率谱来确定。2FSK信号的功率谱如图5.2.23所示，根据2FSK信号的频移指数 h 的取值不同而不同，但总是属于带通信号，频带宽度等于载波频率之差加上码元速率。所以DAC之后的滤波器应设计为带通滤波器。

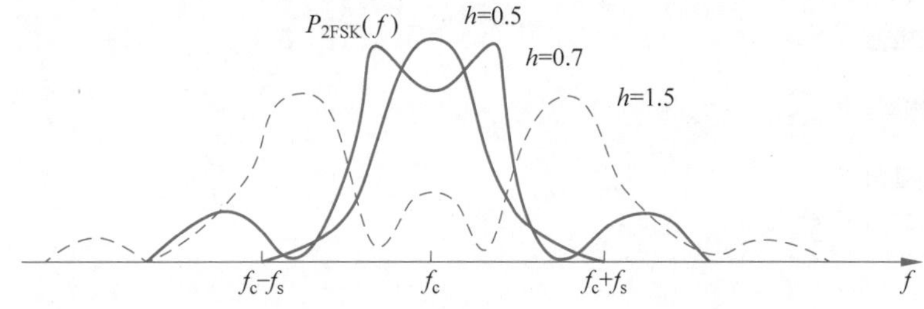

图5.2.23　2FSK信号的功率谱

带通滤波器可以设计为有源或者无源的形式，有源滤波器除了使用电阻、电容和电感等无源元件外，还需要使用三极管、运算放大器等有源器件，但是具有负载阻抗不会影响滤波器的性能、级联多个滤波器不会导致增益下降等优点。各大器件公司都会提供滤波器的设计软件和方法，其中亚德诺，即AD公司的滤波器设计软件是在线版的，通过浏览器访问网页进行设计。

在浏览器中输入如下网址，进入亚德诺的滤波器设计工具页面，如图5.2.24所示。

https://tools.analog.com/en/filterwizard/

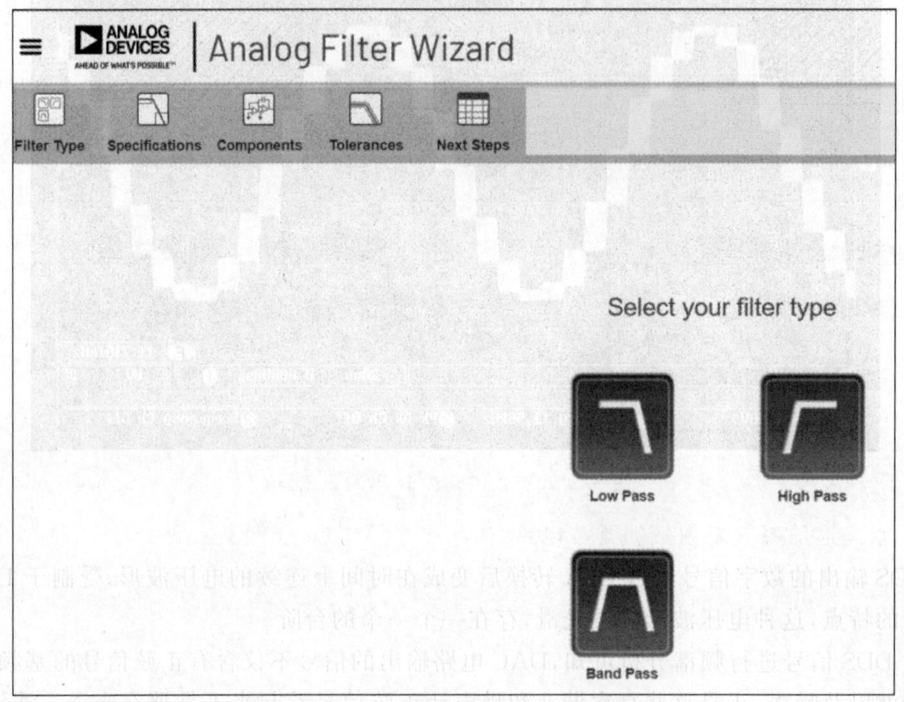

图5.2.24 亚德诺的滤波器设计工具页面

滤波器设计的具体步骤如下：

（1）选择滤波器的类型，网页只提供了低通、高通和带通三种类型。

（2）选择带通滤波器后设置滤波器的中心频率、截止频率、通频带以及响应特性，带通滤波器的设计界面如图5.2.25所示。

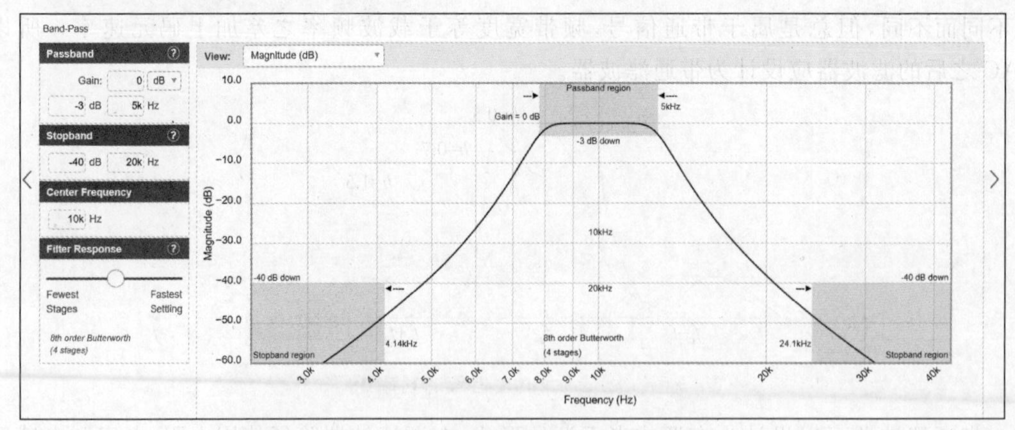

图5.2.25 带通滤波器的设计界面

（3）选择元器件的类型，如运算放大器的型号、电源电压等，就可以得到滤波器的电路参数,主要是电阻和电容的取值。选择元器件类型的界面如图 5.2.26 所示。此时,滤波器的设计已经基本完成,后续界面主要是对电路参数的优化和滤波器性能的显示。

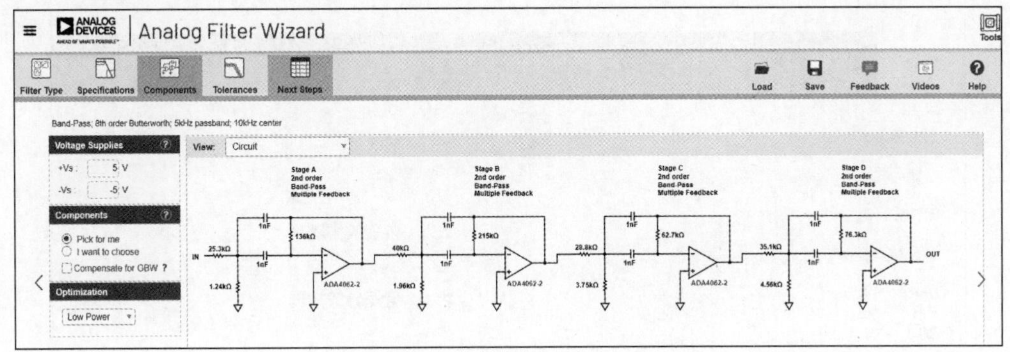

图 5.2.26 选择元器件类型的界面

4. 水声通信系统发射端的功率放大电路

水声通信系统发射端滤波器输出的信号幅度如果达不到发射功率要求,还需要在发射端设计功率放大器对信号进行放大,设计方法可参考 5.1 节水声探测系统发射端功率放大器的设计。

5.2.4 水声通信系统接收端电路设计

1. 水声通信系统接收端的放大电路

从水声通信系统的组成框图可以看出,水声通信在接收端需要完成的任务有接收信号预处理、A/D 转换、解调、信道译码、信源译码等任务。其中接收信号预处理是将水声换能器接收到的微弱信号进行放大和滤波,使其满足 A/D 转换和后续信号处理的要求。

1) 前置低噪声放大

前置低噪声放大直接对换能器输出的微弱信号进行放大,作为接收机第一级放大电路,在很大程度上决定了接收机的自噪声大小,是影响接收机性能的重要部件。

水声换能器输出的电信号一般只有微伏级,如果使用普通运算放大器,输入失调电压就会达到毫伏级,而且温漂较大。集成仪表放大器具有高输入阻抗、低输出阻抗、抗共模干扰能力强、低温漂、微伏级失调电压的特性,因而可以作为水声通信接收端的前置放大器使用。

各大半导体器件供应商都有提供仪表放大器,例如,可以访问德州仪器(TI)或者亚德诺公司官网,按照产品、放大器、仪表放大器的路径可以对仪表放大器进行选型。德州仪器公司仪表放大器选型的界面如图 5.2.27 所示。

INA103 是一款具有极低噪声和失真度的集成仪表放大器,其供应商是 BB(Blur Brown)公司,已经被德州仪器公司收购。INA103 的内部结构如图 5.2.28 所示。

由 INA103 构成的前置放大器如图 5.2.29 所示。此时 INA103 内部的运算放大器 A_1、A_2 构成同相差分输入电路,大幅度地提高电路的输入阻抗,减小电路对微弱输入信号的衰减,只对差模信号放大,不对共模信号放大。运算放大器 A_3 构成差分放大电路,稳定电路输出。此电路的放大倍数为 100,完全由集成电路内部的集成电阻决定,非常精确。外接的三个电阻起输入偏置调整,不影响电路的放大倍数。

图 5.2.27 德州仪器公司仪表放大器选型的界面

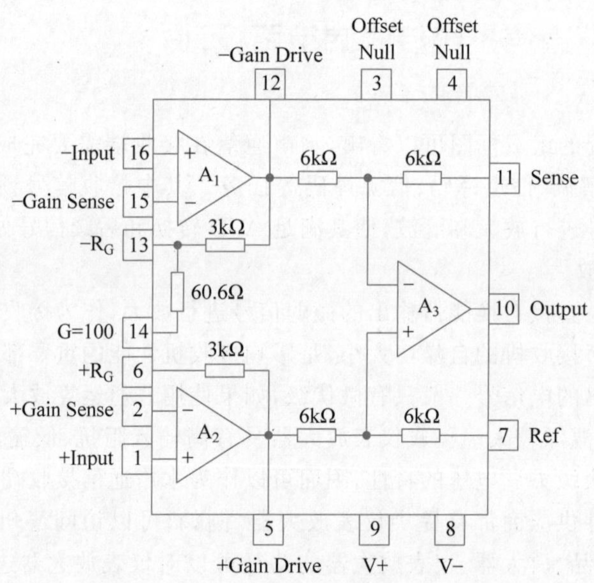

图 5.2.28 INA103 的内部结构

2）二级放大

二级放大电路由通用的同相或反向比例放大电路构成，注意选取低输入电压、低电流噪声和低偏置电流的集成运算放大器作为核心器件。

除了普通的运算放大器外，还有很多压控放大器或者可控增益放大器也可构成二级放大电路。压控放大器的型号很多，比较经典的有 VCA810 和 AD603 等，VCA810 的增益-控制电压特性如图 5.2.30 所示。当控制电压 V_C 增大时，放大器的增益减小，二者基本呈线性关系。

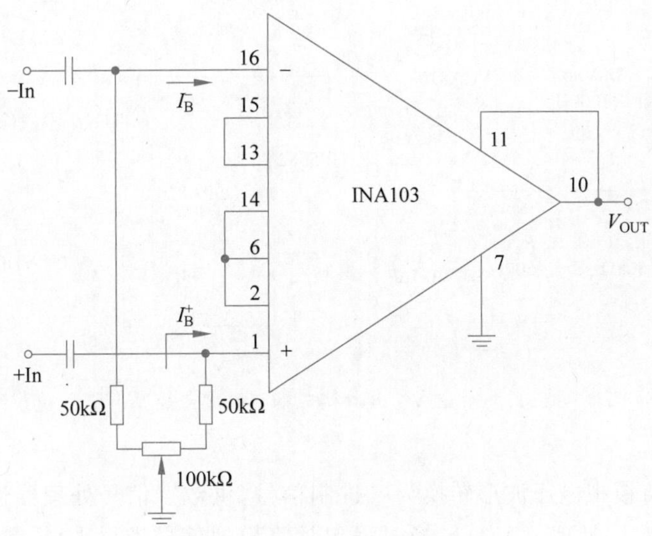

图 5.2.29 由 INA103 构成的前置放大器

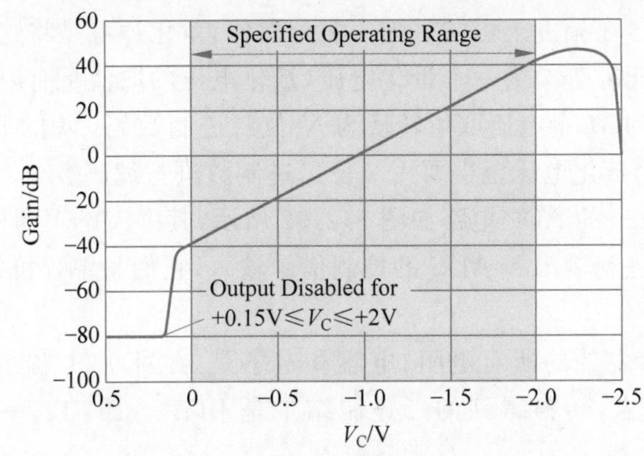

图 5.2.30 VCA810 的增益-控制电压特性

2. 水声通信系统接收端的 AGC 电路

声波在海洋中的传播衰减较快，水声通信的发射端和接收端有相对运动或者海洋中的湍流都会使接收端的信号幅度发生较大变化，因此有必要在接收端设置自动增益控制(AGC)电路，使得 A/D 转换器采集到的信号幅度基本稳定。

由 VCA810 构成的自动增益控制电路如图 5.2.31 所示，输出信号 V_O 和参考信号 V_R 被送入运算放大器 OPA820，当 V_O 的峰值大于 V_R 时，图中的二极管 HP5082 会导通，使得 VCA810 的控制电压 V_C 增大，从而使 VCA810 的放大倍数减小，结果导致整个电路的输出峰值被控制在 V_R 左右。

3. 水声通信系统接收端的滤波电路

在水声通信接收端，经过放大后的信号包含有用信号、杂波和干扰等，需要进行滤波，以便满足信号处理的要求。水声通信系统接收端的滤波电路可参考发射端滤波器的设计方法。

4. 水声通信系统接收端的 ADC 电路

在水声通信系统的组成框图中，接收信号经过预处理(放大、滤波)后即进入 A/D 转换

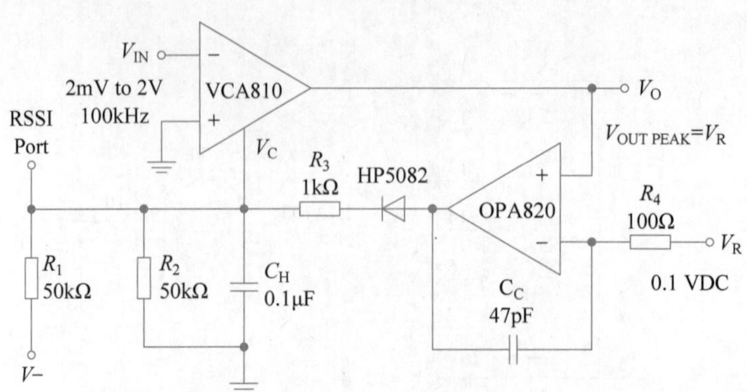

图 5.2.31 由 VCA810 构成的自动增益控制电路

环节。

A/D 转换是将模拟电压波形转换为二进制信号，供数字信号处理器件进行解调、信道译码、信源译码等数字处理。A/D 转换过程包括将模拟信号进行采样、量化和编码。实际的采样电路包含保持电路。

采样保持后的信号在幅度上可能有无穷多个取值，量化过程是将这些取值进行分类，取值相近的一些模拟电压被分类为一个量化电压，量化电压的取值是有限的。

编码是将量化后的 M 个电压取值转换为 N 位二进制数码，M 的取值必须小于或等于 2 的 N 次方，例如 8 个量化电压至少要用 3 位二进制数进行编码。

核心芯片为 AD9220 的 ADC 电路如图 5.2.32 所示，其中 VINA 为模拟电压输入，1～14 引脚是转换结果的二进制输出和 ADC 的控制信号输入，它们与单片机、FPGA 或者 DSP 相连接。

图中除 R2 和 R3 之外的所有电阻、电容和电感是为 AD9220 提供电源电压和参考电压，模拟信号从 P1 输入，转换得到的二进制结果是 BIT1～BIT12，一共 12 位二进制数，BIT1 为最高有效位。

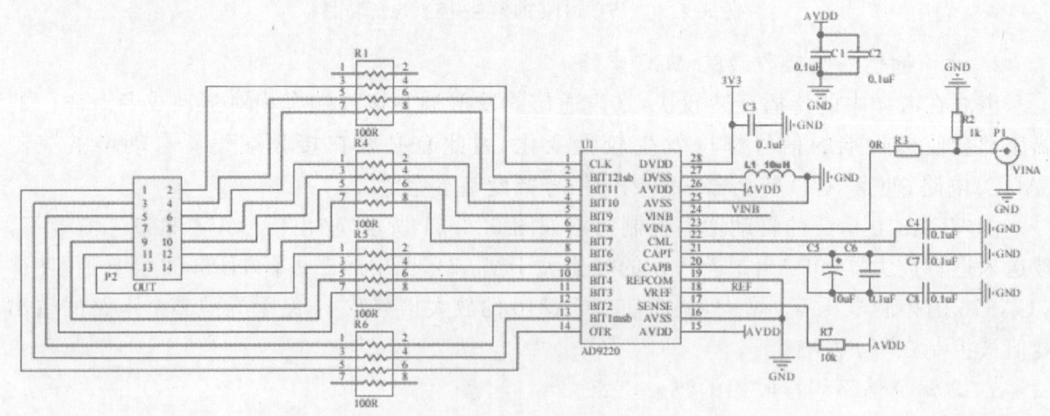

图 5.2.32 核心芯片为 AD9220 的 ADC 电路

AD9220 的时序和控制如图 5.2.33 所示，只需要给 AD9220 一个时钟上升沿，就可以在时钟下降沿得到转换的 12 位并行二进制数，注意，时钟的高电平至少要保持 45ns，低电平至少要保持 45ns，周期不小于 100ns，也就是说 AD9220 的最高工作速率是 10M 采样每秒，而水声通信信号频率一般不超过 1MHz，所以 AD9220 的工作速率对水声通信信号的采集是足够了。

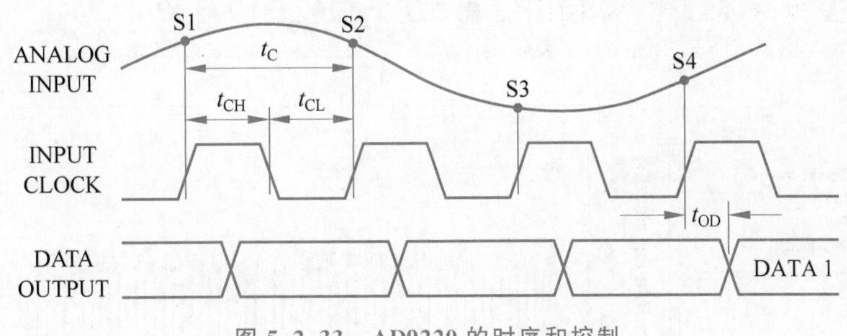

图 5.2.33 AD9220 的时序和控制

5.2.5 水声通信系统的数字信号处理电路

源程序

源程序

在水声通信接收端，信号经过 A/D 转换后即可进行各种数字处理，包括解调、信道译码和信源译码等，本节的数字信号处理电路设计包括 FSK 信号解调的 FPGA 实现、OFDM 信号调制和解调的 FPGA 实现两部分。

1. FSK 信号解调的 FPGA 实现

2FSK 信号的非相干解调原理框图如图 5.2.34 所示。

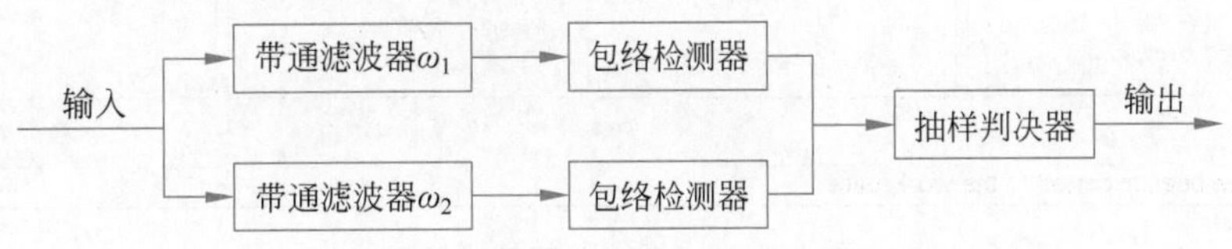

图 5.2.34 2FSK 信号的非相干解调原理框图

接收信号分别经过两路滤波器将不同频率的载波信号分开，然后进行包络检测，最后进行抽样判决。这个过程可以利用模拟电路实现，也可以利用 FPGA 进行带通滤波、包络检测和抽样判决实现。其中包络检测器可以用取绝对值和低通滤波器代替，抽样判决器可以用两路信号低通滤波的输出直接比较大小代替，因而 2FSK 信号解调的 FPGA 实现核心问题是滤波器的 FPGA 实现。本节也仅以 FIR 滤波器的 FPGA 实现为例介绍 FSK 信号解调的 FPGA 实现。

假如在 2FSK 调制阶段使用的两路载波频率分别为 3kHz 和 12kHz，FPGA 的时钟频率为 12MHz，可以在 FPGA 里设计两个采样频率为 187.5kHz(12MHz 的 64 分频)带通滤波器将两路载波信号分开。

设计的步骤如下：

(1) 在 MATLAB 的命令行里输入“fdatool”启动滤波器设计与分析工具；

(2) 在滤波器设计与分析工具界面输入滤波器的参数，包括滤波器的类型、截止频率、衰减要求等。然后单击“Design Filter”按钮。可以看到滤波器的幅频特性如图 5.2.35 所示。

(3) 在文件(File)菜单下选择输出(Export)，输出滤波器的系数到数组 Num 中。然后在工作区双击数组 Num 数组打开数组数据复制滤波器的系数，然后粘贴到文本文件中保存供后续 Quartus 软件调用。保存和打开 Num 数组的界面如图 5.2.36 所示。

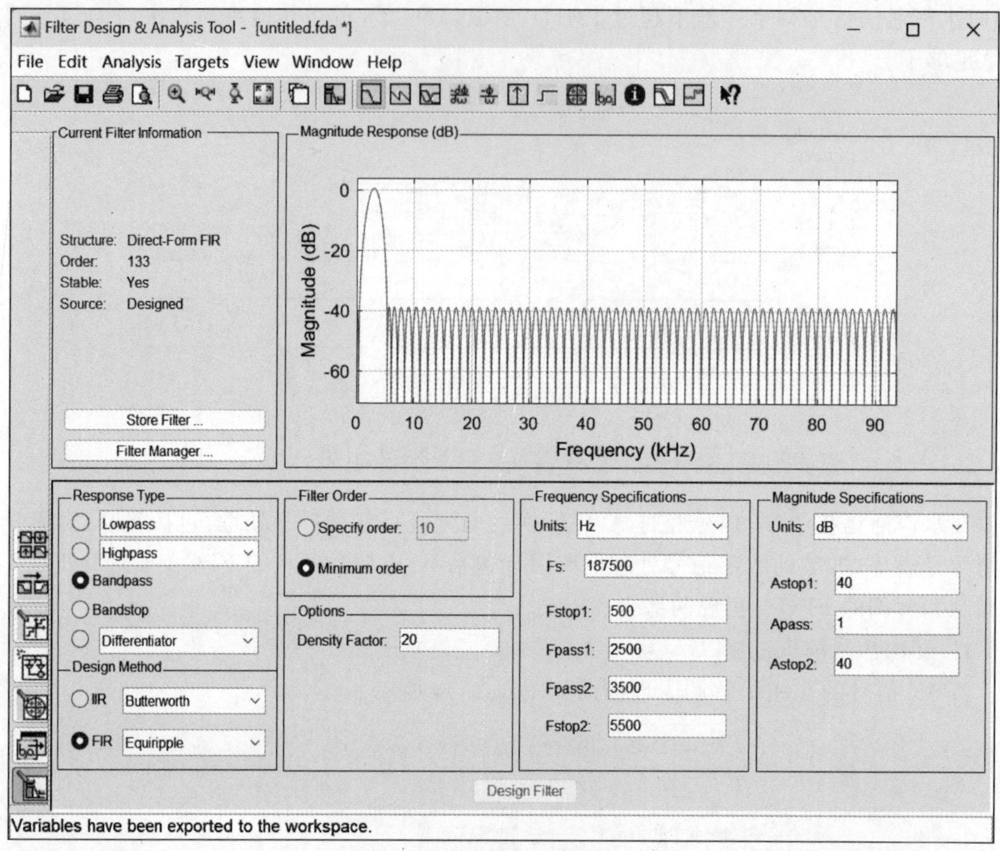

图 5.2.35 滤波器的幅频特性

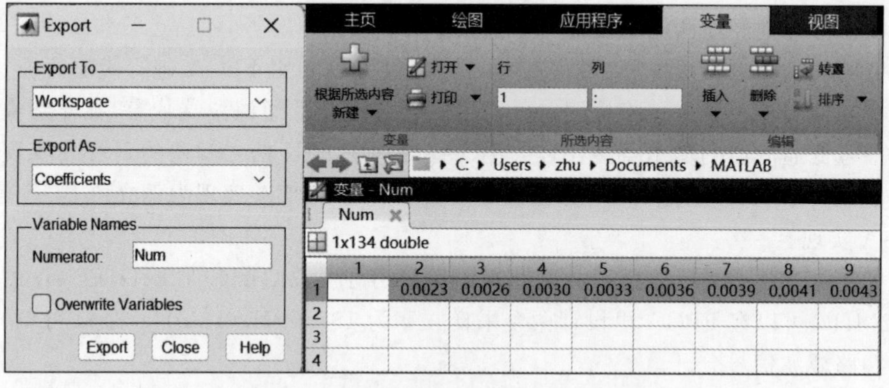

图 5.2.36 保存和打开 Num 数组的界面

(4) 在 Quartus 软件的 IP Catalog 区域输入“FIR”回车然后双击“FIR II”进入 FIR IP 核的设计页面，如图 5.2.37 所示。

(5) 确定滤波器的时钟频率和信号采样率，如图 5.2.38 所示。

(6) 确定滤波器系数的格式和位数，如图 5.2.39 所示，注意输入数据要与滤波器系数的格式保持一致，比如图中滤波器的系数设置为有符号数，则 A/D 转换后的数据也需要转换为有符号数。

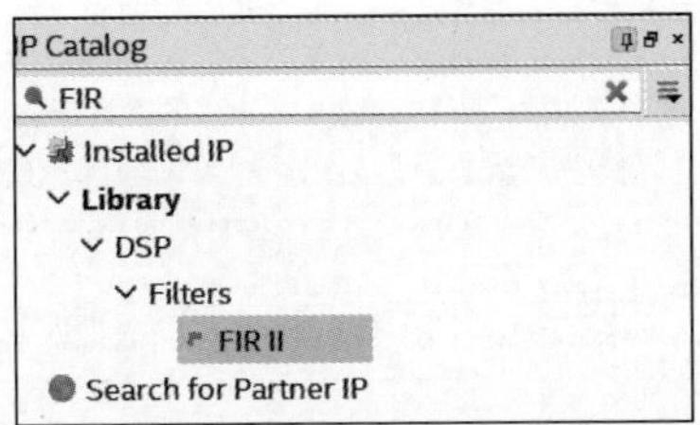

图 5.2.37 进入 FIR IP 核的设计页面

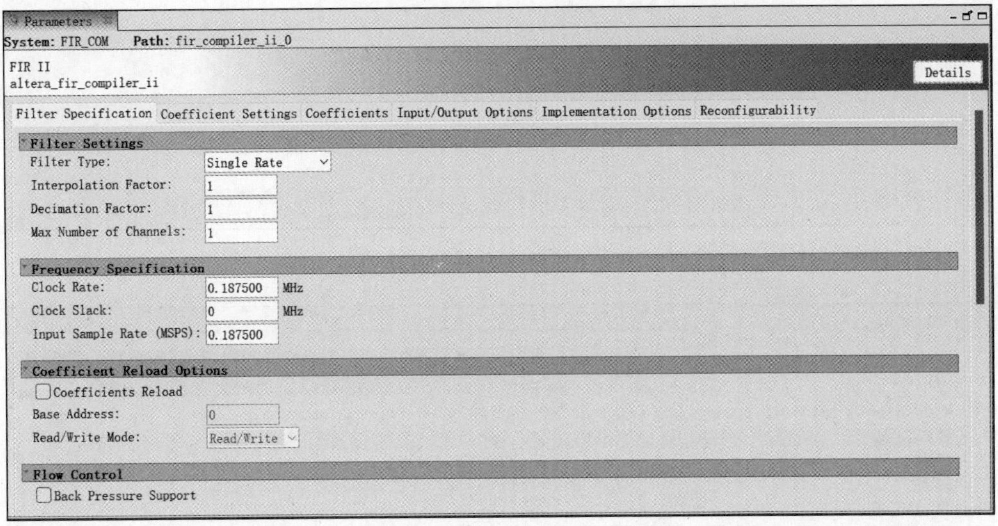

图 5.2.38 确定滤波器的时钟频率和信号采样率

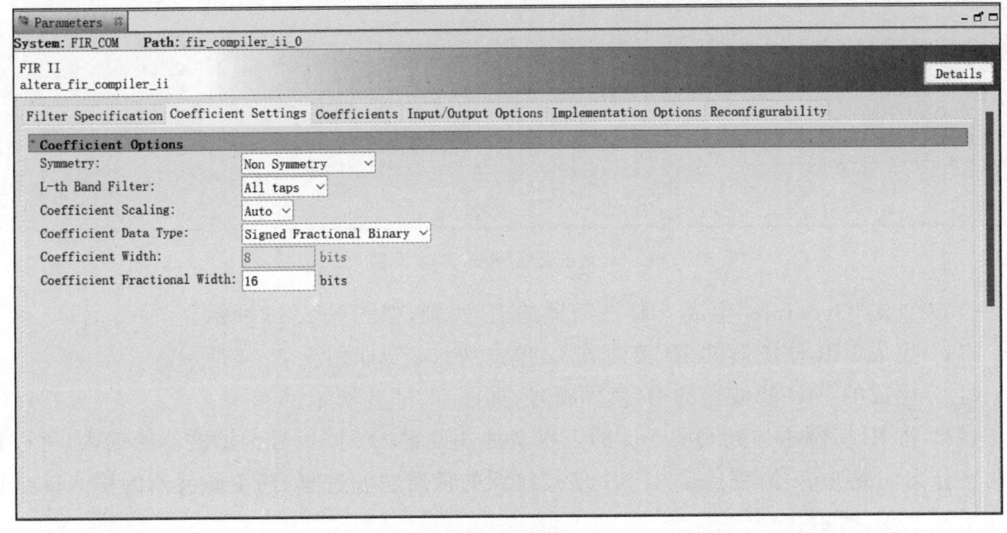

图 5.2.39 确定滤波器系数的格式和位数

(7) 从文本文件导入滤波器的系数，如图 5.2.40 所示。

(8) 设置滤波器输入和输出数据的位数，如图 5.2.41 所示，根据数据实际情况可对数据截头或者截尾调整输出二进制数为期望位数。

(9) 选择 FPGA 资源优化方案，如图 5.2.42 所示，建议保持默认方案。

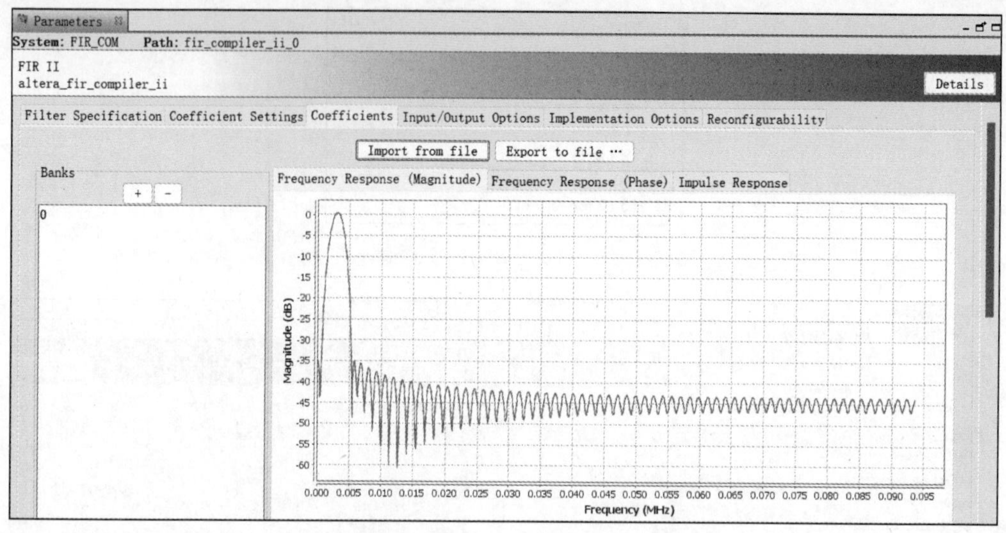

图 5.2.40 从文本文件导入滤波器的系数

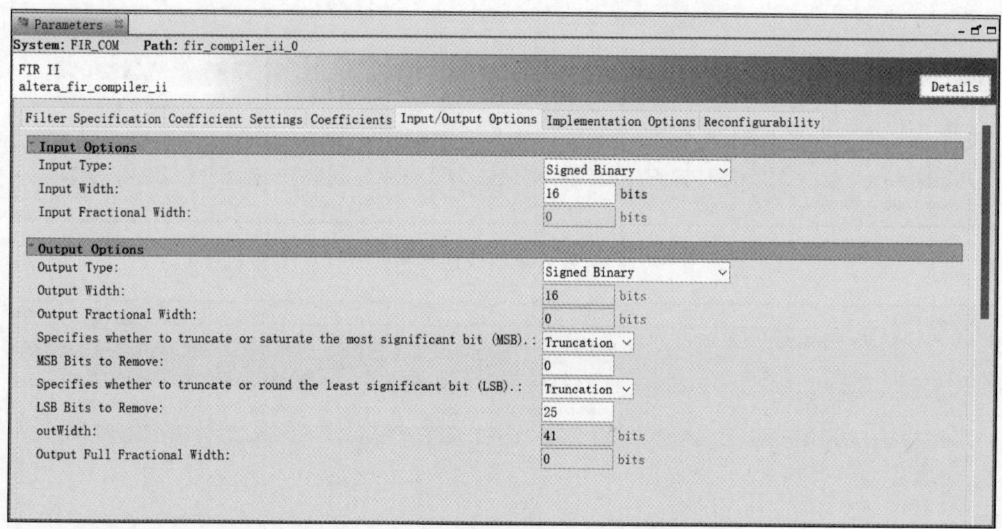

图 5.2.41 设置滤波器输入和输出数据的位数

(10) 单击“Generate”生成 FIR 滤波器的 IP 实例，如图 5.2.43 所示。

(11) 生成 FIR 滤波器的 IP 实例成功，单击“Close”，如图 5.2.44 所示。

(12) 生成的 FIR 滤波器的 IP 实例符号，如图 5.2.45 所示。

(13) 将 IP 实例添加到 Quartus 的工程文件并设置 2FSK 信号为滤波器的输入，可以得到两路分离的载波信号，完成了 2FSK 信号解调的带通滤波过程，两个滤波器的输入输出信号如图 5.2.46 所示。

两个滤波器的输出信号分别经过取绝对值、低通滤波后再比较大小即可得到解调后的输出信号，整个 2FSK 调制解调过程中的信号如图 5.2.47 所示，其中，TZ_in 为调制信号，FSK_TZ 为已调信号，fir_out1 和 fir_out2 为带通滤波输出，fir_out3 和 fir_out4 为低带通滤波输出，FSK_JT 为解调信号输出。

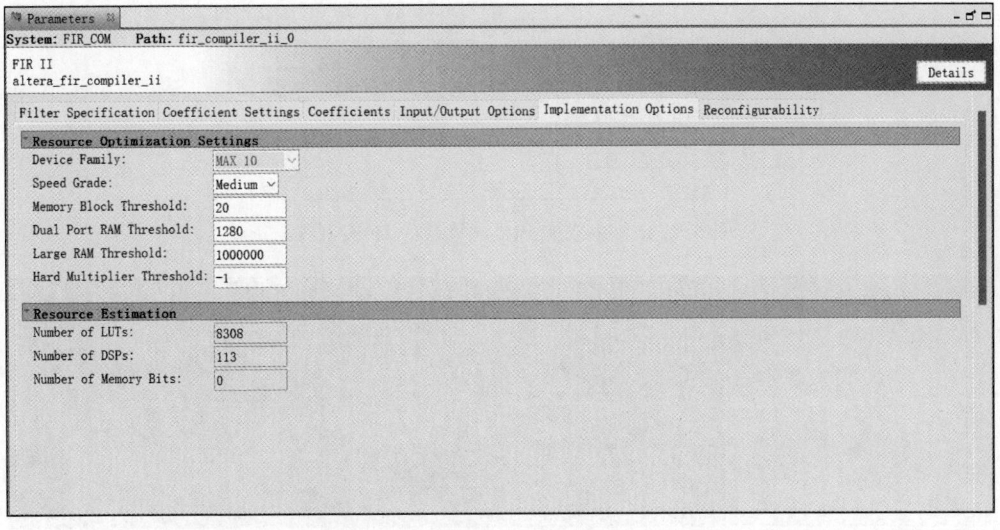

图 5.2.42 选择 FPGA 资源优化方案

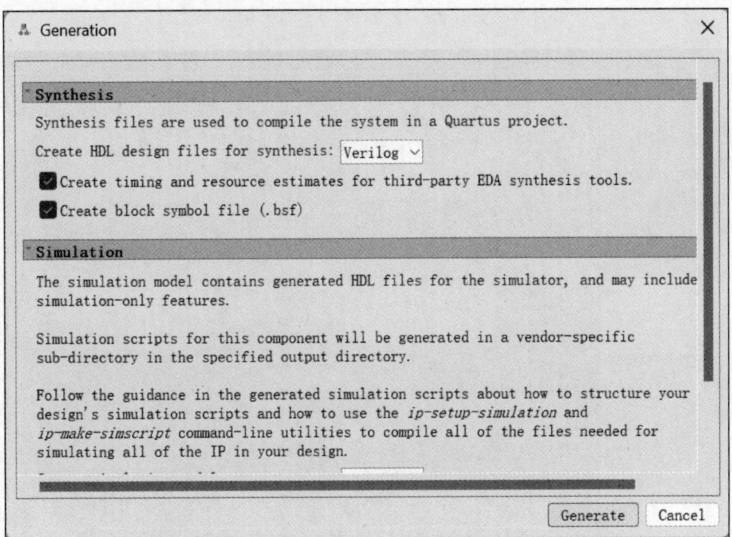

图 5.2.43 生成 FIR 滤波器的 IP 实例

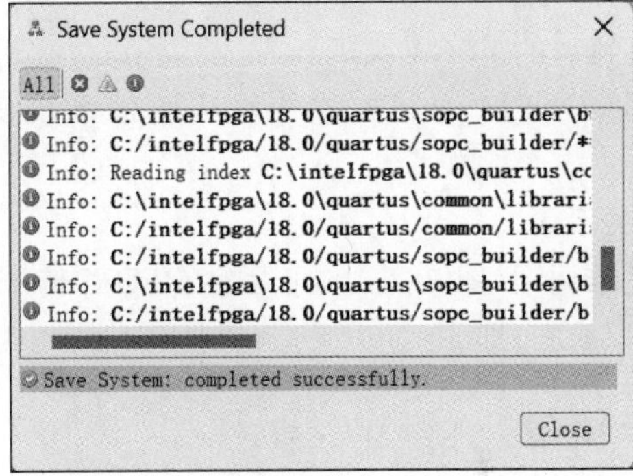

图 5.2.44 单击 Close

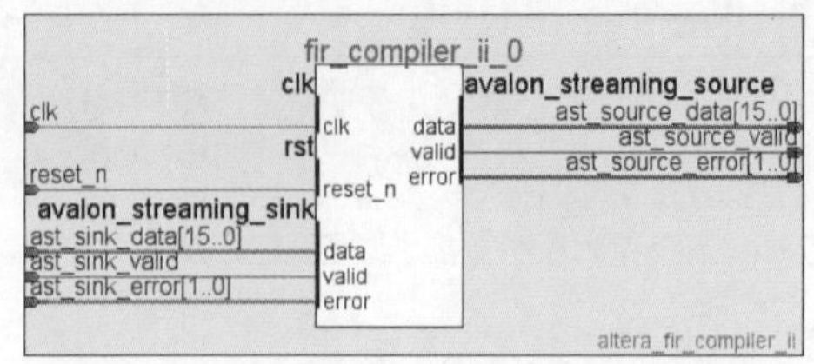

图 5.2.45 生成的 FIR 滤波器的 IP 实例符号

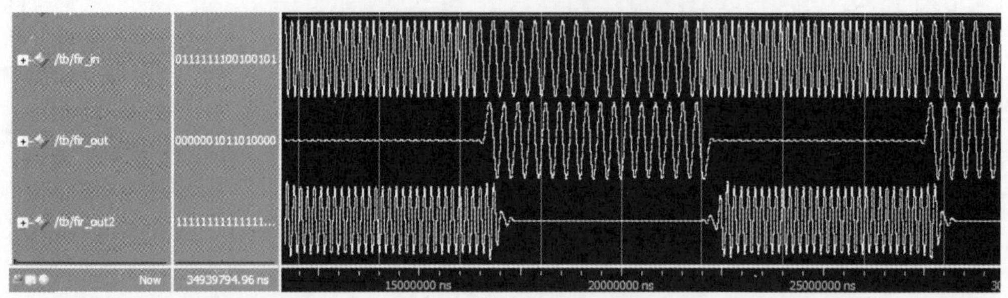

图 5.2.46 两个滤波器的输入与输出信号

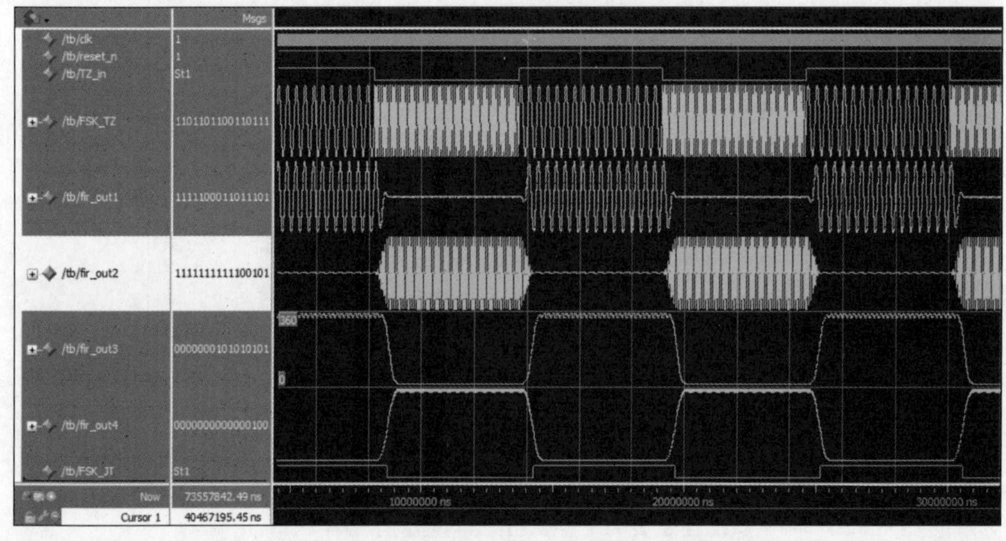

图 5.2.47 整个 2FSK 调制解调过程中的信号

2. OFDM 信号调制与解调的 FPGA 实现

除了 FSK 调制方式外，ODFM 调制方式在水声通信系统研究得也较多，也可以用 FPGA 实现调制和解调。

1）OFDM 与 FFT 的关系

根据 OFDM 调制电路结构图（图 5.2.10）可写出 OFDM 信号 $s(t)$ 的表达式，具体为各路调制信号与载波信号乘积的和，即

$$s(t)=\sum_{i=0}^{N-1} d_i \times \exp(\mathrm{j}2\pi f_i t), \quad t \in [0,T] \tag{5.2.1}$$

将

$$f_i = \frac{i}{T} \tag{5.2.2}$$

和

$$t = k\,\frac{T}{N} \tag{5.2.3}$$

的表达式代入上式得到离散化的 $s(t)$，记为 s_k：

$$s_k = \sum_{i=0}^{N-1} d_i \times \exp\left(\mathrm{j}\,\frac{2\pi ik}{N}\right),\quad k \in [0, N-1] \tag{5.2.4}$$

比较 s_k 的表达式和离散傅里叶逆变换(IDFT)的表达式，二者只相差一个固定系数。

接收到的 OFDM 信号记为 s'_k，根据 OFDM 解调电路结构图(图 5.2.11)可写出 OFDM 解调后的信号 d'_i 的表达式。

$$d'_i = \sum_{k=0}^{N-1} s'_k \times \exp\left(\mathrm{j}\,\frac{-2\pi ik}{N}\right),\quad i \in [0, N-1] \tag{5.2.5}$$

比较上式和离散傅里叶变换(DFT)的形式，二者完全一致，由此可以得到启示，用离散傅里叶逆变换和离散傅里叶变换可以分别实现 OFDM 的调制和解调，这就是 OFDM 和 FFT 之间的关系。

2）OFDM 调制和解调的电路结构

OFDM 的调制和解调可以看作离散傅里叶逆变换和离散傅里叶变换，在实际应用系统中则分别利用快速傅里叶逆变换(IFFT)和快速傅里叶变换(FFT)代替离散傅里叶逆变换和离散傅里叶变换。无论是快速傅里叶变换还是其逆变换，在本质上都是若干级的蝶形运算。

8 点 FFT 的运算流程如图 5.2.48 所示，输入数据有 8 个，经过 3 级蝶形运算后得到 8 个输出数据。

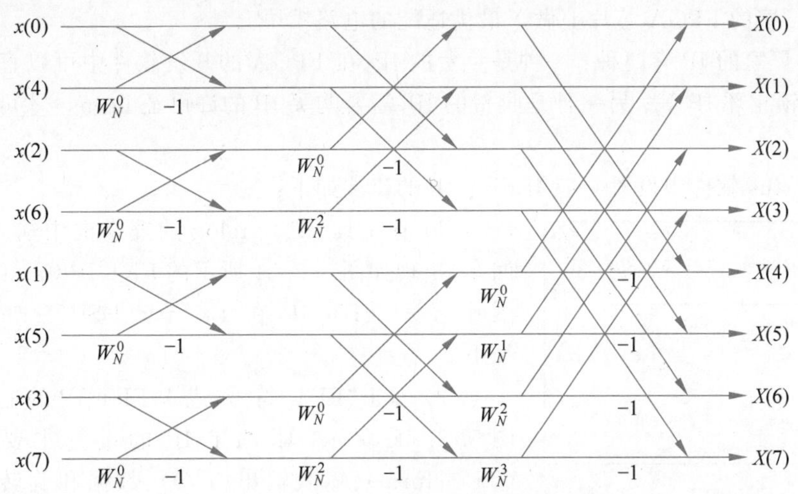

图 5.2.48 8 点 FFT 的运算流程

IFFT 的计算流程和 FFT 类似，输入输出数据也表现为并行形式，因此利用 IFFT 来实现 OFDM 调制时首先要将 N 个串行输入的数据流转换为 N 个并行输入的数据，然后进行 IFFT，最后将 IFFT 的输出的 N 个并行数据再转换为 N 个串行的数据流，作为 OFDM 调

制信号的 N 个采样值。使用 IFFT 进行 OFDM 调制的具体电路结构如图 5.2.49 所示，图中 d_i 为调制信号的第 i 个输入，s_k 为已调信号的第 k 个采样值，载波信号频率与电路时钟信号 clk 的频率相关。

利用 FFT 来实现 OFDM 解调时也是首先进行串并转换，然后做 FFT，最后将 FFT 输出的数据进行并串转换。使用 FFT 进行 OFDM 解调的具体电路结构如图 5.2.50 所示。

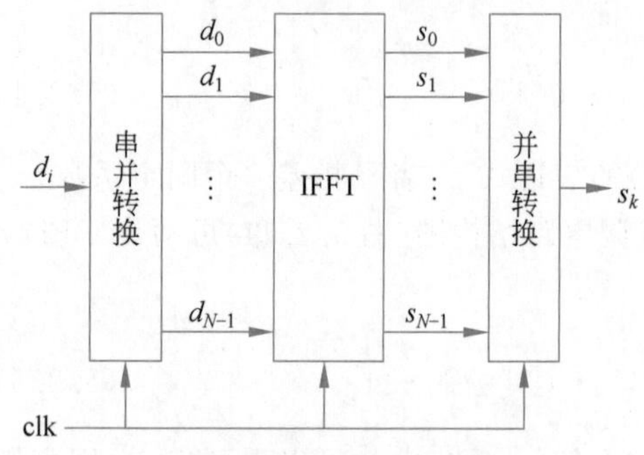

图 5.2.49 使用 IFFT 进行 OFDM 调制的具体电路结构

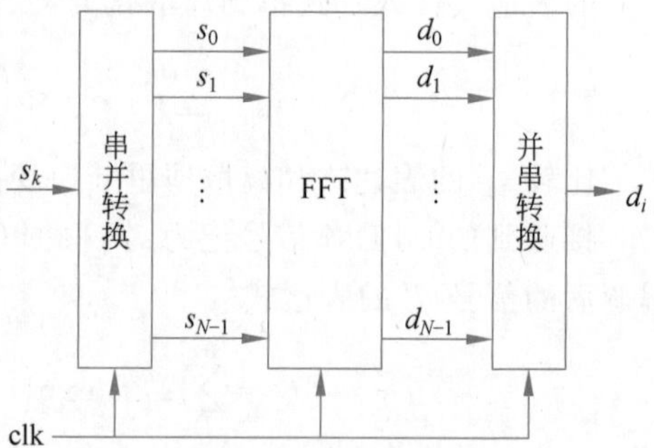

图 5.2.50 使用 FFT 进行 OFDM 解调的具体电路结构

3）OFDM 调制和解调的 FPGA 实现

从使用 IFFT/FFT 进行 OFDM 调制和解调的具体电路结构可以看出，核心工作是 IFFT/FFT 的硬件实现。IFFT/FFT 采用硬件实现的方式主要有 DSP 和 FPGA 两种，本书介绍如何用 FPGA 来实现 IFFT/FFT。

采用 FPGA 实现 IFFT/FFT 最原始的方式是编写 HDL 程序来实现蝶形运算，这种方式对设计者有较高要求，而且很难得到最优的电路结构。实际上各大 FPGA 厂家，比如英特尔和赛灵思都提供了 IFFT/FFT IP 核。FPGA 厂家提供的 IFFT/FFT IP 是经过优化的、在各自厂家的 FPGA 芯片上做了最优适配的电路模块。

FPGA 厂家的 IP 有两种：一种是免费的 IP，在 FPGA 的开发软件中可以直接调用，如存储器 IP、锁相环 IP 等；另一种是收费的 IP，需要购买 IP 的许可证 license 才可以使用，如 FFT 的 IP。

在 Quartus 软件中设置并应用 FFT IP 的步骤如下：

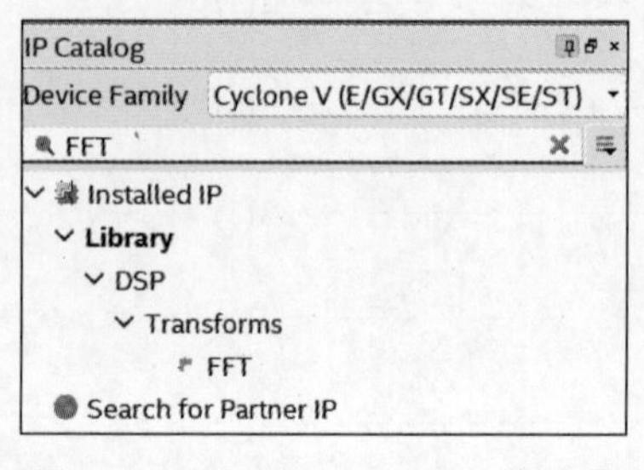

图 5.2.51 FFT IP Catalog 的界面

（1）在工具、IP Catalog 的搜索框中输入“FFT”并回车，出现如图 5.2.51 所示的 FFT IP Catalog 的界面，图中显示 FFT IP 在 Library、DSP、Transforms 路径下。

（2）双击“FFT”符号，进入 FFT IP 的配置界面，如图 5.2.52 所示，对 FFT IP 的设置主要包括变换（Transform）、输入输出（I/O）、数据和旋转（Data and Twiddle）三方面。

（3）设置变换（Transform）的参数，如图 5.2.53 所示，变换的参数有两个：一个是 FFT 变换输入与输出数据的长度（Length），这需要根据 OFDM 载波的个数和 FFT 变换的精度确定，图中选择长度为 1024 表示 OFDM 载波的数量最多为 1024 个。

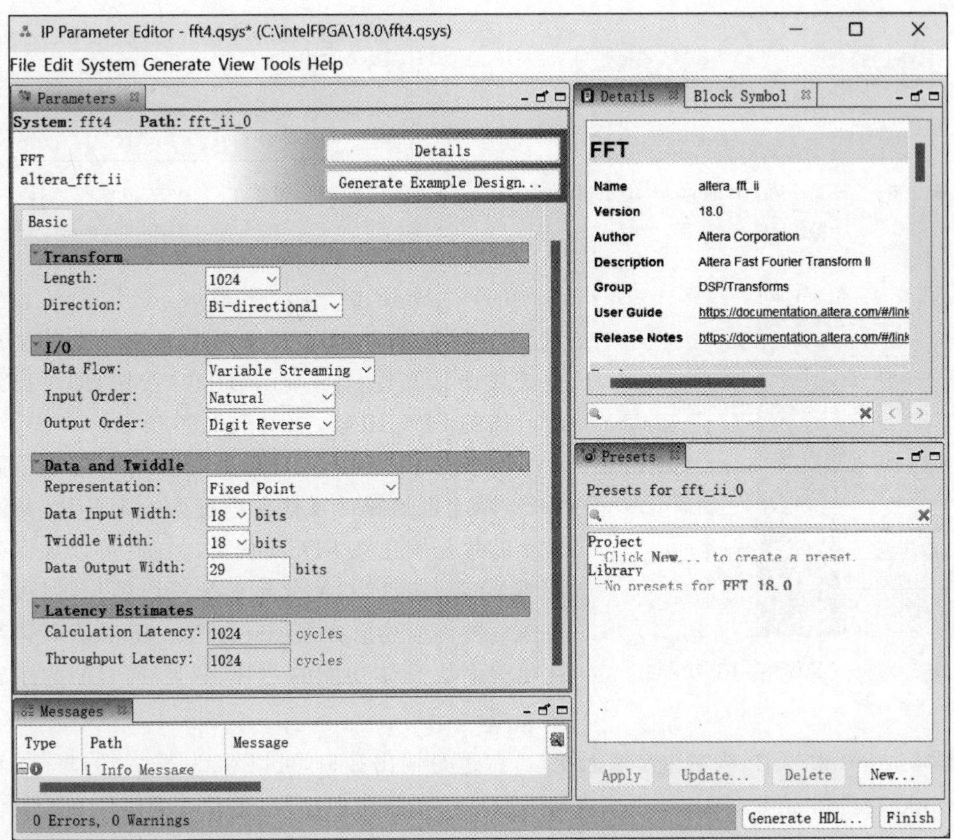

图 5.2.52 FFT IP 的配置界面

另一个变换的参数为方向(Direction),方向一共有三种选择,分别为 Forward、Reverse 和 Bi-directional,分别表示进行 FFT、IFFT 和双向变换,进行双向变换时生成的 IP 模块会多一个选择端口,端口为低电平时进行 FFT,端口为高电平时进行 IFFT。图中 Direction 设置为双向,可以实现一个 IP 核既可以用作 FFT 又可以用作 IFFT,即 OFDM 调制和解调都是用同一个 IP 核。

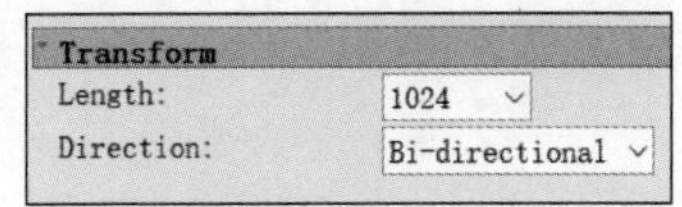

图 5.2.53 设置变换(Transform)的参数

(4) 设置 FFT IP 的输入/输出(I/O)参数,如图 5.2.54 所示,共有三个参数,其中数据流 Data Flow 共有四种模式,此处选择流模式(Streaming),选择流模式后可以将 OFDM 调制和解调电路结构中的串并转换以及并串转换都省略掉。

输入数据顺序(Input Order)可以选择自然顺序(Natural),即数据按序号从小到大输入;输出数据顺序(Output Order)可以选择自然顺序(Natural),即数据按序号从小到大输出。

(5) 设置 FFT IP 的数据和旋转(Data and Twiddle)参数,如图 5.2.55 所示,共有四个参数,其中数据的表示格式(Representation)可以选择数据为定点数、单浮点数或者块浮点数,块浮点数是指一个数据块的数据共用一个指数。另外三个参数分别是输入数据的位数、旋转因子的位数和输出数据的位数,位数越多,计算越精确,但消耗的电路资源也越多。

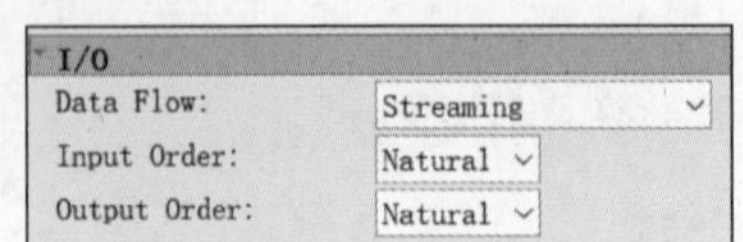

图 5.2.54　设置 FFT IP 的输入/输出(I/O)参数

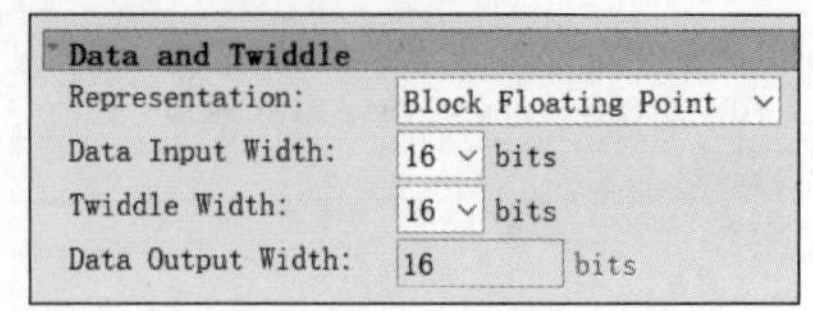

图 5.2.55　设置 FFT IP 的数据和旋转(Data and Twiddle)参数

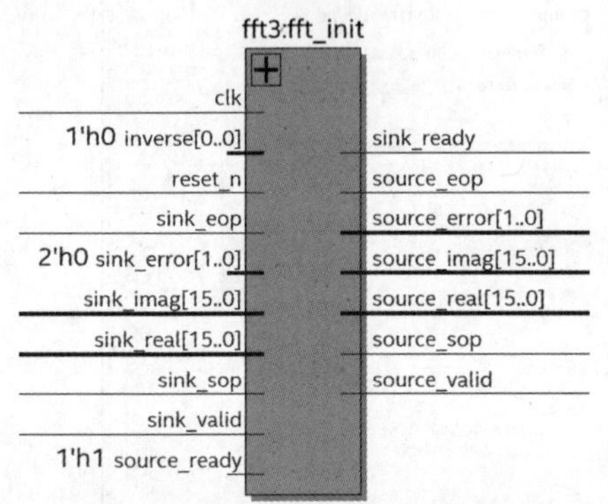

图 5.2.56　具体的 FFT IP 核

(6) 生成 IP 核。通过步骤(3)～步骤(5)设置参数后,就可以单击 FFT IP 配置界面右下角的生成硬件描述语言文件(Generate HDL)按钮,即可得到一个具体的 FFT IP 核,如图 5.2.56 所示。

图中的 FFT IP 核看起来好像一个集成电路芯片,实际上也的确可以把它理解为一个芯片,只不过这个芯片是固化在 FPGA 内部。在此可以加深理解 FPGA 的功能,FPGA 看起来是一块芯片,但可以通过编写硬件描述语言程序或者调用 IP 核在其内部固化出很多块具体功能的芯片,只要 FPGA 的逻辑资源够用。

图 5.2.56 中的 IP 核左边是输入端口,右边是输出端口,可以看到,输入端口除了输入数据 sink_real 和 sink_imag 分别代表输入数据的实部和虚部外,还有时钟信号 clk、复位信号 reset_n 以及 IP 核的各种控制信号,所以用 FPGA 来实现 OFDM 调制和解调电路剩余的工作就是如何设计好这些控制信号的时序,具体的信号时序可参考英特尔公司提供的 IP 核说明书。

演示视频

5.3　水声对抗系统电路设计

自从德国在第二次世界大战中依托潜艇对同盟国造成重大损失后,世界各国便越来越重视水声探测技术的研究,各种水下探测设备和水中兵器越来越多,这大大压缩了舰艇的生存空间。于是,水声对抗应运而生。其核心问题是如何有效规避水声探测,提升舰艇的战场生存能力。水声对抗是水下信息战的主要形式,通过使用专门的水声设备和器材,并利用声场环境、隐身、降噪等手段,对水下探测设备和水中兵器进行探测、干扰、诱骗或毁伤,削弱其作用或者对其进行摧毁,保障己方设备正常工作和舰艇安全。

最早的水声对抗战例出现于 1943 年年末、1944 年年初盟军开始猎杀德国 U 型潜艇时。当时 U 型潜艇使用了一种名为 Pillenwerfer 的对抗器材,它由氢化锂制成,像一个巨大的药丸,可以产生大量的气泡,阻挡潜艇的回声。Pillenwerfer 在德国 U 型潜艇上的位置如图 5.3.1 所示。

在 1982 年英阿马岛海战中,英国海军的"无敌"号攻击型核潜艇用两枚鱼雷就击沉了阿根廷的"贝尔格拉诺将军"号巡洋舰,与此同时,阿根廷的"圣路易斯"号护卫艇也对英国舰船发射了 3 枚制导鱼雷,但阿根廷发射的 3 枚鱼雷全部像"瞎了眼睛"一样,在英国舰船的船尾

图 5.3.1 Pillenwerfer 在德国 U 型潜艇上的位置

附近绕起了圈子，并最终自毁身亡，而英国舰艇却安然无恙。同样是遭受到鱼雷攻击，结果却大相径庭，主要原因是英国舰艇都装备有拖曳式声诱饵，才使得阿根廷的三次鱼雷攻击无一命中目标。因此，水声对抗技术在舰艇体系中的作用非常重要。

5.3.1 水声对抗系统的组成

水声对抗系统是指由若干水声对抗设备组成统一协调的整体。典型的水声对抗系统组成如图 5.3.2 所示，一般由探测分系统、决策分系统和实施分系统等设备组成。探测分系统一般指鱼雷报警声呐等各类探测设备，探测分系统融合处理各类探测信息，分类、识别和定位敌方的探测设备和来袭鱼雷，并将鱼雷报警信息发送至决策分系统。

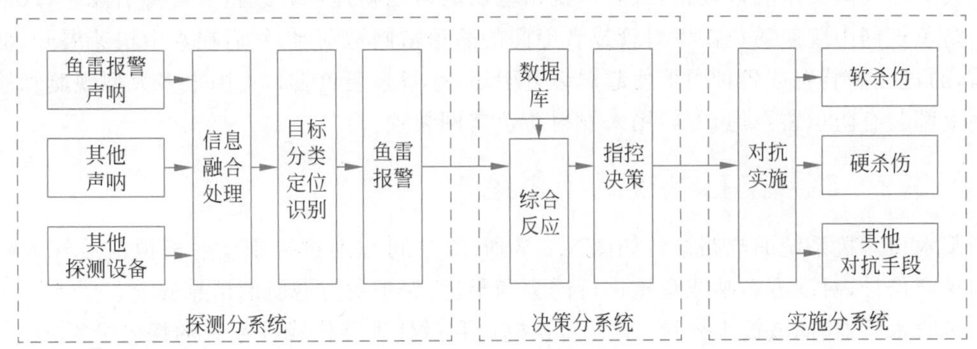

图 5.3.2 典型的水声对抗系统组成

决策分系统根据鱼雷报警信息，结合战场态势和海洋环境，对威胁目标进行排序，利用辅助决策软件生成水声对抗方案，并将对抗方案发送至实施分系统。

实施分系统一般包括各类水声对抗器材、发射装置以及操控装置等。实施分系统根据对抗方案，控制发射对应的对抗器材对敌方的探测设备和来袭鱼雷进行杀伤，削弱其作用或者对其进行摧毁。

水声对抗器材依照不同的分类方法，一般分为软杀伤型对抗、硬杀伤型对抗和非杀伤型对抗。非杀伤型对抗手段主要是指舰艇通过降噪、消磁、吸声等技术提高隐身能力、降低探测装备的作战效能，或者利用自身的机动规避来躲避鱼雷攻击等。软杀伤型对抗和硬杀伤型对抗是水声对抗装备和技术发展的主要方面。

1. 软杀伤型对抗器材

软杀伤对抗是指采用屏蔽、干扰、诱骗等手段使敌方声呐或来袭鱼雷不能发现目标或迷失目标而导致航程耗尽来达成对抗目的的方式。软杀伤对抗手段对抗声呐探测和鱼雷攻击的目的不是毁伤声呐和鱼雷本身，而是采用水声学手段影响声呐和鱼雷，使其不能发现目标或诱骗攻击虚假目标。采用的对抗器材主要有气幕弹、噪声干扰器和声诱饵。

气幕弹是一种无源水声对抗器材，内部装有化学物质，当与海水接触时会发生化学反应产生大量的气泡。多枚气幕弹连成的气幕对声波的传播产生反射和衰减，从而隔断或削弱气幕两边的声接触，起到对声探测的屏蔽效果。

噪声干扰器是一种有源水声对抗器材，通过发射强功率噪声来干扰敌方声呐或声制导鱼雷，降低其声探测作用距离和对目标的跟踪性能，提高舰艇的生命力。

顾名思义，声诱饵就是作为假目标使用的，引诱敌方声呐或来袭鱼雷对假目标进行探测和跟踪，进而为舰艇摆脱敌方的探测和跟踪创造机会。

2. 硬杀伤型对抗

硬杀伤对抗是采用特殊的手段，直接毁伤鱼雷或破坏和损伤来袭鱼雷的声制导，使其永久性失效或降低其能力，是一种较理想的防御手段。对抗器材主要有反鱼雷鱼雷、引爆式声诱饵和鱼雷拦截网。

反鱼雷鱼雷是一种较理想的硬杀伤武器。反鱼雷系统捕获来袭鱼雷后直接把反鱼雷鱼雷导向来袭鱼雷，在两雷最靠近时刻引爆炸药，摧毁或击伤来袭鱼雷，使其失去攻击力。

引爆式声诱饵是在声诱饵对来袭鱼雷诱骗的基础上，增加了硬杀伤功能，即声诱饵先把鱼雷诱骗至附近后，其上的声或磁引信启动引起诱饵爆炸，其冲击波使来袭鱼雷自导或控制系统失灵而不能实施有效攻击，或者声诱饵输出的声磁物理场导致鱼雷自身引爆。

防鱼雷网由舰艇的鱼雷发射管或者专门的防鱼雷网炮发射，然后在水中快速展开，捕捉鱼雷，通过控制装置或各种引信使起爆装置引爆，摧毁来袭鱼雷。美国很多大型舰艇和航空母舰上都装有防鱼雷网炮，专门用来发射防鱼雷网装置。

5.3.2 水声对抗系统的电路结构

某水声对抗系统的电路结构如图 5.3.3 所示，它可以通过控制发射模拟信号和大功率低频噪声信号，对敌方声呐或鱼雷进行诱骗和干扰，保护我方潜艇的信息安全。

接收水听器、滤波放大模块、A/D 转换模块和微处理器构成该系统的探测分系统，上位机构成该系统的决策分系统，D/A 转换模块、功率放大器和发射换能器则构成该系统的实施分系统，各分系统之间通过电缆、光缆或水声信道进行通信。

当敌方的声呐或来袭鱼雷发出的水声信息被接收水听器采集时，水听器将水声信息转

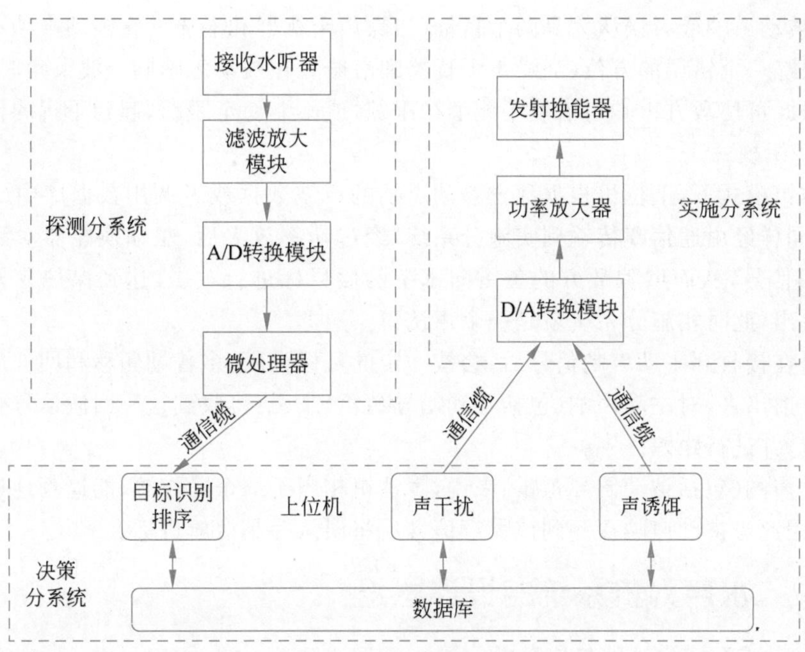

图 5.3.3 某水声对抗系统的电路结构

换成电信号，电信号经过滤波放大，又通过 A/D 转换成数字信号，最后经由微处理器处理和解算得到报警信息。报警信息经过通信缆传输到上位机，上位机根据报警信息，结合数据库信息，对威胁目标进一步识别和排序，进而生成不同的对抗方案。根据不同的对抗方案，实施分系统执行不同的工作模式。工作模式有声干扰模式和声诱饵模式。

1. 声干扰模式

在声干扰模式下，上位机调用数据库中的干扰噪声数据，经由通信缆传输到实施分系统，干扰噪声数据经过功率放大器的放大，驱动水下的发射换能器对敌方发射大功率的干扰噪声信号，从而降低我方潜艇被敌方声呐探测或鱼雷击中的概率。可以看出，此时实施分系统就是一个噪声干扰器。

按对抗探测设备工作频率的不同，噪声干扰器可分为高频噪声干扰器和低频噪声干扰器，高频噪声干扰器主要用于对抗鱼雷，低频噪声干扰器主要用于对抗舰壳声呐。为了使同一器材既能对抗鱼雷又能对抗舰壳声呐，现今的声噪干扰器通常把鱼雷制导声呐工作频段和舰壳声呐工作频段组合在一起，称为宽带噪声干扰器。噪声干扰器的工作原理示意如图 5.3.4 所示，干扰作用不同的噪声干扰器发射出管后，漂浮在一定的水层中，并发出指定频段的连续随机噪声信号将潜艇的声信息淹没从而得到保护。

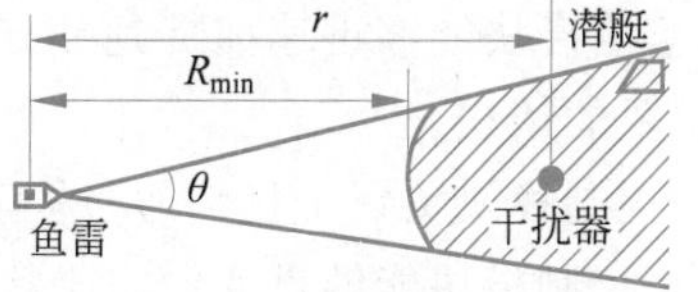

图 5.3.4 噪声干扰器的工作原理示意

对于主动声呐来说，噪声干扰器产生的随机噪声将增加主动声呐的干扰噪声，由主动声呐方程可知，主动声呐干扰噪声的增加会降低主动声呐对潜艇的作用距离，因此，噪声干扰器产生的随机噪声将降低主动声呐的作用距离，使主动声呐不能发现或丢失已经跟踪的目标，甚至会使主动声呐出现致盲，进而起到抑制作用。

对于被动声呐来说，这种随机噪声很容易被其发现，但随机噪声与潜艇本身的噪声共同作用，会使被动声呐或者误认为是两个目标（当噪声干扰器和潜艇处在被动声呐不同波束角时），或者跟踪一个错误的方位（当噪声干扰器和潜艇处在被动声呐同一波束角时，形成的合成方位），以此可使敌方声呐对潜艇不能继续跟踪，或不能稳定跟踪，起到干扰的作用。

2. 声诱饵模式

在声诱饵模式下，上位机根据敌方主动声呐的声波数据或者调用数据库中的舰艇辐射噪声数据，同样经由通信缆传输到实施分系统，经过功率放大后，驱动换能器对敌方发射大功率的诱骗信号，从而欺骗敌方的鱼雷向水下的假目标进行攻击，达到保护我方舰艇的目的。可以看出，此时实施分系统就是一个声诱饵。

声诱饵在接收到主动声呐信号后，会按一定的目标强度、多普勒频移和回波展宽将模拟回波信号发射出去，对主动声呐（包括主动制导鱼雷）来说，接收到这一回波信号会认为声诱饵即为潜艇，并进行跟踪。

对被动声呐（包括被动制导鱼雷）来说，声诱饵相当于一个噪声源，能逼真地模拟潜艇的辐射噪声，因此当被动声呐探测到该噪声信号后将误认为是潜艇目标。

5.3.3 水声对抗系统的设计思路

1. 水声对抗系统设计的总体考虑

由图 5.3.3 可以看出：水声对抗系统的探测分系统与水声探测系统接收电路和水声通信系统接收电路有很多相似的地方，具体电路可参考 5.1 节和 5.2 节设计；水声对抗系统的实施分系统与水声探测系统发射电路和水声通信系统发射电路有很多相似的地方，具体电路可参考 5.1 节和 5.2 节设计，本节不再重复介绍。

在水声对抗系统中，决策分系统一般是上位机的应用软件，也是用户的控制终端，内置于工控机中。它是用户与系统硬件的交互接口，需要完成以下工作：对探测分系统接收的信号进行实时显示；对威胁目标进行识别和排序；生成不同对抗方案；对实施分系统发射的信号进行实时操控。

上位机软件的主要功能模块分为通信模块、监测模块、控制模块和显示模块，这四个模块相互协作，共同完成了对系统信号的全面处理与展现。

通信模块是上位机软件的基石，它主要负责上位机和探测分系统以及实施分系统之间的数据传输。通过高速、稳定的数据传输通道，通信模块确保了系统信息的实时性和准确性，为其他模块提供了必要的数据支持。

监测模块主要负责敌方信号的处理和目标的识别。通过内置的高效算法和数据处理技术，监测模块能够迅速捕捉到敌方信号，并进行精确的分析和识别，为后续的决策和行动提供重要的依据。

控制模块负责干扰信号、诱骗信号的设置与发射。根据监测模块提供的信息和用户的指令，控制模块能够迅速制定干扰和诱骗策略，并发出相应的信号，从而有效干扰敌方设备或误导敌方判断。

显示模块则负责信号波形的实时显示。通过直观的图形化界面，用户可以清晰地看到目标信号的变化和趋势，从而更好地理解和分析目标状态。

除了这些功能模块外，上位机还需要搭建一个数据库。这个数据库包含两类重要数据：一是内置敌方鱼雷、舰艇等军事装备的声学数据；二是内置不同类型舰体的辐射噪声信号数据。这些数据的存在使得监测模块和控制模块能够根据需要进行数据选取和处理，从而提高了系统的针对性和实效性。

数据库的建设不仅提升了上位机软件的功能性，也为我们提供了更丰富的数据资源。通过不断积累和优化数据，可以进一步提高系统的准确性和可靠性，为军事装备的研发和应用提供有力支持。

2. 水声对抗系统上位机软件的工作流程

水声对抗系统上位机软件的工作流程如图 5.3.5 所示，系统软件初始化或重新开始任务后进入采集模式。采集模式是处于一直开启的状态，它可以对水下环境进行持续监听，即不断接收来自探测分系统的数据信息，并对感兴趣的水声信息进行保存和显示。通过这种方式可以获取到大量的水下声音数据，为后续的分析和决策提供有力支持；同时，还具备对采集信息进行分析的功能，能够识别出可疑目标。

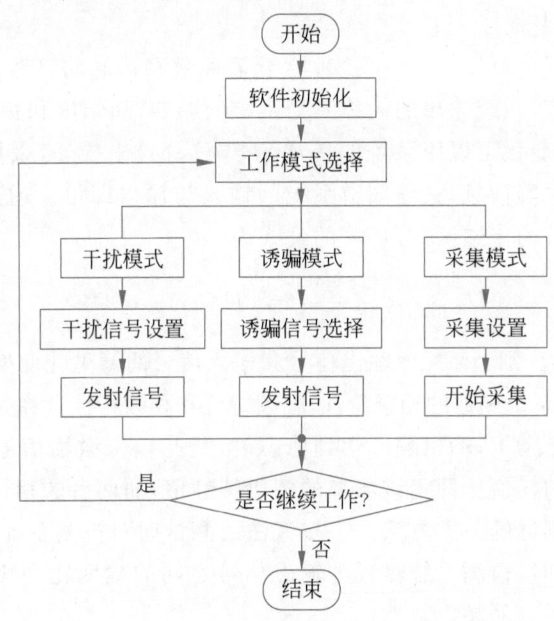

图 5.3.5 水声对抗系统上位机软件的工作流程

当发现可疑目标时，进入干扰模式或诱骗模式。在实际应用中，上位机软件的工作模式选择需要根据任务的具体需求来确定。例如，在需要保护我方重要装备免受敌方发现的情况下，可以选择干扰模式，发射大功率的干扰信号；而在需要迷惑敌方、引导其行动的情况下，可以选择诱骗模式，发射模拟的舰船辐射噪声信号。

在干扰模式下，上位机软件可以发射大功率的干扰噪声信号，以干扰敌方设备的正常工作。干扰信号的形式多样，包括单频脉冲、调频脉冲和连续随机噪声等。可以根据任务需求，设置信号的幅度、脉冲宽度、频率等参数，以达到最佳的干扰效果。这种模式下，系统能够有效地干扰敌方，使其无法准确获取我方信息，从而保护我方装备的安全。

在诱骗模式下，上位机软件可以发射大功率的诱骗信号，模拟舰船的辐射噪声信号。软件内置了不同类型船舶的辐射噪声信号数据，系统可以根据需要进行选取。通过发射诱骗信号，可以误导敌方的判断和行动，使其产生误判或延误反应时间。这对于我方在战斗中取得优势具有重要意义。

5.4 声呐接收通道测试仪电路设计

某型声呐接收机的接收通道由放大电路、带通滤波电路和时变增益(TVG)控制电路组成,最后输出的信号为差分信号,对其测试的内容包括增益特性测试、相位特性测试、TVG特性测试以及它们的一致性。根据系统对其接收通道的要求,测试仪的性能指标如下:

(1) 增益特性测量范围为0～120dB,增益测量不确定度小于0.5dB。

(2) 相位测量范围为$-180°$～$+180°$,相位测量不确定度小于$0.5°$。

(3) TVG控制电压输入范围为-3.0～0V,TVG测量不确定度小于0.5dB/V。

5.4.1 测试方法与系统组成

1. 扫频法测量幅相特性

由信号与系统的理论可知:一个系统,给予某种激励后它将产生一个既定的输出;对于线性时不变系统而言,系统输出的频率不受系统的影响,而幅度和相位则受到系统的影响而产生某种变化,这种变化可以用系统的传递函数$H(\mathrm{j}\omega)$来描述,采用这种描述时无须知道系统内部结构和参数等信息,只需知道系统的输入与输出即可。通过测量网络的输入与输出即可计算得到系统的传递函数,计算的公式为

$$H(\mathrm{j}\omega)=\frac{U_{\mathrm{o}}(\mathrm{j}\omega)}{U_{\mathrm{i}}(\mathrm{j}\omega)}=|H(\mathrm{j}\omega)|\mathrm{e}^{\mathrm{j}\varphi(\omega)} \tag{5.4.1}$$

式中:$U_{\mathrm{o}}(\mathrm{j}\omega)$和$U_{\mathrm{i}}(\mathrm{j}\omega)$分别为系统的输出信号和输入信号的傅里叶变换;$|H(\mathrm{j}\omega)|$为系统函数的幅频特性,$\varphi(\omega)$为系统函数的相频特性,幅频特性和相频特性合称为系统的频率特性。

系统在正弦信号激励下,输出响应达到稳态时,是与输入激励信号频率相同的正弦波,响应信号与激励信号的幅值比即为该频率的幅频特性值,而两者的相位差即为相频特性值,据此可得到频率特性测试的一种方法——扫频法。测试时对被测系统施加一定频率的正弦波,待到系统输出稳定时,检测系统输入与输出信号之间的幅度比和相位差,逐步改变输入信号的频率即可得到系统的频率特性。

2. 冲激响应法测量幅相特性

由信号与系统的理论可知,对于一个线性时不变系统,当输入激励为单位冲激函数$\delta(t)$时,其输出称为单位冲激响应$h(t)$。当输入为$\delta(t)$时,$U_{\mathrm{i}}(\mathrm{j}\omega)$恒等于1,式(5.4.1)中的$H(\mathrm{j}\omega)$为$h(t)$的傅里叶变换,于是有

$$H(\mathrm{j}\omega)=\int_{0}^{\infty}h(t)\mathrm{e}^{-\mathrm{j}\omega t}\,\mathrm{d}t \tag{5.4.2}$$

式(5.4.2)提供了另一种测试系统频率特性的方法:以单位冲激函数激励系统,然后对系统的输出进行数据采集并做傅里叶变换。在实际应用中不可能获得理想的单位冲激函数$\delta(t)$,但只要脉冲信号足够窄,能保证有足够的频带宽度即可。由于窄脉冲的激励能量小,输出响应的信噪比小,因而影响测量精度。但可采用重复激励的办法,将每个激励输出相加,来提高网络输出响应信号的信噪比(因为噪声为随机信号,在多次相加中将被互相抵消)。重复激励通常可多达几十次。对于窄带网络,其建立时间长,多次激励的方法将降低测试速度。另一个问题是,宽带网络的输出响应信号频带宽,要求采用高速的A/D。这就

限制了此种方法在高频领域的应用。所以冲激响应测试法只用于低频系统,如电声系统、振动系统等的测量中。

3. TVG 特性的测试方法

TVG 特性的测试实质是接收通道中压控放大器的增益和其控制电压关系的测试,其测试方法和扫频法测试幅频特性有些类似,不同的是输入信号的频率固定不变,而接收通道中压控放大器的控制电压在变。本书测试接收通道的 TVG 特性正是固定接收通道的输入信号的频率不变,而逐步改变接收通道的 TVG 控制电压,测量不同的 TVG 控制电压对应的接收通道的增益即得到接收通道的 TVG 特性。

4. 测试仪的组成

测试仪的组成框图如图 5.4.1 所示,由单片机最小系统、正弦信号产生电路、正弦信号调理电路、测试通道选择电路、幅相测量电路以及单片机与外界的通信电路组成。

单片机最小系统包括电源、时钟源、单片机以及下载系统,是下位机硬件的核心,它控制整个测试仪工作。

正弦信号产生电路负责产生测试用的激励信号,包括扫频的正弦信号产生电路和直流的 TVG 控制信号产生电路,分别用来测试接收通道的频率特性和 TVG 特性。

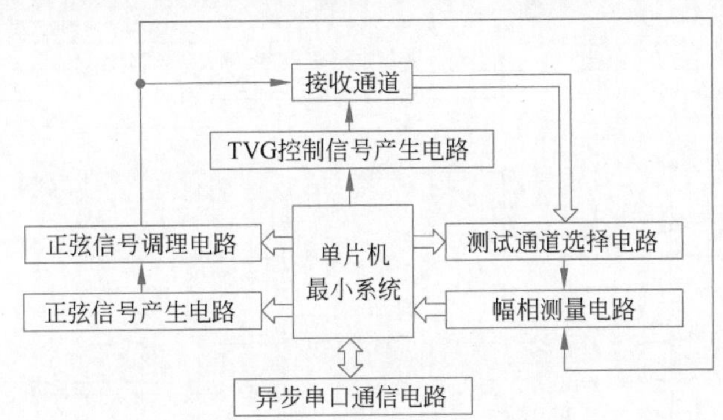

图 5.4.1 测试仪的组成框图

信号调理电路包括低通滤波电路、程控衰减电路和差分接收电路。低通滤波电路负责对测试信号产生的正弦信号进行滤波。接收通道的增益可能很大(0～120dB),所以要设计程控衰减电路将滤波后的正弦信号衰减一定的幅度,以满足接收通道对输入信号幅度的要求。接收通道输出的信号为差分信号,所以要设计差分接收电路将其转换为单端信号。

考虑到测试仪可同时测试若干接收通道,因此设计了测试通道选择电路,负责选择要测试的接收通道。

幅相测量电路负责测量接收通道输入与输出信号之间的幅度比和相位差,由此即可得到接收通道的频率特性和 TVG 特性。

异步串口通信电路负责和测试仪和上位机(PC)通信。

5. 单片机类型的选择

MCS-51 系列单片机曾是应用最为广泛的单片机,它成熟的技术、低廉的价格、众多的开发工具都给予电子开发者极大的诱惑,但是考虑到它功耗较大、片上外设较少、数字 I/O 较少等,本设计选择了 TI 公司的 MSP430 系列单片机。MSP430 系列单片机是基于一种超低功耗的混合信号控制器,内部集成了丰富的片上外设和数字 I/O,有看门狗定时器

(WDT)、定时器 A(Timer-A)、定时器 B(Timer-B)、比较器、USART、硬件乘法器、液晶驱动器、12 位 ADC、并行端口等。本设计也可以选择第 2 章和第 3 章介绍的 Arduino 和 STM32 系列单片机作为中心控制器。

5.4.2 电源、时钟与复位电路设计

系统中既有单片机模块的 3.3V 数字电源和 3.3V 模拟电源，又有信号产生、调理、测量等模块±5V 的模拟电源。考虑到数字电源可能会对模拟电源产生干扰，因此将模拟电源和数字电源分开，采用单点接地(磁珠相连)。具体的电源电路如图 5.4.2 所示。通过变压器将 220V 交流电降为双 12V 交流电，然后经过电桥整流和电解电容滤波，最后经过稳压芯片 7805 和 7905 转换为±5V 电压，作为信号产生、调理和测量模块的模拟电源。与此同时利用两片 AMS1086-3.3 将 12V 电压转换为 3.3V 电压，作为 MSP430 单片机的系统的模拟和数字电源。

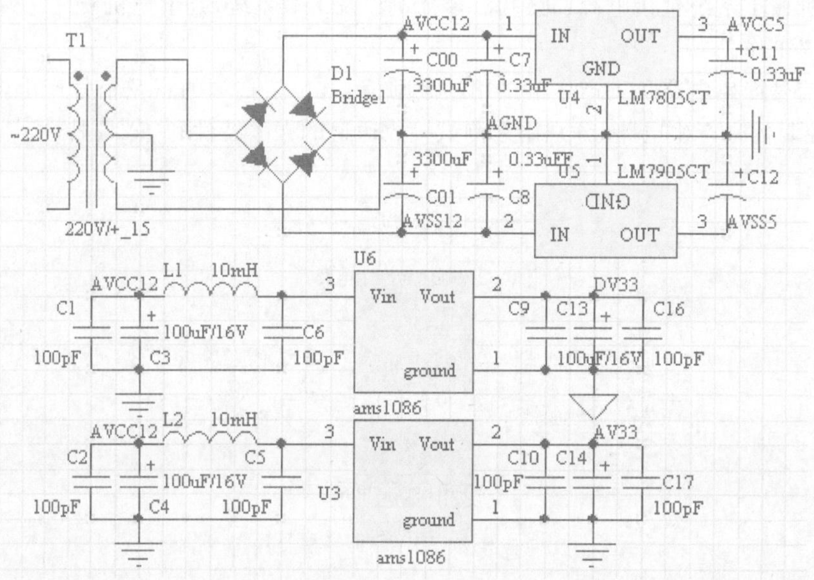

图 5.4.2 电源电路

单片机的时钟信号由 32768Hz 和 8MHz 的晶体振荡器提供，可以根据需要选择其中的一个作为系统的主时钟。单片机的复位电路完成上电复位或者人工手动控制复位，复位有效电平是低电平。实际设计的时钟与复位电路如图 5.4.3 所示。

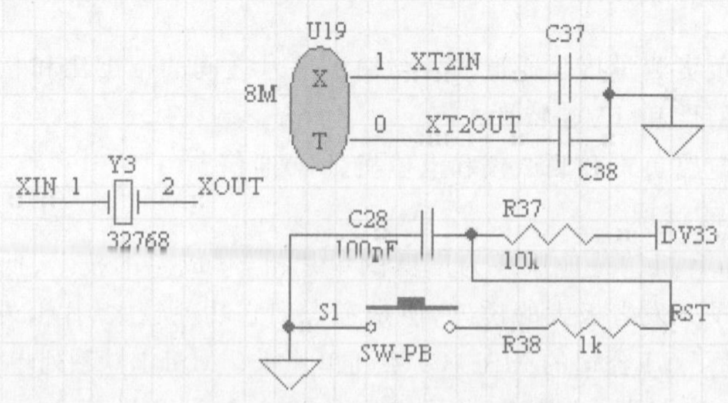

图 5.4.3 时钟与复位电路

5.4.3　正弦信号产生电路设计

根据测试方法的分析，测试接收通道的幅频特性、相频特性和TVG特性都需要频率可控的正弦信号，利用DDS芯片AD9850可以方便地设计正弦信号产生电路。

图5.4.4是AD9850的组成框图，输入的40位频率、初相位和工作模式控制字被分解送到高速的DDS部件，在参考时钟的作用下，DDS部件就会根据频率、相位控制字从波形存储器中输出离散时间信号，经10位D/A转换器变换为连续时间信号输出。另外，芯片内部集成了一个电压比较器，它是一个独立的模块。

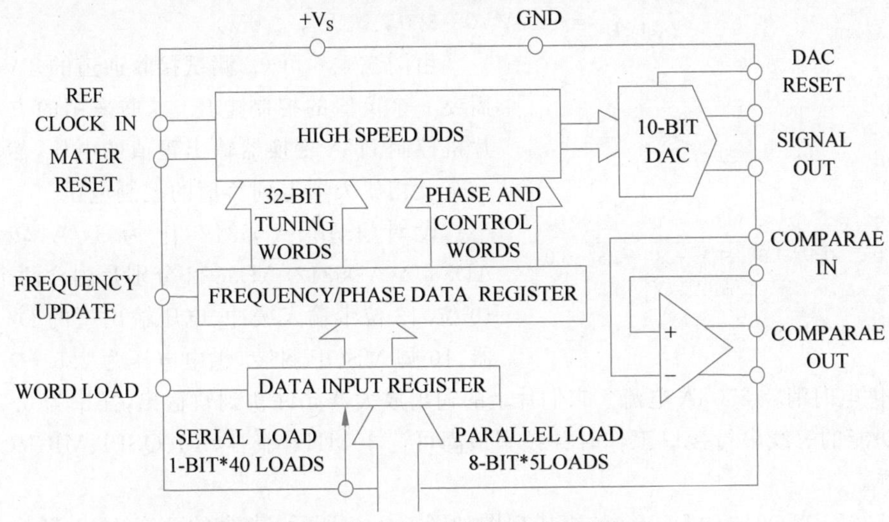

图5.4.4　AD9850的组成框图

采用AD9850设计正弦信号发生器需要考虑以下问题：

(1) 参考时钟REF CLOCK的选择。参考时钟要采用高稳定度的晶振，在5.5V供电系统中参考时钟的频率范围为1～125MHz，高电平持续时间至少为3.2ns；在3.3V供电系统中参考时钟频率范围为1～110MHz，高电平持续时间至少为4.1ns，参考时钟频率至少为输出信号频率的3倍。

(2) AD9850与处理器的接口。根据对AD9850编程的不同方法，AD9850与处理器的接口有并行和串行两种，图5.4.5是一种并行接口的电路，8位数据线D0～D7占用单片机八个端口，控制字输入时钟引脚(W_CLK)、频率更新引脚(FQ_UD)和系统复位引脚(RESET)占用单片机三个端口。若是对AD9850采用串行编程，则数据从AD9850的D7引脚输入，D6～D2接地，D0、D1接电源，其余接口与并行模式相同。

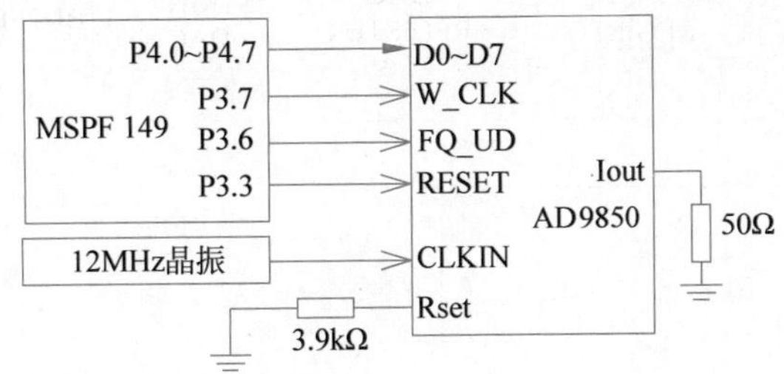

图5.4.5　AD9850与单片机的并行接口的电路

(3) R_{set} 的取值。AD9850 的 R_{set} 引脚需要外接一个电阻到地,此电阻的大小决定着 I_{out} 引脚输出电流的大小,两者的关系为

$$I_{out}=32\times(1.248\text{V}/R_{set})$$

式中:I_{out} 的单位为 A;R_{set} 的单位为 Ω。

5.4.4 时间变化增益控制信号产生电路设计

接收通道的时间变化增益(TVG)特性如图 5.4.6 所示。增益(dB)与控制电压 V_C 之间的关系为

$$G_{(\text{dB/V})}=-40V_C(-3.0\text{V}<V_C<0\text{V}) \tag{5.4.3}$$

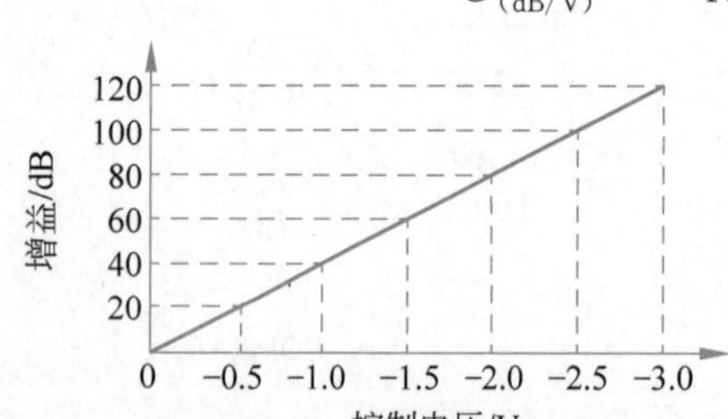

图 5.4.6 接收通道的 TVG 特性

由图 5.4.6 可知,测试接收通道的 TVG 特性需要一个负值的控制电压,本书采用的方案为单片机控制 D/A 变换器输出正值的电压,然后通过一个反相放大器得到负值的控制电压。

设计采用 AD5312 作为 D/A 转换器。AD5302/AD5312/AD5322 分别是内含两个 8 位、10 位、12 位带输入缓冲、电压输出型的 D/A 转换器,10 脚 MSOP 封装,供电电压为 2.5~5.5V,在 3V 电源供电时消耗 250μA 电流。它们片上的输出放大器允许轨到轨输出,摆率为 0.7V/μs。它们多功能的三线串行接口工作时钟频率最高可达 30MHz,兼容 SPI、QSPI、MICROWIRE 接口标准。

AD5302/AD5312/AD5322 的组成框图如图 5.4.7 所示,内含的两个 D/A 转换器可以有不同的电压基准,分别对应两个不同的引脚,可以被配置为缓冲或非缓冲形式。两个 D/A 转换器的输出用 $\overline{\text{LDAC}}$ 信号来同步。AD5302/AD5312/AD5322 在没有接收到正确的写指令时上电复位电路保证输出电压为 0V,而电源关闭电路则可以使芯片工作在节电模式而基本不消耗功率,因而它们特别适合于应用在电池供电的便携式产品中。

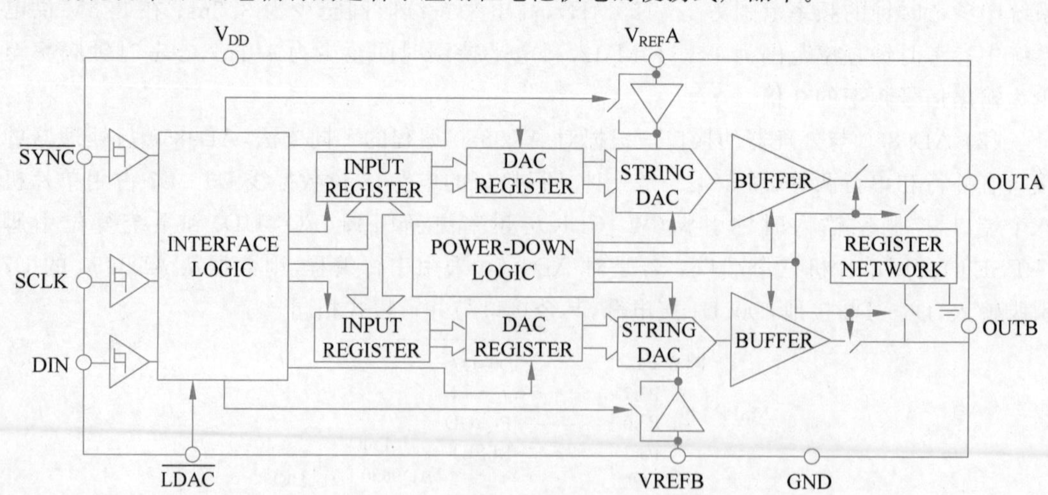

图 5.4.7 AD5302/AD5312/AD5322 的组成框图

实际设计的 TVG 控制信号产生电路如图 5.4.8 所示。参考电压来自 MSP430F149 的 V_{REF}(2.5V),AD5312 与 MSP430F149 四线接口,MSP430F149 利用软件模拟 SPI 来控制 AD5312。模拟地和数字地采用磁珠相连。由于 TVG 控制电压为负压,所以采用μA741 设计了一个反向放大器。

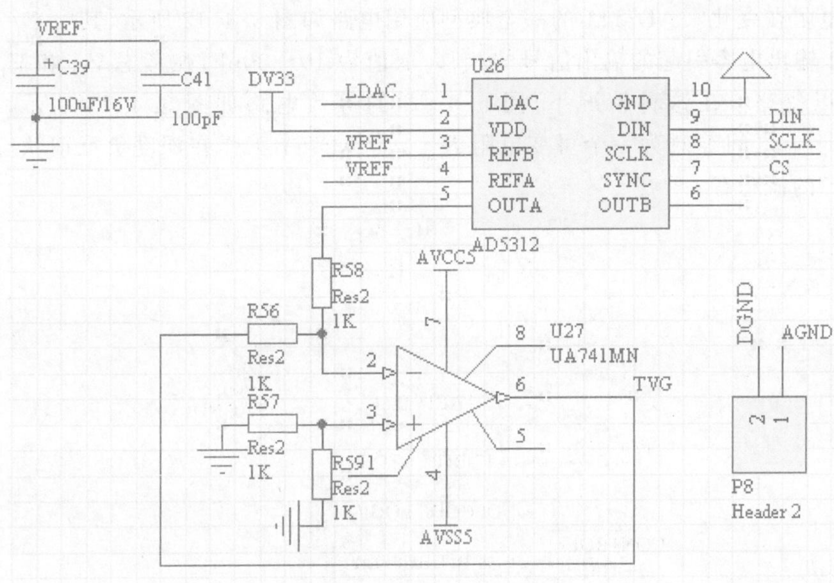

图 5.4.8 TVG 控制信号产生电路

5.4.5 信号调理电路设计

相位累加舍入、幅度量化和 DAC 非理想特性等原因,DDS 芯片直接输出的信号噪声较大,而声呐接收通道测试需要频谱纯净的正弦信号,所以必须对 DDS 芯片输出的信号进行滤波。滤波器的设计可参考 5.1 节采用 MAX275 设计低通滤波器。

由于接收通道的增益的动态范围很大,所以必须设计衰减网络将滤波后的正弦信号的幅度调节到接收机需要的范围内。从 DDS 输出的信号幅度为 1.024V,而待测试的声呐接收通道增益变化范围为 0～120dB,所以需要将低通滤波器输出的正弦信号衰减 0～120dB,这样将测试信号加入接收通道后,接收通道输出的信号仍为 1V 左右,而不至于使接收通道饱和。另外,后续的幅相测量电路主要是完成接收通道的输出信号和低通滤波器的输出信号两路同频正弦信号的幅度比和相位差的测量,若这两路信号的幅度大致相等,则是非常有利于减小测量不确定度的,如图 5.4.9 所示。

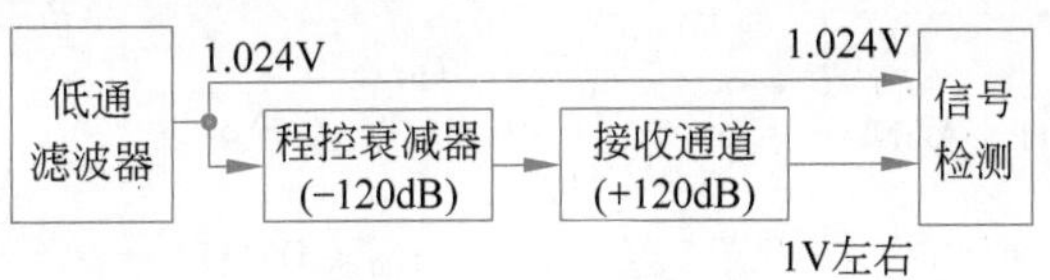

图 5.4.9 程控衰减器的作用

在测试信号加入接收通道之前插入了一个程控衰减器,它应该具有将输入的正弦信号的幅度精确地衰减要求的分贝数，并且在接收通道的工作频段内不要产生相移。经过查阅文献可知，AD公司的AD7111能够完成这样的任务。

利用AD7111能够将输入的模拟信号衰减0～88.5dB，衰减分辨率为0.375dB。图5.4.10是AD7111的组成框图，它将8位二进制数经过译码后作为17位DAC的输入，DAC的等效电路如图5.4.11所示，在17位二进制数控制的开关网络作用下，V_{IN} 和 I_{OUT} 之间的等效电阻在变化。AD7111的一个典型应用电路如图5.4.12所示，其中 C_1 是为了补偿AD7111输出电容引起的输出信号的相移，取值为10～30pF，在考虑 V_O 和 V_{IN} 的幅值关系时可以忽略。在这种情况下，图5.4.12的等效电路如图5.4.13所示，V_{IN} 和AD7111的 I_{OUT} 之间等效为一个可变电阻 R_{equ}，而AD711工作在深度负反馈状态，根据“虚短”“虚断”的概念有

$$\frac{V_{IN}-0}{R_{equ}}=\frac{0-V_O}{R_2} \tag{5.4.4}$$

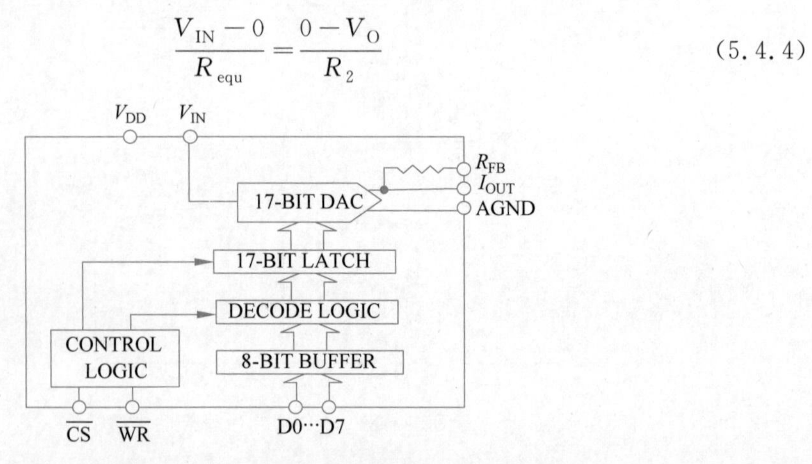

图5.4.10 AD7111的组成框图

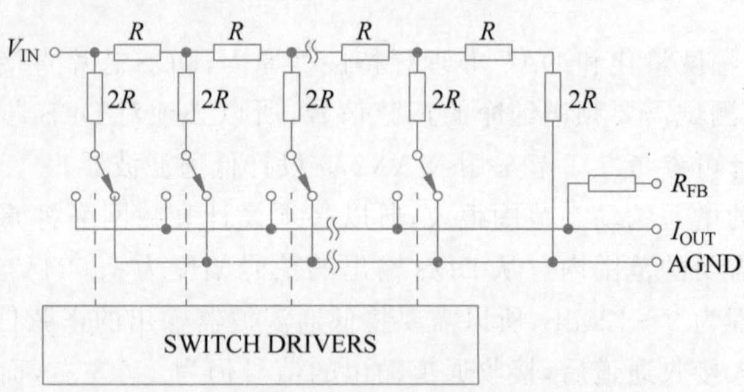

图5.4.11 AD7111内部DAC的等效电路

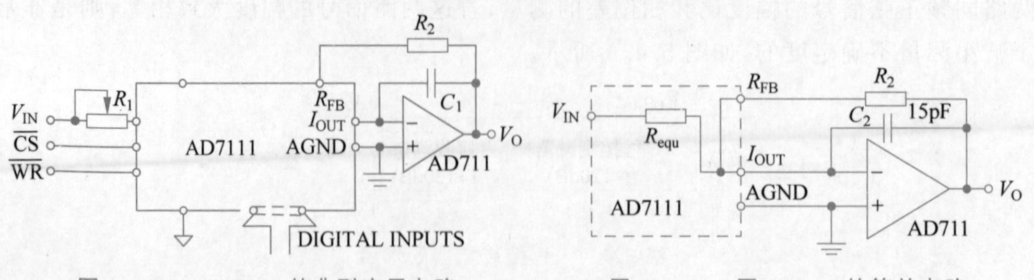

图5.4.12 AD7111的典型应用电路　　图5.4.13 图5.4.12的等效电路

所以

$$V_O=-\frac{R_2}{R_{equ}}V_{IN} \tag{5.4.5}$$

随着输入的 8 位二进制数的变化，开关网络控制 R_{equ} 变化，V_O 相对于 V_{IN} 的幅值就发生了变化。事实上，V_O 和 V_{IN} 的幅值关系为

$$V_O=-V_{IN}10\exp\left(-\frac{0.375N}{20}\right) \tag{5.4.6}$$

或者

$$\left|\frac{V_O}{V_{IN}}\right|\mathrm{dB}=-0.375N \tag{5.4.7}$$

式中：V_O、V_{IN} 分别为输出和输入信号的幅值；N 为输入 8 位二进制数代表的数值，取值范围为 0～239，240～255 为无效值。

单片 AD7111 最大可以将输入信号衰减 88.5dB，但是随着衰减量的增大误差也增大，因此本书使用了两片 AD7111，每片 AD7111 最多将信号衰减 60dB，两片 AD7111 都工作在小误差范围内，从而保证了整个幅度调节电路具有较小的误差，具体的电路如图 5.4.14 所示。图 5.4.14 中的 R_1 和 R_3 用来调节精确的 0dB，即当单片机控制 D7～D0 都为低电平时，调节 R_1 和 R_3 使得幅值调节电路的输入与输出信号幅值相等，两级衰减电路要分开调节以减小误差。由于不需要小于 1.5dB 的衰减分辨率，所以 AD7111 的 D3～D0 都接地了。衰减后的信号可能十分微弱，所以对 AD7111 的控制信号采取了光耦合，以消除数字信号对衰减后的微弱信号的干扰。

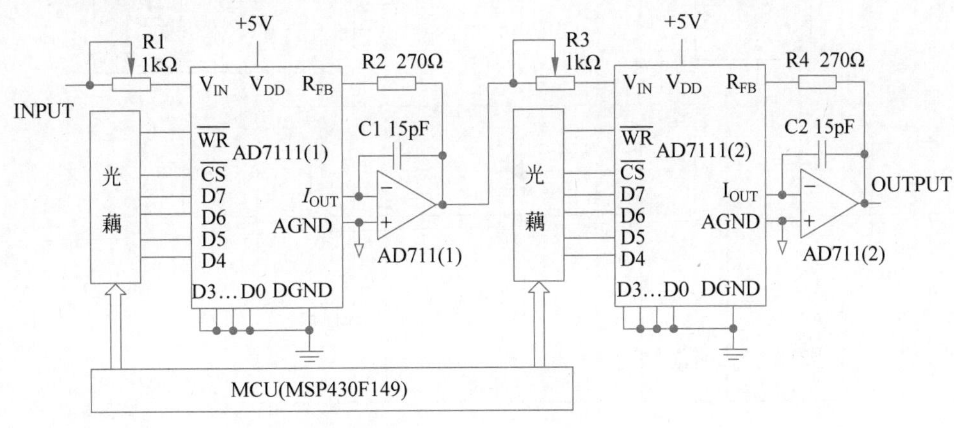

图 5.4.14 程控衰减电路

5.4.6 幅相测量电路设计

幅相测量电路完成两路同频正弦信号的幅度比和相位差测量。

1. 幅度测量的一般方法

对于交变电压，可以用峰值、平均值、有效值来分别描述其不同的幅度特征，因而幅度测量也有峰值测量、平均值测量和有效值测量之分。

1）峰值测量

图 5.4.15 是一种精密峰值电压测量电路，其工作原理如下：

当 $u_I > u_O$，A_1 输出高电平，$u_{O1} > u_I$，二极管 D_1 关断、D_2 导通，保持电容 C_H 充电，A_1、A_2 构成跟随器，电容电压 u_{CH} 和输出电压 u_O 同步跟踪 u_I 增大，稳定后有 $u_{O1} = u_I + u_{D2(on)}$，保证闭环满足 $u_O = u_I = u_{CH}$。

当 $u_I < u_O$ 时，D_1 导通，D_2 关断，无放电回路，则 $u_{O1} = u_{CH} = u_{I(peak)}$，实现了峰值测量。采样完一个周期后应由 S 控制 C_H 放电，继续进行下一次测量，开关 S 可由单片机控制一个继电器来实现。

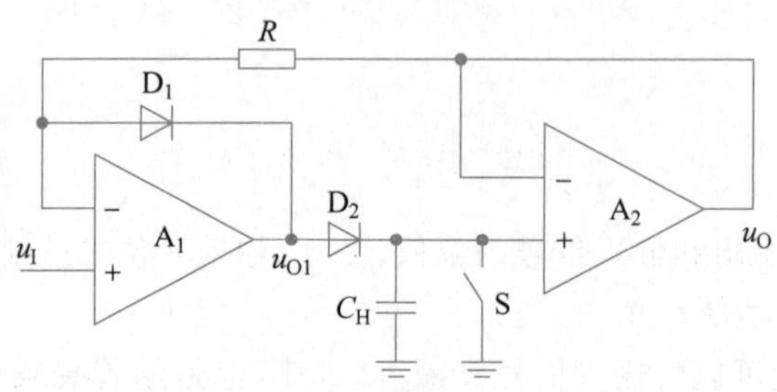

图 5.4.15 峰值测量电路

按照上述工作原理，利用 MultiSim 对电路进行了仿真，仿真电路如图 5.4.16 所示，输入信号的峰值为 250mV，测量值为 249.283mV，在实际的工作情况下，峰值检波器的工作情况可能更糟糕，因为它更容易受到脉冲信号的干扰。

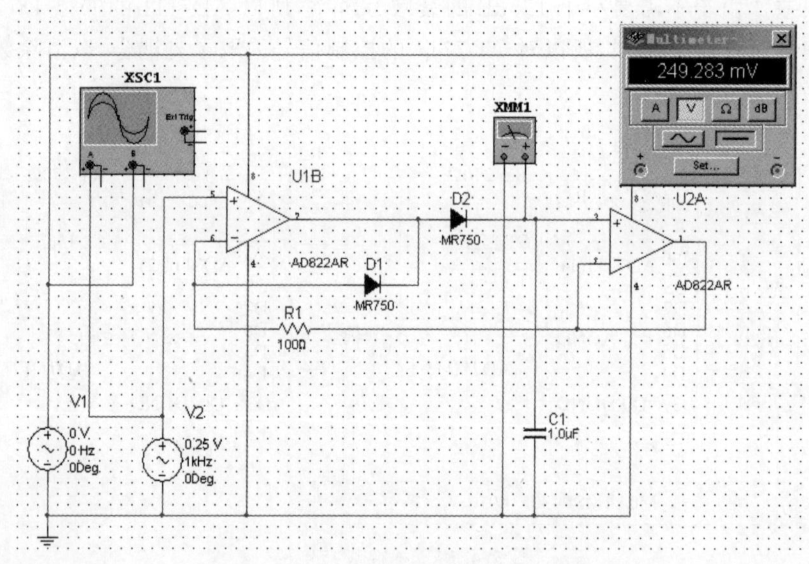

图 5.4.16 峰值检测电路的 MultiSim 仿真电路

2）平均值测量

对于周期信号 $|u(t)|$，求其傅里叶级数，可知其零频分量为

$$U_0 = \frac{1}{T}\int_0^T |u(t)| \, dt \tag{5.4.8}$$

由此可见，先经过全波整流电路对 $u(t)$ 进行绝对值变换，再用滤波器选出其直流分量，即可得到周期信号的平均值。

3）有效值测量

有效值是从功率角度定义的，信号 $u(t)$ 作用在单位电阻上的平均功率用有效值 U 表示，与等值直流电压作用下的结果相同，即

$$U=\sqrt{\frac{1}{T}\int_0^T u^2(t)\mathrm{d}t} \tag{5.4.9}$$

可以利用平方律器件或运算式有效值电压测量电路进行有效值的测量，常用的单片集成有效值测量芯片有 AD536、AD537、AD636、AD637、AD736、AD737、AD8361、AD8362、LTC1966、LTC1967 和 LTC1968 等。

2. 相位差测量的一般方法

两路同频信号的数字化测量方法一般是将相位差转化为时间间隔或电压进行测量。

1）相位差转换为时间间隔的方法

图 5.4.17 是一种将相位差转换为时间间隔的电路，图 5.4.18 是图 5.4.17 中各点处的电压波形。两路正弦信号通过过零点比较以后被整形成方波，由于两路信号过零点的时间不同，两路方波的上升时间也不同，经过异或门运算后，两路正弦信号过零点的时间间隔被检出，根据

$$\frac{\Delta\varphi}{2\pi}=\frac{\Delta t}{T} \tag{5.4.10}$$

可得

$$\Delta\varphi=\frac{\Delta t}{T}\times 2\pi \tag{5.4.11}$$

式中：$\Delta\varphi$ 为两路信号的相位差；Δt 为两路信号过零点的时间差；T 为两路信号的周期。

为了区分 $\Delta\varphi$ 的极性，图 5.4.17 中设计了一个 D 触发器，当 V_{o4} 为高电平时，V_{i2} 的相位滞后 V_{i1}；否则，V_{i2} 的相位超前 V_{i1}。

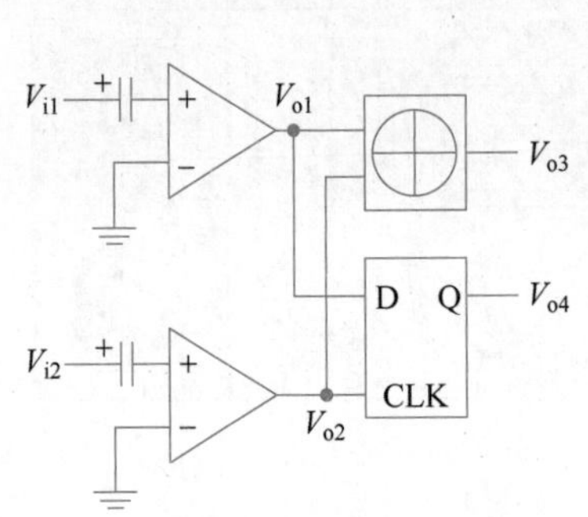

图 5.4.17　相位差—时间间隔转换电路

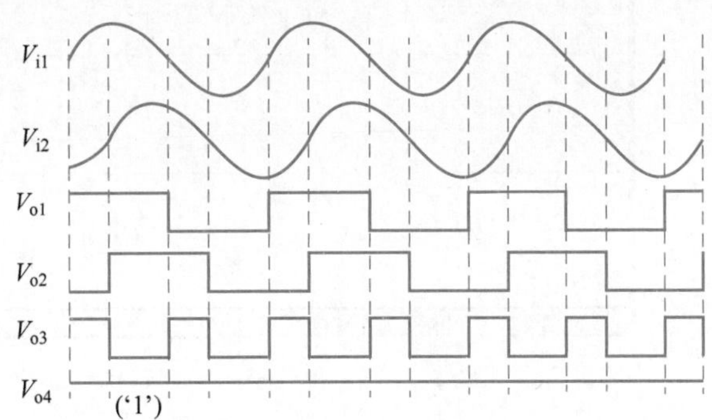

图 5.4.18　图 5.4.17 中各点的电压波形

图 5.4.18 为理想的电压比较器工作时的波形，实际的情况是电压比较器输出信号的边沿对输入信号过零点的时刻有滞后，脉冲上升、下降都需要时间，并且上升、下降滞后时间也不相等，这就会给测量带来误差，随着信号频率的增加，这种误差会越来越大。图 5.4.19 为利用 MultiSim 做的一个相位差—时间转换电路的仿真。从图中可以看出，脉冲的上升和下降时间与理想情况有差别，用实际的电路实验时这种差别更为明显。

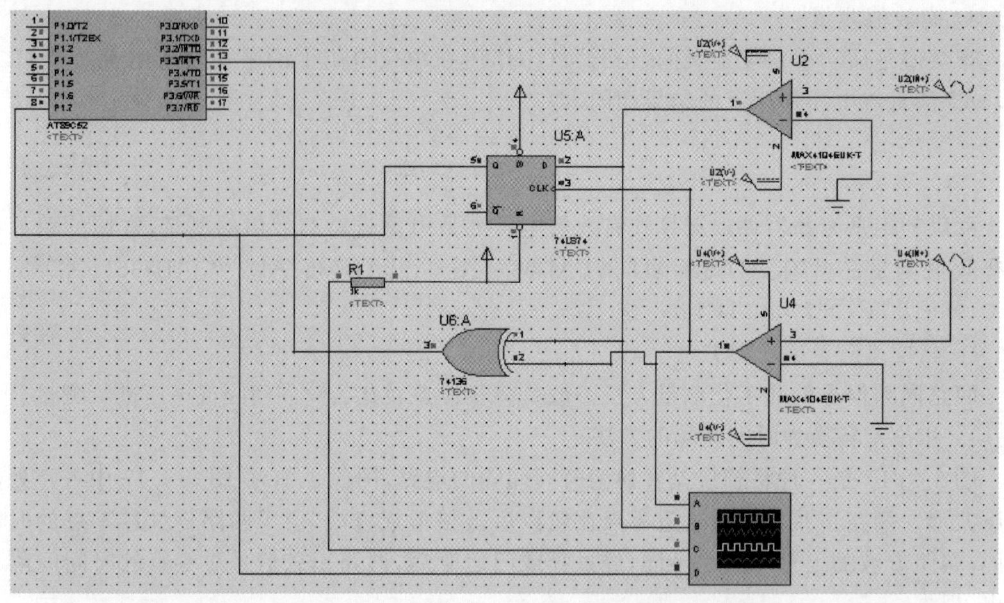

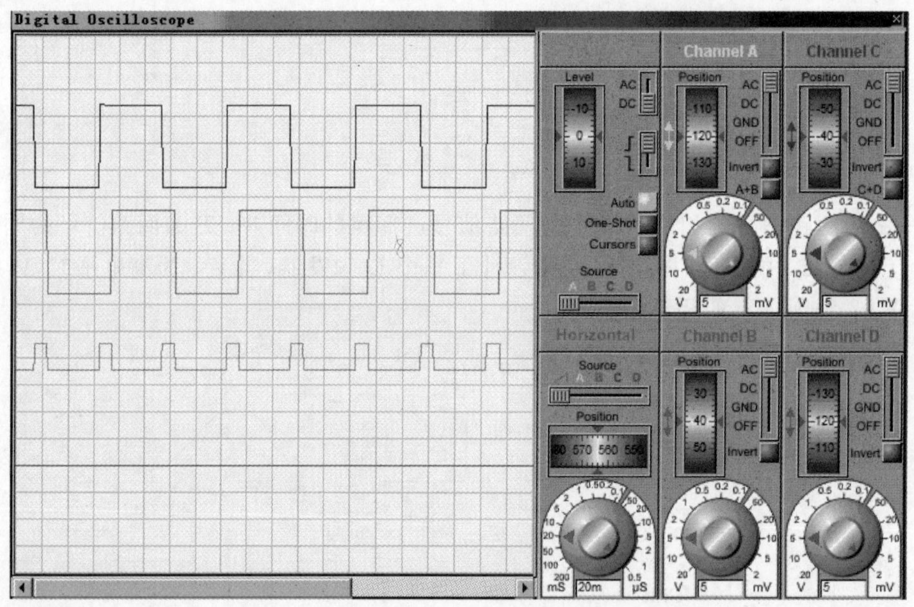

图 5.4.19 相位差—时间转换电路的 MultiSim 仿真电路及波形

2）相位差转换为电压的方法

相位差转换为电压的电路原理图如图 5.4.20 所示，u_a 经 IC_1 整形为矩形波 u_1，该级的门限电位 $V_a=10/3V$。u_b 经 IC_2 整形为矩形波 u_{b1}，该级的门限电位 $V_b=-10/3V$。u_b 同时由 IC_3 移相器进行超前 90°移相（幅值增益为 1）成为 u_c，然后再经 IC_4 整形为矩形波 u_2，该级的门限电位为 0，即为过零检测。IC_1、IC_2、IC_4 三个比较器均加有正反馈（C_4、C_5、R_4、R_5），可加速转换过程，使比较器输出不会因输入信号中寄生有干扰而在门限电平附近产生颤动。

u_{a1}、u_{b1}、u_{b2} 三个矩形波的时序图如图 5.4.21 所示。

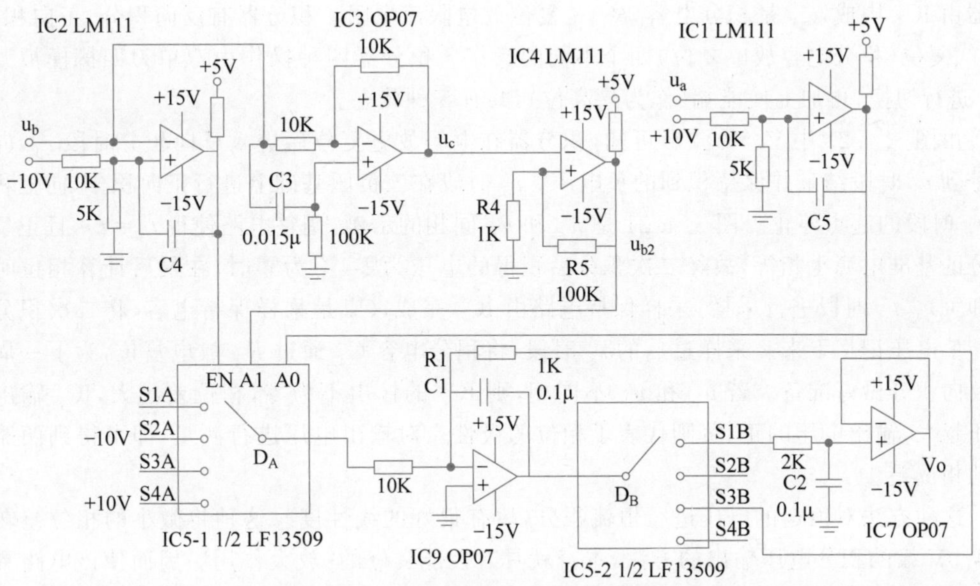

图 5.4.20 相位差转换为电压的电路原理图

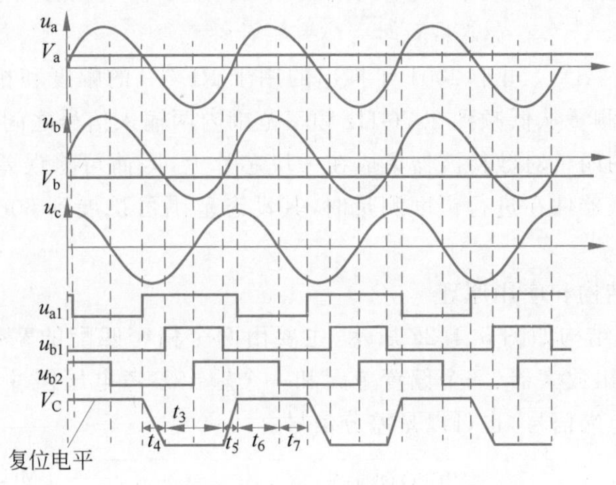

图 5.4.21 u_{a1}、u_{b1}、u_{b2} 三个矩形波的时序图

由图 5.4.21 可见，u_{a1}、u_{b1}、u_{b2} 三个矩形波在时序上形成了一种编码，如表 5.4.1 所示。

表 5.4.1 u_{a1}、u_{b1}、u_{b2} 构成的编码及控制功能

u_{b2}	u_{b1}	u_{a1}	接通的通道	对应的时间段	积分器的动作
EN	A_1	A_0			
0	1	1	S4A、S4B	t_4	反向积分
0	0	1	S3A、S3B	t_5	正向积分
0	0	0	S2A、S2B	t_6	采样
0	1	0	S1A、S1B	t_3	复位
1	—	—	全断开	t_3	休止

以这种编码控制积分器的逻辑动作，恰好可以完成积分器的积分、采样和复位动作。积

分器由 IC_6 构成，C_1 是积分电容，R_1 是复位放电限流电阻。积分器有反向积分、正向积分、采样、复位（积分电容放电复位）四个不同的操作。积分器四种操作由双单刀四掷模拟开关 IC_5 进行切换，再加上使能端（作为最高位），共有 5 种状态。

由图 5.4.21 中 V_C 的波形可知，积分器在电容放电复位后进入反向积分时段 t_4，向下积分到 t_3 时段结束并保持积到的负电压。t_5 时段在该负压基础上进行正向积分，向上积分到 t_6 时段的起点停止。图 5.4.21 是 u_a 和 u_b 同相的示例，调整电路使得 $t_4=t_5$，且正反向积分的基准电源也相等，故经二次积分后积得的电压为零（不为零时，在最后计算相位时扣除即可）。t_6 时段进行采样，采样保持电路由 IC_7 完成，C_2 是采样保持电容，将二次积分后的差值电压记忆下来。采样过后的 t_7 时段，将积分电容 C_1 通过 R_1 放电复位，为下一周期的反向积分做好准备。若 u_a 和 u_b 不同相，则 IC_7 的输出不为零，相位差越大，IC_7 输出的电压越大，输出电压的正、负则代表了相位的极性。对输出电压进行测量，即可得到两路信号的相位差。

这种方法对恒定的电压进行恒流积分，故有很好的线性度。这种将微小的相位差转换成 1.0V 级的积分电压输出的方法，本身就具有性能良好的“放大作用”，因而使该电路具有较高的相位灵敏度。而且，能根据输出电压的正、负来得知两个被测信号的相位关系是超前的还是滞后的。但是，由于使用了双积分方法，该电路适于在较低的频率范围内工作。

3. 利用 AD8302 单片集成电路同时完成幅相特性测量

AD8302 是美国 AD 公司于 2001 年推出的用于 RF/IF 的幅度和相位测量的首款单片集成电路，它能同时测量从低频到 2.7GHz 频率范围内两输入信号之间的幅度比和相位差。该器件将精密匹配的两个对数检波器集成在一块芯片上，因而可将误差源及相关温度漂移减小到最低限度。该器件在进行幅度测量时，其动态范围可扩展到 60dB，而相位测量范围则可达 180°。

1）AD8302 的结构和应用原理

AD8302 的内部结构如图 5.4.22 所示，主要由两个精密匹配的宽带对数检波器、一个相位检波器、一组输出放大器、一个偏置单元和一个输出参考电压缓冲器等组成。AD8302 的输入信号可以是单端信号，也可以是差分信号。

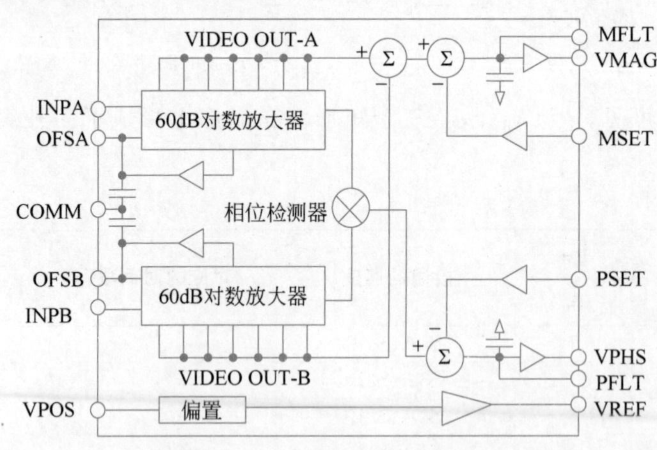

图 5.4.22 AD8302 的内部结构

AD8302 的典型应用电路如图 5.4.23 所示，它能够将从 In1、In2 处输入的两路信号的

增益和相位差转换为电压从 V0、V1 处输出，转换的关系为

$$V_{\mathrm{MAG}}=V_{\mathrm{SLP}}\log\left(\frac{V_{\mathrm{INPA}}}{V_{\mathrm{INPB}}}\right)+V_{\mathrm{CP}} \tag{5.4.12}$$

$$V_{\mathrm{PHS}}=-V_{\varphi}\left[\varphi(V_{\mathrm{INPA}})-\varphi(V_{\mathrm{INPB}})-90^{\circ}\right]+V_{\mathrm{CP}} \tag{5.4.13}$$

其中：V_{INPA}、V_{INPB} 为输入电压；V_{SLP}、V_{φ} 为输出电压和输入量之间线性关系的斜率；V_{CP} 为中心点。

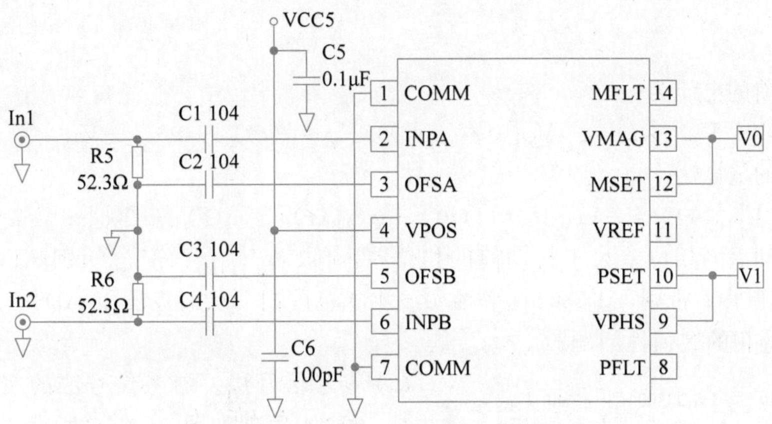

图 5.4.23 AD8302 的典型应用电路

若芯片的输出引脚 VMAG 和 VPHS 直接和芯片反馈设置输入引脚 MSET 和 PSET 相连，则芯片工作在默认的斜率和中心点上，其精确幅度测量比例系数为 30mV/dB，精确相位测量比例系数为 10mV/(°)，中心点为 900mV。此时幅度和相位的响应特性曲线如图 5.4.24 所示。

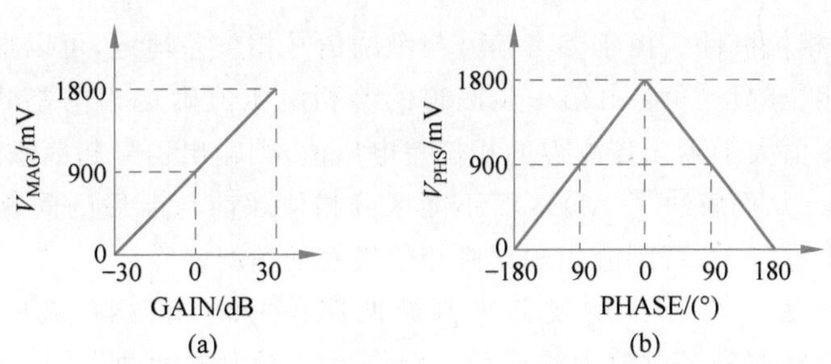

图 5.4.24 AD8302 幅度和相位的响应特性曲线

2）利用 AD8302 测相时相位极性的判断

由于 AD8302 检测的相位为 0～180°，不能给出相位是超前还是滞后，所以需要相位极性判断电路对相位进行判断。判断的方法主要有以下三种：

(1) 相位抖动法。相位抖动法的原理如图 5.4.25 所示，有两路输入信号 A 与 B，A 信号正常输入，即 $s_{\mathrm{A}}(t)=A\cos(\omega t+\varphi_1(t))$，对信号 B 进行相位调制，则 $s_{\mathrm{B}}(t)=A\cos(\omega t+\varphi_2(t)+p(t))$，$p(t)$的波形如图 5.4.26 所示，它是周期为 100μs、脉宽为 10μs 的周期脉冲，脉冲的幅度可以根据需要调节。将两路信号送入 AD8302 的两个输入端，AD8302 就会检测到一个相位差 $\Delta\varphi(t)=\varphi_2(t)+p(t)-\varphi_1(t)=\Delta\varphi+p(t)\theta$。由于 $p(t)$的脉宽时间极为短暂，它的相位也是瞬时的，因此就会产生相位的抖动。可以利用这个抖动前后相位电压的

变化来确定 AD8302 检测到的相位的极性。

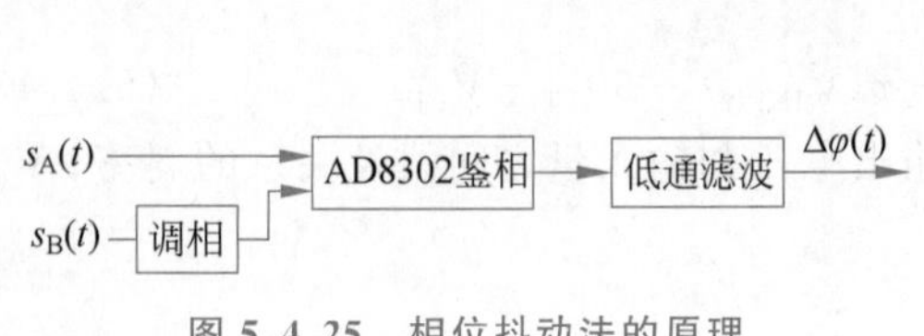

图 5.4.25　相位抖动法的原理

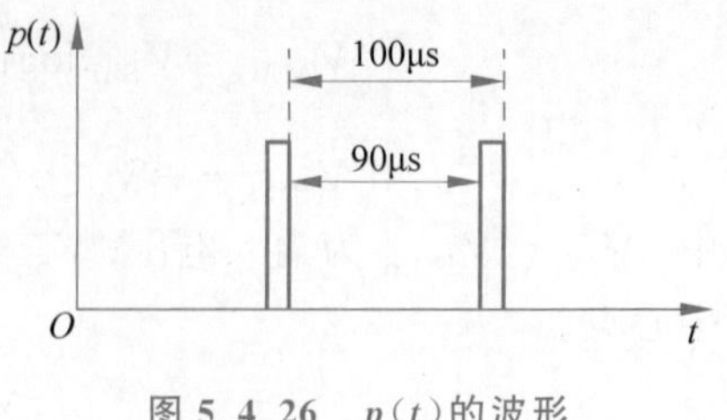

图 5.4.26　$p(t)$的波形

设抖动前的电压为

$$V_{PHS1}(t)=-V\varphi[|\varphi(s_A(t))-\varphi(s_B(t))|-90°]+V_{CP}$$

抖动后的电压为

$$V_{PHS2}(t)=-V\varphi[|\varphi(s_A(t))-\varphi(s_B(t))-p(t)|-90°]+V_{CP}$$

由于抖动后的相位差大于抖动前的相位差，所以若 $V_{PHS2}>V_{PHS1}$，则 AD8302 工作在 $-180°\sim0°$范围内；否则，AD8302 工作在 $0°\sim180°$范围内。从而克服了 AD8302 在 $-180°\sim180°$范围内鉴相的二值性问题。

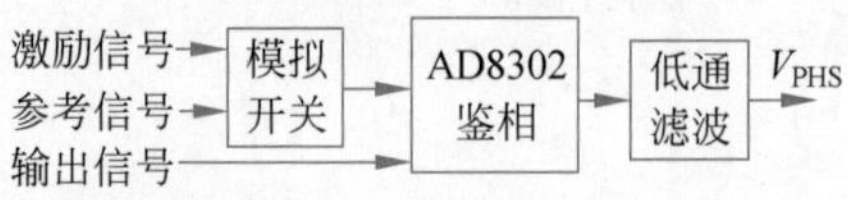

图 5.4.27　参考信号法的原理

(2) 参考信号法。参考信号法的实质与相位抖动法是一样的，原理如图 5.4.27 所示。确定相位差的正、负可采取以下步骤：

第一步，测量被测网络输出信号与激励信号的鉴相电压。

第二步，测量输出信号与参考信号的鉴相电压(参考信号与激励信号同频，相位差恒定且相位滞后)。

第三步，判断相位极性。由于参考信号与激励信号相位差恒定，可以根据两次测量电压值的变化确定其相位的正、负：由第一步测得的鉴相电压值确定相位差的绝对值；若第二步测得的鉴相电压值大于第二步测得的相位差电压值，则输出信号超前激励信号，否则输出信号滞后激励信号，从而解决了 AD8302 不能区分相位超前与滞后的问题。参考信号与激励信号的相位差不宜过大，否则会出现误判相位极性的情况。

(3) D 触发器法。采用 D 触发器来判断两路信号的相位超前还是滞后的原理如图 5.4.28 所示，两路信号经过放大整形后分别作为 D 触发器的数据输入信号和时钟信号，若 D 触发器输出高电平，则 S_1 的相位超前 S_2，否则 S_1 的相位滞后 S_2。各点波形如图 5.4.29 所示。

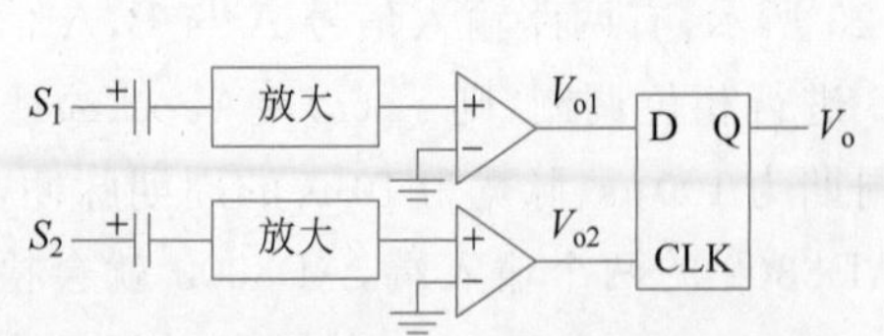

图 5.4.28　D 触发器法判断相位极性的原理

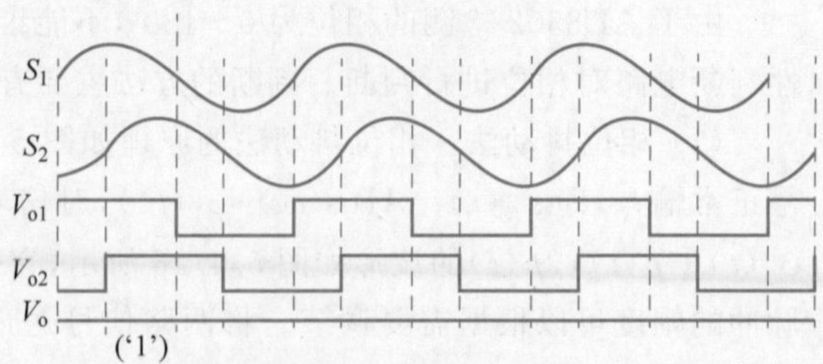

图 5.4.29　图 5.4.28 中各点的电压波形

4. 鉴相电压的数字化测量

本书选用 AD7787 作为电压的数字化测量的模/数转换器，它是 AD 公司适用于低频、低功耗、低噪声环境下的双通道、24 位 Σ-Δ 模/数转换器。它利用片内时钟电路工作，因而无需用户提供时钟源。AD7787 的数据输出速率可由软件设置，这一特性使其转换速率可在 9.5～120Hz 之间变化。该芯片采用 10 脚 MSOP 封装，非常适合用于需要高分辨率、低功耗的便携式仪器、温度测量、传感器测量、称重仪等。

AD7787 的内部结构如图 5.4.30 所示，内部包含输入信号选择器、缓冲器、Σ-Δ 模/数转换器、时钟电路、逻辑控制电路以及串行接口，另外它内部还集成了一个片内数字滤波器和 5 个片内寄存器(在图中没有表示出来)。数字滤波器的主要功能是提供工频陷波，在 16.6Hz 默认转换速率条件下，它能提供 50Hz 和 60Hz 的同步抑制。5 个片内寄存器分别为通信寄存器、状态寄存器、模式寄存器、滤波器寄存器和数据寄存器，所有对 AD7787 的设置和控制都是通过这些寄存器来实现的。

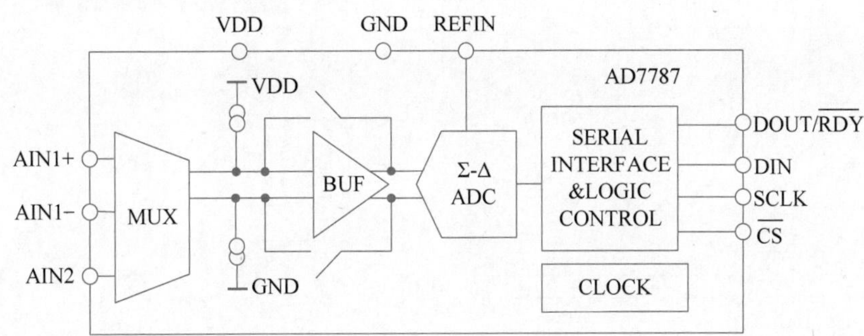

图 5.4.30　AD7787 的内部结构

5. 实际设计的幅相测量电路

实际设计的幅相测量电路如图 5.4.31 所示。差分接收电路的输出信号和低通滤波器的输出信号被送到 AD8302 进行幅度和相位测量，为了使 AD8302 工作在动态范围中心，具有最大的幅度测量范围，两路待测信号首先被衰减为原来的 1/10，然后送入 AD8302。AD8302 输出的电压经电压跟随器缓冲后送入 AD7787 进行 A/D 转换，电压基准为 MC1403，AD7787 与单片机的接口采用三线 SPI 模式，MSP430 单片机内部的通用串行接口可以配置为异步模式或同步的 SPI 模式。与此同时两路待测信号还被送入相位极性判断电路确定相位差的极性，相位极性判断的方法为 D 触发器法。

5.4.7　接收通道选择电路设计

为了节省硬件，只设计了一套测量电路，测试信号源可以同时加给四个接收通道，但是任何时刻只能有一个接收通道接入测量电路，因此需要设计接收通道选择电路。

选择电路选通一个接收通道和测量电路接通，采用的方案为电磁继电器选通，具体电路如图 5.4.32 所示，$Y_1 \sim Y_4$ 和单片机的四个普通 I/O 口相连，分别控制四个接收通道是否和测量电路接通，MC1413 为电磁继电器驱动器，其等效电路为七个达林顿管。$U_{36} \sim U_{43}$ 为 JRC-23F 超小型高灵敏度单通道电磁继电器，当 CZ_X 和 DV33 之间的电压大于 1.2V

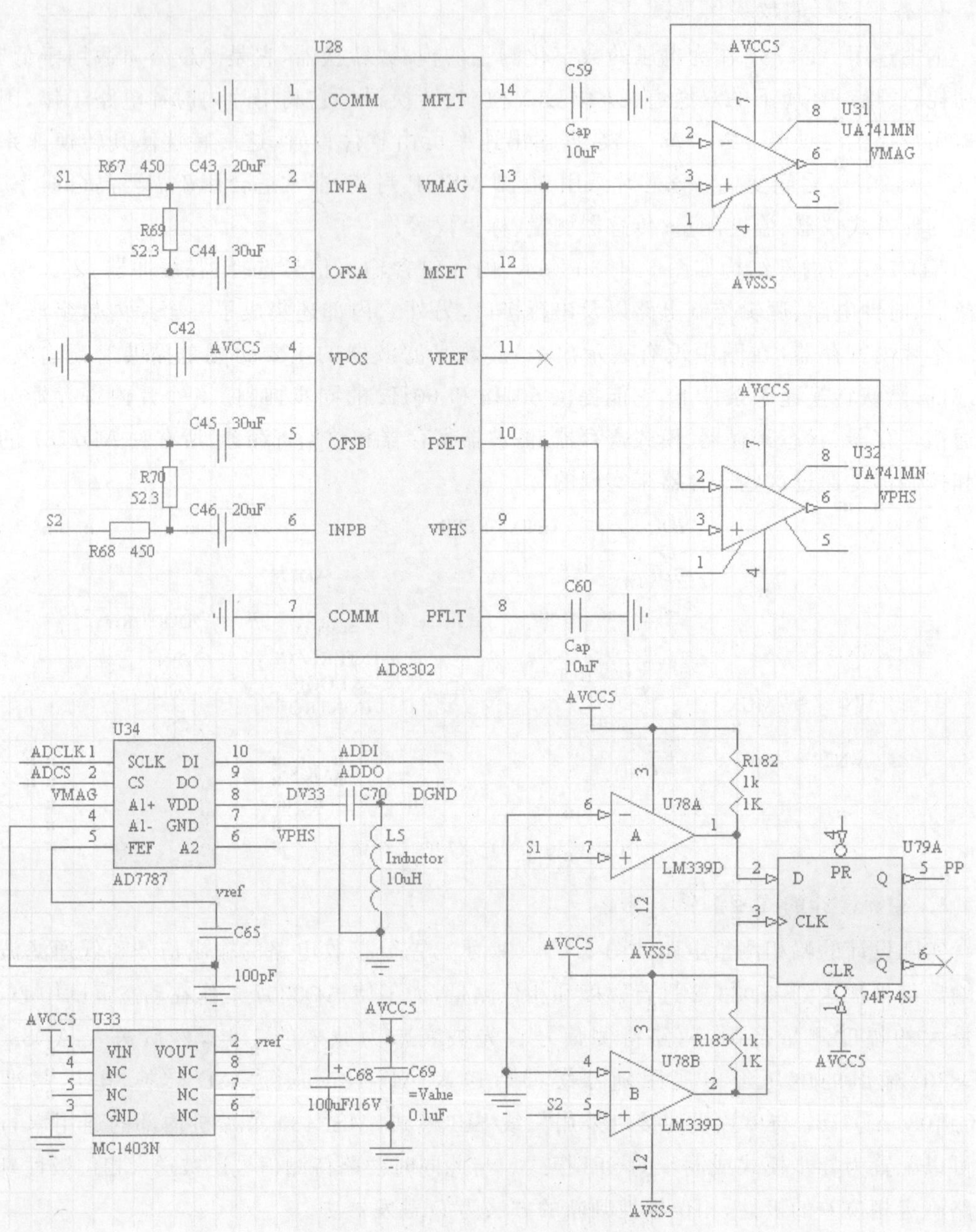

图 5.4.31 实际设计的幅相测量电路

时，CK 端和 COM 端接通，也就是待测试的接收通道接入测量电路，从而进行了通道选择。

5.4.8 接收通道测试仪软件设计

接收通道测试仪的软件分为上位机软件和下位机软件，上位机软件运行在 PC 上，下位机软件运行在单片机上，二者可通过串口进行通信。

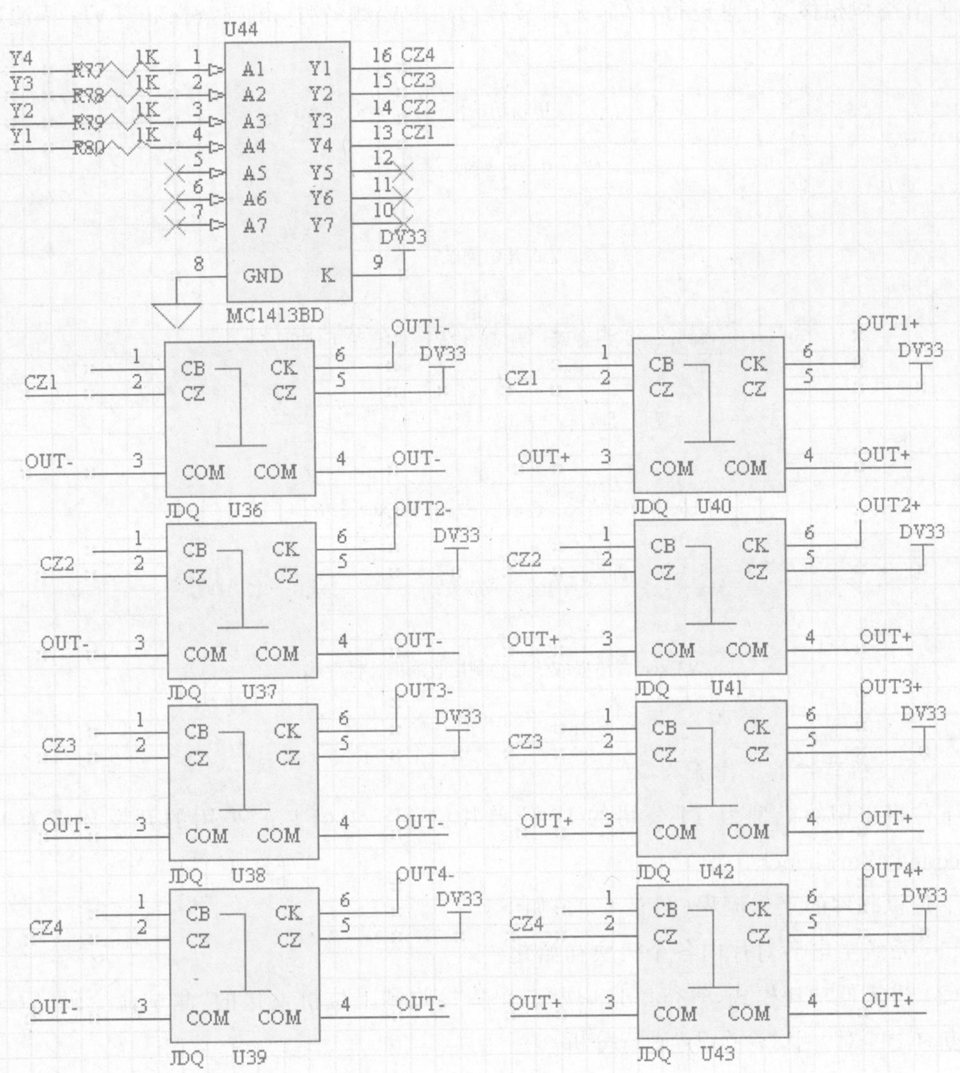

图 5.4.32 接收通道选择电路设计

1. 上位机软件的工作流程

上位机软件的工作流程(图 5.4.33)如下:

(1) 对串口初始化,等待用户设置测试参数和启动测试命令(用户用键盘在软件界面上输入测试参数并单击“开始测试”按钮)。

(2) 将用户输入的十进制的测试参数转换为特殊的二进制数并组合成一组“测试命令码”。

(3) 通过串口将“测试命令码”发送给下位机。

(4) 等待下位机返回“测试结果”。

(5) 将下位机返回的“测试结果”分解,从中取出正弦信号频率、TVG 控制信号大小、接收通道增益和相移等信息进行存储，并对接收通道的幅频特性、相频特性和 TVG 特性进行绘图。

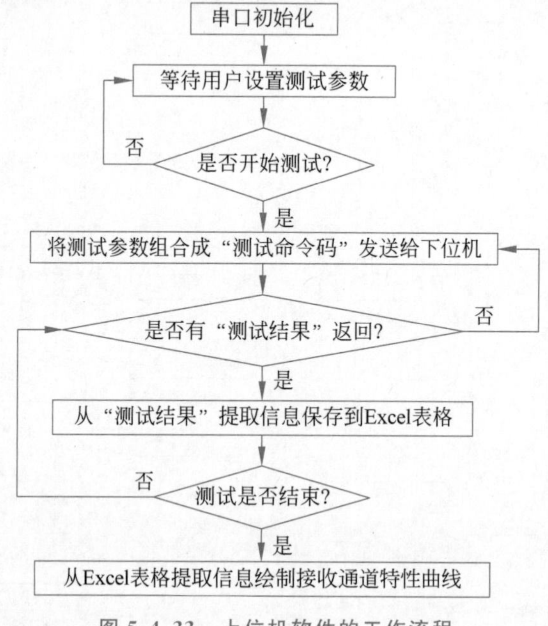

图 5.4.33 上位机软件的工作流程

2. 下位机软件的工作流程

下位机采用的机型为 TI 公司的 16 位单片机 MSP430F149，采用的开发环境为 IAR Embedded Workbench。

下位机软件的工作流程(图 5.4.34)如下：

(1) 系统上电后对片内各个模块初始化。

(2) 进入低功耗模式，等待串口中断。串口接收到上位机发送的"测试命令码"后即产生中断，CPU 对"测试命令码"进行分析。

(3) 控制 DDS 芯片产生测试用正弦信号，并控制信号调理电路对正弦信号的幅度进行调节。

(4) 控制 D/A 转换器产生 TVG 控制信号。

(5) 选择测试通道。

(6) 控制 A/D 转换器十次采集幅相测量电路输出的电压并求平均。

(7) 根据幅相测量电路的特性计算接收通道输入与输出信号之间的幅度比和相位差。

(8) 将当前正弦信号的频率、TVG 控制信号的大小、接收通道输入输出信号的幅度比和相位差组合成"测试结果"从串口发送给上位机。

(9) 改变正弦信号的频率或 TVG 控制电压的大小，再次测量接收通道的特性，直到正弦信号的频率和 TVG 控制电压都达到上限。

(10) 向上位机发送测试结束信息，并进入低功耗模式。

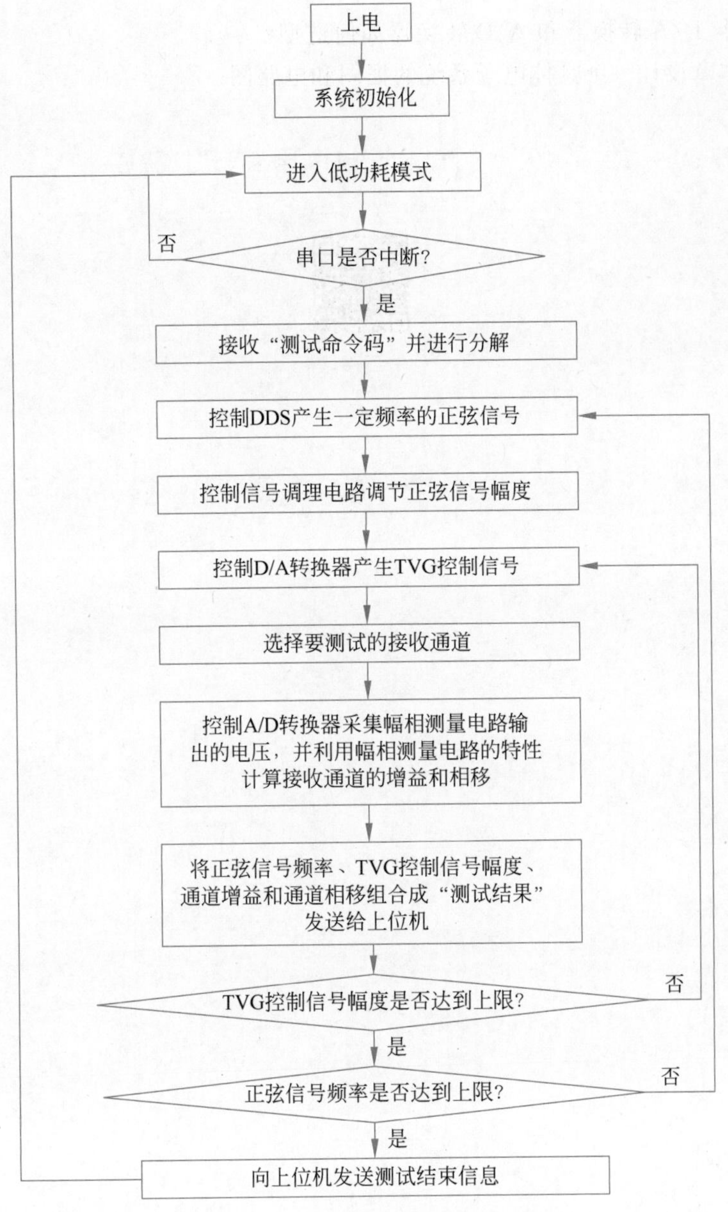

图 5.4.34　下位机软件的工作流程

小结

本章介绍了水声探测系统、水声通信系统、水声对抗系统和声呐接收通道测试仪四个电子系统设计实例。通过本章的学习读者可以对电子系统设计有深入的理解。

思考题

1. 声呐接收机和声呐接收通道测试仪之间是什么关系？

2. 放大器、D/A 转换器和 A/D 转换器如何选型?
3. 参照本章设计一个具体电子系统的框图和电路图。

扩展阅读:第二次世界大战中声呐的故事

扩展阅读

第 6 章 电子系统版图设计

CHAPTER 6

6.1 印制电路板概述

印制电路板(Printed Circuit Board,PCB)是电子设备中必不可少的组件,大到通信设备、军用武器装备,小到手机、电子手表,它们的电气连接都要用到印制电路板。印制电路板的设计与制作是电子产品生产中的关键一步,其质量的好坏直接影响最终产品的质量,因此,掌握印制电路板的设计与制作非常重要。有的文献中也将印制电路板称为印刷电路板。

6.1.1 印制电路板的发展

在发明印制电路板之前,电子元器件都是借助导线点对点连接的。电子产品的功能越复杂,连线就越繁杂。这样不仅连线容易产生错误,还会带来稳定性差、修复困难、难以大规模生产的问题,在很大程度上限制了电子工业的发展。

直到 20 世纪 30 年代中期,奥地利电气工程师保罗·艾斯勒发明了印制电路板,给电子行业带来了革命性的变革。印制电路板的出现源自保罗·艾斯勒的一个奇思妙想:要是像印刷书籍或报纸一样,把电子设备的电路一次印刷在线路板上,就不需要用手工一块一块地制作线路板,线路也无须一根一根地焊接了,就可以大大提高电子产品的生产效率和可靠性。因此,在制作电路板时,他也采用与印刷业类似的制版方式进行尝试。他先画出电子线路图,再把线路图蚀刻在覆盖有一层铜箔的绝缘板上,使不需要的铜箔被蚀刻掉,只留下导通的线路。这样,各个电子元件就通过这块板上铜箔所形成的电路相互连接起来,这就是现代印制电路板的雏形。1936 年,他在一个收音机装置内采用了印制电路板。1943 年,美国人将该技术大量使用于军用收音机内。1948 年,美国正式将这个发明用于商业用途。1950 年 6 月 21 日,保罗·艾斯勒获得电路板的发明专利权。

印制电路技术的发明为电子产品的机械化、自动化生产奠定了基础。20 世纪 50 年代以来,包括通信设备在内的各种电子产品取得的大幅度进展都与采用印制电路工艺密不可分。随着电子产品功能日趋复杂,对集成度的要求不断提升,印制电路技术也得到了飞速的发展,单层板、双层板、多层板应运而生。值得一提的是,我国从 1956 年开始研制 PCB,随后我国的 PCB 工业得到了迅猛发展。在 2002 年,我国已成为世界第三大 PCB 产出国,

2003年超越美国成为第二大PCB产出国，2006年超越日本成为第一大PCB产出国。现在，我国的PCB产出保持每年20%的增长，远高于全球PCB产出的增长速度。

6.1.2 印制电路板的分类

1. 按导电层数分类

PCB按照导电层数可以分为单面板、双面板和多层板。单面板所有的印刷图形和贴片元件都在一个面放置，这个面称为焊接面。直插式元器件集中在另一个面上放置，称为元件面。由于所有的走线必须安排在同一个面，很容易产生布线面积不够的问题。双面板为了增加布线面积，在电路板的两面进行布线，包括放置元器件和走线，上下两层的电气连接通过金属化孔洞来实现。多层板为了进一步加大布线面积，包含了两个以上的布线层面，除了电路板本身的两面外，还有很多中间层进行电气互通。四层板就是将两个双面板压在一起，中间填上绝缘粘结材料。同样地，六层板就是三个双面板压在一起。所以PCB的层数一般是偶数层。

2. 按刚度分类

PCB按照刚度大致分为刚性电路板、柔性电路板和刚柔结合板。其中，刚性电路板主要使用PVC原料制作板材，PVC是一种耐酸、碱、盐的树脂，因其良好的化学性能及相对低廉的价格，广泛应用于化工、建材、轻工、机械等各行业。柔性电路板主要是以聚酰亚胺或聚酯薄膜为基材，制成一种具有高可靠性和较高绕曲性的电路板。柔性电路板的优势是散热性好，又可在三维空间中任意折叠弯曲，因此被广泛应用于计算机、通信、航天等领域。刚柔结合板就是刚性电路板与柔性电路板经过压合等工序，按相关工艺要求组合在一起形成的电路板，即一块印制电路板上同时包含一个或多个刚性区和柔性区。它可以用于一些有特殊要求的产品之中，既有一定的柔性区域，也有一定的刚性区域，对节省产品内部空间、减少成品体积、提高产品性能有很大的帮助。PCB的分类如图6.1.1所示。

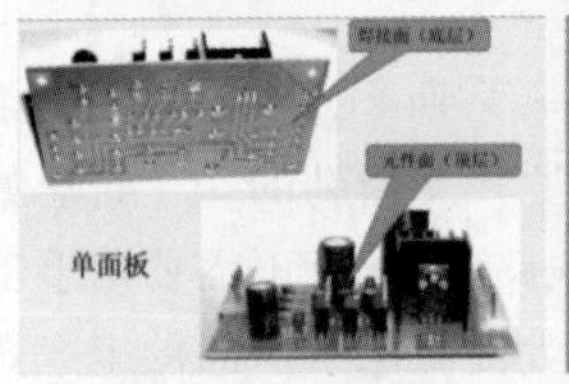

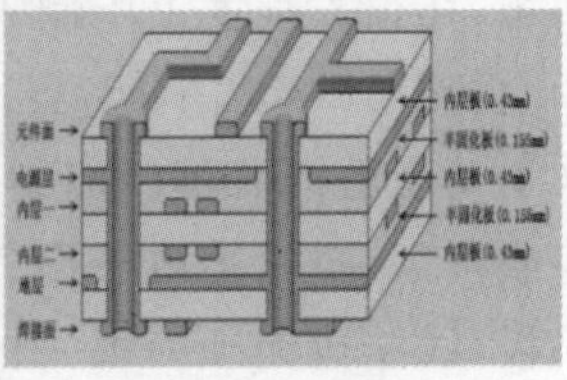

(a) 单面板、双面板和多层板

(b) 刚性板、柔性板和刚柔结合板

图 6.1.1 PCB的分类

此外，印制电路板还可以按照孔的导通性（在6.1.3节详细介绍）、表面处理（如有铅喷锡、无铅喷锡，沉金、沉银、沉锡，防氧化，电金，碳油板等）等分类方式。

6.1.3 印制电路板的主要组成元素

印制电路板的主要组成元素包括导线、过孔、焊盘、涂覆层及丝印层等。

1. 导线

PCB上各元器件需要电气连接，这主要归功于PCB上的导线。对于PCB导线的设计自然也成为设计师首先需要考虑的部分。导线的设计主要考虑宽度和间距。

导线的载流能力和导线的宽度息息相关。PCB载流能力的计算一直缺乏权威的技术方法、公式。PCB导线越宽，载流能力越大，表6.1.1中给出了PCB设计铜铂厚度、线宽和能承受最大电流的关系。

表6.1.1 PCB设计铜铂厚度、线宽和能承受最大电流的关系

铜厚/35μm		铜厚/50μm		铜厚/70μm	
线宽/mm	电流/A	线宽/mm	电流/A	线宽/mm	电流/A
2.5	4.5	2.5	5.1	2.5	6.0
2.0	4.0	2.5	4.3	2.0	5.1
1.5	3.2	1.5	3.5	1.5	5.4
1.2	2.7	1.2	3.0	1.2	3.6
1.0	3.2	1.0	2.6	1.0	2.3

为了满足电气安全的需要，PCB上相邻的导线间距需要足够大。目前，主流PCB生产厂家的加工能力，导线与导线之间的间距不得小于4mil(100mil≈2.54mm)。最小线距也是线到线、线到焊盘的距离。从生产角度出发，有条件的情况下是越大越好，10mil比较常见。

2. 过孔

对于多层PCB，过孔是一个重要的概念。过孔的目的有两个：一是PCB层与层之间的电气连接；二是方便PCB的安装与固定。过孔通常分为盲孔、埋孔和通孔，其示意图如图6.1.2所示。盲孔不穿透整电路板，它的作用是将PCB内层走线与PCB表层走线相连。埋孔位于印制电路板内层，在PCB的表面上观察不到，其作用是连接内层之间的走线。通孔穿过整个电路板，用于实现内部互连或作为元件的安装定位孔。通孔在工艺上更易于实现，成本较低，因此在PCB中应用最为广泛。

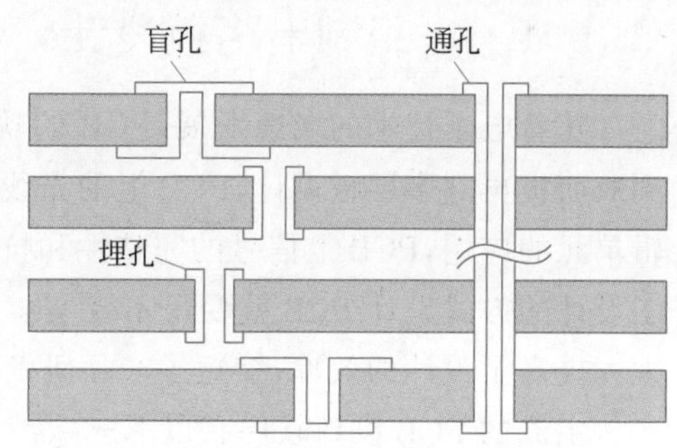

图6.1.2 盲孔、埋孔和通孔的示意图

过孔主要由钻孔和焊盘区两部分组成。显然，过孔的尺寸由这两部分的尺寸决定。设计者总希望过孔越小越好，这样板上可以留有更多的布线空间；此外，过孔越小，其自身的寄生电容也越小，更适合用于高速电路。但过孔尺寸的减小同时带来了成本的增加，而且过孔的尺寸不可能无限制减小，它受到钻孔和电镀等工艺技术的限制。目前，PCB厂家能提供的钻孔直径最小一般为8 mil。随着激光钻孔技术的发展，钻孔的尺寸越来越小。一般将直径小于或等于6 mil的过孔称为微孔。

3. 焊盘

印制电路板上与元器件引脚进行焊接的铜箔区域称为焊盘。印刷导线把焊盘连接起

来，实现元件在电路中的电气连接。焊盘根据几何外形可分为方形焊盘、岛形焊盘、泪滴式焊盘、多边形焊盘、椭圆形焊盘和开口形焊盘。每种焊盘都有各自适用范围，例如，印制电路板上元器件大而少且印刷导线简单时多采用方形焊盘，高频电路中常使用泪滴式焊盘。

4. PCB 的各层

印制电路板设计和加工时需要用到层的概念，具体如下：

（1）机械层：指 PCB 的整体外形，通常分为规则板形和不规则板形。

（2）禁止布线层：定义元件和布线在电路板上可有效放置的区域。也就是说，在定义了禁止布线层后，不能将具有电气特性的电线铺设在该层的边界之外。

（3）信号层：作用是布置 PCB 上的导线，包含顶层、底层和中间层。顶层和底层用于放置元器件，中间层用于走线。

（4）阻焊层：分为顶层阻焊层和底层阻焊层，通常印制电路板上的走线或覆铜都被绿油覆盖，阻焊层的作用在于阻止绿油覆盖，将铜暴露在外，即通常说的“开窗”。

（5）焊盘钢网层：分为顶层焊盘钢网层和底层焊盘钢网层。主要用于表面安装技术（SMT）制作钢网使用。在钢网上开一些和焊盘大小相同的孔，再把钢网罩在 PCB 上，用锡膏一刷就可给焊盘刷上锡膏。

（6）内部电源/接地层：仅用于多层板，主要用于布置电源线和接地线。

（7）丝印层：分为顶层丝印层和底层阻焊，其作用是放置印刷信息，如元件的轮廓、标注和字符等。

（8）钻孔层：提供 PCB 制作过程中所有的钻孔信息。

6.1.4 印制电路板设计软件

随着电子技术的飞速发展，PCB 的功能越发强大，结构也越发复杂。从最初的单面板到双面板再到多层板设计，PCB 上的布线密度越来越高，随着 DSP、ARM、FPGA 等高速逻辑单元的应用，PCB 上信号的完整性和抗干扰性就变得越发重要。PCB 设计工程师使用手工设计的方式设计 PCB 就变得不现实。利用计算机辅助设计（CAD）软件进行 PCB 设计，大大提高了设计的效率，缩短了产品研发的周期。

主流的 PCB 设计软件有以下三款：

1. Protel/DXP/Altium Designer

这几款软件同属于 Altium 公司。其中，Protel 是 Protel Technology 国际有限公司在 20 世纪 80 年代末推出的电子线路 CAD 软件，在电子行业中应用很广，在当时是 PCB 设计者的首选软件。2001 年，Protel 公司改名为 Altium 公司，2002 年第一季度 Altium 公司推出 Protel DXP，2006 年 Altium 公司推出 Altium Designer 6.0，截止到 2022 年，Altium Designer 已经推出到了 Altium Designer 21.0。

Altium Designer 软件使用便捷，操作快捷，软件交互界面好。中国大约 70％的电子设计工程师和 80％的电子信息类专业学生使用 Altium Designer 软件来辅助设计 PCB。Altium Designer 将原理图的设计、电路仿真、PCB 绘制编辑、拓扑逻辑自动布线、信号完整性分析和设计输出打通，是 Altium Designer 软件受到广泛欢迎的主要原因。鉴于此，本书将以 Altium Designer 软件为工具，介绍 PCB 的设计。

2. Cadence Allegro

Cadence Allegro 是 Cadence 公司推出的一款 Layout 软件，在全球市场 Cadence Allegro 具有较高的占有率。Cadence Allegro 软件的优势是功能强大，绘制大型 PCB 具有优势；但 Cadence Allegro 软件本身没有汉化版，逻辑和 Altium Designer 有较大的区别，选项较多，比较专业，不易上手。

3. 嘉立创 EDA

2022 年，美国商务部已经将用于集成电路所必需的电子设计自动化(EDA)软件加入商业管制清单，对其出口进行管控。今后所有美国 EDA 软件出口都必须接受审查和批准。美国的出口管制也给我国提升 EDA 软件水平敲响了警钟。深圳嘉立创集团自主研发的 EDA 软件是国内 EDA 软件的佼佼者。嘉立创主要有两个版本：标准版在功能和使用上更简单，常用功能基本满足大学生学习需求，适合入门使用，但不能支持复杂电路设计，主要面向学生群体等；专业版采用全新交互式布线引擎，功能更加强大，约束性也更高，面向企业团队和专业用户。此外，嘉立创 EDA 的优势还在于它的在线服务。

首先，在 EDA 界面可以便捷地查询到各种符号和封装，若官方没有，则还可以参考其他用户贡献的自制符号，不需要自己绘制封装电路等。同时，嘉立创 EDA 还与嘉立创集团旗下元器件商城——立创商城进行整合。得益于立创商城，嘉立创 EDA 集成超过 20 万实时更新的并且库存充足的元器件库。电子工程师可以在设计过程中检查元器件库存、价格并立即下单购买等，助其进行预算控制，并缩短设计周期。然而，嘉立创 EDA 在大规模 PCB 设计的流畅性上还有很大的进步空间。

6.1.5 印制电路板设计的相关标准

随着电子产品设计越来越复杂，电子产品的完成需要 EDA 工具、PCB 制作、组装、测试等协调完成。因此，需要在它们之间建立一套通用的标准，才能方便彼此之间的沟通。

PCB 设计众多标准中以国际电工委员会(IEC)的标准影响力最大。我国的印制电路板相关国家标准也是以 IEC 标准为依据制定。IEC 现行有效的 PCB 基材(覆箔板)测试相关标准、PCB 相关材料的技术标准、印制板标准见表 6.1.2～表 6.1.4。

表 6.1.2　PCB 基材测试相关标准

标　　准	名　　称	部分内容名称
IEC61189-1(1997-03)	电子材料试验方法，内连结构和组件	第一部分：一般试验方法和方法学
IEC61189 (1997-04)	电子材料试验方法，内连结构和组件	第二部分：内连结构材料试验方法
IEC61189-3 (1997-04)	电子材料试验方法，内连结构和组件	第三部分：内连结构(印制板)试验方法
IEC60326-2 (1994-04)	印制板	第二部分：试验方法

表 6.1.3　PCB 相关材料的技术标准

标　　准	名　　称	部分内容名称
IEC61249-5-1(1995-11)	内连结构材料	第一部分：铜箔(用于制作覆铜基材)。 第五部分：未涂胶导电箔和导电膜规范

续表

标 准	名 称	部分内容名称
IEC61249-5-4(1996-06)	印制板和其他内连结构材料	第四部分：导电油墨。 第五部分：未涂胶导电箔和导电膜规范
IEC61249-7(1995-04)	内连结构材料	第一部分：铜/因瓦/铜。 第七部分：抑制芯材料规范
IEC61249-8-7(1996-04)	内连结构材料	第七部分：标记油墨。 第八部分：非导电膜和涂层规范
IEC6124988(1997-06)	内连结构材料	第八部分：非导电膜和涂层规范

表 6.1.4 印制板标准

标 准	名 称	部分内容名称
IEC60326-4(1996-12)	印制板	第四部分：内连刚性多层印制板——分规范
IEC60326-4-1(1996-12)	印制板	第一部分：能力详细规范——性能水平 A、B、C。 第四部分：内连刚性多层印制板——分规范
IEC60326-3(1991-05)	印制板	第三部分：印制板设计和使用
IEC60326-4(1980-01)	印制板	第四部分：单双面普通印制板规范
IEC60326-5(1980-01)	印制板	第五部分：单双面普通印制板规范
IEC60326-7(1981-01)	印制板	第七部分：单双面挠性印制板规范
IEC60326-8(1981-01)	印制板	第八部分：单双面挠性印制板规范
IEC60326-9(1981-03)	印制板	第九部分：单双面挠性印制板规范
IEC60326-9(1981-03)	印制板	第十部分：刚-挠双面印制板规范
IEC60326-11(1991-03)	印制板	第十一部分：刚-挠多层印制板规范
IEC60326-12(1992-08)	印制板	第十二部分：整体层压拼板规范

6.1.6 印制电路板设计流程

PCB 的设计流程如图 6.1.3 所示。每个环节的任务如下：

(1) 项目立项：所有的产品最终目的都是满足用户的实际需求。在设计前应与产品经理、用户等确定产品的功能需求。

(2) 原理图库的建立：创建原理图中的电气标识，用于后续的原理图设计中。需要注意元器件电气符号的规范性。

(3) 原理图的设计：原理图是展示电路板上各元件之间连接原理的图表。

(4) PCB 库的建立：创建 PCB 封装是电子元件在 PCB 上的唯一映射图形，也是电路原理图设计和实物电路板之间连接的桥梁。

(5) PCB 的设计：主要完成 PCB 的布局和布线工作。

(6) 生产文件的输出：主要包括 Gerber File、NC Drill File、IPC 网表、贴片坐标文件等。

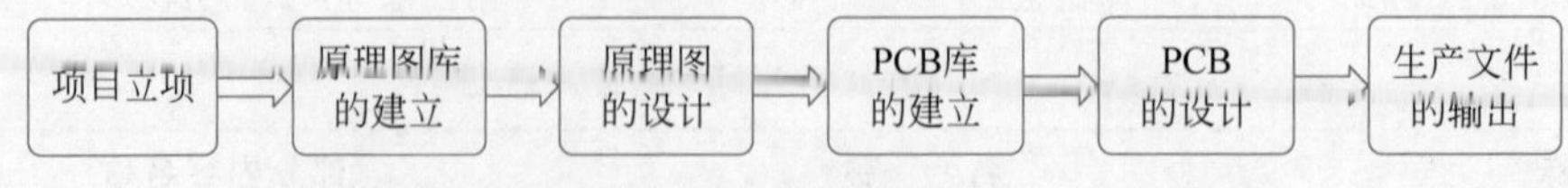

图 6.1.3 PCB 的设计流程

设计流程中至少包含工程文件、原理图库文件、原理图文件、PCB 库文件、网络表文件、

PCB文件及生产文件。在 Altium Designer 软件中部分文件类型及其后缀如表 6.1.5 所示。

表 6.1.5 各文件类型及其后缀

文件类型	文件名后缀
工程文件	.PrjPcb
原理图库文件	.SchLib
原理图文件	.SchDoc
PCB 库文件	.PcbLib
网格表文件	.NET
PCB 文件	.PcbDoc

6.2 PCB 原理图设计

Altium Designer 软件版本众多,本书以 Altium Designer 21.0 为例介绍 PCB 的设计。

6.2.1 工程及相关文件的创建

根据设计流程,依次创建工程文件、原理图库文件、原理图文件、PCB 库文件和 PCB 版图文件。

1. 工程文件的创建

打开 Altium Designer 软件,选择"文件→新的→工程",即可创建 PCB 工程,如图 6.2.1 所示。在"Create Project"界面中,可以对工程文件的名称和存储路径进行修改,然后保存。

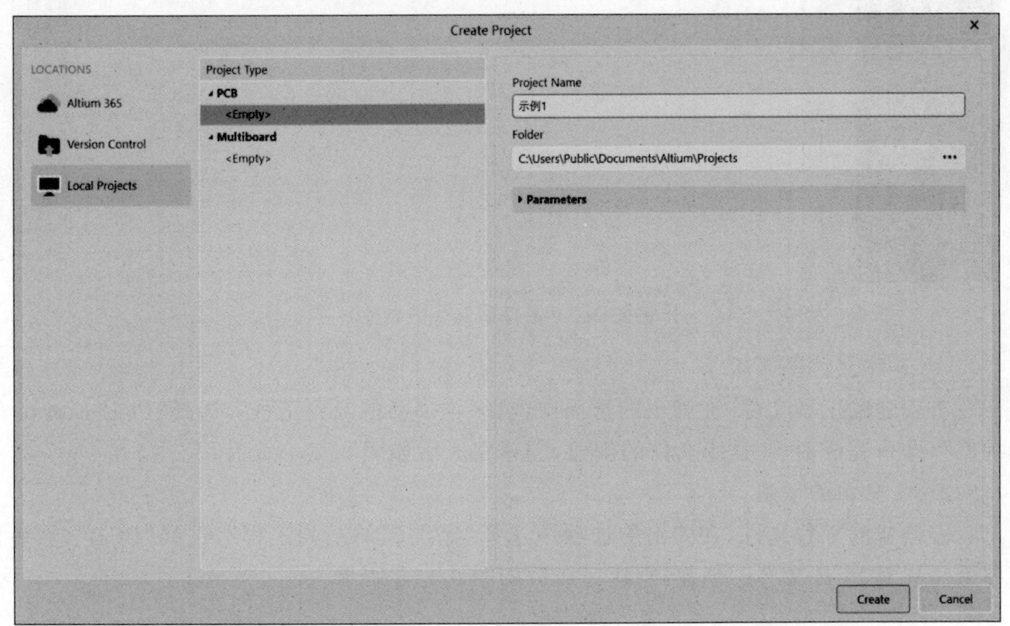

图 6.2.1 工程文件的创建

2. 原理图库文件的创建

右击创建的工程文件,在弹出的选项中选择"添加新的...到工程",选择"Schematic

Library"，然后保存即可完成对原理图库文件的创建，创建完成后如图 6.2.2 所示。

图 6.2.2 原理图库文件的创建

3. 原理图文件的创建

右击创建的工程文件，在弹出的选项中选择"添加新的...到工程"，选择"Schematic"，然后保存即可完成对原理图文件的创建，创建完成后如图 6.2.3 所示。

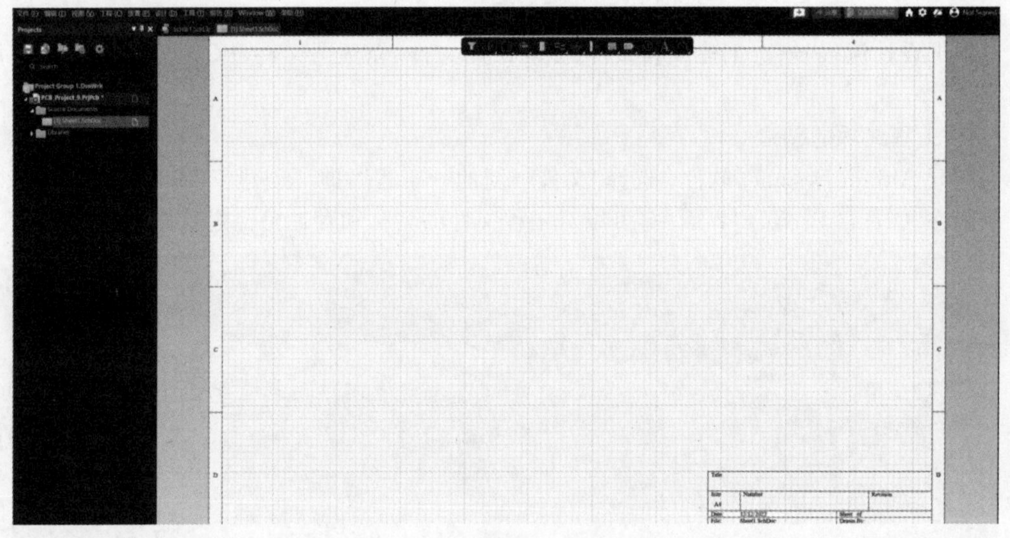

图 6.2.3 原理图文件的创建

4. PCB 库文件的创建

右击创建的工程文件，在弹出的选项中选择"添加新的...到工程"，选择"PCB Library"，然后保存即可完成对 PCB 库文件的创建，创建完成后如图 6.2.4 所示。

5. PCB 文件的创建

右击创建的工程文件，在弹出的选项中选择"添加新的...到工程"，选择"PCB"，然后保存即可完成对 PCB 文件的创建，创建完成后如图 6.2.5 所示。

6.2.2 元件库的使用、安装和创建

Altium Designer 的元件库有". SchLib"、". PcbLib"和". IntLib"，". SchLib"表示原理图库，". PcbLib"表示 PCB 库，". IntLib"表示包含了原理图符号和 PCB 版图的集成库。

图 6.2.4　PCB 库文件的创建

图 6.2.5　PCB 文件的创建

在绘制 PCB 的原理图时，需要放置各式各样的元器件。这些元器件有些可以在 Altium Designer 自带的库中找到，找不到时还可以直接安装厂家或他人设计好的原理图库。然而，由于每个人的绘图习惯不同，每个公司的绘图标准也不同，因此需要学会自己创建原理图库(需要注意的是，原理图库中的元件无须与实物尺寸、样式完全相同，只需要遵循同一套标准，方便识别且美观即可)。本节首先介绍 Altium Designer 自带库的使用，然后介绍第三方库的安装，最后通过“电容的创建”及“LED 的创建”两个实验任务介绍原理图库的创建。

1. Altium Designer 自带库的使用

在图 6.2.3 所示“原理图”界面下单击右侧的“Components”(若没有找到，可以在右下角的 Panels 里打开)可以打开 Altium Designer 自带库，如图 6.2.6 所示。

“Miscellaneous Devices. IntLib”和“Miscellaneous Connectors. IntLib”是绘制原理图中

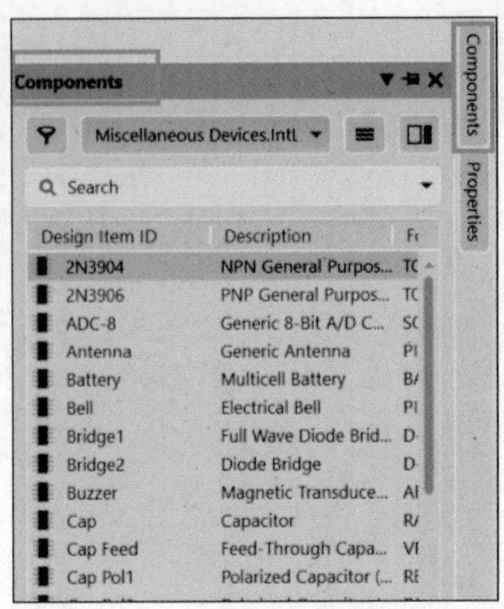

图 6.2.6 Altium Designer 自带库

最常使用的两个库。单击“Miscellaneous Devices. IntLib”或“Miscellaneous Connectors. IntLib”右侧的倒三角形可以在两个库之间切换。单击图 6.2.6 中的“Search”区域可以输入元器件名称快速查找元件，也可以拖动图 6.2.6 上下方向的进度条依次查找元件。

2. 第三方元件库的安装

除了 Altium Designer 系统自带的元件库外，Altium Designer 还可以安装第三方提供的元件库。具体方法如下：

(1) 进入官网，找到“Libraries”，然后下载相关文件的压缩包，如图 6.2.7 所示。也可以在元器件供应商的官网下载元器件库压缩包。

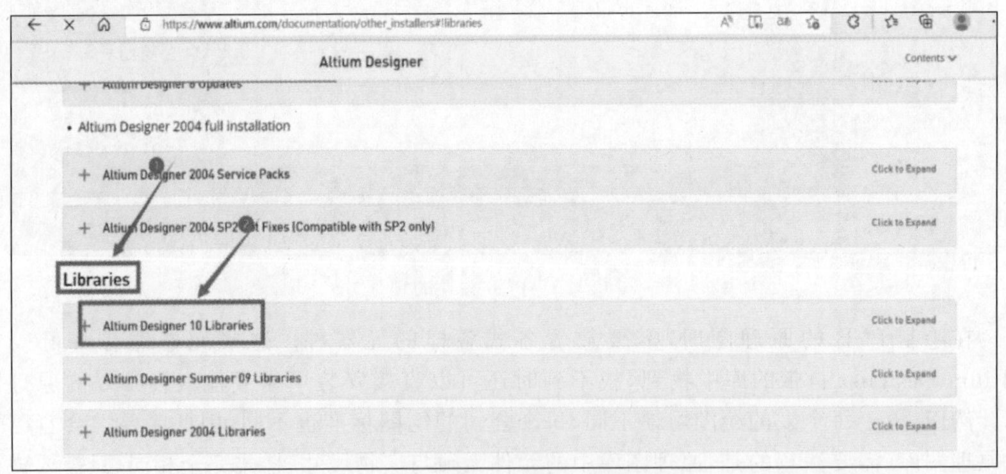

图 6.2.7 第三方元件库的下载

(2) 解压下载好的安装包，并将解压后的文件夹剪切或复制、粘贴到 Altium Designer 软件安装目录下的 Library 文件夹中，如图 6.2.8 所示。

(3) 在图 6.2.6 界面中单击“Miscellaneous Devices. IntLib”或“Miscellaneous Connectors. IntLib”右侧的三条平行线形状，弹出“File-based Libraries Preference...”，如图 6.2.9 所示，单击后选择前面粘贴的众多文件夹中的某个文件，然后“安装”，如图 6.2.10 所示。

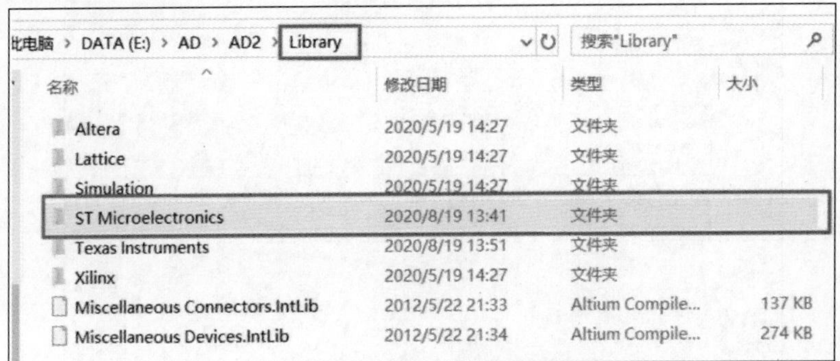

图 6.2.8 Altium Designer 软件安装目录下的 Library 文件夹

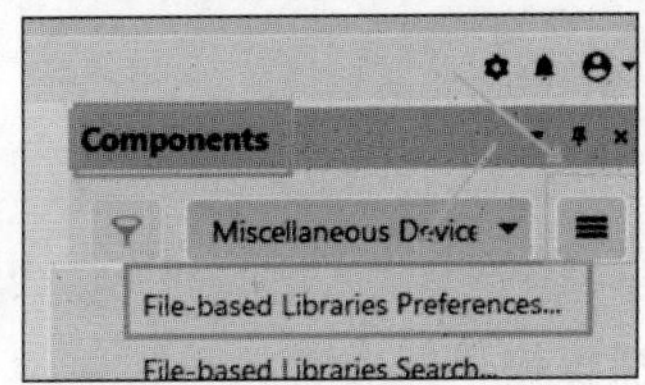

图 6.2.9 自带库右侧的三条平行线形状

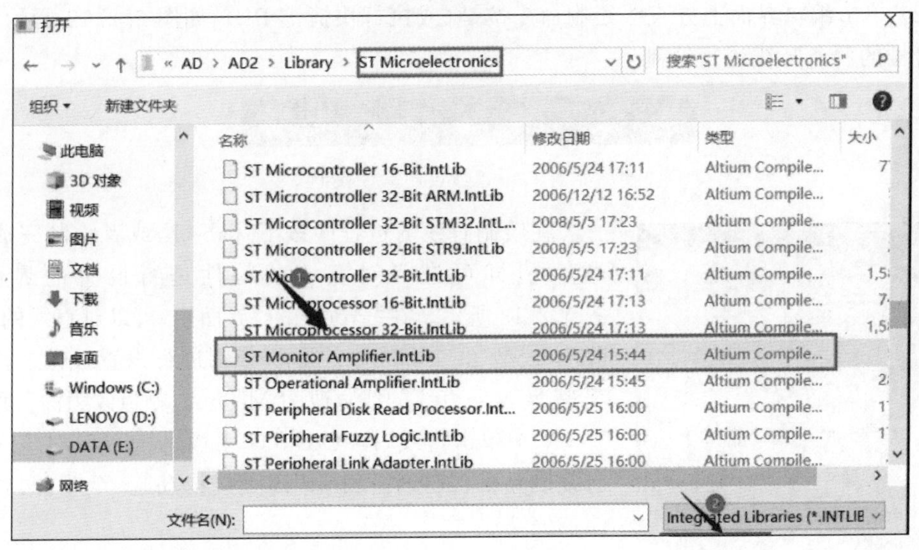

图 6.2.10 选择待安装的某个文件

(4) 安装完成后，可在“Available File-based Libraries”界面中看到已安装的库里多了刚才安装的元件库，如图 6.2.11 所示。

(5) 再次单击图 6.2.6 中“Miscellaneous Devices. IntLib”或“Miscellaneous Connectors. IntLib”右侧的倒三角形，也可看到刚才安装的元件库。

3. 原理图库的创建

在图 6.2.2 所示的界面上实际已经创建了一个原理图库，只不过这个库是空的。设计者在该库中绘制元件即可完成自己的原理图库。

首先以电容为例演示原理图库中元件的绘制。绘制步骤如下：

(1) 设置捕捉栅格大小。为了使绘制更加准确，在绘制前通常对捕捉栅格的大小进行

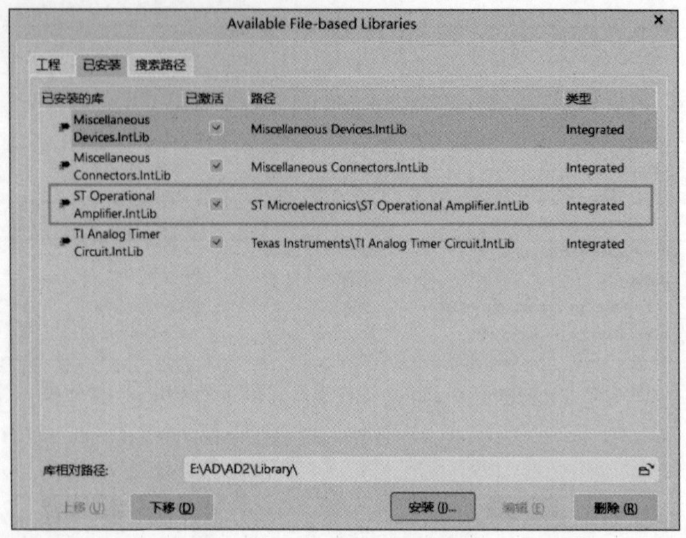

图 6.2.11 “Available File-based Libraries”界面

设置。单击“视图→栅格→设置捕捉栅格”(或者执行快捷键 VGS),即可实现对捕捉栅格大小的设置。默认栅格大小为 100mil,可以改为 10mil。

(2) 单击编辑界面上方直线绘制命令按键(或执行快捷键 PL),如图 6.2.12 所示,先对电容符号的两条竖线进行绘制。

图 6.2.12 直线绘制命令按键

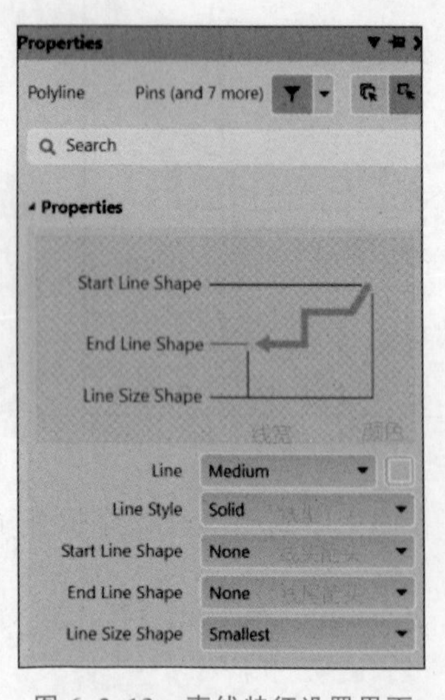

图 6.2.13 直线特征设置界面

在绘制直线的过程中按下 Tab 键,或者绘制完成后双击直线,即可进入对直线的特性进行设置的界面,如图 6.2.13 所示。在“Properties”界面中,可以对直线的线宽、颜色、线型、线头和线尾的形状分别进行设置。在这里为了美观,将这条直线的线宽改为 Medium,颜色改为深蓝色。

(3) 单击直线,按“Ctrl+C”和“Ctrl+V”,对该直线进行复制粘贴(或按住“Shift”键直接拖动)。至此,两根直线绘制完毕。

(4) 接下来绘制电容的两根引脚。单击编辑界面上方引脚绘制命令按键(或者按键盘上的 P 键两次),如图 6.2.14 所示。添加引脚。按住 Space 键可以对引脚进行旋转,注意:引脚有四个小白点的一侧应该朝外,如图 6.2.15 所示。

(5) 在绘制引脚的过程中按下 Tab 键,或者绘制完成后双击引脚,即可进入对引脚的特性进行设置的界面。在“Properties”界面中,可以对引脚的引脚号(Designator)、引脚名称(Name)、电气类型(Electrical Type)等进行设置。这里将两个引脚的引脚号分别设置为 1 和 2,关闭引脚的名称显示(关闭后面的“眼睛”按键)。

图 6.2.14 引脚绘制命令按钮

图 6.2.15 引脚的正确摆放

至此，完成电容的绘制，如图 6.2.16 所示。

绘制完成后将电容元件命名保存。

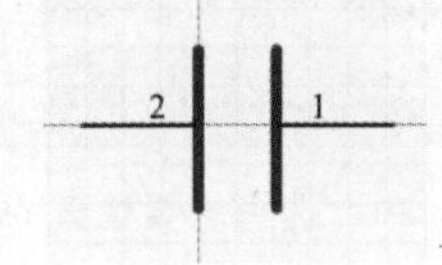

图 6.2.16 电容的绘制

然后在图 6.2.2 界面的左侧“components”区域下方单击“ADD”，在弹出的对话框中输入 LED 元件的名称并单击“OK”(或“确定”)按钮，即可创建另外一个名称为“LED”的元件。与电容不同的是，LED 的图形没有那么规则，但是绘制流程是相同的。具体流程如下：

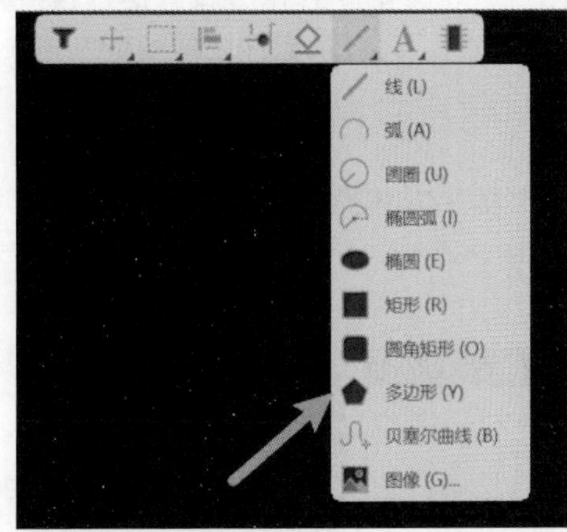

图 6.2.17 绘制多边形命令的按钮

(1) 右击编辑界面上方直线绘制命令按键，在弹出的按键选项中选择“多边形”，如图 6.2.17 所示，先对 LED 的三角形进行绘制。同样地，可以对三角形的特性进行设置，和上述直线特性设置方法相同。

(2) 对 LED 的直线进行绘制，更改直线的特性。

(3) 给 LED 添加两根引脚。对引脚的特性进行设置。

(4) 绘制 LED 的两个箭头。先绘制直线，再进入直线的特性设置，在“End Line Shape”里选择“Solid Arrow”，如图 6.2.18 所示，即可绘制箭头。然后复制粘贴一个箭头，即可完成对 LED 的绘制，绘制好的 LED 原理图符号如图 6.2.19 所示。

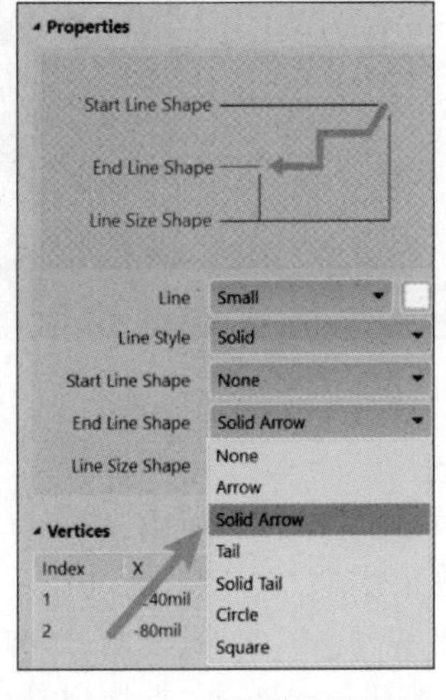

图 6.2.18 直线箭头的添加

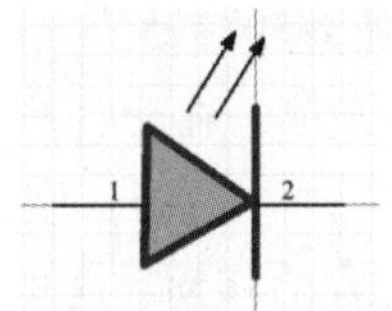

图 6.2.19 绘制好的 LED 原理图符号

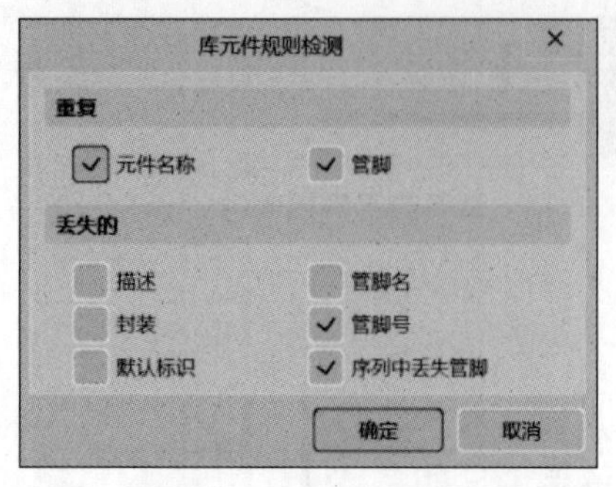

图 6.2.20　选择想要检查的报告选项

Altium Designer 软件提供了“元件的检查”功能，以供使用者可以检查自己创建的元件是否符合规范。具体方法如下：

(1) 打开原理图库面板，选中原理图库中需要检查的元件。

(2) 选择“报告→器件规则检查”。

(3) 选择想要检查的报告选项，如图 6.2.20 所示。单击“确定”按钮后即可查看报告，若报告有错误，则需要修改原理图库元件符号。

6.2.3　原理图的绘制

准备好了原理图库元件后即可绘制电路原理图。原理图在整个 PCB 设计的过程中至关重要。设计者通过分析原理图，可以清楚地知道元件的相互位置、元件之间的电气连接、电路板的层数等信息。

1. 原理图页大小的设置

使用者可以根据自己的实际需求改变原理图页的大小，具体操作：双击原理图边缘，进入原理图图页的参数设置界面，可以选择 Page Options→Formatting and Size→Standard→Sheet Size，确定适合的页面大小，如图 6.2.21 所示。

图 6.2.21　原理图页大小的设置

2. 元件的放置和移动

(1) 元件的放置：在元件列表中选中需要放置的元件，然后单击“放置”(图 6.2.22)，即可放置一个元件。重复执行此操作，即可放置其他元件。

(2) 元件位置的移动：这里主要介绍元件的平移、旋转、镜像、复制、对齐等功能。

平移：如果操作不要求精准，光标选中元件，按住左键不动，直接拖动然后松开鼠标；若要精准操作，则可以使用快捷命令，先选中元件，再按“M”键，选择“移动选中的对象”，再

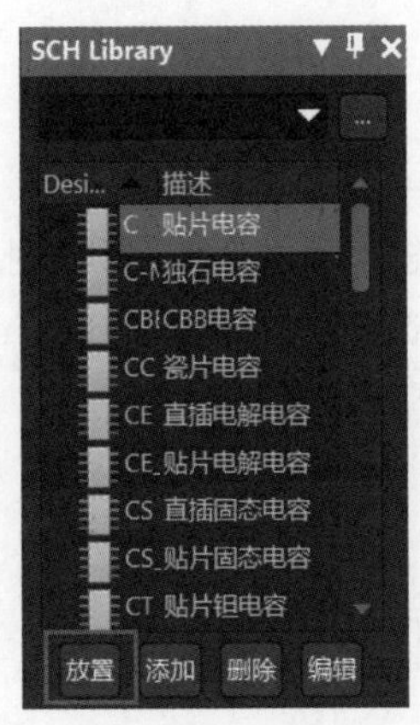

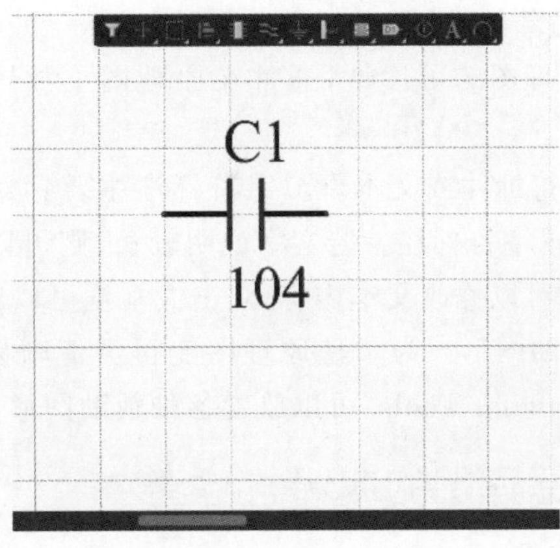

图 6.2.22 元件的放置

选择"通过 X,Y 移动选中的对象",即可在 X、Y 轴上进行精准地平移。

旋转:用鼠标左键选中元件后按一次键盘上的"Space"键,即可将元件旋转 90°;选中元件后,再按"M"键,选择"旋转选中对象"也可完成对元件的旋转。

镜像:选中元器件并且鼠标左键不要松手,然后按住"X"键即可完成对元件的 X 轴方向上的镜像,按住"Y"键即可完成对元件的 Y 轴方向上的镜像。

复制:在设计中需要用到多个同型号的元件时,并不需要从库里重复执行放置元件,可以按住"Shift"键,然后拖动某个元件即可直接复制该型号的元件。若复制多个,则可以按住"Shift"键,然后选中多个元件并拖动。

对齐:选择 Edit→Align 即可进入"对齐"页面,可以使得原理图变得更加美观。对齐的方式有左对齐、右对齐,顶对齐、底对齐,水平中心对齐、垂直中心对齐,水平分布、垂直分布等。也可通过快捷键命令"A"进入"对齐"页面。

3. 电气连接的放置

(1) 导线的绘制及属性设置。选择"Place→Wire",鼠标光标就变成了十字状态,就激活了导线绘制状态。或者按键盘上的"B"键,在弹出的菜单中选择"Wiring"命令调出布线快捷菜单栏,然后单击"Wire"图标,也会激活放置导线命令。选择一个元件的引脚作为开始点,鼠标靠近引脚时,光标会自动吸附到引脚上,单击,然后移动鼠标到另一个元件引脚作为结束点,再次单击即可完成一条导线的绘制。同时,还可以对导线的属性进行设置,在导线绘制状态下,按"Tab"键,可以对导线的颜色,线宽进行设置。

(2) 网络标签的放置。对于一些比较长或者比较多的网络连接,如果全部采用导线的连接方式,电路图就会显得非常杂乱,不容易看出连接关系。此时可以采用网络标签来实现网络连接。如果导线的网格标签一致,就表示这导线是连接在一起的。放置网络标签的方法,首先选择"Place→Net Label",激活网络标签放置状态;然后单击把网络标签放置到导线的上面,每单击一次放置一个网络标签,右击结束放置网络标签;最后双击网络标签,可以对网络标签的名称进行设置,设置为相同名称的网络标签对应的导线就在电气上连接了。

(3) 电源和接地符号的放置。Altium Designer 软件提供了一系列的电源和接地符号,可以供设计人员使用。选择"Place→Power Port"可以放置电源和接地符号,然后双击符号可以对电源和接地的属性进行设置。

4. 非电气对象的放置

为了增强原理图的可读性，通常在原理图上放置一些非电气对象，如文字标注、辅助线等。

(1) 放置字符标注或文本框。字符标注主要针对较短文字的说明，选择“Place→Text String”，可以放置字符标注。若文字说明较长，则可以选择“Place→Text Frame”放置文本框。单击文本框可以修改文本内容，双击文本框可以对其属性进行设置。

(2) 放置辅助图形。为了使原理图变得更清晰易读，可以对元件按照功能进行分区。选择“Place→Drawing Tools”可以放置各种辅助图形。

6.2.4 原理图的编译与检查

Altium Designer 软件为用户提供了强大的原理图编译与检查功能，使用户可以对绘制原理图中产生的一些难以观察到的错误进行检查。

在原理图编辑界面右击，选择“Project Option”，或者在菜单栏中选择“Project→Project Option”，单击“Error Reporting”，即可进入“Options for PCB Project”，如图 6.2.23 所示。

编译与检查的报告有以下四种方式：①不报告。检查出错误，但不进行报告，文件夹图标为绿色。②警告。对检查出的错误进行警告，文件夹图标为浅黄色。③错误。对检查出的错误进行错误提示，文件夹图标为深黄色。④致命错误。对检查出的错误进行致命错误提示，文件夹图标为红色。

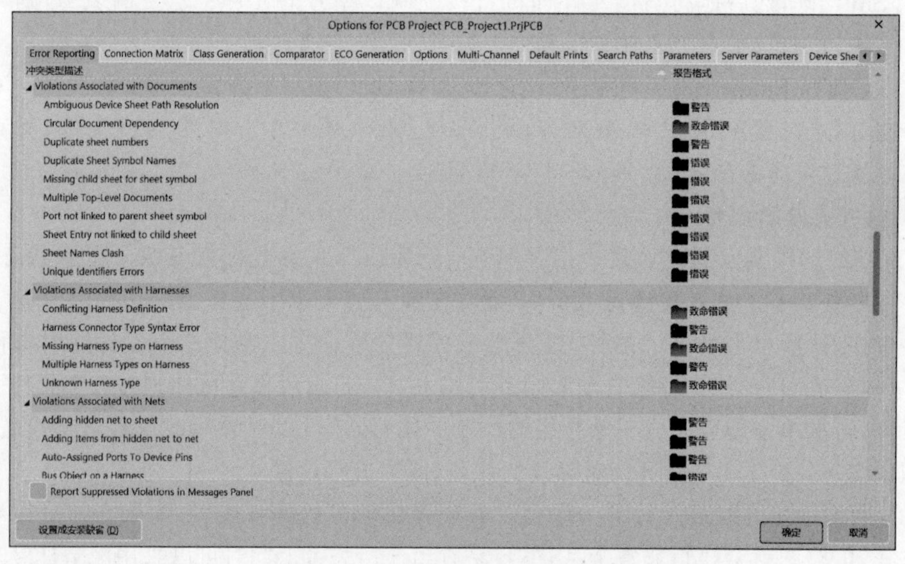

图 6.2.23 原理图的编译与检查

对一些常见且重要的问题，通常设置为致命错误报告，例如：Floating net labels，网络标签悬浮，即网络标签没有对应到相应的引脚上；Floating Power Objects，电源端口悬浮，即电源端口与电路不存在电气连接；Duplicate Part Designators，元件位号重复；Nets with only one pin，网络标签只存在一个，即该网络标签找不到相应的网络标签；Nets with multiple names，网络标签存在多个名称。

设置完错误报告方式后，即可对原理图进行编译。操作方法：选择“Project→Compile

PCB Project xxx. PriPcb”。此时，在界面右下角执行命令“Panels-Messages”，即可显示编译报告。若存在相关错误，则在“Messages”窗口中会用红色标记出，且在原理图界面会有相应的红色波浪线标出。双击红色标记，可以快速跳转到原理图相应位置。

6.2.5 原理图的输出

在排除所有错误，设计完成原理图后，可以把原理图以 PDF 的形式输出图纸。Altium Designer 软件自带 PDF 文件输出功能，操作如下：

(1) 选择“File→Smart PDF”(或者“文件→智能 PDF”)，进入 PDF 创建向导，如图 6.2.24 左侧所示。

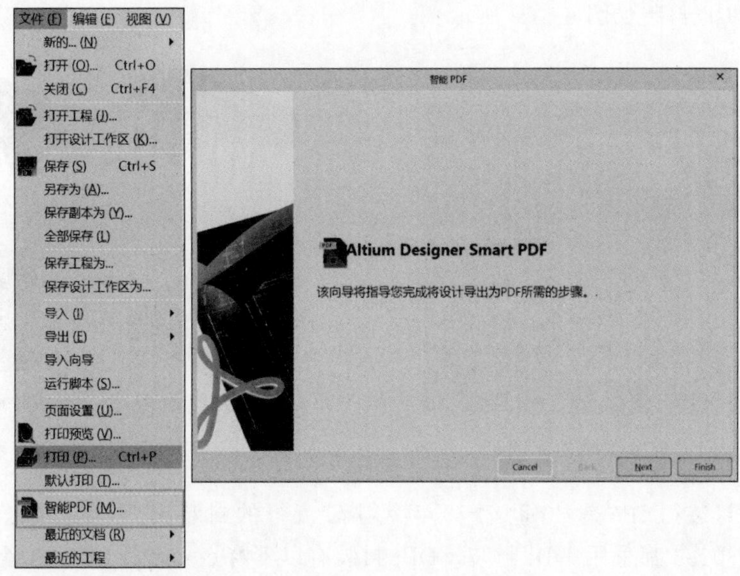

图 6.2.24 原理图的 PDF 输出

(2) 单击“Next”，进入“选择导出目标”的界面，在此界面中可以对文档的输出范围进行设置，可以选择“当前项目”，及时对当前整个工程的文档进行 PDF 输出，如图 6.2.24 右侧所示。

(3) 继续单击“Next”，进入“Export Bill of Materials”页面，是关于 BOM 表的输出。

(4) 继续单击“Next”，进入“添加打印设置”的界面。这里可以对原理图的“缩放比例”“附加信息”“包含的原理图”“原理图的颜色模式”及“质量”进行设置。一般按照默认设置输出即可。

(5) 继续单击“Next”，进入“最后步骤”页面，若输出 PDF 后直接打开检查，则可以勾选“导出并打开文件”，再单击“Finish”，即可完成 PDF 的输出。

6.3 PCB 版图设计

6.3.1 PCB 封装的创建

1. PCB 封装概述

PCB 封装就是把实际的电子元器件的形状、几何尺寸、安装方式、引脚尺寸、焊盘大小等几何参数用图形的方式表现出来，以便于在设计 PCB 时进行调用。通常情况下，PCB 的封装一般包括以下元素(图 6.3.1)。

(1) PCB 焊盘：用来焊接元件引脚的载体。

(2) 引脚序号：用来和元件进行电气连接关系匹配的序号。

(3) 元件丝印：用来描述元件腔大小的识别框。

(4) 阻焊：放置绿油覆盖，可以有效保护焊盘焊接区域。

(5) 1 脚标识/极性标识：用来定位元件方向。

2. 常见的 PCB 封装设计规范及要求

PCB 封装按照安装方式可以分为贴装器件、插装器件、混装器件、特殊器件(沉板器件)。常见的 PCB 封装如图 6.3.2 所示。

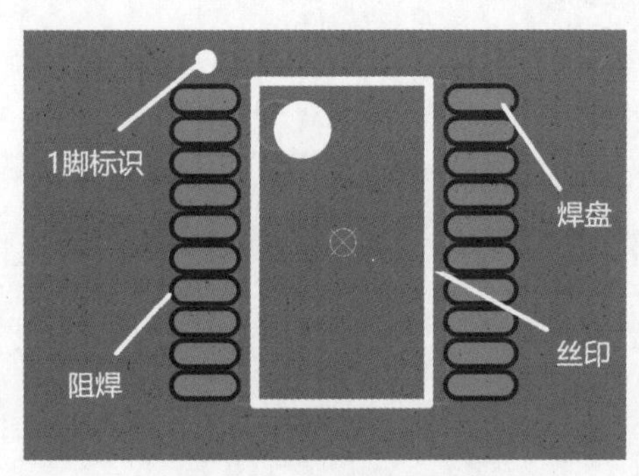

图 6.3.1 PCB 封装的元素

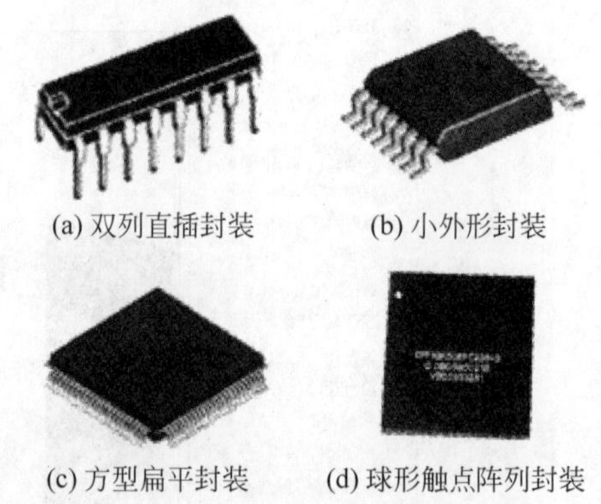

图 6.3.2 常见的 PCB 封装

双列直插封装(DIP)是 20 世纪 70 年代比较流行的封装形式，英特尔公司这期间的 CPU 如 8086、80286 都采用 DIP 封装。DIP 封装有以下特点：适合 PCB 的穿孔安装；PCB 布线方便；安装操作简便。通常使用芯片面积与封装面积之比这个指标来衡量一个芯片封装技术先进与否，比值越接近 1，这个芯片封装技术越先进。如采用 40 根 I/O 引脚塑料包封双列直插式封装(PDIP)的 CPU，它的芯片面积与封装面积之比为 1∶80，因此，这种封装尺寸要远大于芯片自身的尺寸，占去了很多有效安装面积。

在 20 世纪 80 年代，出现了小尺寸封装(SOP)、塑料方型扁平封装(PQFP)。Intel 80386 就采用 PQFP 封装。方型扁平封装(QFP)有以下这些特点：封装外形尺寸小，寄生参数减小，适合高频应用；适合用表面组装技术(表面贴装技术(SMT))在 PCB 上安装布线；安装操作简便，可靠性高。

球形触点阵列(BGA)封装是 20 世纪 90 年代开始涌现的封装技术。在印刷基板的背面按阵列方式制作出球形凸点用以代替引脚，在印刷基板的正面装配 LSI 芯片，然后用模压树脂或灌封方法进行密封，也称为凸点阵列载体(PAC)。引脚可超过 200，是多引脚 LSI 常用的一种封装。虽然 BGA 封装的引脚数目多，但引脚间距远大于 QFP 封装，这提高了组装成品率，而且组装时使用共面焊接，可靠性高。然而，它的缺点仍然是芯片面积和封装面积的比值很低。

3. 向导法创建 PCB 封装

PCB 封装的创建方法主要有手工法和向导法。手工法创建 PCB 封装方法和原理图库的绘制相似,比较适合引脚数目较少或者形状不规范的封装。向导法比较适合一些引脚数目比较多、形状又比较规范的封装。本书以 STM8S103F2 芯片为例介绍向导法创建 PCB 封装。

在创建 STM8S103F2 芯片之前,要对该芯片封装的方式及对应的尺寸参数加以了解。需要查阅该芯片的 datasheet,其部分内容如图 6.3.3 所示。

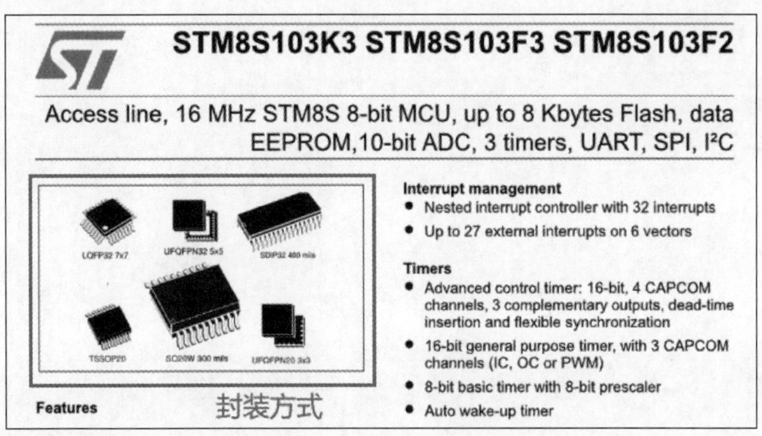

图 6.3.3 STM8S103F2 芯片的 datasheet 的部分内容

从 STM8S103F2 芯片的 datasheet 中可以得知,该芯片有 6 种常见的封装方式,实际工作中要根据芯片实物的方式选择封装,本书选择 TSSOP20 这种封装方式作介绍。

具体操作步骤如下:

(1) 在 PCB 库文件界面中,选择"工具→IPC Compliant Footprint Wizard",如图 6.3.4 所示。

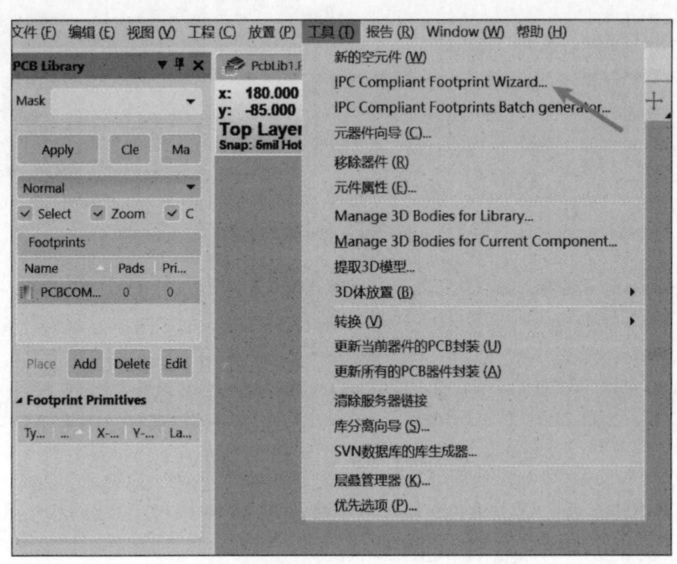

图 6.3.4 向导法创建 PCB 封装步骤(1)

(2) 进入"IPC Compliant Footprint Wizard"界面,如图 6.3.5 所示,单击"Next"。

(3) 选择对应的封装格式,此处选择 TSSOP 封装,如图 6.3.6 所示,单击"Next"。

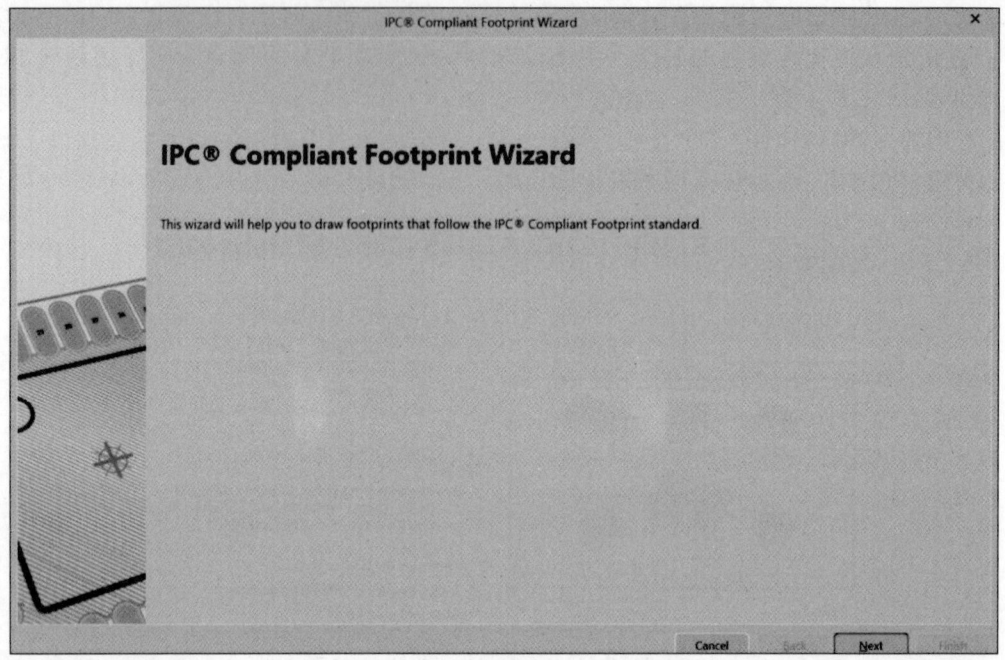

图 6.3.5 向导法创建 PCB 封装步骤(2)

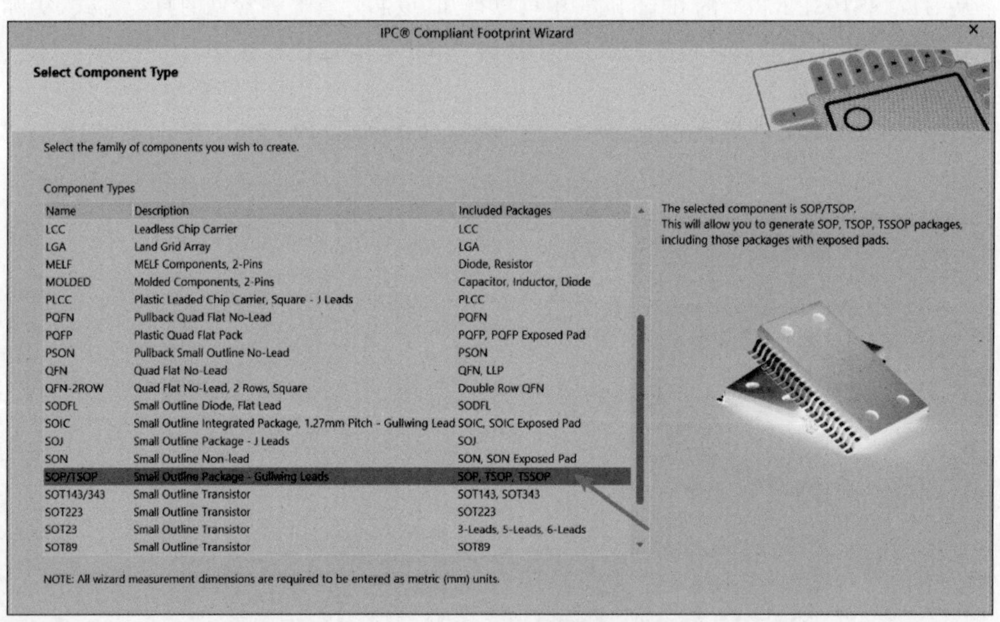

图 6.3.6 向导法创建 PCB 封装步骤(3)

(4) 依据 STM8S103F2 芯片的 datasheet 给出的具体尺寸参数(图 6.3.7),在对应的部分进行填写,如图 6.3.8 所示,然后单击“Next”。

(5) 后续操作包括添加散热焊盘以及散热焊盘的尺寸,封装密度等,一般选择默认设置,最后单击“Finish”完成创建。

4. PCB 封装匹配的检查

若在导入 PCB 时出现“Footprint Not Found”或“Unknown Pin”,可能是封装匹配出现

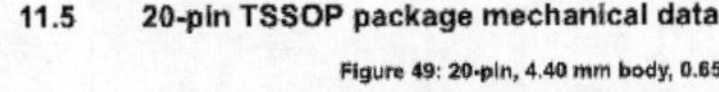

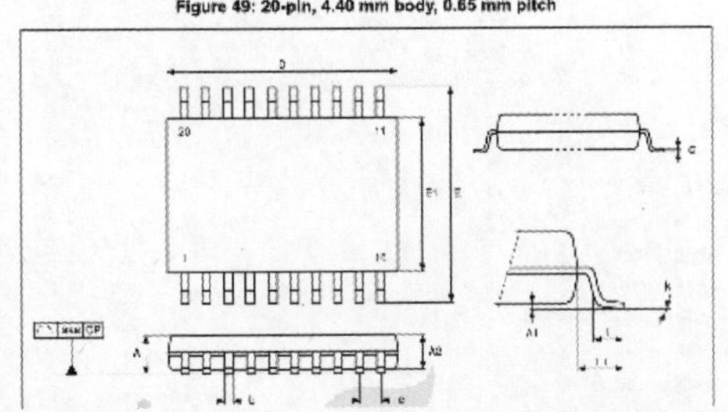

Table 56: 20-pin, 4.40 mm body, 0.65 mm pitch mechanical data

Dim.	mm			inches[1]		
	Min	Typ	Max	Min	Typ	Max
A			1.200			0.0472
A1	0.050		0.150	0.0020		0.0059
A2	0.800	1.000	1.050	0.0315	0.0394	0.0413
b	0.190		0.300	0.0075		0.0118
c	0.090		0.200	0.0035		0.0079
D	6.400	6.500	6.600	0.2520	0.2559	0.2598
E	6.200	6.400	6.600	0.2441	0.2520	0.2598
E1	4.300	4.400	4.500	0.1693	0.1732	0.1772
e		0.650			0.0256	
L	0.450	0.600	0.750	0.0177	0.0236	0.0295
L1		1.000			0.0394	

图 6.3.7 STM8S103F2 芯片封装的具体参数

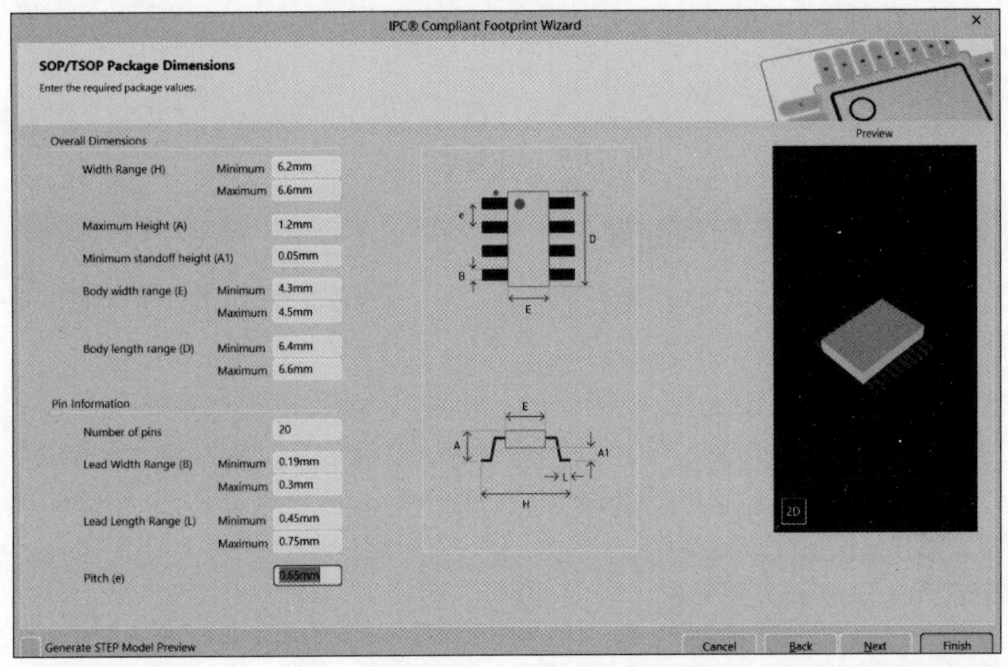

图 6.3.8 向导法创建 PCB 封装步骤(4)

了问题。检查 PCB 的封装匹配的操作步骤如下:

(1) 在原理图编辑界面,选择"工具→封装管理器",进入"封装管理器"界面,如图 6.3.9 所示。

(2) 单击"Current Footprint",对当前封装进行排序。

若表格中出现空白的地方,则表示这些元器件没有添加封装名称。这种情况会造成出现"Unknown Pin",需要进一步添加封装名称。操作完成后,单击"接受变化(创建 ECO)"按钮,进行更新。随后重新导入 PCB,看是否会报错。

如出现问题,一一选择所有的元件封装,若在封装预览区找不到预览的封装图,则证明此封装有问题,可能是封装路径或者名称匹配不正确。

(3) 双击有匹配问题的封装,进入元件封装的匹配设置,检查封装路径是否正确,或检查封装名称和封装库的名称是否匹配。

(4) 再次单击"接受变化(创建 ECO)"按钮,进行更新。重新导入 PCB,直至不报错。

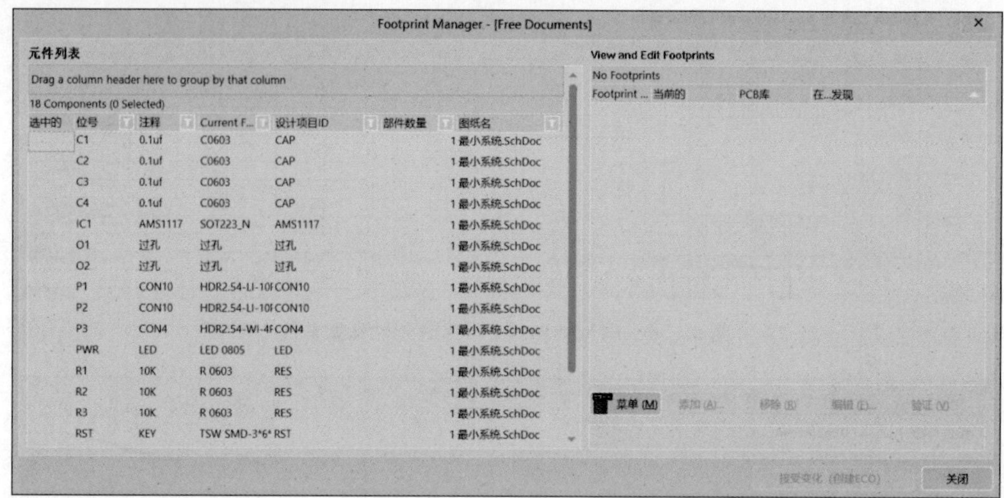

图 6.3.9 PCB 封装的检查

6.3.2 PCB 布局前处理

原理图检查无误后，就可以正式绘制 PCB。PCB 布局前处理的工作主要有 PCB 的导入和 PCB 板框的定义。

1. PCB 的导入

PCB 的导入操作如下：

(1) 进入 PCB 文件界面，单击左上角的磁盘图标，对 PCB 文件进行保存。

(2) 选择"设计→Import Changes From PCB_XXX. PrjPcb"，即可完成 PCB 的导入，如图 6.3.10 所示。

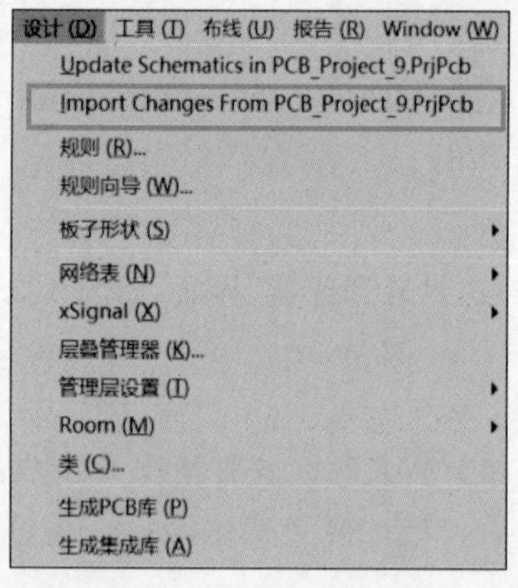

图 6.3.10 PCB 的导入

2. 板框的定义

PCB 的板框形状由机械层定义，下面详细介绍 PCB 的板框设计。

在 PCB 界面下方的各层中，选择"Mechanical 1"层(默认为紫色，可自定义颜色)，如图 6.3.11 所示：

(1) 选择"编辑→原点→设置"(或快捷键 EOS)，先定义一个坐标原点。

(2) 以刚定位的原点为顶点画四条直线，构成一个矩形，如图 6.3.12 所示。

(3) PCB 板框的边长一般为整数，双击直线，在直线的"Properties"中将四个边长设置为整数。

(4) 选中其中的两条直线，按住 Tab 键，即可对四条直线进行全选。

(5) 选择"设计→板子形状→按照选择对象定义"，即可完成板形绘制，如图 6.3.13 所示。

(6) 选择"视图→切换到 3 维模式"(或按快捷键 EOS)，可调出三维视图进行查看，如图 6.3.14 所示(按住 Shift 键＋鼠标右键可对模型进行旋转)。

[1] Top Layer　[2] Bottom Layer　Mechanical 1　Top Overlay　Bottom Overlay　Top Paste

图 6.3.11　PCB 的各层显示

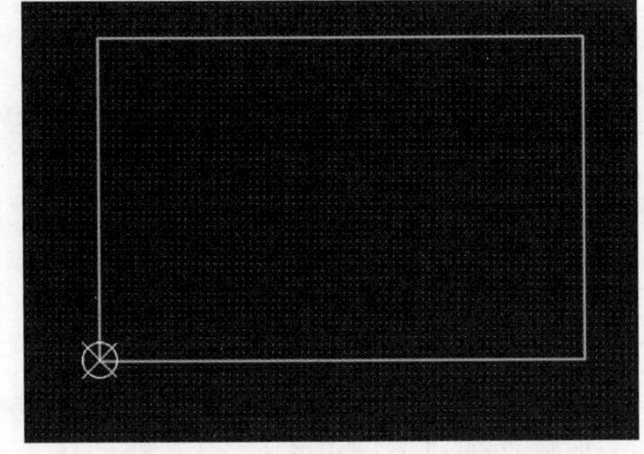

图 6.3.12　定位原点，构成一个矩形

图 6.3.13　板形的定义

图 6.3.14　板形的三维视图

6.3.3 PCB 布局

随着 PCB 集成度越来越高，同一块 PCB 上的元器件越来越繁杂，掌握 PCB 布局流程很重要。PCB 布局流程：首先弄清元器件布局的一般原则；然后进行 PCB 的自动布局，将同一功能或相关的元器件摆放在一个规定区域内；最后进行 PCB 的交互式布局，和原理图进行交互，缩短设计时间，提高布局效率。

1. 元器件布局的一般原则

元器件的合理布局对 PCB 的性能有很大影响，元器件布局的一般原则如下：

(1) 在进行元器件布局时，一般将大的电路分为多个小的单元电路，为避免输入/输出、高低电平部分交叉，一般按照电路信号的流向安排各单元电路的位置，且流向要有一定的规律以便出现故障时容易查找。

(2) 为减少导线长度及 PCB 的尺寸，元器件的布局应尽可能提高元器件布设密度。布局时可以以每个单元电路某个核心元器件为中心，围绕它进行布局，这样做可以提升布设密度。

(3) 元器件尽量分布均匀,同一单元的元器件应集中排列。

(4) 当 PCB 上的对外连接确定后,相关电路部分应就近安放。

(5) 低、中、高频电路应分开布局,以免相互干扰,如图 6.3.15 所示。

(6) 数字、模拟器件应分开布局,并尽量远离。

(7) PCB 上有高、低压电路时,高、低压元器件应分开放置,高、低压电路之间的距离应保持在 3.5mm 以上。为了避免爬电(电流从一个电极沿着表面或穿过绝缘体逐渐爬升的现象),还应在 PCB 上高、低压之间开槽。

(8) 高频电路设计时,要考虑元器件之间的分布参数。应尽可能使电路中元器件平行排列,这样可以使焊接容易,方便批量生产。

(9) 元器件布置时要尽量远离 PCB 的高挠度和高应力区域,如 PCB 的四角、边缘、接插件、安装孔、槽以及拼板接口处。焊盘的位置距离边缘的距离不应小于 5mm。对应力敏感的元器件也不能放置在 PCB 上的高应力区域。

(10) 功率元器件应与其他元器件保持距离,一般放置在 PCB 的边缘上。

(11) 若要放置风冷或散热,则应留出足够的空间或风道。

(12) 方便 PCB 的维修和清洗。

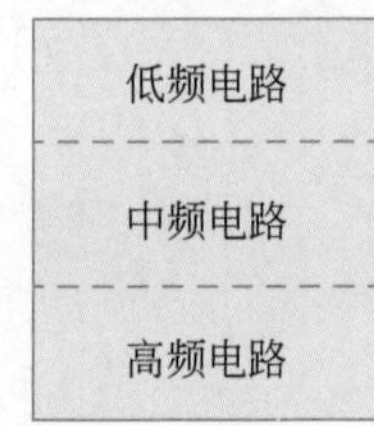

图 6.3.15 低、中、高频电路的布局原则

2. 自动布局

PCB 的自动布局功能能够将杂乱无章的元器件迅速按照某个规定的区域进行摆放。下面以最常用的矩形排列为例介绍。其具体的操作流程如下:

(1) 在 PCB 文件界面选中想要排列的元器件。

(2) 选择"工具→器件摆放→在矩形区域排列"。

(3) 在 PCB 的某个空白区域框选一个矩形框,这时选择的元器件都会整齐地排列在所框选的矩形框中。

3. 交互式、模块化布局

交互式、模块化布局是指以原理图元件的排布为参考进行的 PCB 布局,通过交互式布局的方法,在 PCB 布局的过程中,可以实时参考原理图上对应元器件的具体位置,进行分类模块化布局。具体方法如下:

(1) 在任意界面单击设置(右上角的齿轮按钮),进入系统参数设置窗口,选择"System→Navigation",在选项里找到"高亮方式",选择"缩放"和"变暗"。同时,选择下方的"要显示的对象",选择"Pin 脚""网络标签"及"端口"。

(2) 选择"交叉选择模式",选中"交互选择"的按钮,在"交互选择的对象"中选择"元件"选项。

(3) 设置完成后,即可对 AD 界面进行分屏显示。同时打开创建了的原理图文件和 PCB 文件,在文件名显示的黑色栏中右击,选择"垂直分割",即可完成原理图和 PCB 的同时显示,如图 6.3.16 所示。

此时,选中原理图中的任一模块的元器件即可在 PCB 中得以高亮显示。在 PCB 布局时,参考原理图上的元器件分类进行模块化的步骤,即为"交互式、模块化"布局方式。

6.3.4 PCB 布线

PCB 布线是 PCB 设计中最关键的一步,也是要求最高、工作量最大的一步。PCB 布线

图 6.3.16 原理图和 PCB 图的同时显示

要遵循一系列的规则，因此在进行 PCB 布线之前要进行规则的设置。

1. 电气规则的设置

电气规则设置包括对电路开路、短路及电气安全间距的设置等。

（1）开路规则设置：在 PCB 文件界面下选择“Design→Rules”，就可进入“PCB 规则及约束编辑器”的界面，左边显示的是 10 种规则类型，依次选择“Electrical”“Un-Routed Net”和“UnRoutedNet”，在出现的界面中“Where The Object Matches”下的方框中选择“All”，即对电路板上所有的连线都不允许开路的存在。再勾选“检查不完全连接”的选项，即可完成设置。

（2）短路规则设置：和开路规则设置一样，选择“Electrical”后依次选择“Short-Circuit”和“ShortCircuit”，在出现的界面中“Where The First Object Matches”和“Where The Second Object Matches”下的方框里都选择“All”，注意在“允许短路”的选项卡中不要勾选。

（3）电气安全距离的设置：电气安全距离主要考虑导线之间间距、焊盘孔径与焊盘宽度、焊盘与焊盘之间的距离、铜皮与板边之间的距离设置。和开路规则设置一样，选择“Electrical”后依次选择“Clearance”和“Clearance”，出现如图 6.3.17 所示的界面。

在图 6.3.17 中，可以对走线（Track）、表贴焊盘（SMD Pad）、通孔焊盘（TH Pad）、过孔（Via）、铜皮（Copper）、文字（Text）、钻孔（Hole）之间的距离进行更改。例如，想设置 Via 和 Via 之间的间距为 5mil，只需要在十字交叉处更改为 5mil 即可。

2. 线宽规则设置

导线宽度（Width）设置里有 3 个值可供设置，分别为最大宽度、优选宽度和最小宽度。系统对导线宽度的默认值为 10mil，设置时建议 3 个数据设置为一样的。

在 PCB 文件界面下选择“Design→Rules”，进入“PCB 规则及约束编辑器”的界面，然后依次选择“Electrical”“Routing”“Width”和“Width”就可以对最大宽度、最小宽度和首选宽

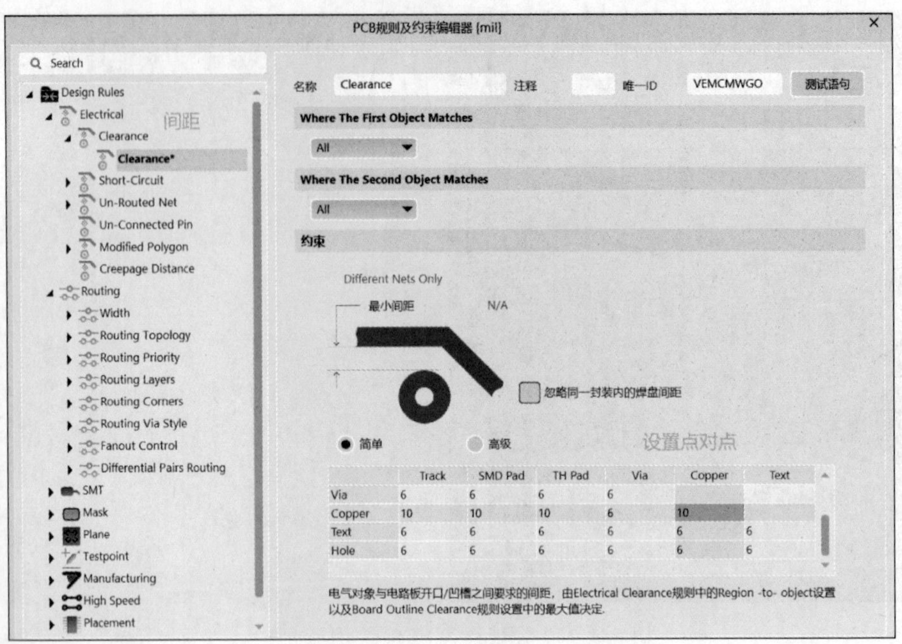

图 6.3.17　电气安全距离的设置

度进行设置。

如果需要对某个网络或者网络类单独设置线宽，则在“Width”规则上右击，新建一个规则，命名为“PWR”，如图 6.3.18 所示。对于电源线，一般把最大、最小、首选宽度进行单独设置，让走线在一个范围之内。

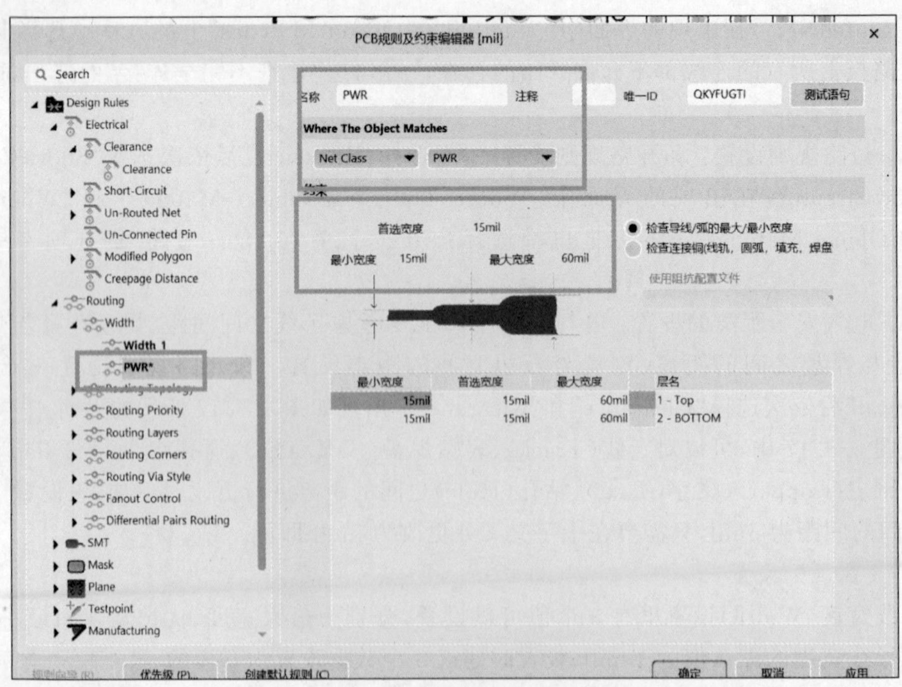

图 6.3.18　线宽规则的设置

3. 过孔规则设置

过孔规则设置是设置布线中过孔的尺寸,可以设置的参数有过孔直径和过孔孔径大小,也包括最大值、最小值和优先值。设置时须注意过孔直径和过孔孔径大小的差值不宜过小,否则将不宜于制板加工,常规设置为0.2mm及以上的孔径大小。在PCB文件界面下选择“Design→Rules”,进入“PCB规则及约束编辑器”的界面,然后依次选择“Electrical”、“Routing”、“Routing Via Style”和“RoutingVias”,就可以对过孔尺寸进行设置,如图6.3.19所示。

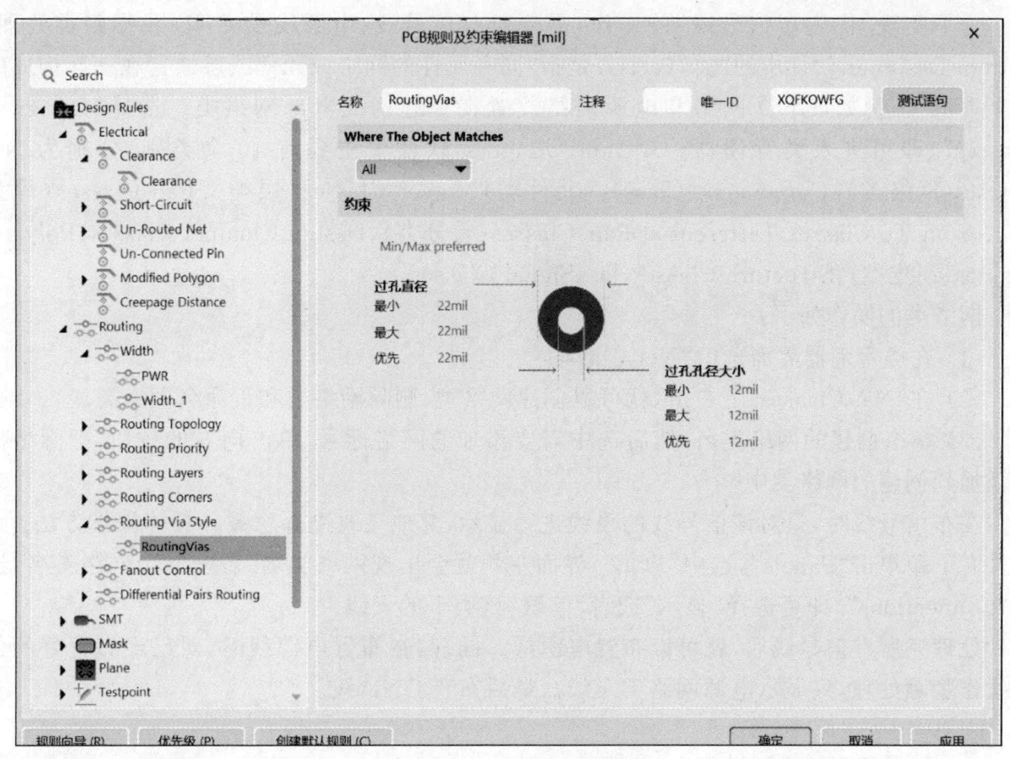

图6.3.19 过孔规则的设置

4. 阻焊规则设置

阻焊规则设置是设置焊盘到绿油的距离。在电路板制作时,阻焊层要预留一部分空间给焊盘,绿油不至于覆盖到焊盘上,造成锡膏无法上锡到焊盘,这个延伸量就是防止绿油和焊盘相重叠,不宜设置过小,也不宜设置过大,一般设置为2.5mil。

在PCB文件界面下选择“Design→Rules”,进入“PCB规则及约束编辑器”的界面,选择“Electrical→Mask→Solder Mask Expansion→SolderMaskExpansion”就可以对阻焊规则进行设置。

5. 自动布线

Altium Designer软件为用户提供了“自动布线”和“手动布线”两种方案。自动布线的优点是布线速度快,工作量小;缺点是灵活性差,线路板中的高频干扰大。手动布线的优点是灵活性高,线路板在正常工作中受到的高频干扰影响小;缺点是布线速度慢,工作量大。

在设置好约束规则后,自动布线将会达到与预期相近的结果。自动布线的操作:在PCB文件界面中,选择“Route→Auto Route→All”,在弹出的界面中单击“Auto Route”即可开始自动布线。

自动布线完成后，选择“Route→Un-Route→All”，即可拆除全部布线。也可用鼠标选中一根布线，在键盘上按“Delete”键将其删除。

6. 手工布线

对于一些比较敏感的走线、高速的走线，当自动布线不能满足设计要求时，一般需要采用手工布线。手工布线即参考 PCB 上显示的飞线逐个连接，但也有一定的顺序，优先布信号线，其次走电源线，最后走 GND 线。

为了实现“优先布信号线”的操作，需要对各信号线、电源线及 GND 线作归类处理。Altium Designer 软件中的“类”(class)是指“同一属性的网络或元件或层放置在一起构成的一个类别”。例如，GND 网络和电源网络放置在一起构成电源网络类。选择“Design→Classes”，即可进入类管理器。Altium Designer 软件中主要有 10 个类别，分别为 Net Classes(网络类)、Component Classes(元件类)、Layer Classes(层类)、Pad Classes(焊盘类)、From To Classes、Differential Pair Classes(差分类)、Design Channel Classes、Polygon Classes(铜皮类)、Structure Classes 和 xSignal Classes。

网络类的操作如下：

(1) 在类管理器界面选中“Net Classes”。

(2) 在“Net Classes”上右击，就可以创建网络类、删除网络类和重命名网络类。

(3) 单击创建的网络类名，然后选中需要添加的网络标号，单击向右的按钮，把网络标号添加到创建的网络类中。

在布信号线时，只对该信号线的飞线进行显示，其他飞线进行隐藏。具体操作方法：在软件右下角单击“Panels”，选中“PCB”，界面左侧就会出现网络类名，右击某个网络类名，选择“Connections”，即可选择“显示”或者“隐藏”该类下的飞线。

处理完所有信号线后，就可以布置电源线。同理，在布置电源线时，对已经布置好的信号线作隐藏处理，只显示电源网络类飞线。最后布置 GND 线。

6.4 PCB 设计后处理

6.4.1 网络表的生成

网络表是表示电路图中各电子元件信息及相互连接关系的文件，一般包含各元件的类型、封装、连接流水序号等信息。利用网络表文件可以和其他 PCB 设计软件，如 Protel、OrCAD、PADS 等进行数据共通。Altium Designer 软件网络表生成步骤如下：

(1) 在原理图界面中，选择“设计→工程的网络表”，即可看到诸多软件对应的网络表文件图，如图 6.4.1 所示。根据需要互通数据的软件需要，单击选中相应的软件。

(2) 单击后，在工程文件夹下的“Project Outputs for XXX”(“XXX”为工程名)子文件夹里可以找到生成的一个包含整个工程的网络表。

6.4.2 物料清单表的输出

物料清单(BOM)表的主要作用是方便采购人员采购加工电路所需要的元器件。

选择“Reports→Bill of Materials”，进入 BOM 表参数设置界面，如图 6.4.2 所示。界面

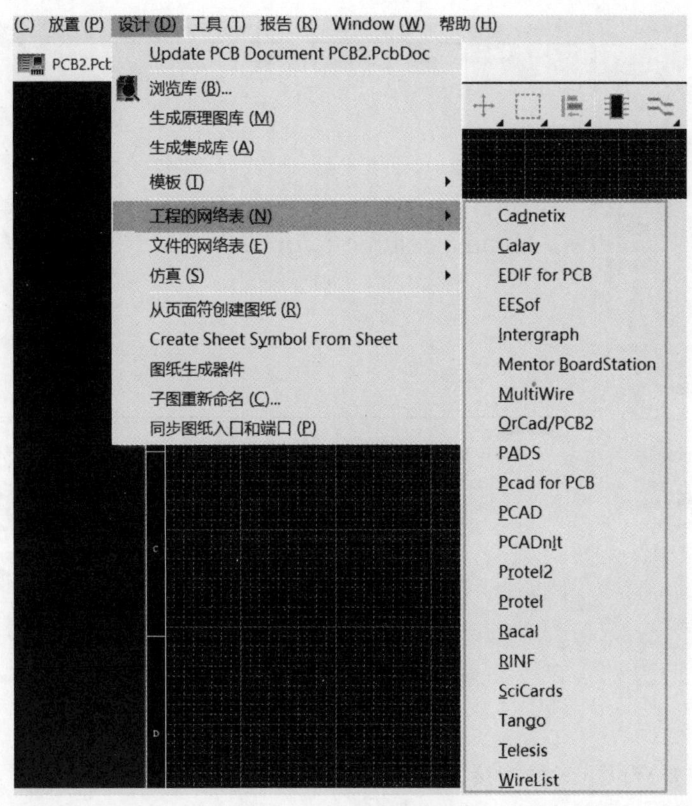

图 6.4.1 网络表的生成

的各部分介绍如下：

(1) Columns：元件的参数项，一般建议选择“Comment”(元件值)、“Description”(描述)、“Designator”(位号)、“Footprint”(封装)等。

(2) Drag a column to group：可以将元件按照特定的方式进行分类。将需要放在一组的参数，拖到“Drag a column to group”中，即可完成分类。

(3) 文件格式：选择 BOM 表的导出格式，一般选择 Excel 文档。

(4) 模板：导出模板选择，可以选择“none”进行直接输出，或用 Altium Designer 软件提供的模板来生成 BOM 表。

选项选择完毕后，单击“Export”(或者图 6.4.2 中的“导出”)就可以生成 BOM 表了，生成的文件保存在工程文件夹下的“Project Outputs for XXX”(“XXX”为工程名)子文件夹里。

6.4.3 PCB 拼板

1. PCB 拼板简介

PCB 拼板是指电路板生产厂家为了方便生产和节约成本将较小的 PCB 拼接在一起生产。拼板的原因有三点：一是满足生产的需求，有些 PCB 太小不满足作夹具的要求；二是提高 SMT 贴片的焊接效率，只需要经过一次 SMT 即可完成多块 PCB 的焊接；三是降低生产成本，有些 PCB 是异形的，拼板可以更高效率地利用 PCB 面积、减少浪费、降低生产

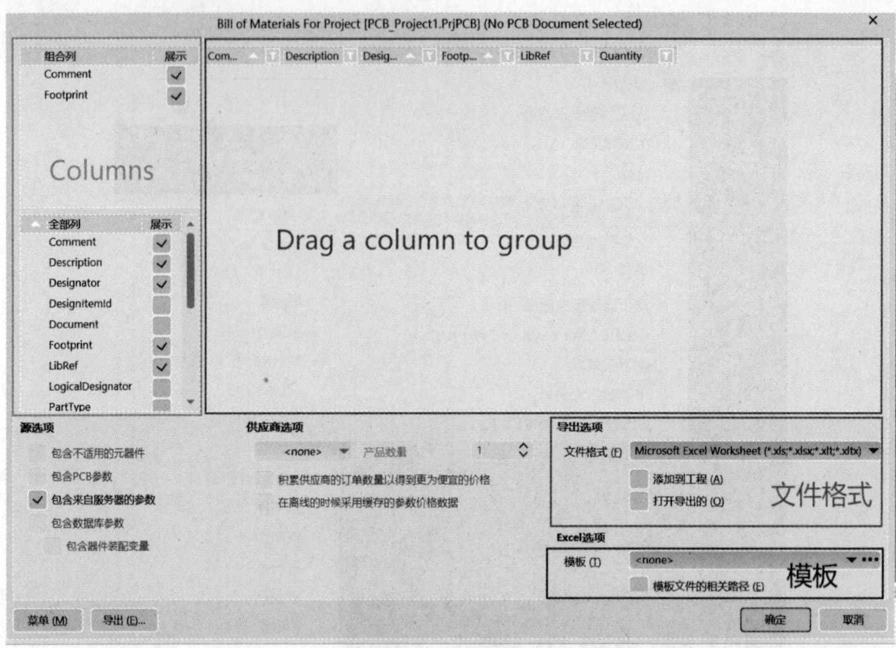

图 6.4.2 BOM 表的输出

成本。

PCB 拼板主要有以下三种连接方式：

(1) V 割连接：常用于规则板形之间的连接。V 割是指在两个板子的连接处画一个 V 形的槽，连接就变得脆弱，容易掰断。在设计的过程中，两块板子之间要给 V 割工艺留有间隙，通常为 0.4mm。

(2) 邮票孔连接：因为 V 割只能走直线，所以只适用于规则 PCB 的拼板连接。对于不规则的 PCB，如圆形的，就需要使用到邮票孔(之所以称为邮票孔，是因为掰断之后板子的边缘像邮票的边缘)来进行拼板连接。

(3) 空心条连接：该方法在有半孔工艺的板子中使用较多，是使用很窄的板材进行连接，和邮票孔有些类似，区别在于连接条的连接部分更窄一点，而且两边没有过孔。

2. 印制电路板的拼板方法

以规则板形印制电路板的 V 割连接为例，介绍 Altium Designer 软件拼板的操作方法。

在工程文件中新建一个 PCB 文件，在这个文件里进行拼板，方法如下：

(1) 单击"Place"，选择"Embedded Board Array"，在界面上出现绿色矩形，单击后绿色矩形变为灰色。这个灰色矩形即为拼板阵列的放置位置。可以在 PCB 里放置多个矩形。

(2) 双击灰色矩形，弹出"Properties"的设置框，如图 6.4.3 所示。其中，Location 为 PCB 拼板的位置，"PCB Document"用于设置对哪个 PCB 文件进行拼板，单击选择需要拼板的文件。"Column Count"为拼板的行数，"Row Count" 为拼板的列数，根据该文件需生产的数量分别选择行数和列数，总数量为行数和列数的乘积。

(3) 图 6.4.3 右下方的选项"Column Margin"和"Row Margin"为 PCB 拼板的列间隙和行间隙，"Column Spacing"和"Row Spacing"为 PCB 拼板的列间距和行间距。设置完成后，即可实现对 PCB 的拼板。

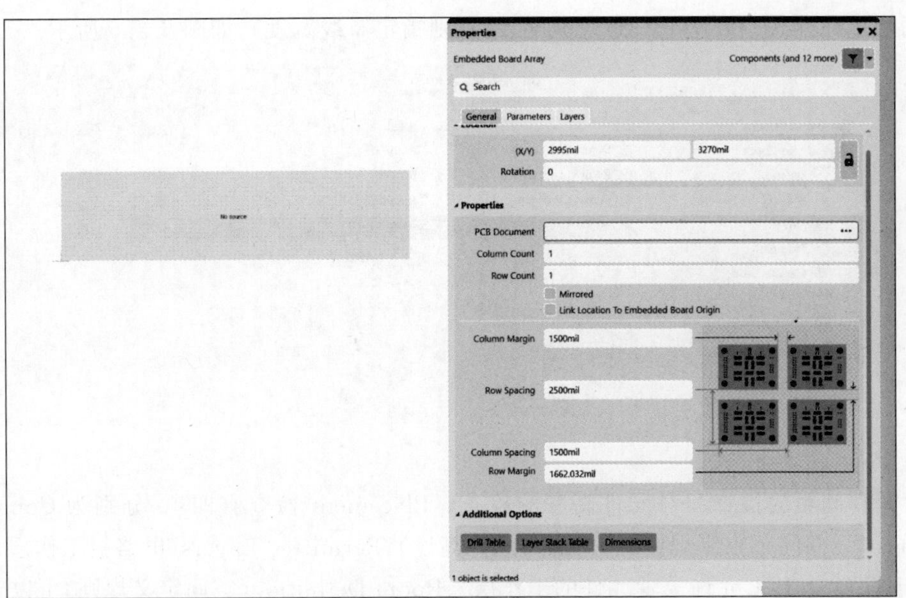

图 6.4.3 拼板的操作界面

6.4.4 设计规则检查

PCB 基本设计完成后，还要对 PCB 是否满足设计规则做全面的检查，称为设计规则检查(DRC)。在 PCB 文件界面选择"Tools→Design Rule Check"，即可进入 DRC 规则设置界面。DRC 检查规则有八类，下面对"Electrical(电气性能)"、"Routing(布线)"和"Placement(放置)"三类规则进行介绍。

1. Electrical 检查

如图 6.4.4 所示，检查主要有间距(Clearance)检查、短路(Short-Circuit)检查和开路(Un-Connected Pin)检查等。通常，这些选项都进行勾选("在线"是指在 PCB 设计过程中 DRC 报错实时显示，"批量"是在手工执行 DRC 时对错误进行实时显示)。

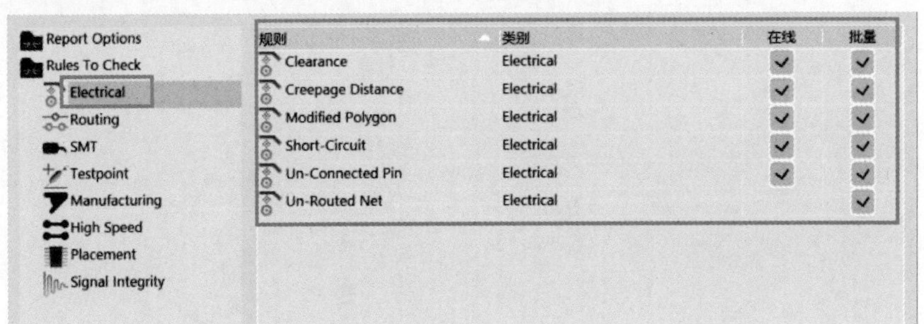

图 6.4.4 Electrical 检查

2. Routing 检查

Routing 检查有四项，分别为 Differential Pairs Routing(差分对布线，此规则定义差分对中每个网络的布线宽度，以及该对中的网络之间的间隙)、Routing Layers(布线层，此规则指定允许将哪些层用于布线)、Routing Via Style(布线过孔样式，此规则指定在布线时可以使用的过孔样式)和 Width(布线宽度,此规则指定布线宽度),如图 6.4.5 所示。

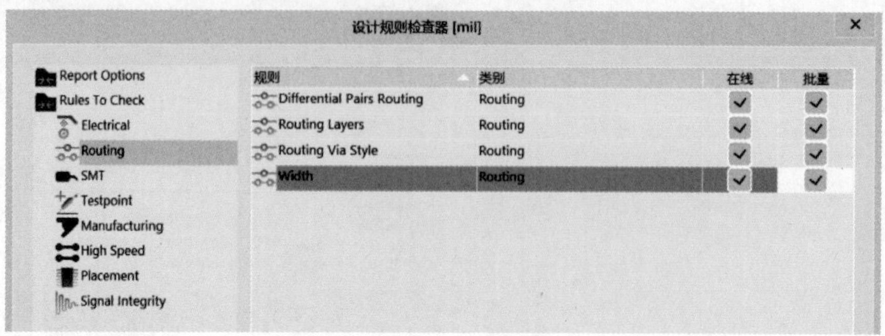

图 6.4.5 Routing 检查

3. Placement 检查

对元件间距的检查和对元件高度的检查。Placement 检查有四项,分别为 Component Clearance(元件间距限制规则)、Height(元件高度)、Permitted Layers(电路板工作层设置规则,用于设置 PCB 上允许放置元件的工作层)、Room Definition(空间定义规则,可以在 PCB 上定义一个元件布局区域(Room),在 Room 中可以设置成不允许出现元件,或者设置成某些元件必须出现在 Room),如图 6.4.6 所示。

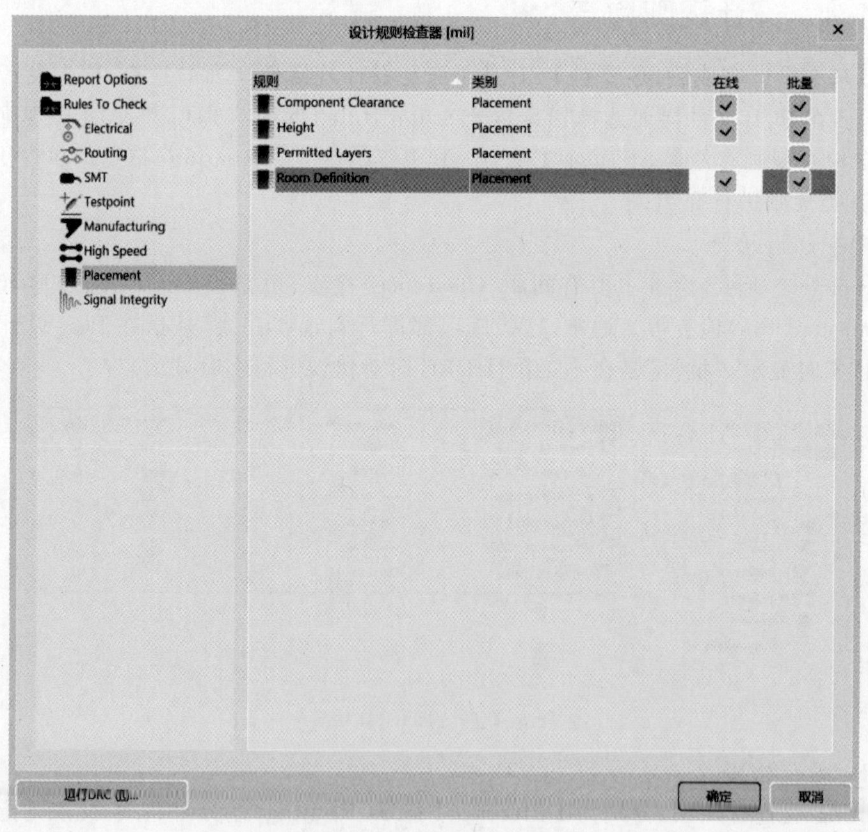

图 6.4.6 Placement 检查

设置完检查规则后单击“Run DRC”,软件即开始 DRC,检查完毕后给出 DRC 报告。

6.4.5　生产资料的输出

PCB 设计完成交给代工 PCB 厂家后，代工厂家通常会提出面向制造的设计(DFM)和 PCB 设计人员进行沟通，来做进一步修改和优化。为防止设计的 PCB 遭到泄露，或者存在设计者和生产者的软件版本不兼容问题，需要输出 PCB 的生产资料，包括 Gerber File、NC Drill File、IPC 网表、贴片坐标文件等。

1. Gerber File 的输出

Gerber File，又称光绘文件，是电子组装行业使用最广泛的文件格式。Altium Designer 软件输出 Gerber File 的方法如下：

(1) 在 PCB 设计界面下，选择 File→Fabrication Outputs→Gerber Files，进入"Gerber 设置"界面，如图 6.4.7 所示。图中，第一个需要设置的是"单位"，即对输出量的单位进行选择，通常选择"英寸"。第二个需要设置的是"格式"，有 2∶3、2∶4 和 2∶5 三个格式进行选择。其中，2∶3 具有 1 英寸的分辨率，2∶4 具有 0.1 英寸的分辨率，2∶5 具有 0.01 英寸的分辨率。

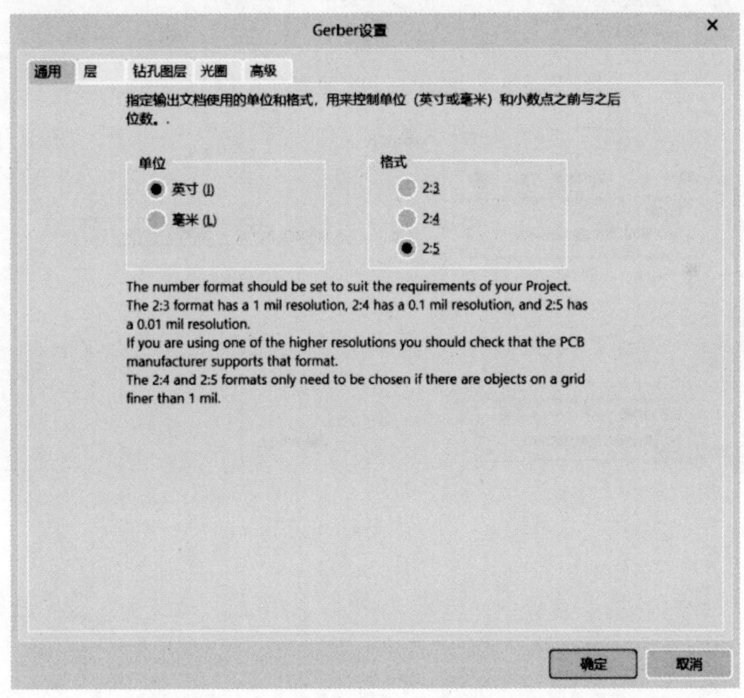

图 6.4.7　Gerber File 的输出操作(1)

(2) 在"层"的选项下，左侧为"出图层"。在下方"绘制层"的下拉框中选择"选择使用的"，即可对设计过程中所用到的所有层进行选择，如图 6.4.8 所示。在"镜像层"下拉选项中选择"全部去掉"，一般不对文件进行镜像输出。将"包含未连接的中间层焊盘"前的小方框勾选。

(3) 钻孔图层的设置。对"钻孔图"和"钻孔向导图"中的"输出所有使用的钻孔对"全部进行勾选，对用到的钻孔类型都进行输出，如图 6.4.9 所示。

(4) 光圈设置。这里使用默认设置，无须做任何改动，如图 6.4.10 所示。

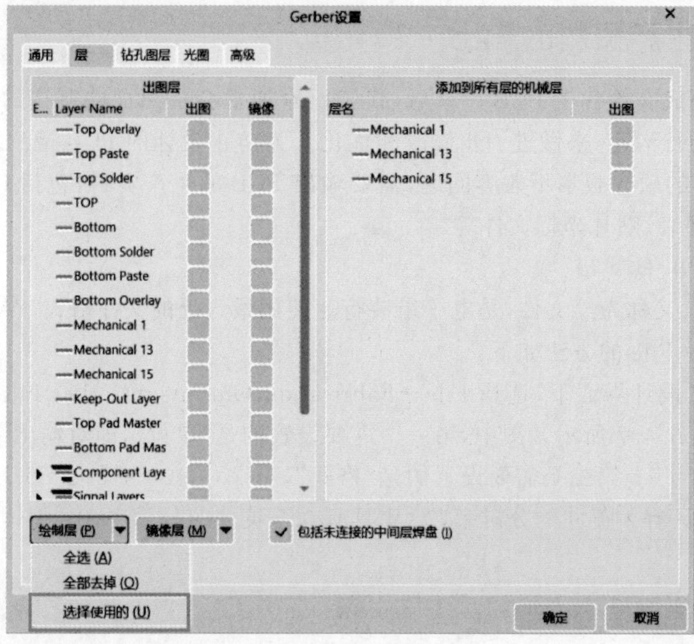

图 6.4.8 Gerber File 的输出操作(2)

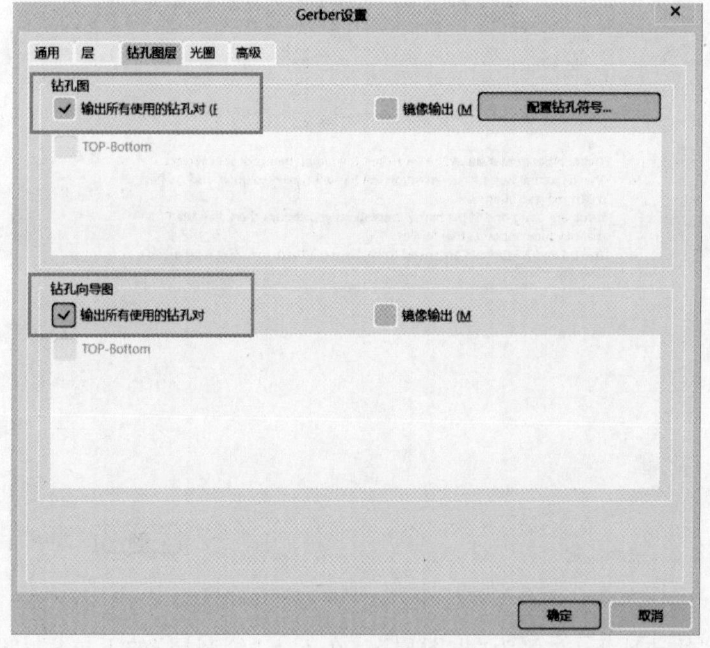

图 6.4.9 Gerber File 的输出操作(3)

(5) 高级设置。一般采取默认设置,不做任何改动。注意:如果遇到"The Film is too small for this PCB",意味着"胶片规则"里设置的尺寸过小导致文件输出不全,可以将"(水平的)X"和"(垂直的)Y"里面的数字加大一个数量级即可。

2. 钻孔文件的输出

PCB 的钻孔文件是指导 PCB 孔加工的文件。在 PCB 界面下,选择"File→Fabrication

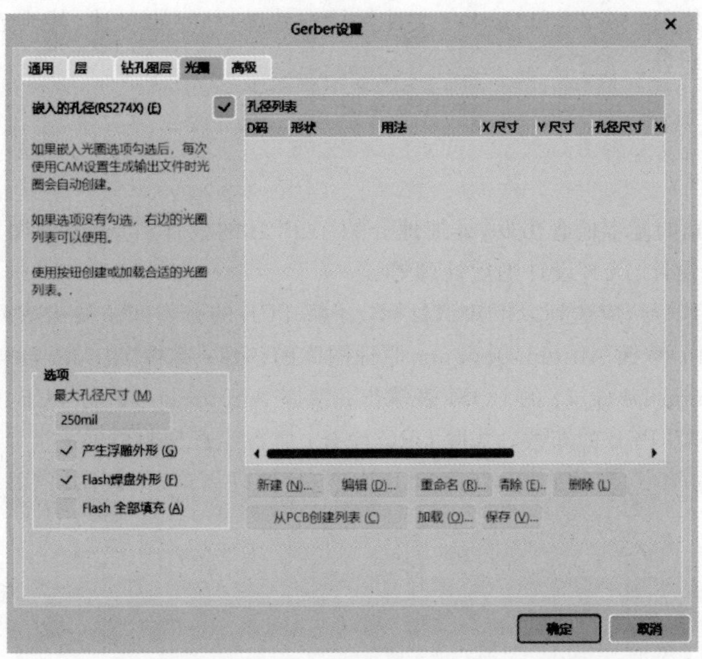

图 6.4.10 Gerber File 的输出操作(4)

Outputs→NC Drill Files”，即可进入“NC Drill 设置”界面，如图 6.4.11 所示。

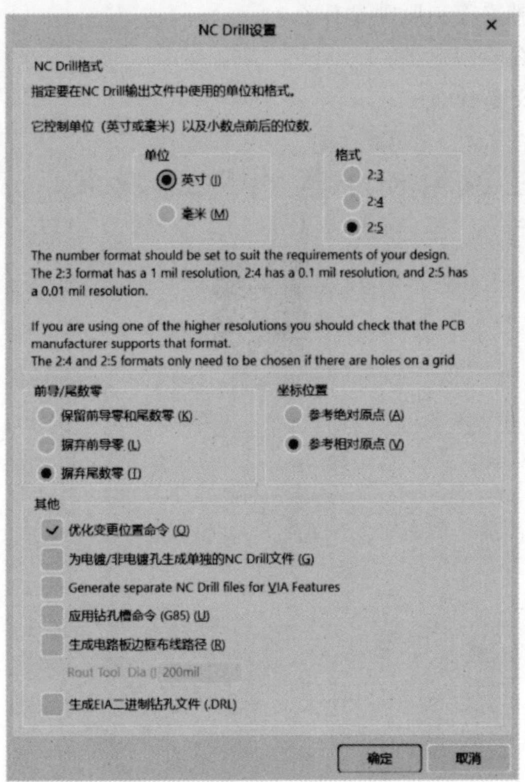

图 6.4.11 钻孔文件的输出界面

这里的“单位”和“格式”和 Gerber 文件保持一致即可，不再赘述，其他选项保持默认设置，单击“确定”即可。

小结

本章从 PCB 的基本概念出发，详细地介绍了 PCB 的设计，包括原理图库的创建、原理图的绘制、PCB 设计、PCB 设计的后处理等。

通过本章的学习，应达到以下知识目标：了解 PCB 的分类和主要组成元素；了解 PCB 设计的相关标准；掌握 Altium Designer 原理图库的创建；掌握 Altium Designer 原理图的设计；掌握 Altium Designer 的 BOM 表输出；掌握 Altium Designer PCB 库的创建；掌握 PCB 的布局；掌握 PCB 的布线；掌握 DRC 检查；掌握生产资料的输出。

通过本章的学习，应达到“设计简单 PCB(包括原理图库、原理图、PCB 库、PCB)”的能力目标。

思考题

1. PCB 一般包括哪些层？这些层的作用分别是什么？
2. 完整的 PCB 工程文件应该包含哪些文件？
3. PCB 布局的一般流程和原则是什么？
4. PCB 布线为什么要创建类？
5. PCB 拼板的意义是什么？

扩展阅读：王铁中与中国的 PCB 发展

扩展阅读

第7章 电子系统工艺

CHAPTER 7

印制电路板工艺包括印制电路板的制作及元器件的安装和焊接等环节用到的设备、技术和方法。印制电路板的制作方法可以分为加成法和减成法两大类。减成法是指在绝缘基材上敷满铜箔,然后用化学或机械方法除去不需要部分铜箔的方法,是工业上制作印制电路板的主要方法。加成法是指在绝缘基材表面上,有选择性地沉积导电金属而形成导电图形的方法,适用于实验室研究、小批量制作和特殊结构电路的制作。

减成法包括利用化学技术的蚀刻法和利用物理技术的雕刻法,本章会介绍减成法制作印制电路板以及元器件的焊装与焊接技术。

加成法包括全加成法、半加成法和打印法。全加成法仅用化学沉铜方法形成导电图形的方式;半加成法是在绝缘基材表面上用化学沉积金属结合电镀蚀刻等工艺形成导电图形的方式;打印法是利用3D打印技术直接在覆铜板或其他绝缘材料上打印电路的方法,本章也将介绍3D打印法制作电子电路。

7.1 蚀刻法制作 PCB

工业上利用化学蚀刻法制作单面PCB的一般工艺流程如图7.1.1所示,覆铜板经过预处理后进行钻孔、蚀刻线路以及后处理等工艺流程。蚀刻铜之前要利用成像工艺制作抗蚀刻图形。另外,如果制作双面板在钻孔后还需要利用电镀工艺在孔壁上形成金属层将正反面的金属连通。

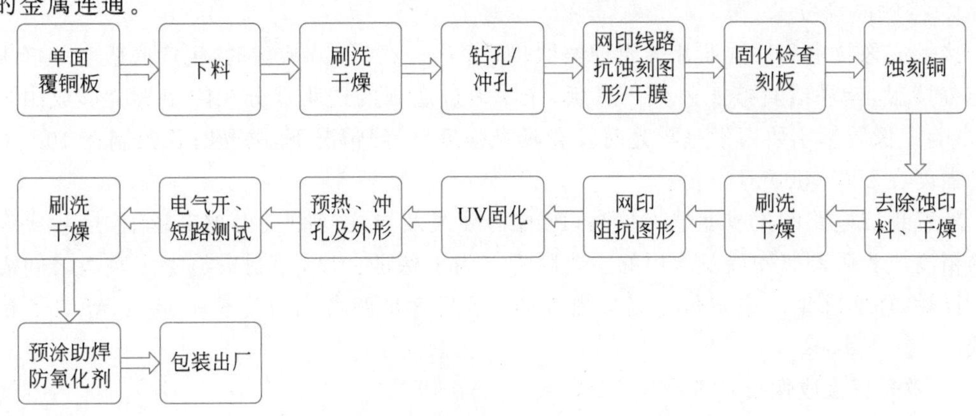

图7.1.1 蚀刻法制作单面PCB的一般工艺流程

7.1.1 PCB 成孔工艺

PCB 的孔大致可分为通孔、埋孔以及盲孔，孔的加工质量对 PCB 总体性能至关重要。

PCB 的孔加工方式主要有机械钻孔、机械冲孔、激光钻孔、光致成孔、化学蚀刻、等离子蚀孔、射流喷砂、导电柱穿孔、绝缘置换、导电粘接片等，现阶段应用比较广泛和成熟的成孔技术有机械钻孔和激光钻孔。

机械钻孔的主要特点：属于高速机械加工(最高转速达到 35 万 r/min)，孔形(如孔壁粗糙度一般控制在不大于 30μm)、孔径(如孔径公差一般控制在不大于＋10μm/－40μm)和孔位(如孔位精度一般控制在不大于±50μm)质量要求高。机械钻孔目前主要用于加工孔径在 0.1mm 及以上的微通孔。随着技术的发展(主要是机械钻机和钻头技术的进步)，钻孔速度和质量必将进一步提升，孔径 0.075mm 甚至 0.05mm 的微通孔也可能批量生产。

激光钻孔的主要特点：属光学加工(用 CO_2 激光或 UV 激光)，孔形(如孔壁粗糙度一般控制在不大于 18μm)、孔径(如孔径公差一般控制在不大于±20μm)和孔位(如孔位精度一般控制在不大于±20μm)质量要求高。CO_2 激光钻孔目前主要用于加工孔径为 0.15mm、0.125mm、0.1mm、0.075mm 的微盲孔。UV 激光钻孔目前主要用于加工孔径为 0.03～0.1mm 的微盲孔。

7.1.2 PCB 电镀工艺

PCB 最主要的要求是使电子产品在各种应用环境下都能保证电气信号可靠性。电镀的根本目的是使 PCB 所需要的层导通。其原理主要是在孔壁上沉积一层厚 0.3～0.5μm 的铜，以达到孔壁导通的作用。具体的实现方法：将金属板插入含有金属离子的溶液中，然后从外部接通电源加载电压(和电源正极相连的电极称为阳极)，这样就可以通过电解反应在阴极(和电源负极相连的电极称为阴极)形成金属膜层。

7.1.3 PCB 成像工艺

PCB 成像工艺是借助成像设备，通过金属化的方法在基板上复制底板图形的方法。其主要成像技术大致分为接触成像、激光投影成像、激光直接成像及步进重复成像。下面介绍接触成像技术和激光直接成像技术，并进行对比。

1. 接触成像技术

接触成像技术和冲洗照片的原理类似，如图 7.1.2 所示。成像时，生产底版与印制板必须充分接触，紫外线直接照射生产底版，光线透过底版的透明部分在印制板上形成阴影部分，影响成像质量主要因素是曝光时长和曝光强度，一般情况下，曝光时长控制在 10～30s，曝光强度在 200～500mJ/cm^2。

随着集成电路的集成度越来越高，PCB 的导线及导线间距变得越来越细，接触成像技术的精度成为限制其发展及应用的主要因素。为了保证精度，印制板与生产底版之间需要充分接触，而实际生产中定位不是非常精确，不能满足两者间有完全的接触，导致了精度降低。

2. 激光直接成像技术

激光直接成像(Laser Direct Imaging，LDI)技术是直接成像技术中的一种。与曝光技

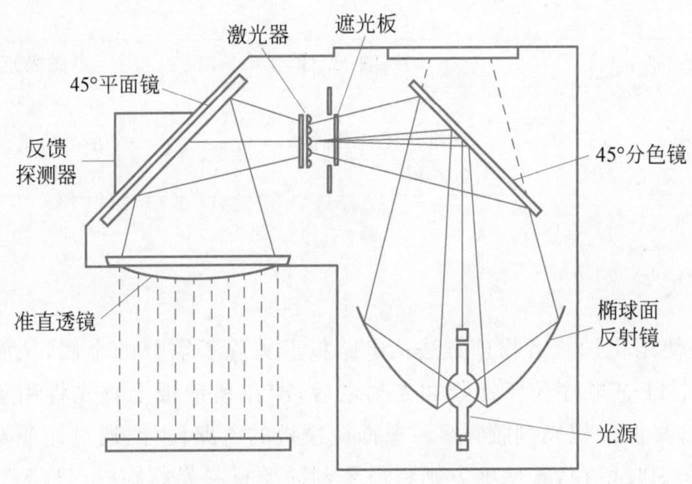

图 7.1.2 接触成像技术原理图

术不同的是，激光直接成像是用激光扫描的方法直接在 PCB 上进行成像，因此，该技术不需要底片，在提高了成像精度的同时，还提高了产品设计生产过程中的灵活性，缩短了生产周期。激光直接成像技术原理如图 7.1.3 所示。

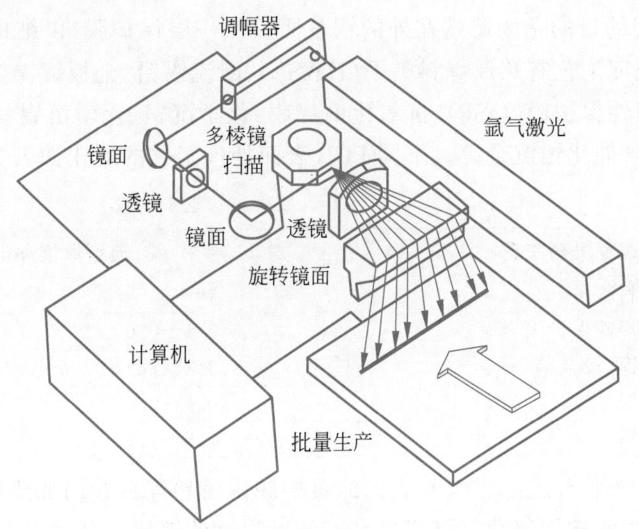

图 7.1.3 激光直接成像技术原理

3. 技术对比

接触成像和激光直接成像的技术特点对比如表 7.1.1 所示。

表 7.1.1 接触成像和激光直接成像的技术特点对比

技术名称	接触成像	激光直接成像
光源	汞弧光灯	氩离子激光
成像方式	直接接触成像	聚焦点光栅扫描成像
分辨能力/in	≥0.003	≥0.002
底版类型	1∶1 聚酯薄膜或玻璃	不需要底片
对位精确度	差	好

续表

技术名称	接触成像	激光直接成像
层间重合度	差	好
主要生产类型	大批量生产普通板	小批量板、普通板
系统价格/万美元	20～80	50～150

注：1in=2.54cm

7.1.4 PCB 蚀刻工艺

PCB 蚀刻是使用化学或者物理方法从电路板上去除不需要的金属，从而获得期望的电路图案过程。刻蚀工艺顺序位于镀膜和光刻之后，即在覆铜板上首先将用于刻画电路的材料进行薄膜沉积，其上沉积光刻胶；然后根据掩模板的电路设计，通过光照对覆铜板进行光刻，受光刺激的光刻胶留存，其他地方则将需要刻蚀的材料暴露在外(该步骤称作显影)；随后即利用刻蚀步骤，去除暴露在外的材质，留下覆铜板上需要的材质和附着在其上的光刻胶；再将光刻胶通过刻蚀去除。此后，多次重复上述步骤，得到构造复杂的线路。

7.1.5 PCB 表面处理工艺

PCB 表面处理的目的是为暴露在外的铜表面提供一层保护膜，以维持其导电性和可焊性。常用的表面处理工艺有热风焊料整平(HASL)、回流锡铅、全板镀镍金、化学镀镍/浸金(ENIG)、有机可焊性保护膜(OSP)、抗氧化助焊膜、化学沉银、化学沉锡、化学镀钯(Pd)、电镀镍/金、沉镍银、自催化银沉金等。不同 PCB 表面处理工艺的对比如表 7.2.2 所示。

表 7.1.2 不同 PCB 表面处理工艺的对比

PCB 表面处理工艺	典型厚度/μm
热风焊料整平	1～40
有机可焊性保护膜	0.1～0.6
化学镀镍/浸金	3～5(镍)，0.05～0.15(金)
化学沉银	0.1～0.4
化学沉锡	0.6～1.2

(1) 热风焊料整平工艺：在 PCB 表面涂覆熔融锡(铅)焊料并用加热压缩空气整(吹)平的工艺，以形成一层既抗铜氧化又可提供良好的可焊性的镀层。其优点是价格较低，焊接性能佳；缺点是处理后的 PCB 表面平整度较差，且在后续组装过程中容易产生锡珠，使得细间隙引脚的元器件在焊接时容易产生短路。

(2) 有机可焊性保护膜工艺：将一层非常薄的有机涂层(常用的是苯并咪唑和苯基咪唑)涂敷在铜的表面，有机可焊性保护膜工艺在所有的表面处理中是最便宜、最简单的，所以它在世界上广受欢迎。然而，有机可焊性保护膜在信息与通信技术(ICT)和电气测试中的接触性能不良，使用上有局限。同时，它经过多次热操作后会退化，在无铅焊接中可能会引起可焊性的问题。

(3) 全板镀镍金工艺：在 PCB 表面上先镀一层镍，再镀一层金。从化学的角度，金不会形成氧化物，且具有极好的焊接浸润性，成为 PCB 最理想的涂层。然而，当金含量超过焊料质量的 3%时会使焊点变脆，而且金也非常容易融入铜，为了防止金与铜融合并最终使铜外露氧化,使用镀镍的方式使金与铜分离开。该工艺的优点是较长的存储时间(大于 12 个月),适合接触开关设计和金线绑定,适合电测试;缺点是较高的成本,金比较厚且金层厚度一致性差,焊接过程中金太厚可能导致焊点脆化,影响强度。

(4) 化学沉银:银具有很好的抗氧化性能,及其金属中最低的接触电阻,成为了 PCB 表面处理常用的涂料。化学沉银是通过电化学工艺进行,典型厚度为 0.1～0.4μm。沉银工艺十分简单,但沉积层在组装后可能会发黑、发黄、变暗,严重的发黑预示着腐蚀和功能丧失。

(5) 化学沉锡:通过电化学的方法沉积锡来保护铜不被氧化。锡的优点是价格低,且与焊料之间有良好的兼容性;缺点是锡容易与铜形成合金层,而且工艺中有对环境污染的化学用品,因此被部分地区限制使用。

7.1.6 PCB 阻焊工艺

PCB 的阻焊层是放置在电路板上的一层薄的聚合物层,它可以保护铜在操作过程中免受氧化和短路,还可以保护 PCB,使其免受环境影响。PCB 上应用阻焊层的过程如下:

(1) PCB 清洁。清洁电路以去除污垢和其他污染物,然后干燥电路板表面。

(2) 阻焊油墨涂层。将电路板装入用于阻焊油墨涂层的垂直涂层机中。涂层厚度取决于 PCB 所需的可靠性及其使用领域等因素。在电路板的不同部分(如走线、铜箔或基板)上添加阻焊层时,其厚度会有所不同。该掩模层厚度将取决于设备能力和 PCB 制作能力。

(3) 预硬化。这个阶段不同于完全硬化,因为预硬化看起来使涂层在板上相对坚固,这有助于去除不需要的涂层,而这些涂层又可以在开发阶段轻松地从 PCB 上去除。

(4) 成像和硬化。成像是使用激光绘制的照相胶片完成的,以定义阻焊层区域。该薄膜与已经涂有焊料油墨并粘干的面板对齐。在这个成像过程中,与面板对齐的胶片会受到紫外线照射。在接收到紫外线后,不透明区域允许紫外线穿过薄膜,从而使不透明区域下方的油墨发生聚合(硬化)。

(5) 显影。将电路板浸入显影液中清除不需要的阻焊层,确保所需的铜箔准确暴露。

(6) 最终硬化和清洁。当安装在 PCB 表面时,需要最终硬化以使阻焊油墨可用。接下来需要对已覆盖阻焊层的电路板进行清洁,再进一步处理,如进行表面处理。

7.2 雕刻法制作 PCB

蚀刻法制作 PCB,虽然工艺成熟,稳定可靠,是工业大批量制板的首选,但其对工艺设备和操作人员水平要求较高、安全系数较低,且具有一定的环境污染性。在实验室科研、课程教学或小批量生产 PCB 的情况下,可以采用机械刀具或激光将导电线路以外的铜箔去除掉的雕刻法制作 PCB。

7.2.1 机械雕刻法制作 PCB

机械雕刻法制作 PCB 需要使用电路板钻铣刻一体机或电路板机械雕刻机进行 PCB 的钻孔和线路雕刻。

机械雕刻法制作 PCB 的制作流程主要有钻孔及孔金属化、线路雕刻和后期处理三个步骤，制作过程中覆铜板的变化如图 7.2.1 所示。

钻孔及孔金属化是为了将覆铜板正面和背面连通而制作双面板或者给直插式元器件引脚提供安装位置。如果制作安装直插式元器件的单面板，就不需要孔金属化；如果制作贴片式元器件的单面板，那么钻孔也可以省略。

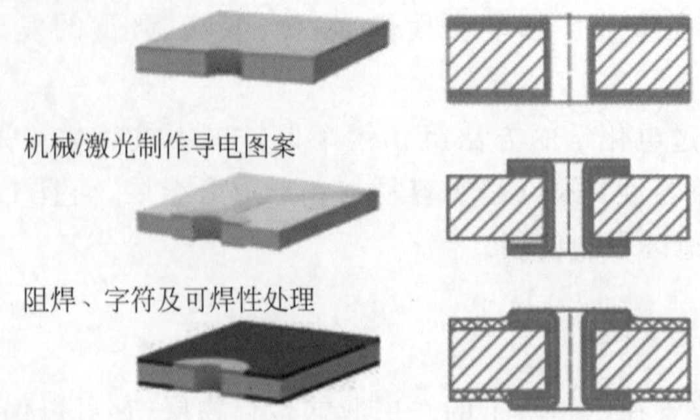

图 7.2.1　机械雕刻法制作 PCB 过程中覆铜板的变化

本书以国内某款机械雕刻机为例介绍机械雕刻法制作单面 PCB 的操作流程。虽然不同型号的设备的操作细节会有所不同，但流程和方法是类似的。本书使用的雕刻机参数如下：

加工尺寸：445mm×365mm；

主轴电机转速：0～51000r/min；

主轴电机功率：500W(水冷变频电机)；

分辨率（X/Y/Z)：0.005mm；

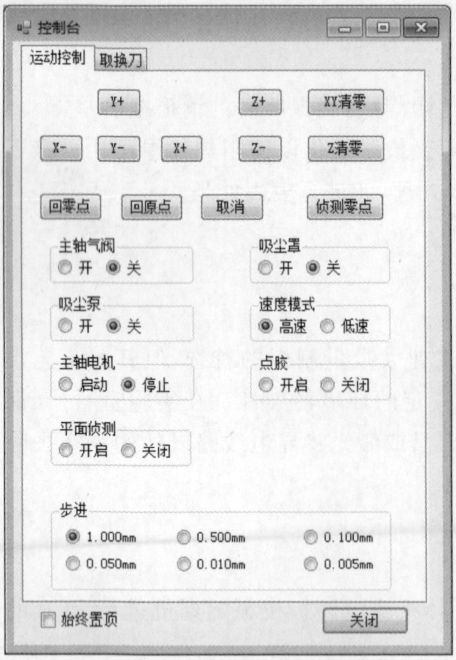

重复精度：±0.02mm；

定位孔系统精度：±0.006mm；

换刀功能：13 刀位，自动换刀；

测刀功能：支持；

刀具夹头：夹头 3.175mm，自动气动装刀；

钻孔能力：120 次/min；

采用机械雕刻法制作 PCB 的流程如下：

1. 设备、刀具与物料准备

安装好雕刻机的刀具，放置好覆铜板，打开雕刻机电源，打开气泵阀门，开启工控机电脑。

2. 设置板材加工零点

打开雕刻机控制软件，等待机器连接成功后单击快捷菜单栏的手柄符号打开设备控制台，如图 7.2.2 所示。

单击图 7.2.2“吸尘泵”栏中的“开”，打开吸尘泵吸住覆铜板。

单击图 7.2.2 中“X＋”、“X－”、“Y＋”和“Y－”按钮，控制刀具在平行于覆铜板的方向移

图 7.2.2　刀具控制台界面

动，使钻头停留在覆铜板正上方居覆铜板左下角定点 XY 方向均为 10mm 的位置(可根据实际情况自行确定)，单击“XY 清零”，此时确定了覆铜板 $X=0$ 和 $Y=0$ 的坐标点，与 PCB 版图上的“Origin”即原点对应。

单击图 7.2.2 中“Z+”和“Z－”按钮，控制刀具在垂直于覆铜板的方向移动，使钻头停留在覆铜板正上方距覆铜板约 0.5mm 时单击“Z 清零”，此时确定了覆铜板 $Z=0$ 的坐标点。调整“X+”、“X－”、“Y+”、“Y－”、“Z+”和“Z－”的步进在图 7.2.2 的最下方“步进”栏里选择，单击一次刀具移动的距离为步进值。

3. 配置刀具

选择“配置→加工配置”，出现加工配置界面，如图 7.2.3 所示。

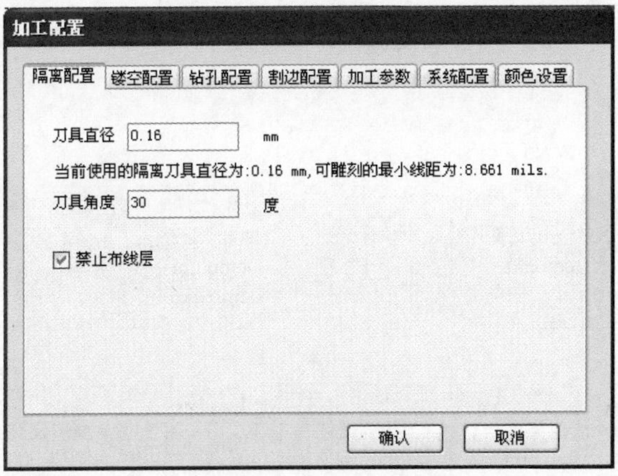

图 7.2.3 加工配置界面

隔离配置是设置加工导线的刀具直径，根据实际使用刀具的直径设置刀具的直径，根据刀具的实际角度设置刀具角度。

单击图 7.2.3 中的钻孔配置，出现钻孔配置界面，如图 7.2.4 所示。

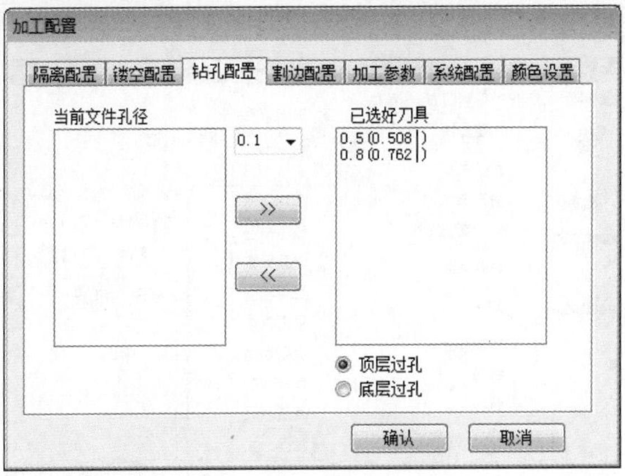

图 7.2.4 钻孔配置界面

钻孔配置是设置 PCB 文件上的通孔和过孔等直径和设备使用的钻头之间的对应关系，设备使用的钻头如图 7.2.5 所示。

钻孔配置界面左边显示当前文件的孔径和数量，单击某一个文件孔径时，在中间选择与

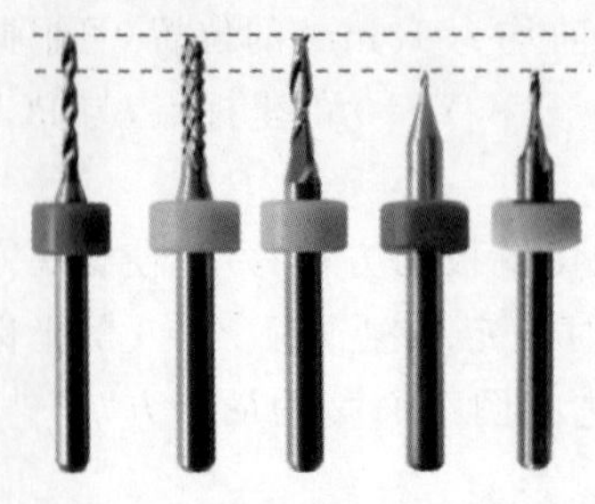

图 7.2.5 设备使用的钻头

孔径相近的刀具大小并单击“ » ”，在右边将显示选择好的刀具，选择完成后按确认。当单面板是底层布线时，选择底层过孔；否则，选择顶层过孔。

4. 生成加工文件

在 PCB 雕刻前，首先需要在 Altium Designer 软件里输出制造文件，包括 Gerber 文件和 NC Drill 文件等(其方法已在“PCB 设计”部分进行介绍)，然后利用雕刻机控制软件生成覆铜板钻孔和雕刻所需要的各种文件，文件生成路径如图 7.2.6 所示。

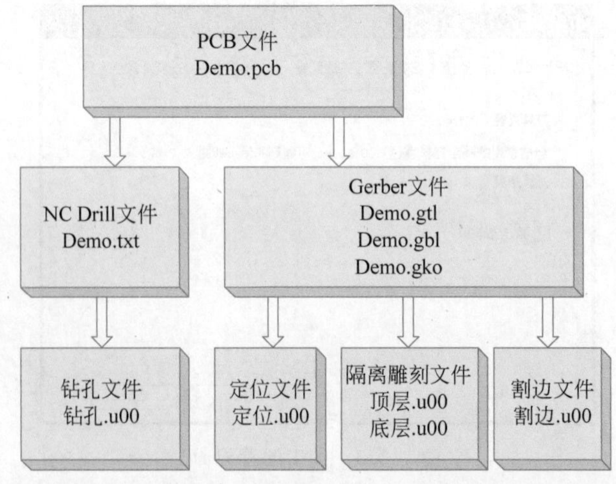

图 7.2.6 机械雕刻法文件生成路径

单击雕刻机控制软件菜单栏上的文件按钮，找到 Altium Designer 软件里输出的制造文件目录，选择 Gerber 文件打开，选择“功能→生成 G 代码→底层隔离”，生成加工导线的 G 代码，同样的方法可以生成“过孔”以及锚定孔的 G 代码，如图 7.2.7 所示。

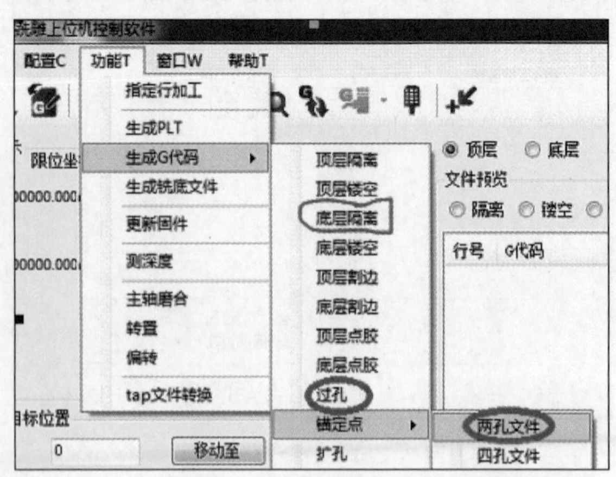

图 7.2.7 生成 G 代码界面

5. 启动加工

生成 G 代码后单击快捷菜单上的“发送 G 代码”图标，即可将 G 代码发送给机械雕刻机，然后在图 7.2.2 的“主轴电机”栏里单击“启动”打开主轴电机，最后单击快捷菜单上的“启动加工”图标依次加工过孔和导线等 PCB 的物理结构即可。

7.2.2 激光雕刻法制作 PCB

激光雕刻法与机械雕刻法的区别是利用激光能量加工代替了机械刀具加工。本书以国产某款激光雕刻机为例介绍激光雕刻法制作 PCB。

1. 设备开机

在开机之前，确保外部电源已正确连接。为安全起见，必须按以下顺序开机：

(1) 前面板总开关旋至“ON”状态，工控机自动开机；

(2) 插入钥匙向右顺时针拧钥匙，启动激光器和冷水机的供电；

(3) 按下上电开关，给运动平台和振镜供电，等待 10～15min；

(4) 打开激光雕刻机软件，界面如图 7.2.8 所示，启动过程中，设备会自动回零点；

(5) 软件检测水温和激光器状态，水温达到后建立软件和激光器通信连接，否则提示请等待。

(6) 单击软件界面右面的按钮“激光器控制”，弹出激光器开关界面，单击“一键开机”，自动按提示流程打开激光器，进入“Standby”(待机)状态。

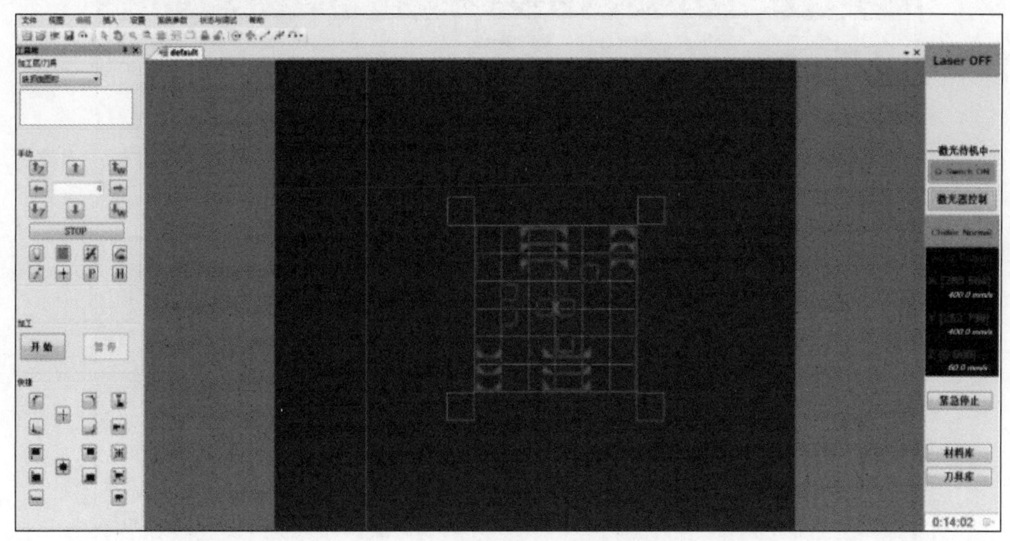

图 7.2.8 激光雕刻成型 PCB

2. 建立材料加工模板

由于加工的产品的多样性，各产品使用的加工参数也不相同，激光雕刻机采取建立模板的方法。用户可根据加工材料的不同建立相对应的模板，模板中包含了对应材料的属性和激光刀具参数，加工时选取相应的模板，然后导入数据即可建立材料加工模板界面，如图 7.2.9 所示。

3. 设置激光刀具参数

每种材料下面都可以设置若干把“刀具”，每个刀具都可以设置不同的激光参数和运动参数，从而实现不同的加工效果。设置激光刀具参数界面如图 7.2.10 所示。

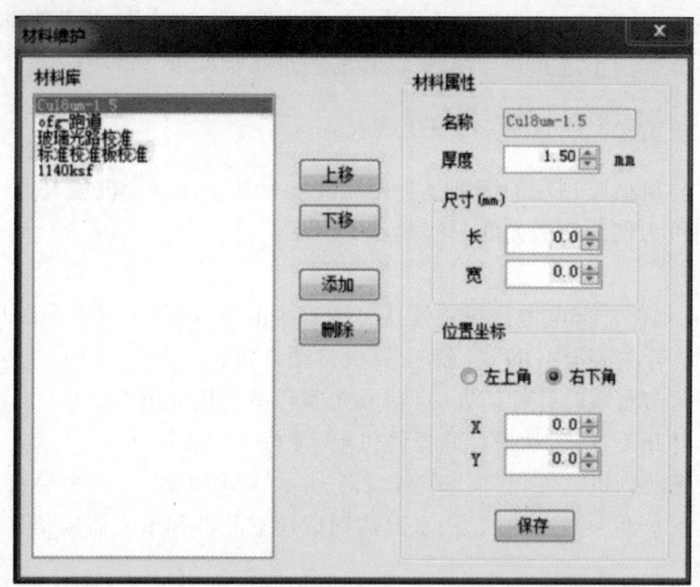

图 7.2.9 建立材料加工模板界面

图 7.2.10 设置激光刀具参数界面

4. 导入加工数据

设备接受两种格式的数据，即 Gerber 和 LMD，对于 LMD 格式的数据，在 CAM 导出至某一路径后，软件导入时选择 LMD 导入即可，数据会自动分别进入各自的加工项。

5. 确定加工位置

如果覆铜板的面积较大，而加工文件的面积较小，就要选择覆铜板上一块合适的区域进行加工(有可能覆铜板上已经用了一些区域)。加工位置的选定主要考虑板材局部的面积是否能放下待加工的图形，选定的方法是把加工轴移动到可加工区域后，移动加工数据至加工轴位置。具体移动的方法可以是四边对齐或边缘对齐，也可以是加工图形中的某个圆和红光对正。

6. 启动激光雕刻

为加工数据的图层配置相应刀具，选中需要加工的部分，并关闭防护门后单击"开始加工"，即可启动激光雕刻。

7. 设备关机

加工完成后按以下步骤关机：

(1) 单击"Q Switch Off"，进入待机状态；

(2) 单击软件界面右面的"激光器控制"按钮，弹出激光器开关界面，单击"一键关机"，自动按提示流程关闭激光器；

(3) 关闭 Dream Creator 软件，电脑关机；

(4) 等待 3min 后关闭钥匙开关；

(5) 等待工控机系统关闭后关闭总开关。

7.3 3D 打印法制作 PCB

7.3.1 电子 3D 打印技术概述

近年来，电子 3D 打印技术作为一种新兴的电子工艺技术得到了越来越多的关注。传统 PCB 大多是"减材制造"，如光刻蚀刻和激光烧蚀工艺等。虽然这些技术被广泛用于印制电路板和集成电路的大规模生产，但它们也带来了很多问题，如设备的高成本、材料过度浪费，以及腐蚀性化学品造成的污染。电子 3D 打印 PCB 是通过在基板上喷墨打印导电材料沉积实现(也称为增材制造工艺)。

电子 3D 打印相较于传统的制作技术有以下几点优势：

(1) 更快的样品制作。3D 打印可以在 2～4h 制作复杂、多层电路板。3D 打印 PCB 通过在绝缘层上沉积导电层来成型电路板。但在小批量生产时，这些工艺相比传统制作工艺更快，这为设计和测试复杂电子设备带来了新的可能。3D 打印电路板同样提供了更大的设计自由度。这些可以使得在新设计过程得到很快反馈，进行快速迭代设计，从而增加开发速度。对比典型 PCB 8 天的交付周期，这是很大的优势。

(2) 提高设计自由度。3D 打印有更大的设计自由度，可以创建传统工艺无法实现或者很难实现的多层级特征电路板。可以创建传统可能无法实现的复杂外形电路板。其可以保留高端制作过程的一些特征(如埋孔和盲孔)，以及不破坏基板的高密度互联结构。

(3) 绿色制作过程。PCB 传统制作工艺需要污染数吨清洁水源。一旦传统 PCB 完成了使用周期，PCB 将会变成一种电子垃圾，很难回收或者清洁。3D 打印电路板相比传统制作方法是一种更为环境友好的选项。3D 打印电路板是通过导电和绝缘层积来创建复杂电路，这个过程相比其他 PCB 生产用到更少的能量和更少的有害化学物。3D 打印电路板能够可回收利用，使其更适用于电子工程师。总而言之，3D打印电路板是一种更为环境友好，高效、有效的选择。

(4) 更安全的制作：其他制作方法需要处理重污染物质以及高可控过程来避免火灾、爆炸以及其他危险情况，主要在于其所使用的专用材料。很小的钻孔设备在操作过程中也会产生粉末，这些粉末对人及动物的呼吸系统具有危害性。3D打印电路板在生产过程中不需要使用这些危害性的化学药品，也不需要很长的UV曝光(其会伤害到眼睛)。此外，3D打印电路板很少会发生电击，其在于不需要高压能源。3D打印电路板相比传统PCB生产效率更高，在制作过程中不需要花费太多时间。

(5) 保护知识产权安全。3D打印电路板是保护知识产权很好的一个方式。通过3D打印电路板，可以控制整个制作过程，从设计到制作不需要发送设计文件到合约制造商，从而保障知识产权。这意味着相对竞争对手可以保证设计秘密和安全。3D打印电路板同样可以允许改变及修改设计文件，而不需要重新经历整个制作过程，这对于工程师经常迭代他们的设计而言无疑具有很大优势。3D打印电路板相比传统制造设施而言便宜得多，使其对于创业公司和小公司来说是一个很好的选择。

(6) 更好的财务预算管理。依赖于组织形式，3D打印电路板省掉了订购PCB所需的繁文缛节，同时保持法规合规。其可以允许制作团队有效控制预算来保证更快的开发，而不会在快速周转中出现财务超支。3D打印技术更容易获得，且设备成本也远低于传统PCB制作的设备。此外，它们可以使用更广的材料来制作，在相同的成本下可以包括硬板、软板。最后，3D打印电路板可以批量更小，使其在原型开发阶段及小批量生产过程中更为便宜。总之，3D打印技术相比传统PCB制作提供了更多优势，对于很多应用其成为性价比更高的选择。

综上所述，电子3D打印是电子工程领域未来的关键技术。下面将从电子3D打印材料、电子3D打印技术及电子3D打印应用三方面进行详细介绍。

1. 电子3D打印材料

一般来说，用于3D打印电子产品的功能材料可分为介电油墨、金属纳米粒子油墨、导电聚合物、金属有机分解(MOD)油墨、碳纳米材料油墨和半导体油墨。电子3D打印材料分类如图7.3.1所示。本书主要介绍三种比较常见的电子3D打印材料，即介电油墨、金属纳米粒子油墨和导电聚合物。

1) 介电油墨

介电油墨是本质上具有电绝缘性的材料。尽管介电材料可能看似没有功能，但它们确实在3D打印电子产品的许多方面发挥着重要作用，如电路保护、多层电路绝缘以及制造电容器和晶体管。

介电油墨通常是无机纳米复合材料悬浮液，或有机聚合物(如聚甲基丙烯酸甲酯(PMMA)、聚酰亚胺(PI)、聚苯乙烯(PS)、聚偏二氟乙烯(PVDF)、聚乙烯吡咯烷酮(PVP)和聚乙烯醇(PVA))。选择介电油墨时，需要重点考虑能否与基材和其他功能性油墨兼容。同时，也需要考虑低温加工性、高表面光滑度、高光学透明度和低成本等。

介电油墨不仅可以用来制作介电层以提供足够的绝缘性防止漏电，还可用于3D打印晶体管和电容器。注意，介电油墨的物理和化学特性在很大程度上决定了晶体管和电容器的电气特性。例如，高电容密度电容器需要具有高介电常数和低损耗的介电油墨。与有机

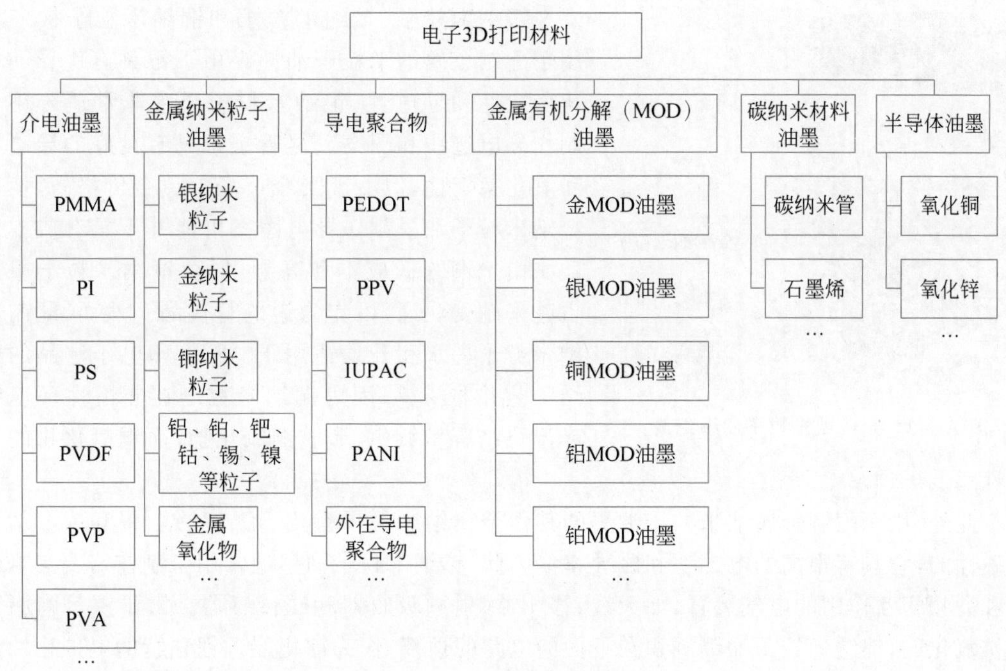

图 7.3.1 电子 3D 打印材料分类

聚合物介电油墨相比，无机纳米复合材料悬浮介电油墨通常具有更高的介电常数、更高的器件稳定性和更低的滞后。此外，可以通过增加填料颗粒负载或使用具有更高介电常数的填料颗粒来增加无机纳米复合材料悬浮液介电油墨的介电常数。

2）金属纳米粒子油墨

金属纳米粒子墨水是导电金属纳米粒子在液体介质中的悬浮液，其具有良好的导电性，在 3D 打印电子应用中制作导电迹线和图案。典型的金属纳米粒子墨水包含金属纳米粒子、有机添加剂和稳定剂及液体介质。

金属纳米粒子之间的范德华力往往会导致粒子团聚，这可能会产生不均匀分散和喷嘴堵塞等问题。因此，每个金属纳米粒子必须用有机添加剂和稳定剂封装，以在单个粒子之间产生空间排斥力，避免团聚。同时，这些包封有机添加剂和稳定剂也阻止了金属纳米粒子相互接触以实现电子流动。这就是金属纳米粒子油墨本身不导电的原因。在打印完成后，通常需要对样品进行烧结处理，从而让金属纳米粒子油墨导电。

烧结过程需要分解掉有机添加剂和稳定剂，留下大部分金属纳米粒子。烧结温度和烧结时间对印刷图案的电气和力学性能也有很大的影响。例如，在较高的烧结温度下，金属纳米粒子倾向于熔化和聚结更多，从而形成更大的晶粒。一些广泛使用的烧结技术包括热烧结、强脉冲光烧结、红外烧结、紫外烧结、激光烧结、电烧结、微波烧结、局部化常压等离子烧结、低压等离子烧结和化学烧结等。金属纳米粒子现在能够彼此形成接触点，以允许电子流动。进一步烧结会在相邻的纳米粒子之间形成聚结和烧结颈。烧结过程结束后，金属纳米粒子大多留在基底上。因此，印刷导电痕迹和图案的电气、材料和力学性能在很大程度上取决于油墨中使用的金属纳米粒子的类型。材料成分、粒度、颗粒形状和固体负载是金属纳米粒子的一些关键参数。金属纳米粒子油墨组成如图 7.3.2 所示。

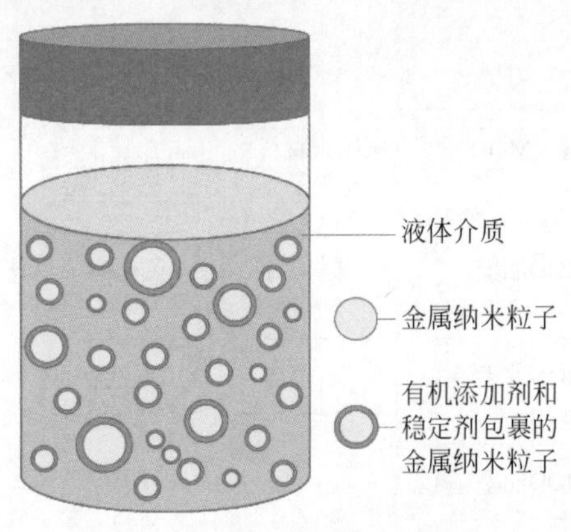

图 7.3.2 金属纳米粒子油墨组成

银纳米粒子、金纳米粒子和铜纳米粒子被广泛用于配制金属纳米粒子油墨。由于银具有优异的氧化稳定性和导电性,银纳米粒子墨水非常适合用于制作导电迹线和图案。尽管金也具有良好的导电性和氧化稳定性,但由于当今市场上黄金价格高,使用金纳米粒子油墨制作导电图案可能并不具有成本效益。由于铜的低成本和高导电性,铜纳米粒子墨水也越来越受欢迎,可作为银的替代品。然而,配制铜纳米粒子墨水和开发适用于 3D 打印电子产品的烧结工艺并非易事,因为铜纳米粒子在非惰性环境中高温烧结容易氧化,形成铜氧化物,而铜氧化物的导电性远低于铜。

此外,用于配制金属纳米粒子油墨的其他金属纳米粒子有铝、铂、钯、钴、锡和镍。钴是铁磁性的,它具有很高的电容率和磁导率。因此,钴纳米粒子油墨通常用于制作需要与电磁波和高频相互作用的电气装置,如天线、移相器、射频吸收器和磁传感器。由于镍是耐腐蚀和抗氧化的,镍纳米粒子油墨沉积在下面的电路的顶部,作为钝化层。钯独特的电催化性能使得钯纳米粒子油墨适合制作电化学传感器。

金属氧化物、合金和核壳纳米粒子油墨仍处于研究阶段,在商业市场上还没有广泛销售。金属氧化物纳米粒子油墨通常具有高氧化稳定性,允许在环境条件下烧结而不氧化。一些用于 3D 打印电子应用的金属氧化物纳米粒子油墨包括基于氧化铜的纳米粒子油墨、氧化铁纳米粒子油墨、氧化锌(ZnO)纳米粒子油墨和氧化铟锡(ITO)纳米粒子油墨。铜镍合金等合金金属纳米粒子油墨具有良好的疲劳寿命、应变敏感性和高延伸率特性,非常适合用于应变计和热电偶等传感应用。

3) 导电聚合物

导电聚合物可分为内在导电聚合物、外在导电聚合物。

内在导电聚合物内部具有促进电子流动的共轭聚合物主链,所以材料本身具备导电性。聚乙烯二氧噻吩(PEDOT)、聚对苯乙烯 (PPV)、聚乙炔、聚苯胺、聚吡咯和聚噻吩是常见的内在导电聚合物。此外,内在导电聚合物具有重量轻、耐腐蚀,非常好的机械稳定性、高度柔性、独特的光学性能,以及对柔性聚合物基底优秀的附着力等优点。因此,本征导电聚合物也适用于电池、超级电容器、发光二极管(LED)、透明电极、太阳能电池和燃料电池。内在导电聚合物也具有低导电性、较差的热稳定性和较差的溶剂溶解性等缺点。它们在空气湿度中通常不稳定,导电性通常会随着时间的推移而降低。

外在导电聚合物是在绝缘聚合物基体中掺杂一定比例的导电填料使其导电。常用的导电填料有金属粉末、石墨烯、碳纳米管或炭黑。外在导电聚合物与内在导电聚合物相比,价格相对低,并提供了更广泛的材料选择。然而,外在导电聚合物的导电性高度依赖导电填充材料的类型和颗粒浓度,仍处在研究阶段。

2. 电子 3D 打印技术

3D 电子打印是允许功能油墨直接精确沉积到基底上的打印。挤出打印、喷墨打印、气溶胶喷射打印和电流体动力(EHD)喷射打印是目前广泛使用的 3D 打印技术。根据 ISO/

ASTM 52900：2021，挤压打印可归类为材料挤压，而喷墨打印、气溶胶喷射打印和 EHD 喷射打印可归类为材料喷射。下面针对前三种常见的打印技术进行详细介绍。

1）挤出打印

挤出打印简单，造价成本也较低。与其他打印相比，挤出打印可以在很宽的黏度范围内分配材料，并面临相对较少的堵塞问题。然而，挤出打印的打印速度较慢，打印分辨率也较差。根据所使用的挤出机类型，可以进一步将挤出打印分为基于纤维的挤出打印、基于气动的挤出打印、基于柱塞的挤出打印和基于螺杆的挤出打印，四种挤出打印技术示意如图 7.3.3 所示。基于气动的挤出、基于柱塞的挤出和基于螺杆的挤出统称为直接油墨书写（DIW）。

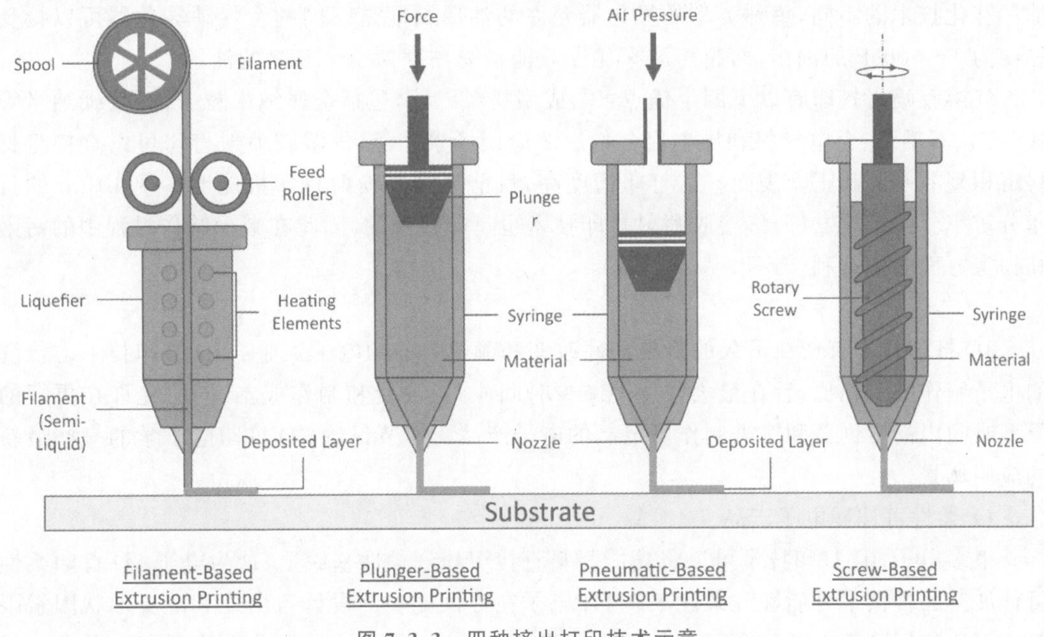

图 7.3.3 四种挤出打印技术示意

2）喷墨打印

喷墨打印是一项成熟的技术，几十年来它在许多领域得到了广泛应用。家用和办公台式喷墨打印机是突出的应用之一，它利用喷墨打印技术通过将墨水沉积到纸基板上来重现数字图像。利用这项技术还可以通过沉积电功能和导电材料来制造 3D 打印电子器件。根据液滴产生方法，喷墨打印可分为连续喷墨（CIJ）打印和按需滴落（DOD）打印。连续喷墨打印是从喷嘴喷出一股不变的墨滴流，当它们通过电场时，带电的液滴被偏转并沉积在基片上，而剩余的液滴被阴沟捕获以重复使用。连续喷墨打印又可分为二元偏转连续喷墨打印和多重偏转连续喷墨打印。按需滴落打印方法比连续喷墨打印简单得多，它只根据需要喷出一个墨滴。根据按需滴落打印驱动机制可以进一步分为热式、压电式、声学式和静电式。不同类型的按需滴落打印的主要工作原理是相似的，其中驱动机构产生压力脉冲，迫使墨滴从喷嘴流出。按需滴落打印与连续喷墨打印相比，浪费较少，其通常是用于 3D 打印电子产品的首选。另外，按需滴落打印在打印过程中，其打印头还可以允许喷嘴到基板有更近的距离，从而提供更高的打印分辨率和精度。

一般来说，喷墨打印是数字化、无接触、无掩模和节省材料的技术。非接触式喷墨打印在减少制作过程中的污染和损坏方面非常有利。然而，喷墨打印在打印过程中普遍面临喷嘴堵塞的问题。另外，喷墨打印只能沉积在一定表面张力范围内的低黏度液体。因此，这限制了可以通过喷墨打印沉积的油墨的类型。此外，喷墨打印通常也不利于将功能材料沉积到非平面表面。

3）气溶胶喷射打印

气溶胶喷射打印是一种基于气溶胶的直写打印，它能够产生定向准直的气溶胶束，用于将材料直接沉积到基片上。气溶胶喷射打印也称为空气动力学聚焦。通常，气溶胶喷射打印机配备气动雾化器或超声波雾化器。这两种雾化器采用不同的技术进行油墨雾化，气动雾化器使用加压空气进行油墨雾化，超声波雾化器使用高频声波进行油墨雾化。因此，由于油墨雾化技术的不同，每种类型的雾化器允许的油墨黏度是不同的。气动雾化器可以接受黏度为1～500cP的油墨，而超声波雾化器只能接受黏度为1～15cP的油墨。

气溶胶喷射打印有以下四个优点：①成型材料广泛，包括金属纳米粒子油墨、碳纳米管(CNT)、石墨烯、介电材料和导电聚合物。②应用场景广泛，气溶胶喷射打印可以直接将材料沉积到非平面和正交表面。③打印精度高，目前气溶胶喷射打印机能够实现10μm的打印分辨率。④环境友好，气溶胶喷射打印技术也是非接触的，因此在减少制作过程中的污染和损害方面非常有利。

3. 电子3D打印应用

3D打印技术有望在不久的将来彻底改变和颠覆目前的电子工业。3D打印技术与传统的电子制作技术相比，旨在最大限度地减少时间瓶颈、浪费和制作成本，同时允许在更短的原型时间内高度创新和按需制作可定制的电子产品。本节讨论3D打印电子学的一些最新的应用场景。

1）柔性可伸展电子产品

很多电子3D打印技术可以将功能材料直接沉积到柔性基底上，这为电子3D打印柔性可伸展产品提供了可能性。柔性3D打印电子在提供更多的设计自由度和减少形状因素限制方面比传统刚性电子具有巨大的潜力。图7.3.4(a)展示了一种灵活的可穿戴混合传感器贴片的应用，该贴片接口软和硬电子设备用于监测心电图(ECG)信号和佩戴者身体上的皮肤温度。它是通过喷墨打印的方法将金纳米粒子墨水直接沉积到聚酰亚胺基板上，制成ECG电极，然后将传统的电元件安装到传感器上。图7.3.4(b)描述了在聚对苯二甲酸乙二醇酯(PET)衬底上制作的可工作的柔性电致发光器件，电极是通过用喷墨打印技术沉积银纳米粒子油墨来制作的。

另外，智能纺织品最近在柔性和可穿戴电子产品方面也越来越受到关注。智能纺织品是一种智能服装，在保持织物灵活性的同时，将电子产品与织物一致地结合在一起。功能油墨可以简单地沉积到纺织品表面，并进行3D打印。传感器和电气元件可以嵌入纺织品中，而不需要刚性元件。

随着技术和创新的进步，可伸展的3D打印电子产品最近越来越受欢迎。然而，可拉伸3D打印电子学仍然面临着一些挑战，其中，面临的最大困难之一就是可拉伸软基板和功能性油墨力学性能的不匹配问题。为了确保这些可伸展装置在伸展条件下能很好地发挥作用，必须适当地匹配可伸展软基板和功能性油墨的力学性能。因此，必须为可伸展3D打印电子应用开发新的可伸展功能油墨。

2）嵌入式电子产品

3D 电子打印技术允许多尺度、多材料和多功能的复合打印。因此，可以一次性制造多功能的结构或嵌入式电气设备，将导电迹线、有源元件和无源元件集成在一个复杂的非平面几何部分中。一些嵌入式打印电子产品如图 7.3.4 所示，其具有节省空间、减轻重量和保护组件等好处。

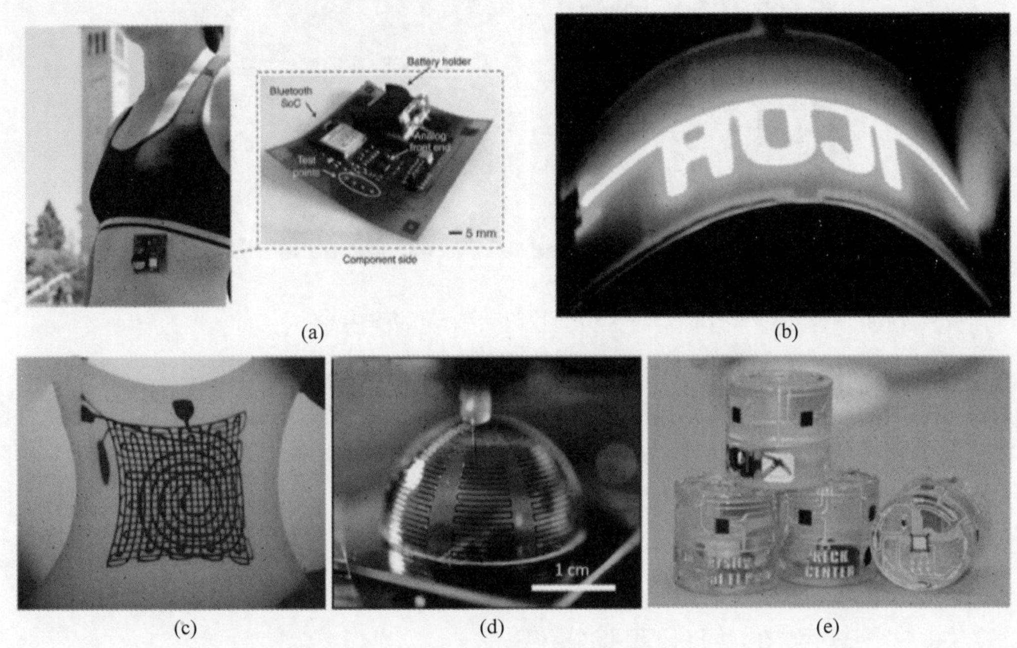

(a) (b) (c) (d) (e)

图 7.3.4 一些嵌入式打印电子产品

制造多层和多材料（MLMM）电子器件是目前电子 3D 打印研究热门领域之一。它涉及许多方面，如元件设计、印刷工艺、后处理和材料，这些因素之间都会相互影响。因此，对制造提出了更高的要求，以及更严格的材料选择和后处理标准。其中，油墨与前一层的化学相容性是 MLMM 印刷首先要考虑的事情之一。研究发现，一是对相邻层使用正交溶剂体系，以防止改变下面层的形态。二是油墨与前一层的表面润湿性在确保每一层适当的材料沉积方面起着至关重要的作用。三是当涉及 MLMM 印刷的表面形貌时，如果半导体层或中间介质不能完全覆盖底部电极，则必须考虑阶梯效应和薄膜均匀性，以避免顶部电极和底部电极之间的短路。在薄膜具有很强的阶梯效应和非常不均匀的情况下，可以沉积较厚的中间层，以确保基本特征的完全覆盖。四是必须考虑每种材料在后处理过程中的收缩和膨胀，不同材料相邻层的热膨胀系数不匹配会导致薄膜中残余应力过大，从而不可避免地导致裂纹的形成。

3）生物电子器件

由于 3D 打印技术能够创建高度集成的 3D 多功能结构，许多研究人员正在探索这一新兴技术来制造几何复杂且具有电功能的生物相容性器件。其中一些设备包括生物传感器、电刺激组织再生支架和微电极。生物传感器是能够检测某些物质并对可识别的电信号作出反应的受体。电刺激也可能有助于促进生物组织更快再生。因此，一些研究一直在寻求将电子技术集成到生物支架中，以改善或实现再生过程。例如，曼努尔等 3D 打印的一对左右仿生耳朵如图 7.3.5 所示，它们能够增强无线电频率接收和立体声音频音乐听力的听觉感知。软骨细胞种子藻酸盐水凝胶基质首次被 3D 打印成人耳的形状。仿生耳的制作方法是在耳内印刷一个电感线圈天线，将银纳米粒子注入硅氧烷，并连接到耳蜗形电极上。

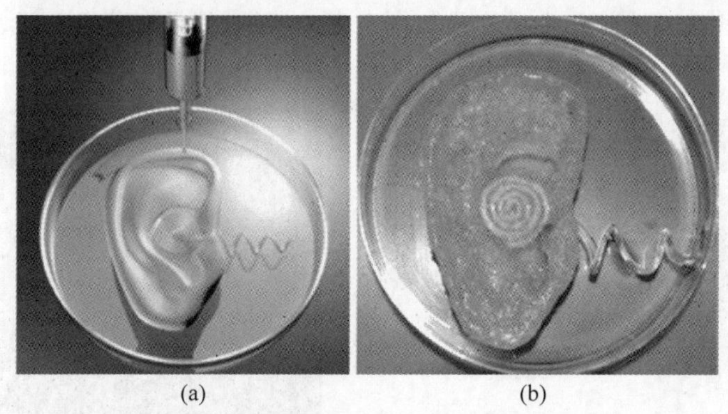

(a) (b)

图 7.3.5 3D 打印的一对左右仿生耳朵

4）可生物降解 3D 打印电子器件

如今巨大数量的电子废物对环境造成了极大污染，已经成为困扰人类的难题。3D 打印电子产品有望成为此难题的解决方案。目前，研究人员通过电子 3D 打印技术开发生物降解电子器件，生物降解性保证了产生的废物是环境友好和无毒的。当然，研究的过程也面临各种挑战，例如，打印材料需要精心设计，以适应各种组分的降解时间，满足各种应用场景和要求。

7.3.2 电子 3D 打印实验操作

为加深对电子 3D 打印技术的理解，本节对 T Series PCB 快速制板系统的实验操作流程进行介绍。注意，这些流程只是电子 3D 打印的基础环节，具体的操作细节会以每台机器性能、功能的不同而异。

1. 设备介绍

T Series PCB 快速制板系统设备及其主要组成部件如图 7.3.6 所示，其主要有安装座、打印平台、调试区、基材压紧条等。

2. 设备使用

1）启动设备

开机与连接：打开设备的电源开关；检查数据线是否已经连接了主机和 PC；打开软件，等待设备自动完成复位。

2）PCB 导入与编辑

(1) 在软件首页选择所需的制板幅面，支持 150mm×100mm 和 220mm×160mm 的幅面(以下操作以 150mm×100mm 为例)，如图 7.3.7(a)所示。

(2) 进入编辑页面，单击“导入文件”打开设计好的 PCB 图纸，支持 Altium Designer 软件生成的 ASCII 格式 PCBDOC 文件，以及 Gerber 文件(RS. 274X)。若有拼图需求，可以通过多次导入文件实现多文件布局，如图 7.3.7(b)所示。

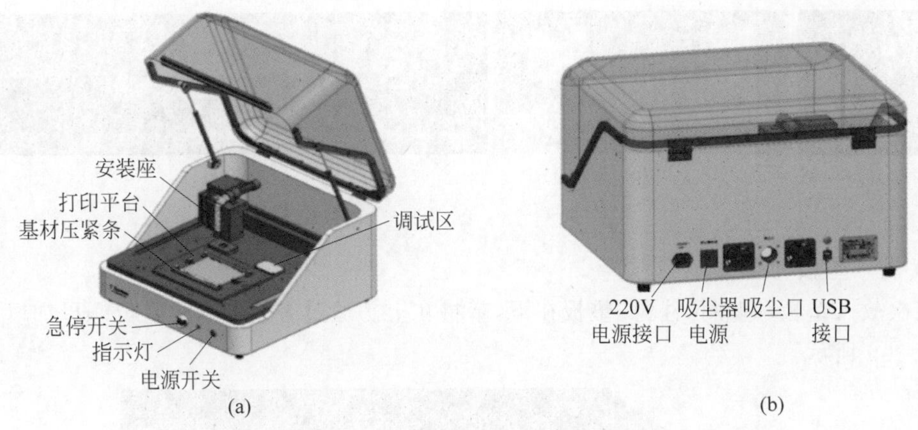

图 7.3.6 T Series PCB 快速制板系统设备及其主要组成部件

(3) 导入文件时会弹出层映射编辑图，用于指定设计文件中不同层的电路属性。软件支持顶层、顶层丝印、顶层阻焊层、顶层锡膏层、底层、底层丝印、底层阻焊层、底层锡膏层、多层、边框层、孔层。未定义的层将不会进行识别和处理，如图 7.3.7(c)所示。

(4) 单击软件右侧拼板的 图标，就可以实现自动布局居中的功能。也可以选中图形后，右键鼠标拖动实现图形的自由平移操作，如图 7.3.7(d)所示。

(5) 如果同时打印几个相同的图形，就可以通过软件左侧“阵列”选项设置对选中的电路图进行阵列操作，如图 7.3.8(a)所示。

(6) 完成图纸的摆放和简单编辑后，单击“保存”，将该工程保存到计算机中，以便后续随时打开。工程后缀是.dmk，记录了目前的制板工艺进度，如图 7.3.8(b)所示。

(7) 单击“生成工程”即进入工程操作页面，按软件视频及文字提示操作即可，如图 7.3.8(c)所示。

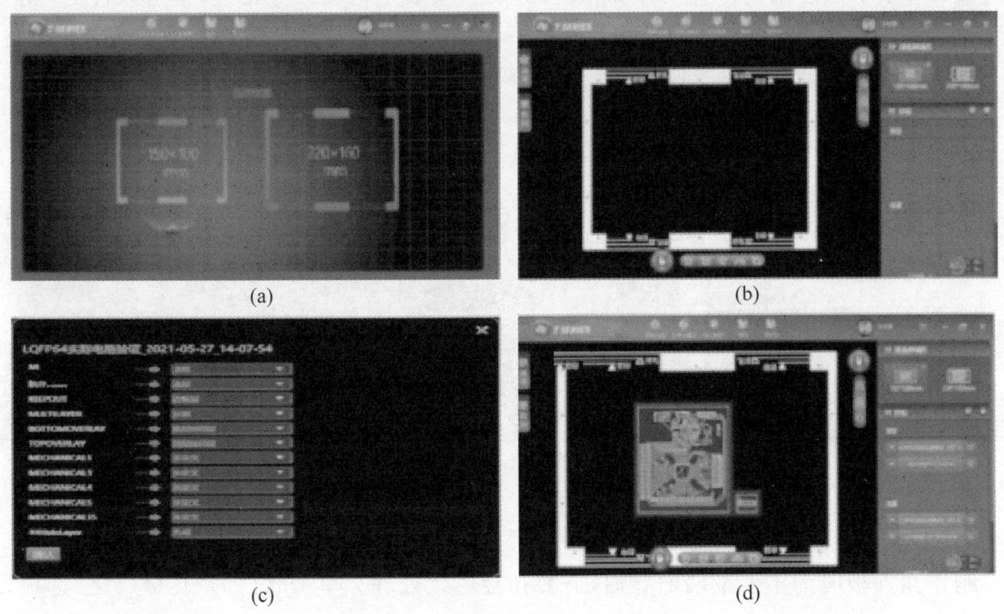

图 7.3.7 PCB 的导入与编辑(1)

(a) (b) (c)

图 7.3.8 PCB 的导入与编辑(2)

3）放入垫板和基材

依次放入垫板和基材，注意，垫板在下，基材在上。通过旁边的六个定位螺母加以固定，如图 7.3.9 所示。

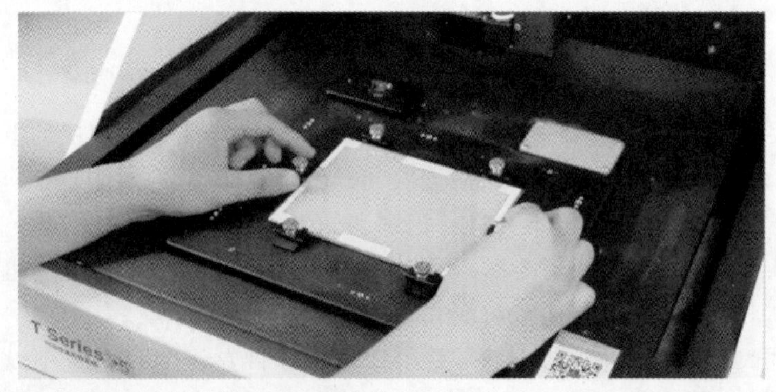

图 7.3.9 垫板和基材的放置

4）钻孔

首先安装 PCB 钻孔头(这一步需要小心操作，切勿被钻孔头划伤)，如图 7.3.10 所示；然后打 Mark 点(这一步的作用是为了辅助定位)，单击软件的"打 Mark 点"选项，设备将自动完成该步骤；最后确定打孔尺寸和相应的数量，安装上对应尺寸钻头，单击软件的"钻孔"选项，开始打孔，如图 7.3.11 所示。等待第一种尺寸大小的孔洞完成后，更换钻头，完成其余打孔。待打孔全部完成后，取出钻头，清扫碎屑。

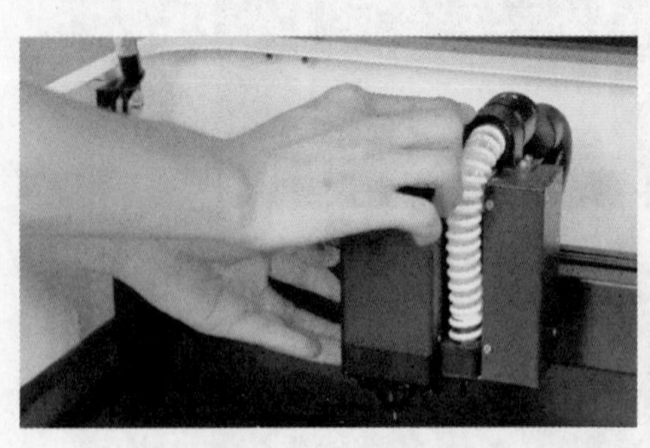

图 7.3.10 安装 PCB 钻孔头

图 7.3.11 设备开始打孔

5）孔金属化

制作双面板时为了上下两面导通，需要孔金属化处理。单击软件的"孔金属化"选项，开始进行孔金属化处理。先确定待孔金属化孔的数量，再安装孔金属化专用的挤出头，安装完成后对挤出头进行调试。此时，设备会提醒"预出墨"操作，若不确定当前设备的墨管状态是否可直接用于孔金属化，则需要"预出墨"操作。在"预出墨"操作中，挤出头会慢慢挤出浆料，观察是否出墨，若出墨，单击右侧的"已出墨"选项。挤出头即调试完成。随后设备开始自动进行孔金属化操作。

挤出浆料完成后，设备将弹出弹窗，询问"请选择进行吹孔还是吸孔操作"。选择吸孔。此时取出挤出头及电路板，安装吸孔头，进行吸孔操作。吸孔的目的是去除电路板表面残留的多余浆料，如图 7.3.12 所示。

图 7.3.12 吸孔

6) 线路打印

孔金属化完成后撕去电路板保护膜，开始打印线路。首先去除垫板，放入基材(这一步需要注意方向要与之前放置一致)，随后安装探针，完成校准操作。接着更换打印头，并完成墨管调试，墨管调试的步骤和孔金属化挤出头的调试步骤相同。最后单击"顶层打印"选项，开始打印顶层线路(图 7.3.13)，待顶层打印完成后取出电路板，打印全部完成后将电路板放入烘箱，将烘箱设为 160℃，烘烤 10min，如图 7.3.14 所示。打印底层线路的步骤和顶层打印相同，打印完成后，再次进行烘烤。

图 7.3.13 开始打印顶层线路

7) 制作丝印层

该步骤为电路板印刷字符。首先把 PET 保护膜贴在电路板上；然后放入真空阻焊压制机中进行热压合(热压合的参数已经预设完成，无须改动)，等待热压完成后，再进行曝光处理，放入字符成型机中，将电路板的定位孔对齐销子放入。

单击软件的"字符丝印"，开始曝光，曝光时间约为 120s。等待正面曝光完成后，需翻面，完成底层曝光。最后将完成曝光的电路板进行显影和洗涤。撕去 PET 保护膜，进行

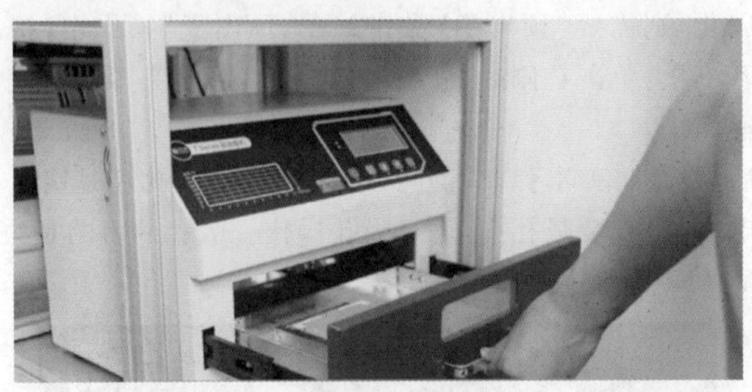

图 7.3.14　加热烘烤

60s 的气泡蚀刻显影。再用毛刷蘸取显影液进行刷洗，后用清水进行冲洗。清洗完成后，用气枪吹干水分。

8) 裁切

放入垫板及电路板，固定好。安装裁切头，单击软件“裁切”选项，开始裁切，裁切场景如图 7.3.15 所示。裁切完成后电路板制作完成。

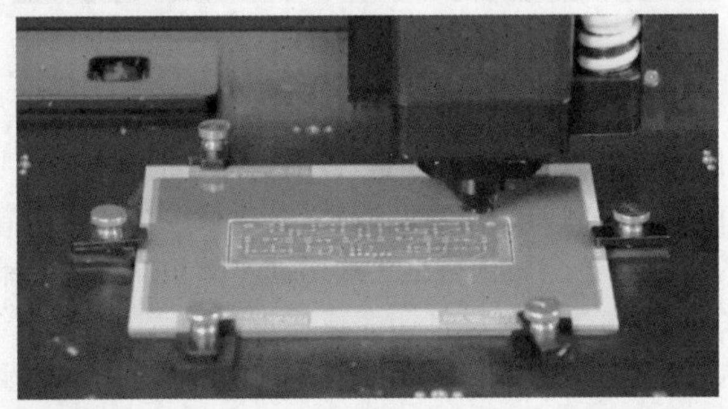

图 7.3.15　裁切场景

7.4　电子系统组装

印制电路板制作完成后即进入电子系统组装阶段，即元器件的安装与焊接阶段，在安装与焊接之前要准备好全套的电子元器件，以及印制电路板相应的电路图、版图备用。

7.4.1　电子系统组装概述

1. 元器件安装的基本原则

(1) 固定可靠。元器件的每个引脚都要通过焊接或导线可靠连接在 PCB 上。如果轴向引线元件的引线质量较大，又有高振动的要求，那么应该用安装夹具的方式来辅助固定。

(2) 互不重叠。每个元器件的焊盘都不能被其他元器件的安装位置遮挡，每个元器件应在不移动其他元器件的前提下可以从组件中自由移走。

(3) 主体居中。除非另有规定，为了应力分布均匀，水平安装的元器件主体应该横跨在对称分布的焊点之间。

(4) 易于维护。安装电子元器件的过程中应考虑方便拆卸、更换、散热及清洁。

2. 元器件的安装方式

元器件主要有直插式安装、表面安装及芯片直接安装三种安装方式。

直插式安装应用于带有通孔的印制电路板，如图 7.4.1 所示。表面安装（图 7.4.2）与直插式安装不同，它不需要为元器件的引脚特地预留对应的贯穿孔，它可以将无引线或者短引线的元器件直接贴装在 PCB 的铜箔上。表面安装与直插式相比，消除了大量的孔，使得 PCB 的布线密度得以提高，而且降低了寄生电容和寄生电感，使得 PCB 的电参数进一步提高。另外，表面安装更容易大规模自动化生产，提高效率，降低成本，因此在工业实际生产过程中被广泛使用。

芯片直接安装是将芯片直接粘在 PCB 上，再用线焊法等封装技术连接到 PCB 上，可以将其视为表面安装技术的分支。

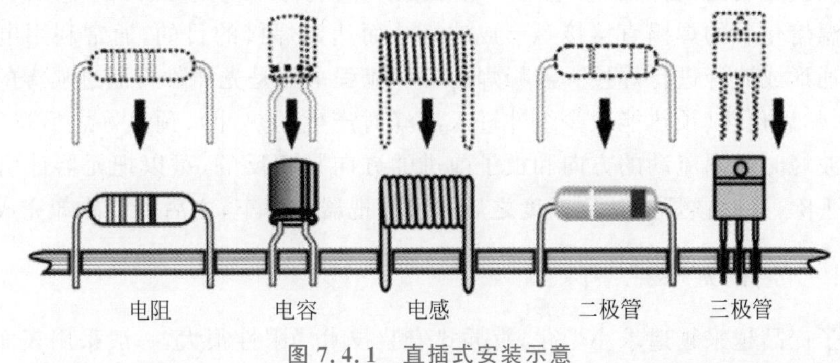

图 7.4.1 直插式安装示意

图 7.4.2 表面安装示意

电子元器件的安装手段主要有机械自动安装和手工安装。机械自动安装主要借助全自动插件机，通过计算机控制直插式电子元器件的插装。手工安装主要借助人手和镊子，手工安装电子元器件如图 7.4.3 所示。手工安装一般配合手工焊接，手工焊接的主要焊接设备是电烙铁，手工焊接电子元器件如图 7.4.4 所示。这种方法的缺点是当电路中的元器件引脚较多时，一方面效率低，质量难以保障；另一方面不能满足电子设备小型化、轻量化、高速度、高可靠性的需要。

图 7.4.3 手工安装电子元器件

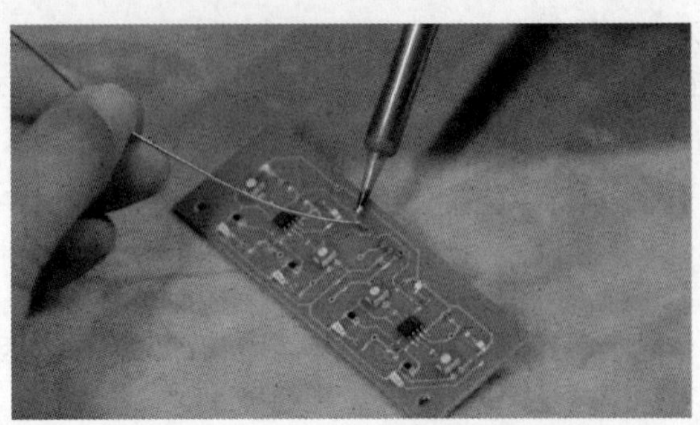

图 7.4.4 手工焊接电子元器件

对于直插式安装的元件,除了使用手工焊接以外,还可以使用波峰焊。波峰焊是将焊接面直接与高温熔化后的焊锡直接接触形成波峰从而达到焊接的目的,通常利用电泵把熔化后的焊锡喷涌形成波峰进行焊接。波峰焊的工作流程一般是先插件再通过喷雾的形式把助焊剂涂上去,然后预热(预热能减少组件进入波峰时产生的热冲),预热好之后进行波峰焊。电路板进入波峰时焊锡流动的方向和板子前进的方向是相反的,可以把元器件引脚周围所有的助焊剂去除,这时候焊点达到温度之后就可以把器件焊牢,之后等待冷却完成。

7.4.2 表面贴装技术

随着电子产品越来越追求小型化,直插式安装技术局限性很大,一般采用表面贴装技术(Surface Mounted Technology,SMT)。SMT 的基本工艺流程包括材料准备和上料,锡膏印刷,锡膏检查,元件贴片,回流焊接,检测和返修等步骤。

1. 丝印焊锡膏(使用设备:丝印机)

丝印焊锡膏的主要目的是将适量的焊膏均匀地丝印在 PCB 的焊盘上,以确保贴片元器件与 PCB 相对应的焊盘在回流焊接时达到良好的电器连接,并具有足够的机械强度。焊锡膏是由糊状焊剂、合金粉末以及一些添加剂混合而成的具有一定黏性和良好触便特性的膏状体。常温下,焊锡膏将元器件粘贴在 PCB 的焊盘上,在没有外力碰撞、倾斜角度不太大的情况下,元器件通常是不会移动的。当焊膏在回流炉加热到一定温度时,焊膏中的合金粉末熔融再流动,液体焊料浸润元器件的焊端与 PCB 焊盘,冷却后元器件的焊端与焊盘被焊料互连在一起,形成电气与机械相连接的焊点。

2. 贴装元器件(使用设备为 SMT 贴片机)

贴装元器件是用贴装机或手工将片式元器件准确地贴装到印好焊膏或贴片胶的 PCB 表面相应的位置。SMT 贴片机对元器件位置与方向的调整方法主要包括机械调整法、激光识别法、相机识别法等。

3. 回流焊(熔焊系统或称回流炉)

回流焊是通过重新熔化预先分配到印制板焊盘上的膏装软钎焊料,实现表面组装元器件焊端或引脚与印制板焊盘之间机械与电气连接的软钎焊。首先 PCB 进入 140～160℃的预热温区时,焊锡膏中的溶剂、气体蒸发掉,同时,焊膏中的助焊剂润湿焊盘、元器件焊端和引脚,焊膏塌落、软化,覆盖了焊盘,将氧气与焊盘、元器件引脚隔离;并使表面贴装元器件得到充分的预热,再进入焊接区时,温度以 2～3℃/s 速率迅速上升使焊锡膏达到熔化状态,液态焊锡在 PCB 的焊盘、元器件焊端和引脚扩散、润湿、漫流和回流混合在焊接界面上生成金属化合物,会形成焊锡接点;直至 PCB 进入冷却区使焊点凝固。

7.5 电子系统工艺教学实例

本节将以电子 3D 打印制作发光服为案例,详细讲解电子 3D 打印机的使用方法。发光服的制作主要有以下几个步骤:电路图预处理、电路图绘制、电路板制作、元件组装四个环节。

1. 电路图预处理

(1) 打开 Adobe Illustrator 软件,进入编辑界面,如图 7.5.1 所示。

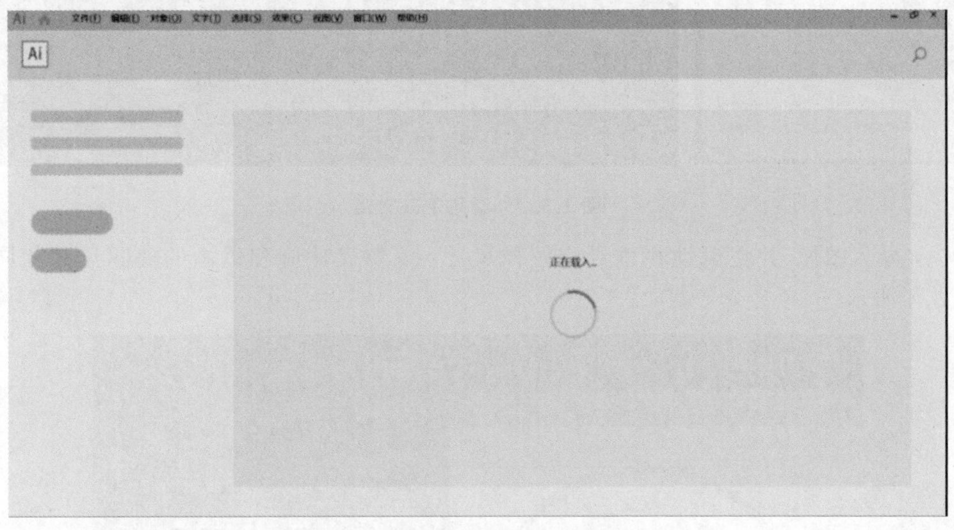

图 7.5.1 Adobe Illustrator 软件编辑界面

(2) 设置默认尺寸单位:选择"编辑"→"首选项"→"单位",在首选项窗口进行单位设定 ,单位设为 cm,如图 7.5.2 所示。

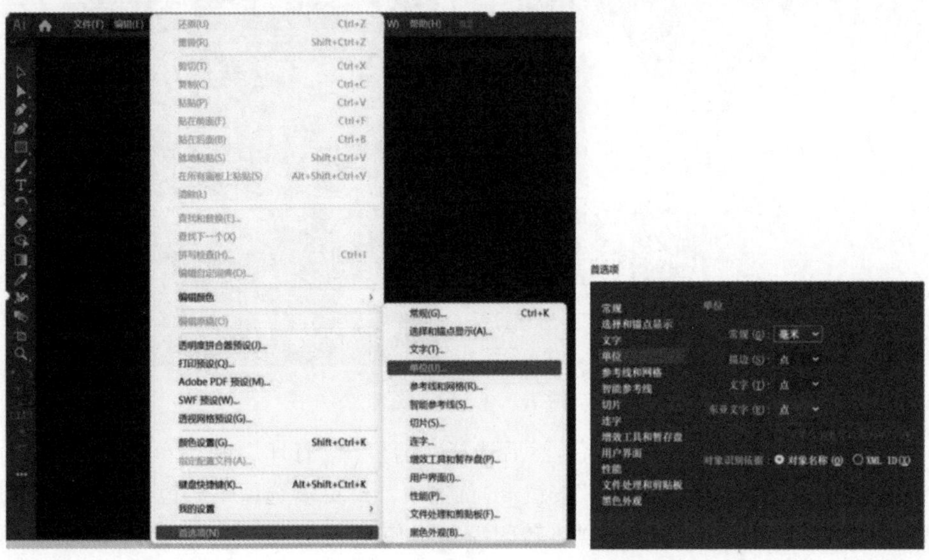

图 7.5.2 Adobe Illustrator 软件设置单位

（3）新建空白文档，文档尺寸选择 A4，如图 7.5.3 所示。

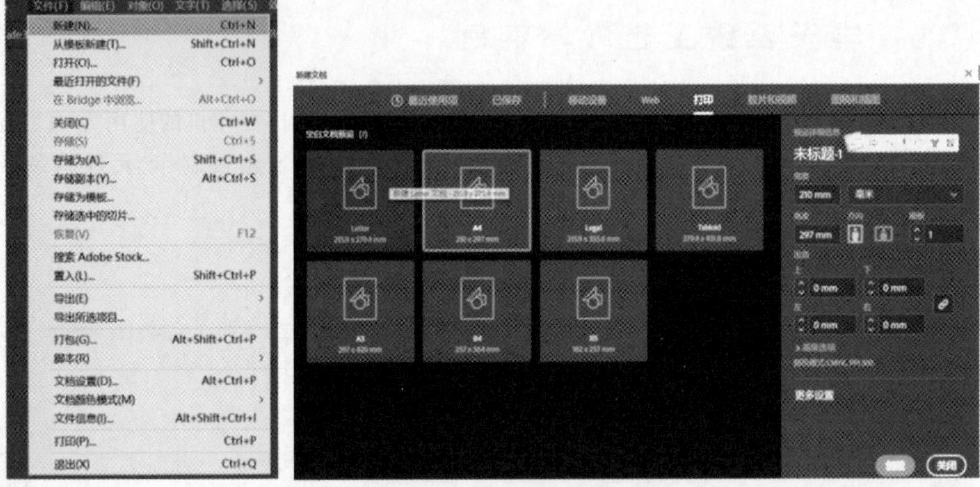

图 7.5.3　新建空白文档

（4）导入图像，并在属性栏内设定图像尺寸；图像尺寸应和烫画的实际尺寸相同，如图 7.5.4 所示。

图 7.5.4　导入图像

（5）图像打印。确定图像尺寸后，然后选择“文件”→“打印”，在“打印”窗口进行设定：选择打印机型号，选择左下角“设置”按钮→“首选项”→“更多选项”→“镜像打印”。使用“热转印喷印机”完成图形的打印，参考“热转印喷印机使用说明书”；外购的白墨烫画，可跳过此步骤,如图 7.5.5 所示。

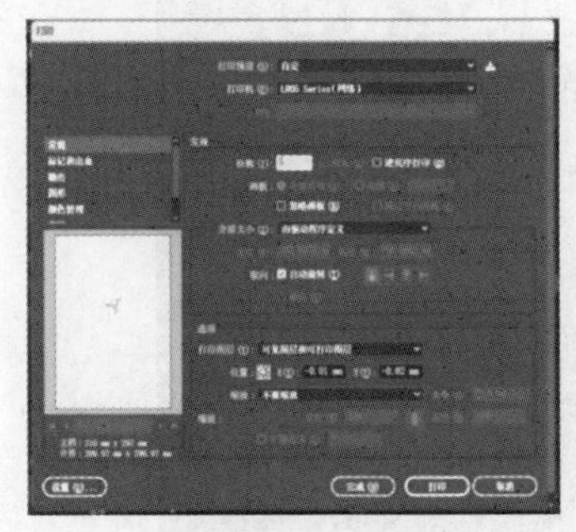
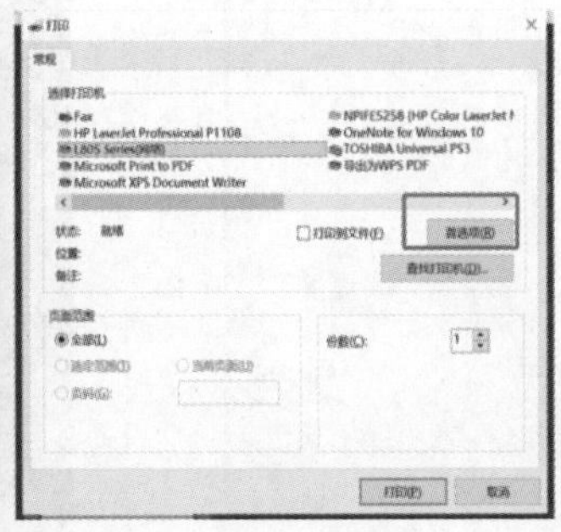
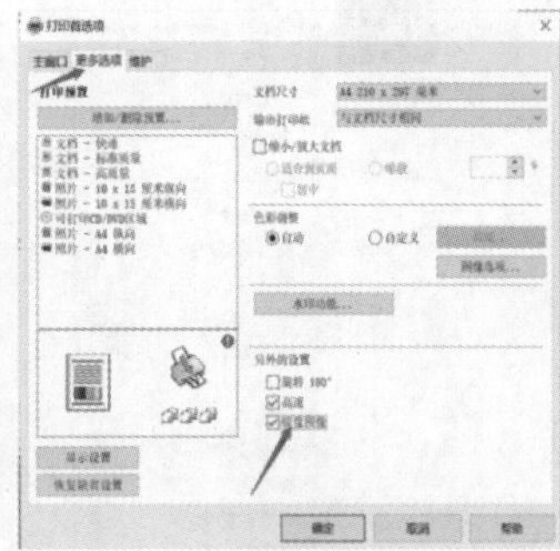

图 7.5.5 图像打印

2. 绘制电路图

(1) 将图像处理成矢量图:选择“窗口”→“图像描摹”→单击选中图像,在“图像描摹”窗口单击“描摹”。根据描摹完成的图片效果,进行“高级”调整,调节“阈值”“路径”“边角”“杂色”等参数。使图片轮廓清晰。随后,选择“对象”→“扩展”,在“扩展”弹窗中,单击“确定”,完成描摹处理,如图 7.5.6 所示。

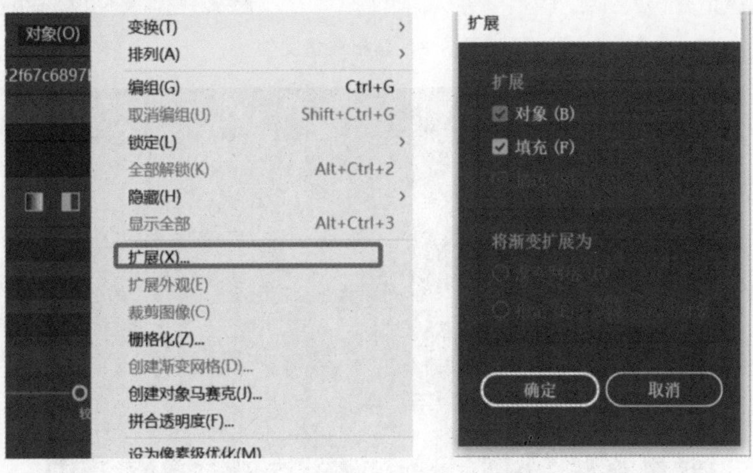

图 7.5.6 将图像转成矢量图

(2) 导出矢量文件:选择“文件”→“导出”→“导出为”,在保存类型中选择“DXF”,命名文件,在导出选项窗口中单击“确定”,如图 7.5.7 所示。

(3) 根据图像绘制电路图:打开 Altium Designer 软件,新建 PCB 文件;导入 dxf 文件;应用单位设定为 mm,层选项为“底层丝印层”,线宽设定为 1mm;单击“导入”,如图 7.5.8 所示。

(4) 根据图案情况和需要发光的位置放置 LED 封装,如图 7.5.9 所示。

(5) 放置 FPC 接驳点:可以放置矩形,矩形尺寸 2mm×2mm;2 个接驳点的间隔为 2mm,如图 7.5.10 所示。

(6) 绘制 LED 连接导线(快捷键 W):线宽应不小于 0.6mm;每组 LED 设定为并联方式,如图 7.5.11 所示。

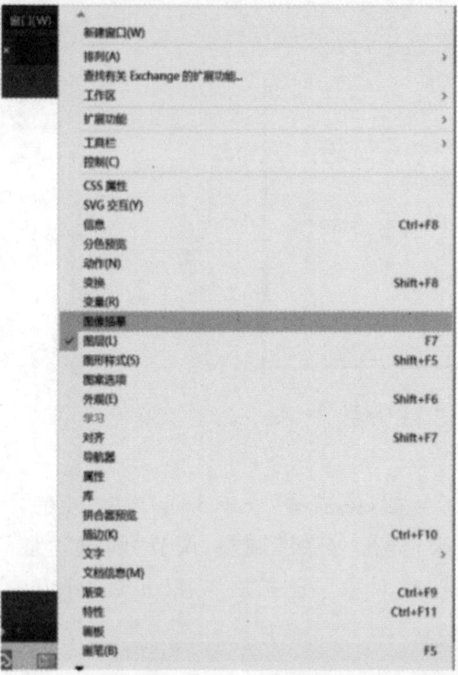

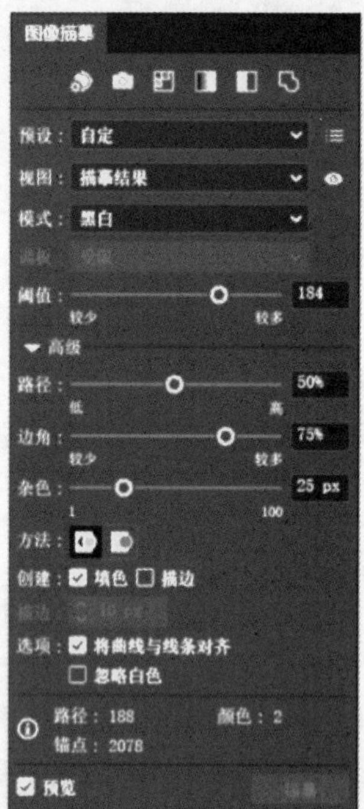

图 7.5.7 导出矢量文件

图 7.5.8 根据图像绘制电路图

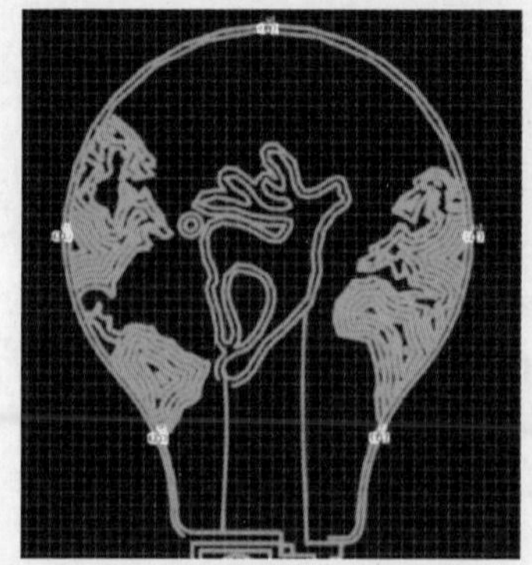

图 7.5.9 放置 LED 封装

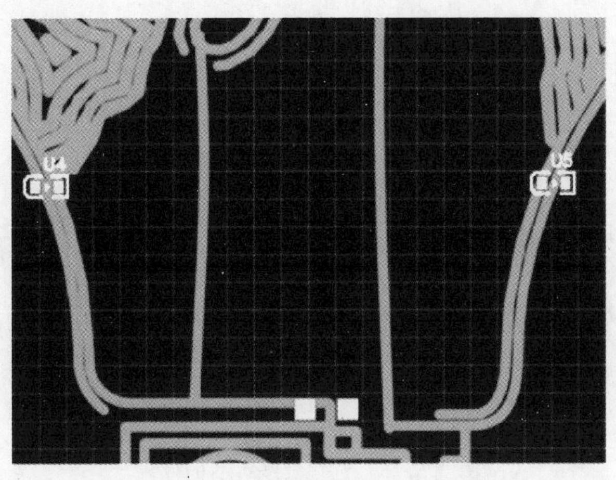

图 7.5.10 放置 FPC 接驳点

(7) 删除图像层,设定打印边框,在软件菜单栏,选择"工具"→"边框设置",单击"确定"。图案直接生成布线框,随后,将电路图导出为 PCBDOC 格式,如图 7.5.12 所示。

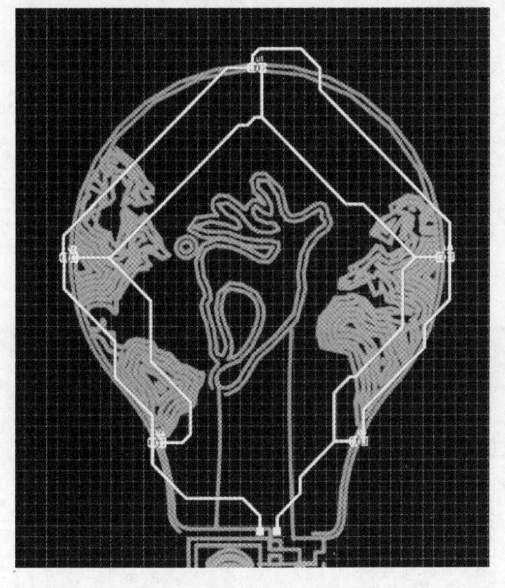

图 7.5.11 绘制 LED 连接导线

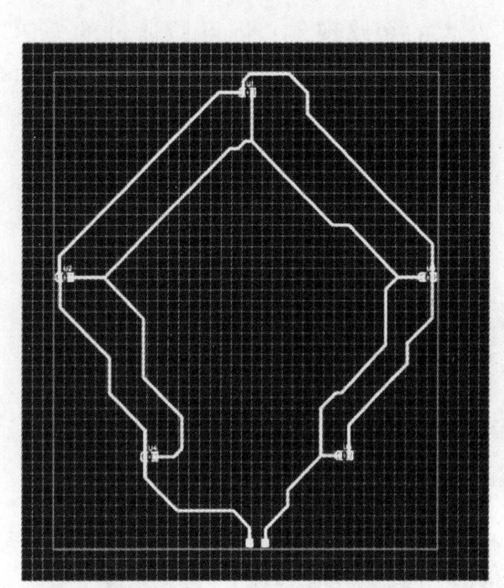

图 7.5.12 导出 PCB 文件

3. 电路板制作

利用 3D 打印机按照本小节前面的方法打印电路板,打印完成后使用剪刀沿着裁剪线完成修剪并撕去基材底层的 PET 胶膜;将电路板放到背光板上,观察有无电路缺陷,若电路有缺陷,则用勾线笔蘸取金属膏,完成修补。

4. 元件组装

(1) 浸镀。使用镊子夹持 LED,插入助焊剂盒中的液态金属内部,反复 3~5 次,浸镀完成后,目检,要求 LED 引脚上有液态金属黏附,且相邻引脚间无液态金属粘连产生的短路现象;将目检通过的 LED 放入缓冲溶液中多次涮洗,涮洗完成后,需将 LED 放在 PH 试纸或纸巾上沥干。过程及浸镀后的效果如图 7.5.13 所示。

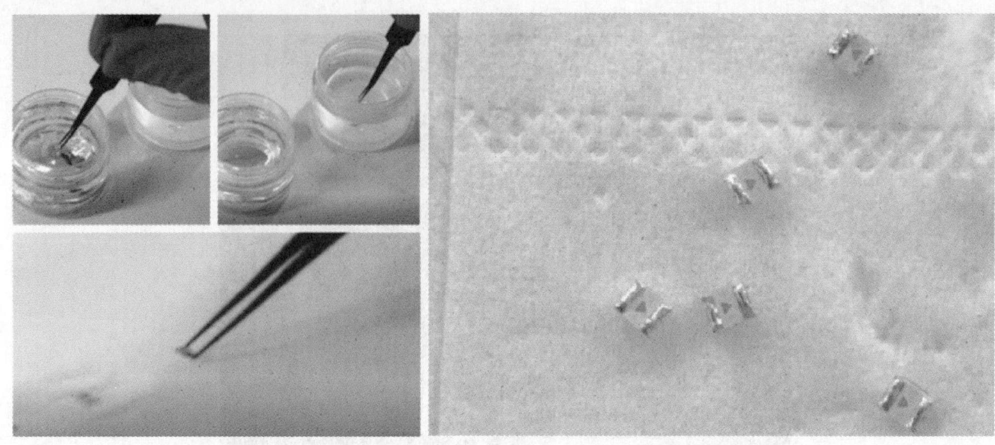

图 7.5.13　过程及浸镀后的效果

(2) 贴装。用尖嘴直镊将浸镀的 LED 灯放置在对应的焊盘上，并用镊子尖轻压 LED 灯顶部，完成 LED 灯的贴装，如图 7.5.14 所示。

(3) FPC 接驳。使用镊子夹持 FPC 的一端，插入助焊剂盒中的液态金属内部，反复 3～5 次。浸镀完成后，目检，要求 FPC 引脚上有液态金属黏附，且相邻引脚间无液态金属粘连产生的短路现象；将目检通过的 FPC 放入缓冲溶液中多次涮洗；涮洗完成后，需将 FPC 放在纸巾上沥干；在用于接驳 FPC 的电路焊盘旁边(图中箭头指示位置)，涂上适量 B8000 布料胶；用镊子将 FPC 放置在对应的焊盘位置并压实，保证 FPC 与金属膏焊盘和 B8000 布料胶的接触效果。

(4) 将电源接在 FPC 引出的两极，检测电路是否工作正常，点亮 LED，如图 7.5.15 所示。

图 7.5.14　贴装 LED

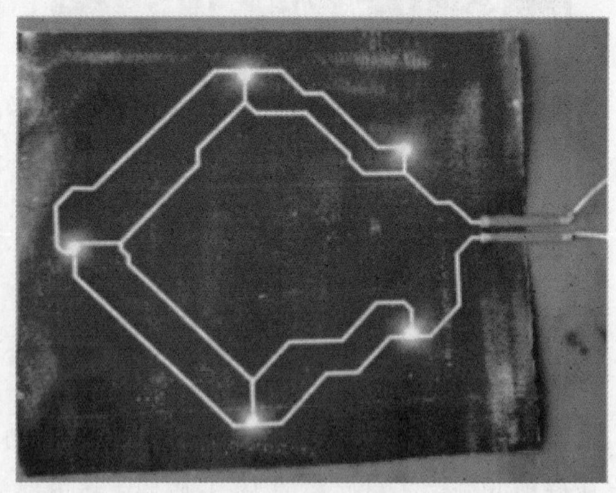

图 7.5.15　点亮 LED

(5) 电路封装。热压机设置温度 150℃，时间 30s，压合压力要调节到低压力；用剪刀裁剪一块热熔胶膜，热熔胶膜尺寸要能完全覆盖电路(最好和电路尺寸相同)；将胶膜面覆盖在电路上，然后放置在热压机上，压下加热板，完成电路封装工作。电路封装后的效果如图 7.5.16 所示。

(6) 热压图案。如果是热升华烫画，那么热压机设置温度 180℃，时间 50s；将热升华烫画的图案倒扣在衣服的对应位置上，压下加热板，将热转印纸上的图案转印到衣服上，如图 7.5.17 所示。

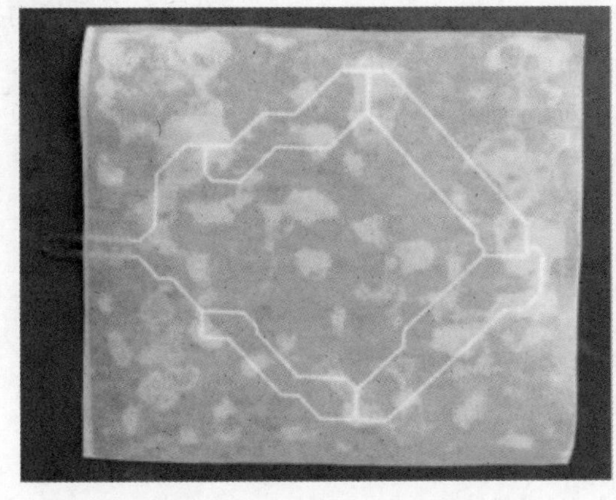
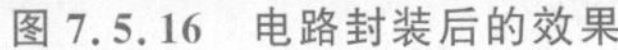

图 7.5.16 电路封装后的效果

图 7.5.17 热压图案

(7) 焊接电池盒。将封装好的电路上的热熔胶膜的离型纸撕掉，并平放入衣服中；打开电池盒开关，给电路通电(注意电池盒的正、负极与 LED 的极性保持一致)；移动衣服和电路，将 LED 灯位置和图案位置相互对应；电池盒应该放在热压机工作区域外，将衣服铺平，压下加热板，完成电路和图案的对位热压。

(8) 安装电池及检验。将衣服翻面，用电烙铁将电池盒导线与 FPC 分离，用剥线钳将电池盒导线裁剪到合适的长度；用电烙铁将电池盒导线和 FPC 焊接在一起(注意电池盒的正、负极与 LED 的极性保持一致)；套上热缩管，并用电烙铁对热缩管进行热处理；撕掉电池盒上双面胶的衬纸，用双面胶将电池盒粘贴在衣服上，如图 7.5.18 所示。

(9) 打开电池开关，启动发光服工作，如图 7.5.19 所示。

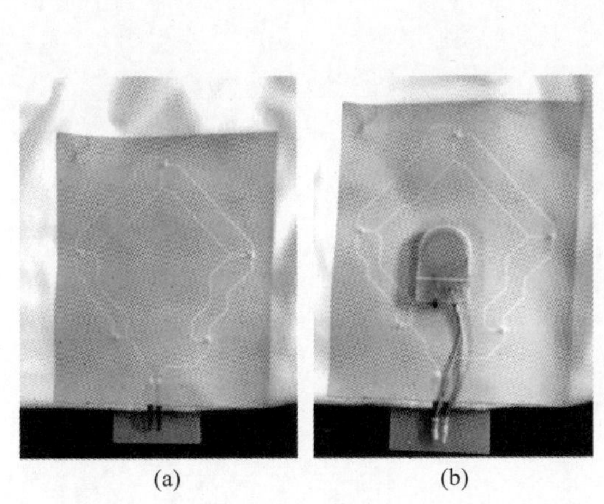

(a) (b)

图 7.5.18 电池安装

图 7.5.19 启动发光服工作

小结

本章介绍了 PCB 的制作三种方法，分别为化学蚀刻法、机械和激光雕刻法以及 3D 打印法，最后介绍了电子系统组装技术。

学生通过对本章的学习应达到的知识目标：了解 PCB 传统制作的一般工艺流程及主要工艺步骤；掌握机械雕刻机的操作方法；掌握激光雕刻机的操作方法；了解电子 3D 打印的原理、材料、工艺及应用场景；掌握电子 3D 打印实验操作方法；了解元器件安装的基本原则和安装方式；掌握 SMT 的使用方法。学生通过对本章的学习，可以达到"制作简单 PCB"的能力目标。

思考题

1. PCB 的成像工艺主要有哪些？并比较它们之间的优劣。
2. PCB 的表面处理工艺有哪些？并比较它们之间的优劣。
3. 试比较 PCB 机械雕刻和激光雕刻之间的优劣。
4. 电子 3D 打印相较于传统电子制造工艺有什么优势？
5. 目前，应用于电子 3D 打印的主要材料有哪些？
6. 电子 3D 打印的主要打印技术有哪些？
7. 举出一个电子 3D 打印的应用案例。
8. PCB 元件的安装原则有哪些？

第 8 章 电子系统测试

CHAPTER 8

电子系统设计并制作完成后是否符合要求，需要对其各项技术指标进行测试。早期，电子系统测试一般是工程师利用电子仪器手工搭建测试系统逐个测试系统的技术指标，随着计算机技术的发展，逐渐利用自动测试设备对电子系统进行。在现代大型电子系统和武器装备研制过程中积极有效地开展可测试性设计，以确保系统和装备具有较高的战备完好性和任务可靠性。

8.1 电子测试仪器

电子系统测试的基础是各种形式的电子仪器，掌握常用电子仪器的工作原理和使用方法是进行电子系统测试的基本要求。下面对数字万用表、函数信号发生器、数字示波器和直流稳压电源四种电子仪器的使用进行说明，其他如频谱分析仪、逻辑分析仪和矢量网络分析仪等仪器可参考其他书籍。

8.1.1 数字万用表

万用表是由测量电压、电流和电阻的三种功能扩展而来的仪表，现在的万用表都是多功能测量仪表，包括测量交/直流电压和电流、电阻阻值、二极管好坏、电容容量、某些交流电信号频率等。本书以 GDM-8352 为例介绍数字万用表的使用，它是能显示 199999 的 5 位半数字万用表，测量直流电压精确度高，电压、电流测量范围大，交流电压频率响应范围高。

1. 数字万用表的前面板

GDM-8352 万用表的前面板如图 8.1.1 所示，它共有 6 个测量输入端口，其中 COM 端是所有测量中的接地线端口，VΩ ➔⊣⊢端是除 DC/AC 电流测量以外的所有测量端口，1A 是低电流测量端口，10A 是大范围电流测量端口，Sense HI 与 Sense LO 是电阻四线测量中连接 HI 和 LO 的接线端口。

2. 数字万用表测电压

直流或交流电压测量通过按 DCV 或 ACV 键测量直流电压或交流电压，测试线连接在 VΩ ➔⊣⊢和 COM 端口之间。按 ACV 和 DCV 键可以同时测量交流电压和直流电压。其最小的挡位为 200mV，满量程为 239.999mV，分辨率为 1μV。最大的直流挡位为 1000V，满量程为 1020.00V，分辨率为 10mV。最大的交流挡位为 750V，满量程为 765.00V，分辨率为 10mV。

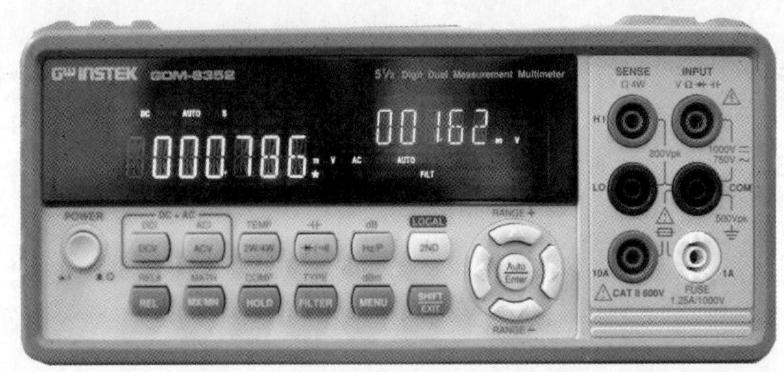

图 8.1.1 GDM-8352 万用表的前面板

3. 数字万用表测电流

直流或交流电流测量通过按 SHIFT→DCV 或 SHIFT→ACV 键测量直流电流或交流电流，测试线连接在 DC/AC 1A 和 COM 端口之间或 DC/AC 10A 和 COM 端口之间。按 SHIFT→ACV 和 DCV 键可以同时测量交流电流和直流电流。其最小的挡位为 20mA，满量程为 23.9999mA，分辨率为 100nA。1A 的挡位满量程为 1.19999A，分辨率为 100μA。10A 的挡位满量程为 11.9999A，分辨率为 1mA。

4. 数字万用表测电阻

电阻测量分两线和四线测量。四线测量补偿测试线的影响，测量精度高。若电阻的阻值较大，测试线对电阻阻值影响不大，则用两线测量。电阻两线测量按一次 2W/4W 键开启，测试线连接在 VΩ ⊣⊢ 和 COM 端口之间。电阻四线测量按两次 2W/4W 键开启，四线中的两根测试线连接 VΩ ⊣⊢ 和 COM 端口，另外两根传感线连接 LO 和 HI 端口。电阻最小的挡位为 200Ω，满量程为 239.999Ω，分辨率为 1mΩ。电阻最大的挡位为 100MΩ，满量程为 119.999MΩ，分辨率为 1kΩ。

5. 数字万用表测试二极管

二极管测试是通过 1mA 的正向偏流来检测二极管的正向偏压特性。按一次 ·))) 键开启二极管测量，按两次 ·))) 键开启短路测量。测试线连接 VΩ ⊣⊢ 端口和 COM 端口。

6. 数字万用表测量电容容量

电容测量功能检测元器件的电容，按 SHIFT→ ·)))(⊣⊢)键开启电容测量，测试线连接 VΩ ⊣⊢ 端口和 COM 端口。电容最小的挡位为 10nF，满量程为 11.99nF，分辨率为 10pF。电容最大的挡位为 100μF，满量程为 119.9μF，分辨率为 100nF。

7. 数字万用表测量信号频率

频率/周期测量用来测量电压频率/周期或电流频率/周期，按一次 Hz/P 键测量频率，按两次 Hz/P 键测量周期。频率测量范围为 10Hz～1MHz，周期测量范围为 1.0μs～100ms。测试线连接 VΩ ⊣⊢ 端口和 COM 端口。

8. 数字万用表测量环境温度

温度测量是使用热电偶测量温度，按 SHIFT→2W/4W(TEMP)测量温度，温度值在主屏幕上显示。测试线连接 VΩ ⊣⊢ 端口和 COM 端口。

8.1.2 函数信号发生器

函数信号发生器是用来输出各种函数信号的仪器，也称为信号源。本书以 MGF-2220HM 函数信号发生器为例，介绍函数信号发生器的使用。

1. 函数信号发生器的前面板

MGF-2220HM 函数信号发生器的前面板如图 8.1.2 所示，由显示屏、操作键、功能键、输出端口等部分组成。

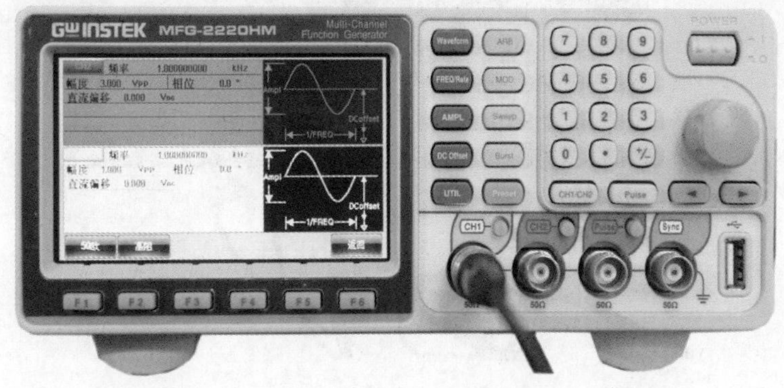

图 8.1.2 MGF-2220HM 函数信号发生器的前面板

2. 使用函数信号发生器输出简单信号

在操作之前先接通电源，连接好信号发生器的输出线。

具体操作步骤如下：

(1) 选择输出波形。按下操作键 Waveform，通过功能键 F1～F6 选择波形，波形包括正弦波、方波、斜波、脉冲波、噪声波、谐波等。

(2) 设置频率或采样率。按下操作键 FREQ/Rate，通过数字键输入所需的数字，通过功能键选择信号频率或采样率单位（μHz/mHz/Hz/kHz/MHz）。数字的输入有数字键盘、方向键和可调旋钮三种方式。

(3) 设置波形幅值。按下操作键 AMPL，通过数字键输入所需的数字，通过功能键选择信号幅度单位（dBm/mVRMS/VRMS/mVPP/VPP）。

(4) 设置直流偏置 DC Offset。

(5) 设置初相位。按下 CH1/CH2 按钮，CH1 和 CH2 通道的信息在显示屏上交替增量，在显示屏的右下角就有相位选项。按下对应的按钮，输入相位大小数字，选择相位单位即可。

(6) 按下 Output 输出键。

通过以上六步就可以输出所需信号。

函数信号发生器还可以产生较复杂的调制、扫描和脉冲串等波形，可以通过 MOD、Sweep 和 Burst 键设置它们的选项和参数。

8.1.3 数字示波器

数字示波器一般由垂直通道、水平通道、触发系统及显示部分四部分组成，现代数字示波器都增加了很多辅助测量和数学运算功能，甚至还开发了频域中的频谱分析功能。本书以 MDO-2202A/AG 示波器(带宽为 200MHz,双通道,2GSa/s 的采样率)为例,介绍数字示波器的使用。

1. 数字示波器的前面板

MDO-2202A/AG 数字示波器的前面板如图 8.1.3 所示,主要由左上显示区、右上显示控制区、左下电源开关和右下输入接口四个区域构成。

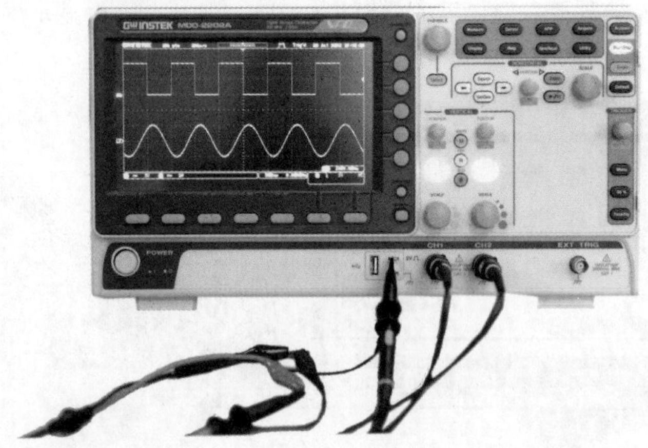

图 8.1.3 MDO-2202A/AG 数字示波器的前面板

2. 数字示波器的信号显示

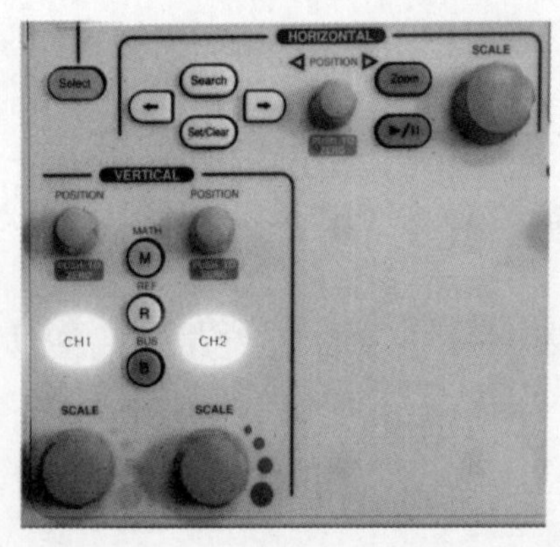

图 8.1.4 通道键激活按钮

打开电源开关(POWER),将示波器探头与自带信号源相连,如图 8.1.3 所示。连接好通道后要按下通道键激活按钮(CH1 和 CH2),如图 8.1.4 所示。激活后,通道键变亮,同时在显示屏的左下角显示相应的通道信息。通常两个通道信息用不同的颜色区分,连续按两次通道键通道被关闭。按前面板上的 AutoSet 按钮,示波器显示区一般会显示出方波信号。每个垂直通道的信息可以通过激活通道键在显示屏的底部显示菜单显示出来,包括输入耦合方式、探针电压倍乘、输入阻抗、输入反转、带宽、展开、位置等。输入耦合包括直流耦合、交流耦合、接地。直流耦合时输入信号直接接入示波器,交流耦合时信号通过隔直电容接入示波器,接地时输入与地短路。

在显示屏上显示出信号波形后,通过改变垂直尺度旋转(SCALE),改变偏转灵敏度,从而改变信号在显示屏上的大小;通过改变垂直位置旋转(POSITION),改变信号在显示屏上的上下位置。垂直尺度旋转在 1mV/div～10V/div 变化,1-2-5 步进,其大小值在左下角通道信息中会显示。通过调节水平位置旋转(POSITION),可以改变信号在显示屏上的左右位置。水平旋钮在 1ns/div～100s/div 变化,1-2-5 步进,其大小值在显示屏下方也会显示出来。垂直控制旋钮如图 8.1.4 所示,水平控制旋钮如图 8.1.5 所示。

按前面板上的 AutoSet 按钮,并不是每次都会在示波器的显示区显示出输入信号,如果不能,那么还需要调节示波器的触发系统,包括触发电平的调节,以及触发类型、触发源、触发模式、触发斜率和触发耦合等的选择。

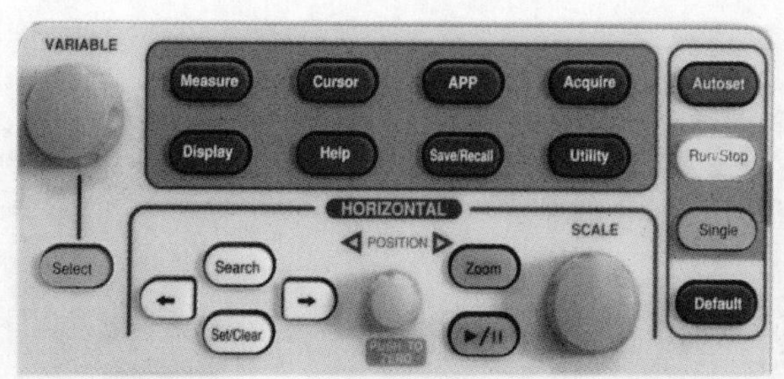

图 8.1.5 水平控制旋钮

触发电平(LEVEL)决定触发点,通过电平旋钮调节好触发电平波形才能稳定。触发类型、触发源、触发模式、触发斜率和耦合方式等触发信息界面如图 8.1.6 所示。边沿触发是最简单、最常用的触发类型,当信号以正向或负向斜率通过某个幅度阈值时,就发生边沿触发,还有用于延迟、脉冲宽度、视频、矮脉冲、上升和下降、超时、总线等特殊用途的触发类型。触发源包括内触发、外触发和电源触发三种情况。内触发是用被测信号作为触发源,被测信号可能从通道 1(CH1)输入,也可能从通道 2(CH2)输入,所以内触发还要选择是 CH1 还是 CH2。外触发是用从外输入触发信号通道(EXIT)输入的信号作为触发源,被测信号不适合作为触发源时使用。电源触发是用 50Hz 的交流电源作为触发源,用于测量与电源相关的信号。触发模式分自动触发、常态触发和单次触发。自动触发在没有被测信号时也产生时基线,常态触发只有在有被测信号时才产生时基线,单次触发时一次只产生一根时基线,所以只能获得一次波形。触发斜率是指信号在上升沿还是下降沿触发。耦合方式有直流(DC)耦合、交流(AC)耦合、高频抑制耦合、低频抑制耦合、噪声抑制耦合,交流耦合通过电容隔离了直流分量,三种抑制耦合分别抑制了高频分量、低频分量和噪声。

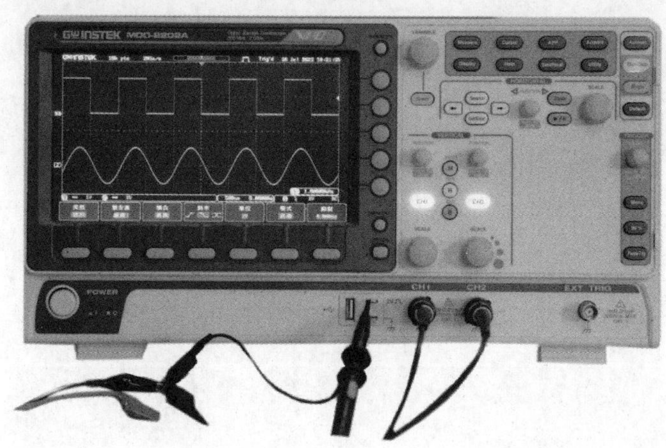

图 8.1.6 触发信息界面

3. 数字示波器的信号运算

数字示波器还可以对双输入垂直通道信号进行数学运算,包括+、−、×、÷数学运算及 FFT 变换。加法运算的一个界面如图 8.1.7 所示。

4. 数字示波器的信号测量

被测信号的波形清晰稳定后就可以进行参数测量,有人工测量和自动测量两种方式。

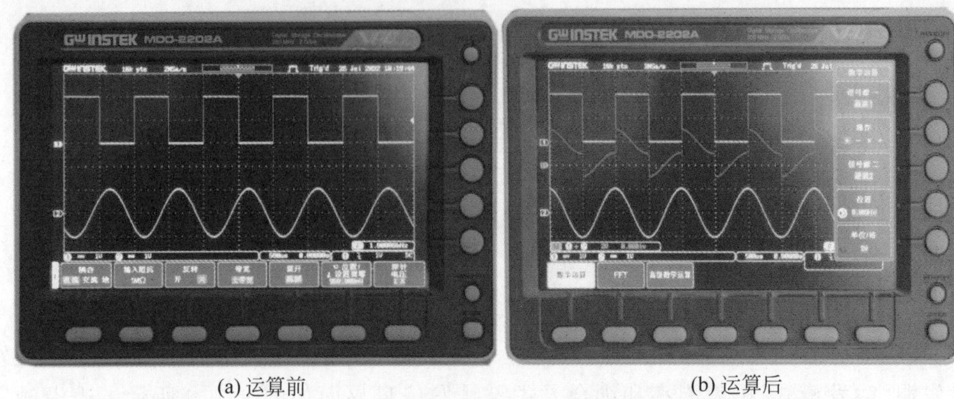

(a) 运算前　　　(b) 运算后

图 8.1.7　加法运算的一个界面

人工测量时，信号峰-峰值 V_{PP} 等于偏转灵敏度乘以信号波峰与波谷之间高度所占的格数，信号周期 T 等于扫描速度乘以信号波峰与波峰之间宽度所占的格数。自动测量时利用测量(Measure)按键和光标(Cursor)旋钮等辅助测量部件。按下测量(Measure)按键，选择自动测量量如信号峰-峰值、信号周期，选择 Statistics 菜单，这样就可以在显示屏下得到自动测量的统计值。光标(Cursor)有水平光标和垂直光标两种，可以显示波形位置、波形电压、时间、频率值及运算操作结果。按一次 Cursor 键，选择 H Cursor，重复按 H Cursor，光标位置信息就在屏幕左上角显示出来，可使用 Variable 旋钮左右移动光标，这样就得到信号的时间、频率值。按两次 Cursor 键选择 V Cursor，情况和 H Cursor 相似，可以得到信号的电压值。自动测量的一个界面如图 8.1.8 所示，光标测量的一个界面如图 8.1.9 所示。

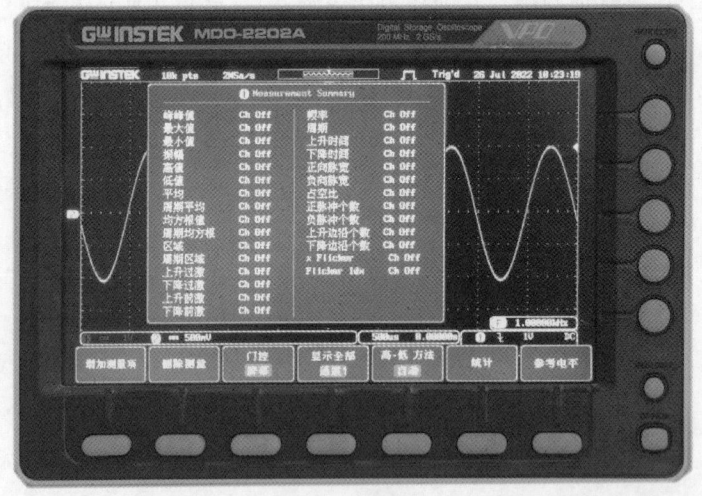

图 8.1.8　自动测量的一个界面

8.1.4　直流稳压电源

直流稳压电源是用来提供直流电压或电流的仪器，通常能输出多路独立可调电压值或固定可选择电压值，可以通过前面板上的跟踪开关来选择独立、串联和并联三种输出模式。本书以 GPD-3303D 为例说明直流稳压电源的使用，该仪器可以提供恒压源(CV)模式和恒

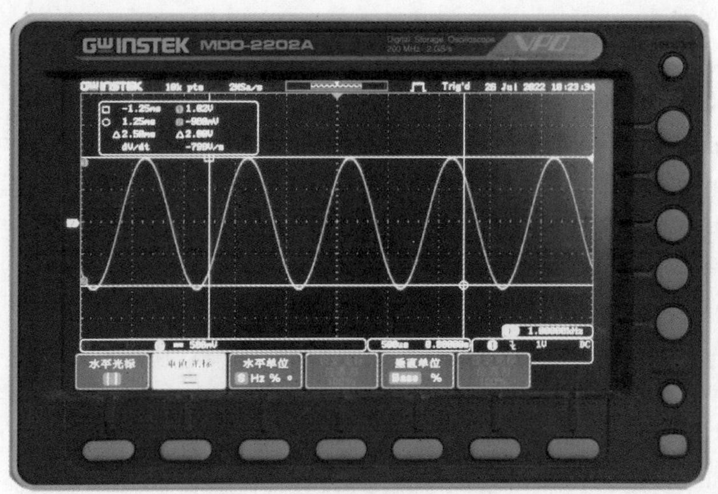

图 8.1.9　光标测量的一个界面

流源(CC)模式。根据负载条件，当电流值小于输出设定值时，工作在恒压源模式；电流值到达输出设定值时，工作在恒流源模式。GPD-3303D 直流稳压源的前面板如图 8.1.10 所示。

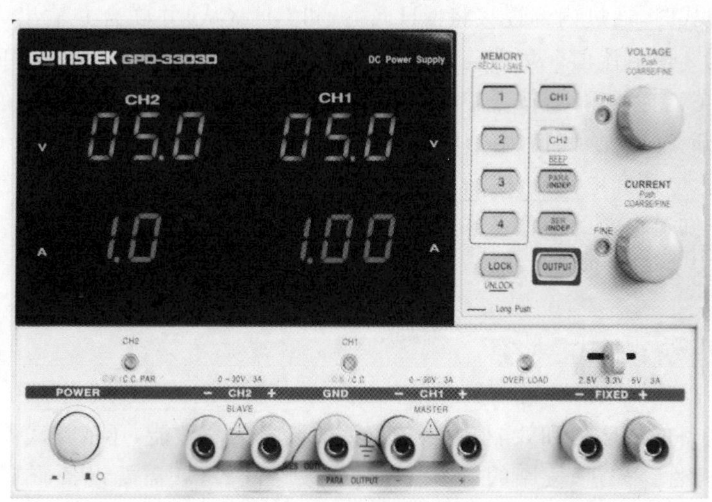

图 8.1.10　GPD-3303D 直流稳压源的前面板

1. 独立输出模式

独立输出模式时，CH1 和 CH2 输出工作在各自独立和单独控制下，每个通道的电压/电流范围为 0～30V/0～3A。使用该模式时，首先要确定并联和串联键关闭（按键灯不亮），然后将负载连接到前面板端子上(CH1 ＋/－，CH2 ＋/－)。如果设置 CH1 输出电压和电流，那么只需要按下 CH1 开关(灯亮)和使用电压和电流旋钮。通常，电压和电流旋钮工作在粗调模式，启动细调模式，按下旋钮 FINE 灯亮。打开输出，按下输出键，按键灯点亮且显示 CV 模式或 CC 模式。CH3 独立模式时额定值 2.5V/3.3V/5V 输出，电流最大值为 3A，它独立于 CH1 和 CH2。当输出电流值超过 3A，过载指示灯显示红灯和 CH3 操作模式从恒压源转变为恒流源。

2. 串联输出模式

串联输出模式时，通过内部连接将 CH1(主)和 CH2(从)串联合并输出为单通道，CH1 控制合并输出的 2 倍电压值，分为无公共端串联和有公共端串联。无公共端串联时，负载连接到前面板端子 CH1 的"+"和 CH2 的"−"。按下 SER/INDEP 键来启动串联模式，按键灯亮。按下 CH2 开关(灯亮)和电流旋钮来设置 CH2 输出电流到最大值(3.0A)。通常，电压和电流旋钮工作在粗调模式。启动细调模式，按下旋钮 FINE 灯亮。按下 CH1 开关(灯亮)和使用电压和电流选通来设置输出电压和电流值。按下输出键，打开输出，按键灯打开。根据指示灯可以知道电源的工作状态(CV/CC)，其输出值可以参考 CH1(主)表头。有公共端串联时负载连接到前面板端子 CH1 的"+"和 CH2 的"−"，使用 CH1 的"−"端子作为公共线连接。对于 CH1-COM 输出额定值 0～30V/0～3A，对于 CH2-COM 输出额定值 0～−30V/0～3A。按下 SER/INDEP 键来启动串联模式，按键灯亮。按下 CH1 开关(灯亮)和使用电压选通来设置主从输出电压 (2 组通道相同值)。通常，电压和电流旋钮工作在粗调模式。启动细调模式，按下选通后 FINE 灯亮。使用电流选通来设置主输出电流。打开输出，按下输出键，按键灯亮。根据指示灯可以知道电源的工作状态(CV/CC)，其输出值可以参考 CH1(主)表头。

3. 并联输出模式

并联输出模式时，通过内部连接将 CH1(主)和 CH2(从)并联合并输出为单通道，CH1 控制合并输出的 2 倍电流值。负载连接到 CH1+/−端子。按下 PAR/INDEP 键来启动并联模式，按键灯亮。打开输出，按下输出键，按键灯亮。CH2 指示灯显示红色，表明并联模式。按下 CH1 开关(灯亮)和使用电压和电流选通来设置输出电压和电流。CH2 输出控制失去作用。通常，电压和电流旋钮工作在粗调模式。开启细调模式，按下旋钮 FINE 灯亮。根据指示灯可以知道电源的工作状态(CV/CC)，其输出值可以参考 CH1(主)表头，输出电流是 CH1 电流表头值的 2 倍。

8.2 自动测试系统

现代武器装备的战斗力和效能，不仅依赖武器装备的高性能，还依赖武器装备的高可靠性、维修性和保障性。先进、复杂的电子装备一旦发生故障，就需要设备研制单位派出技术人员去维修，或者将设备运回研制单位行进检测维修，这给装备的保障带来很大不便。如果能够给装备服役的部队提供使用简单的测试设备，装备使用单位即可现场对出现故障的装备进行测试，将故障准确、快速地进行定位，必将对装备的维修、保障产生积极的作用。

通常把人工最少参与，以计算机为核心，在程控指令的指挥下能自动完成某种测试任务(如激励、测量、数据处理并输出结果)，由测量仪器和其他设备组成的有机整体称为自动测试系统(ATS)。

8.2.1 自动测试系统的发展

自动测试系统始于 20 世纪 60 年代，大致经历了三个阶段。

1. 第一代自动测试系统

第一代自动测试系统多为专用系统，是针对某项具体测试任务而设计的。它主要用于测试量很大的重复测试，要求可靠性高的复杂测试，以及恶劣环境中的测试。第一代自动测试系统已经采用了计算机或逻辑、定时电路进行控制，在测试性能和设备功能等方面都比以前的仪器有较大的改善。但是，组建者需要自行解决仪器与仪器、仪器与计算机之间的接口问题，使得接口电路不具备通用性，适应性不强，改变测试内容一般需要重新设计电路。

2. 第二代自动测试系统

第二代自动测试系统的特点是所有设备包括主控计算机在内都采用标准化的接口和母线连接起来，组建者不需要自己设计接口，更改、增减测试内容也很灵活，设备复用性好，显示出了很大的优越性。

3. 第三代自动测试系统

在第三代自动测试系统中，用强有力的计算机软件代替传统仪器的某些硬件，用人的智力资源代替很多物质资源。特别地，在这种系统中计算机直接参与测试信号的产生和测量特性的解析，即通过计算机直接产生测试信号和测试功能。这样一来，仪器中的一些硬件甚至整件仪器都从系统中消失了，而由计算机及其软件来完成它们的功能，形成了“虚拟仪器”。

8.2.2 自动测试系统在军事上的发展和应用

在以电子技术和信息技术为主要推动力、数字技术为核心的新军事革命的背景下，自动测试技术在军事上得到了广泛应用。武器装备的研发、验收、维修和保障中对自动测试系统众多的需求是推动自动测试技术发展的强大动力。军用自动测试设备成为军用电子装备、武器装备、现代化指挥控制系统安全运行和准确操作所必需的重要支撑技术，是装备处于良好战备状态的重要保证。

早在20世纪50年代，美国军方就开始自动测试设备(ATE)的开发研制，其发展水平在很大程度上代表了世界先进水平。

20世纪80年代中期，美军开始制定“通用自动测试设备”(GPATE)计划，以便在军用领域建立标准化、系列化和模块化ATE的硬件和软件测试平台。该计划分别由陆、海、空三军各自组织实施。1985年，美国空军提出ATE的研制要求，即研制体积小、成本低、性能高、可移动、多用途和标准化的ATE。这促使了将高性能计算机技术、数据接口技术和仪器技术有效地融为一体，研制出可在世界范围内开放的模块化仪器总线系统。而美国海军提出的“联合自动化支持系统”(CASS)标准致力于其ATE的可测性，并为其飞机、舰艇和卫星上电子设备提供先进的综合自动支援系统。陆军则制定了“综合测试设备系列”(IFTE)标准，试图将人工智能应用于战场装备的维修。根据这些标准研制的ATE设备已广泛应用于美国三军的武器系统上，在美军的装备保障上发挥着重要作用。

8.3 电子产品环境可靠性测试

8.3.1 电子产品环境可靠性概述

据国内外积累的统计数据表明，产品发生故障的原因(约52%)归于该产品使用时所遇到的环境条件。可见，在电子产品生产过程中对环境因素的考虑非常必要。本章将对电子产品可靠性分析的一般流程及常见的环境可靠性试验进行介绍。电子产品环境可靠性分析的主要内容如图 8.3.1 所示。

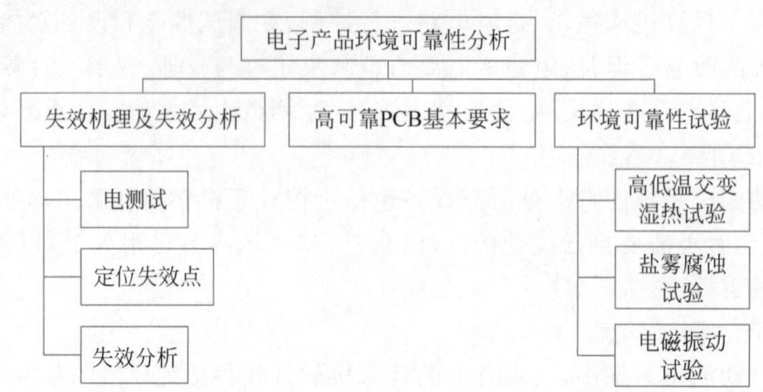

图 8.3.1 电子产品环境可靠性分析的主要内容

1. 失效机理及失效分析一般流程

电子产品的失效按照失效机理可以分为以下几类：

(1) 结构性失效：产品结构件的材料受到机械应力、热应力、电应力导致的失效，如疲劳断裂、磨损、变形等。

(2) 热失效：过热、过冷或者温度循环变化导致电子产品烧毁、熔融、参数漂移等失效。

(3) 电失效：过电、长期电应力作用导致电子产品的烧毁、熔融、参数漂移等失效。

(4) 腐蚀性失效：化学腐蚀、电化学腐蚀导致电子产品的失效。一般是外界环境的温度、湿度、腐蚀性物质入侵造成。

失效分析是指对已经失效的电子产品进行检查。目的是找到失效原因、明确失效机理，从而在产品的生产中予以考虑，提高产品的可靠性。失效分析一般流程如图 8.3.2 所示。图 8.3.2 中，关键的步骤用灰色的图框表示，必要时可以开展的辅助分析步骤用虚线框表示。下面，将介绍失效分析的几个关键步骤。

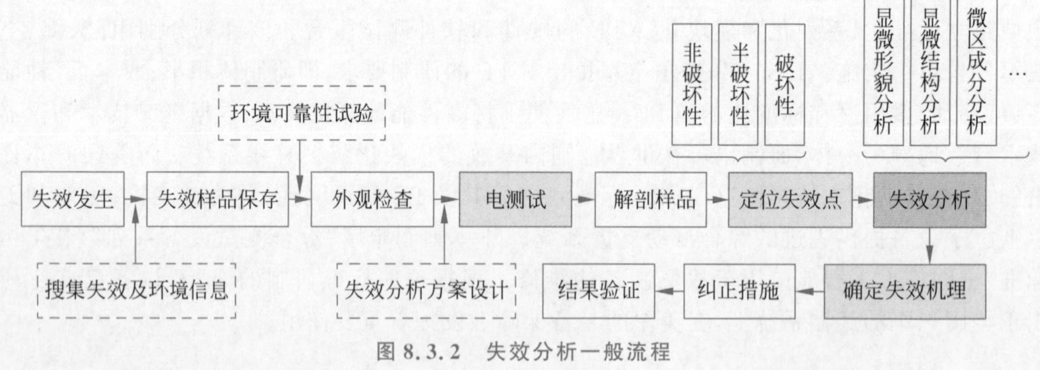

图 8.3.2 失效分析一般流程

1) 电测试

对于简单的有源或无源电子元器件，电测试是非常重要的步骤，它能够快速且精准地缩小失效范围，实现初步的失效定位。另外，电测试也为集成电路的失效定位提供了有效的方法，主要是通过特殊的软件和测试方法来实现。这里主要介绍集成电路的电测试试验。

集成电路的失效利用自动测试设备对集成电路进行分析。集成电路(IC)自动测试机(ATE)如图 8.3.3 所示，用于检测集成电路功能的完整性，为集成电路生产制造的最后流程，以确保集成电路生产制造的品质。目前，ATE 的七成市场份额主要由爱德万公司（日本）和泰瑞达公司（美国）占据。半导体制造工艺不断提升，对 ATE 的要求变得也越来越高。将 1990—2025 年分为三个时代，每个时代中半导体芯片对 ATE 的需求都有所不同。1990—2000 年，半导体主流工艺为 350nm 和 130nm，当时 SoC 芯片功能越来越强，芯片上还集成了模拟功能，数据接口的传输率也在不断增加，而原始的 ATE 测试技术无法覆盖模拟和高速接口测试的需求，因此，当时的 ATE 主要研发需求是满足 SoC 日益复杂的功能需求。2000—2015 年，随着半导体工艺从 130nm 不断下探至 14nm，芯片尺寸越来越小，晶体管集成度越来越高，带来的挑战主要是测试时间非常长。功能时代的单工位测试已经无法满足现有需求，且测试成本也日益攀升。因此，ATE 的研发需要满足同测需求，同时做 2 工位、4 工位、8 工位的测试。2020 年以后，半导体工艺进入 5nm、3nm 及以下，ATE 面临着不同领域、不同要求的复杂性调整。

图 8.3.3 集成电路自动测试机

2）定位失效点

失效点的定位分析是进一步确定失效位置的关键环节，主要分为非破坏性分析、半破坏性分析和破坏性分析。非破坏性分析指的是不打开元器件的封装，直接对元器件内部进行分析。目前，非破坏性分析的方法和设备如图 8.3.4 所示：图(a)为 X 射线显微透视检查，图(b)为显微红外热点检测，图(c)为磁显微探测，图(d)为扫描声学显微检查。半破坏性分析指的是打开元器件的封装，但保留元器件内部的所有状态和信息的分析。主要步骤是开封、内部气氛分析（对元器件密封腔内的气氛进行定量分析的方法）、多余物提取、显微形貌观察（主要借助光学显微镜和扫描电子显微镜（SEM）对内部失效表面形貌特征进行观察）及物理性能分析（与上述的非破坏性分析方法类似）。破坏性分析是对电子元器件的内部状态进行改变的分析。主要步骤是芯片剥层、机械剖面制样和聚焦离子束（FIB）制样。其中，芯片剥层主要借助于化学反应和等离子刻蚀去除芯片的钝化层、金属化层和层间介质，最终暴露失效点的位置。机械剖面制样主要是通过机械研磨，抛光、染色来获取平整的样品剖面，从而对失效点进一步观察。聚焦离子束是将离子源产生的离子束经过离子枪加速，聚焦后作用于样品表面，这样就可以以微米、纳米尺度精准地去除。由于篇幅限制，对非破坏性分析、半破坏性分析和破坏性分析包含的主要分析方法不再作具体介绍。

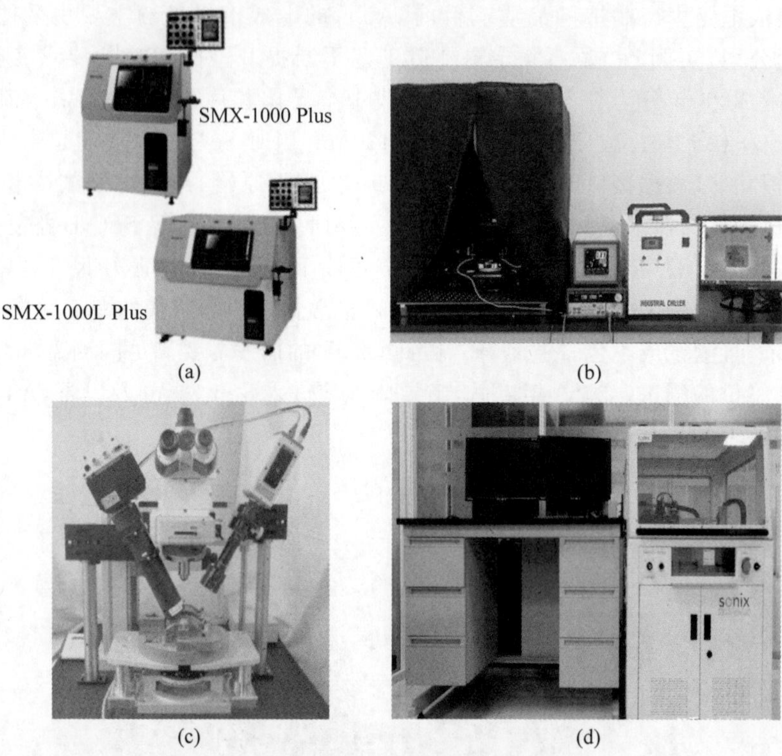

(a) (b) (c) (d)

图 8.3.4 非破坏性分析的方法和设备

3）失效分析

在开展失效分析时，常用技术手段有以下六类：

（1）电气测试技术：对失效现象、失效模式进行确认，以及在失效激发及验证试验前后的电性能测试。例如，在进行芯片损伤外观鉴定之前，可进行电流-电压（I-V）测试，得到损伤器件的静态特性参数，初步确定失效情况。

（2）显微形貌和显微结构分析技术：在微米和纳米尺度对元器件进行观察与分析，发现器件内部的失效现象和区域。显微形貌分析技术包括光学显微镜（OM）分析、扫描电子显微分析、透射电子显微镜（TEM）分析等。显微结构分析技术包括以 X 射线显微透视、扫描声学显微镜（SAM）探测为代表的无损显微结构探测技术。

（3）物理性能探测技术：对器件在特定状态下激发产生的微量光热磁等信息进行提取和分析，以确定失效部位、分析失效机理。技术包括电子束测试（EBT）、微光探测、显微红外热像、显微磁感应技术等。

（4）微区成分分析技术：用来对内部微小区域的微量成分进行分析。技术包括能量散射谱仪（EDS）、俄歇电子能谱（AES）法、二次离子质谱（SIMS）法、X 射线光电子能谱（XPS）法、傅里叶变换红外（FT-IR）光谱仪、内部气氛分析（IVA）法等。

（5）应力验证技术：基本手段如开展 TEM 分析时，需要采用聚焦离子束对器件进行定点取样和提取。有时需要开展一些应力试验来激发失效、复现失效模式或观察在应力条件下失效的变化趋势。

（6）解剖制样技术：实现芯片表面和内部的可观察性和可探测性。例如，开封技术，半导体芯片表面去钝化和去层间介质，机械剖面制备技术和染色技术等。

2. 高可靠 PCB 基本要求

PCB 的质量对整个电子系统的安全稳定运行至关重要。如何判断一块 PCB 是否为高可靠性的，以及如何确定其性能等级，这些问题在此详细讨论。

1）军用 PCB 的等级

一般而言，军用 PCB 性能等级可分为以下三个等级：

1 级：普通军用电子装备，主要是地面设备和一般军用设备。要求组装后的 PCB 有完整的功能性，一定的工作寿命和可靠性，允许有一些不影响电气和力学性能的外观缺陷。

2 级：专用军用电子装备，主要军用通信设备、复杂的军用电子设备等。要求组装后的 PCB 有完整的功能性，较长的工作寿命和可靠性，允许有一些不影响使用性能的轻微外观缺陷。

3 级：高可靠军用电子装备，主要用于车载、机载、舰载、航天等军用电子设备。要求组装后的 PCB 有完整的功能性，长的工作寿命和高的可靠性，在运行的过程中不允许有任何故障发生。

2）军用 PCB 的基本要求

PCB 要符合设计及工艺文件的要求：这里要求确保 PCB 的层数合适，选择的元器件相互兼容，选择的基材材料能符合工艺要求。

PCB 外观要求：这里要求 PCB 的基板面平整（通孔插装的 PCB 的弓曲和扭曲不大于 1%，表面安装的 PCB 的弓曲和扭曲不大于 0.75%），边缘整齐，图形清晰；导线表面光洁，色泽均匀；表面镀层光亮均匀，不起皮，不鼓泡。焊盘上的字符不应被沾污等。

PCB 工艺要求：PCB 能被波峰焊和回流焊加工；工艺基准孔应开孔精准，其他识别标志位置准确；表面涂覆层应采用热风整平工艺或电镀镍金工艺，焊盘及金属化可焊性保护层要采用含铅量大于或等于 3% 的铅锡合金焊料，阻焊膜的涂敷厚度应遵循 GJB 4057—2000《军用电子设备印制电路板设计要求》的规定，2 级板为 10μm，3 级板为 18μm。

3. PCB 失效主要原因

PCB 的制作工艺繁杂，每个环节都严格把控。材料及加工工艺导致的质量缺陷有四十余种，归纳起来，主要有焊接不良，开路和短路，板面腐蚀，爆板、起泡和分层，板面翘曲。表 8.3.1 总结了这些失效类型及对应的原因。

表 8.3.1 PCB 失效类型及对应的原因

失效类型	可能原因
焊接不良	PCB 焊盘表面质量不佳（如污染、生锈、腐蚀等）
开路和短路	PCB 加工工艺不当，导体间距过小（短路）
板面腐蚀	PCB 材料性能不良，表面处理不当
爆板、起泡和分层	板材压合工艺不当
板面翘曲	基材质量不良，加工工艺不当

4. PCB 失效分析一般流程

PCB 的失效形式多种多样，必须按照专业分析流程进行，否则就会容易遗漏关键的失效形式。具体流程如下：

（1）定位失效点：根据外观观测、功能测试、电性能测试等多种形式，大致确定失效点在 PCB 上的位置。注意，对于简单的 PCB，比较容易发现失效点。但对于较为复杂的电路或者 BGA 封装的电路，不易发现失效点，必须利用 X 射线，SEM 等辅助失效点的查找。

(2) 分析失效机理：利用电测试技术、显微形貌分析技术、显微结构分析技术、物理性能探测技术、微区成分分析技术等分析具体的失效机理。

(3) 归纳失效原因：在失效机理确定后，就要对失效原因进行推断，总结时下机理对应的可能原因，但具体原因还需要进行深入分析。在必要时，需要模拟失效的过程，开展环境可靠性试验。

(4) 撰写失效分析报告：根据前面的所有信息，撰写失效分析报告。注意，失效分析报告有一般格式，遵守一般格式可以方便用户清楚明了地掌握信息，也能使归档整理变得清晰整洁。

8.3.2 环境可靠性试验

环境可靠性试验是将产品放置于特定的人工模拟环境中，模拟它们在使用、运输、存储等过程中会遇到的自然环境条件，并对性能变化的情况做出评价，从而进一步地分析失效机理和失效原因。

通常，环境可靠性试验分为力学环境试验、气候环境试验和综合环境试验三大类。如图 8.3.5 所示。

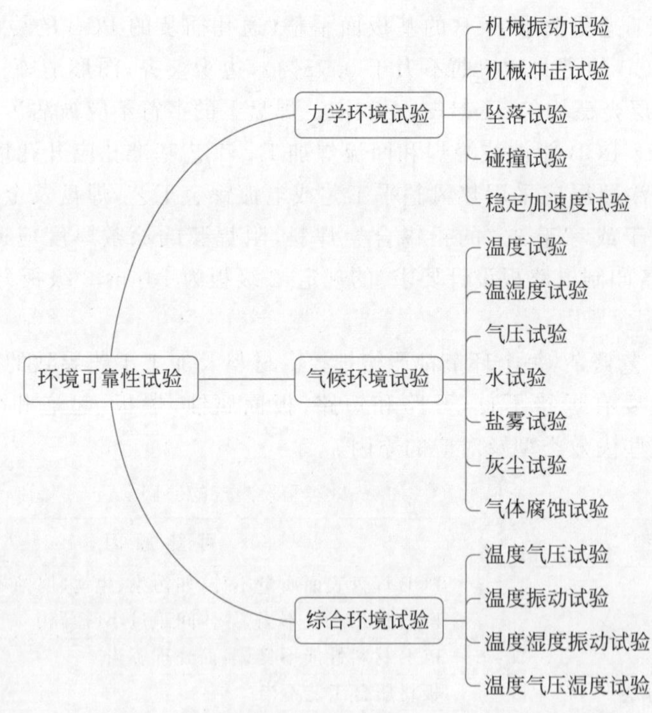

图 8.3.5 环境可靠性试验分类

力学环境试验主要包括机械振动试验、机械冲击试验、坠落试验、碰撞试验、稳定加速度试验等，气候环境试验主要包括温度试验、温湿度试验、气压试验、水试验、盐雾试验、灰尘试验、气体腐蚀试验等，综合环境试验主要包括温度气压试验、温度振动试验、温度湿度振动试验、温度气压湿度试验等。下面对船舰上电子产品经常遇到的高温、高湿、高盐、高振动的环境可靠性试验进行介绍。

1. 高低温交变湿热试验

高低温交变湿热试验主要由高低温交变湿热试验箱完成，某款高低温交变湿热试验箱如图 8.3.6 所示。高低温交变湿热试验箱的作用是提供高温、低温、恒温、恒湿、温度循环、温湿度交变等试验环境，并满足相关标准对试验箱的要求。其主要适用于电工、电子产品整机及零部件进行耐寒试验、温湿度变化或剧变条件下的适应性试验，特别适用于进行电子、电工产品的环境模拟温湿度试验。

图 8.3.6　某款高低温交变湿热试验箱

对不同的电子元器件的高低温交变湿热试验，需要根据具体元器件的试验标准。

2. 盐雾腐蚀试验

盐雾试验是专门针对各种材质的表面，经油漆、涂料、电镀、阳极处理、防锈油等防蚀处理后，测试其制品耐腐蚀性。其广泛适用于五金、电镀、电子、化工、汽车、航空、航天、通信等行业，对产品的材料、涂镀层进行模拟海洋环境的腐蚀试验，以便对试品在特定的环境条件下的性能作出分析及评价。盐雾试验依据专门的盐雾试验箱完成，某款盐雾试验箱如图 8.3.7 所示。

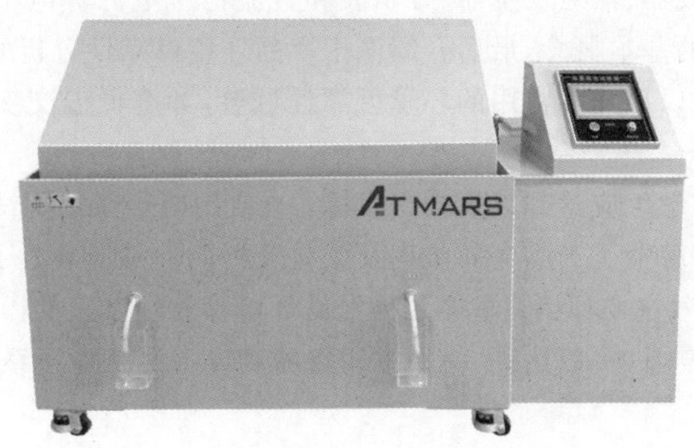

图 8.3.7　某款盐雾试验箱

盐雾试验箱的工作原理比较单一，主要是将带腐蚀性溶液压缩成空气喷雾，对样品进行喷洒，将喷雾尽量包裹样品的各个面，这个测试可以连续或者循环进行，直到样品出现腐蚀现象，然后记录腐蚀时间作为样品的耐腐蚀性能，时间越长，表示样品的耐腐蚀性越好。一般盐雾试验箱里的腐蚀溶液主要是质量分数为 5%的氯化钠溶液或者在氯化钠溶液中每升添加 0.26g 氯化铜来作为盐雾腐蚀溶液。另外，盐雾试验箱可以自主调控盐雾的沉降量和喷洒量，保证试验温度恒定，操作便捷，试验环境稳定。因此，常用来测试日常生活用品或工业用品的耐腐蚀性能。

对不同的电子元器件的盐雾试验，需要根据具体元器件的试验标准。

3. 电磁振动试验

电磁振动试验广泛适用于国防、航空、通信、电子、汽车、家电、灯具等行业。某款电磁振动试验系统如图 8.3.8 所示，该类型设备适用发现早期故障，模拟实际工况考核和结构强度试验,本系列产品应用范围广泛,试验效果显著、可靠。振动测试的要义在于确认产品的可靠度以及将不良品在出厂前筛检出,并评估其不良品的失效分析,以期成为一个高水准、高信赖度的产品。对不同的电子元器件的电磁振动试验,需要根据具体元器件的试验标准。

图 8.3.8 某款电磁振动试验系统

小结

本章首先介绍示波器、信号发生器、万用表和直流稳压电源等电子仪器的使用方法,然后介绍自动测试系统的基本概念,最后介绍电子产品环境可靠性分析的必要性、失效机理和失效分析的一般流程,以及几种常用的环境可靠性试验,如高低温交变湿热试验、盐雾腐蚀试验、电磁振动试验等。

通过本章的学习,学生应达到以下知识目标:会使用电子系统测试的常用仪器,知道自动测试系统的意义,了解电子产品失效机理及失效分析的一般流程;了解高可靠 PCB 的基本要求;了解 PCB 失效主要原因;掌握几种常见环境可靠性试验的操作方法。

学生通过本章的学习,可以达到"使用常用仪器和设备测试电子系统"的能力目标。

思考题

1. 除了本章介绍的电子仪器以外,还有哪些电子仪器?
2. PCB 失效的主要原因有哪些?
3. 试阐述失效机理及失效分析一般流程。
4. PCB 失效分析的方法有哪些?

参 考 文 献

[1] 樊昌信,曹丽娜. 通信原理[M]. 7 版. 北京:国防工业出版社,2012.

[2] 姚直象,卫红凯,孔晓鹏,等. 水声探测与通信原理[M]. 北京:电子工业出版社,2022.

[3] 唐劲松,汤子跃,许炎义. 电子探测原理[M]. 北京:电子工业出版社,2013.

[4] 周天,徐超,陈宝伟. 声呐电子系统设计导论[M]. 北京:科学出版社,2021.

[5] 胡金华,张卫,幸高翔,等. 声呐电子技术[M]. 北京:兵器工业出版社,2022.

[6] 杜选民,孟荻,周胜增,等. 鱼雷报警与对抗技术[M]. 北京:兵器工业出版社,2019.

[7] 刘辉,王征. 现代电子系统综合设计与实践[M]. 北京:清华大学出版社,2021.

[8] 贾立新. 电子系统设计[M]. 北京:机械工业出版社,2021.

[9] 余小平,奚大顺. 电子系统设计-基础篇[M]. 4 版. 北京:北京航空航天大学出版社,2019.

[10] 叶懋,唐宁,魏德强,等. 电子工程训练与创新实践[M]. 2 版. 北京:清华大学出版社,2019.

[11] 高玄怡. 电子实习教程[M]. 北京:高等教育出版社 2020.

[12] 范胜民,樊攀,张淑慧. Arduino 编程与硬件实现[M]. 北京:化学工业出版社,2020.

[13] 徐少华. 电工电实习指导书[M]. 武汉:武汉理工大学出版社,2021.

[14] 陈吕洲. Arduino 程序设计基础[M]. 2 版. 北京:北京航空航天大学出版社,2015.

[15] 王维波,鄢志丹,王钊. STM32Cube 高效开发教程(基础篇)[M]. 北京:人民邮电出版社,2021.

[16] 刘火良,杨森. STM32 库开发实战指南[M]. 北京:机械工业出版社,2017.

[17] 张洋,刘军. 原子教你玩 STM32(库函数版) [M]. 2 版. 北京:北京航空航天大学出版社,2015.

[18] 夏宇闻,韩彬. Verilog 数字系统设计教程[M]. 4 版. 北京:北京航空航天大学出版社,2015.

[19] 杜勇. Xilinx FPGA 数字信号处理设计[M]. 北京:电子工业出版社,2021.

[20] 何宾. Intel FPGA 数字信号处理系统设计权威指南[M]. 北京:电子工业出版社,2021.

[21] 郑振宇,黄勇,龙学飞. Altium Designer 21 电子设计速成实战宝典(中文版)[M]. 北京:电子工业出版社,2021.

[22] Altium 中国技术支持中心. Altium Designer 22 PCB 设计官方手册(操作技巧)[M]. 北京:清华大学出版社,2023.

[23] 孟培,段荣霞. Altium Designer 20 电路设计与仿真从入门到精通[M]. 北京:人民邮电出版社,2021.

[24] 颜晓河,张佐理,郑泽祥. 印刷电路板设计与制作[M]. 北京:清华大学出版社,2022.

[25] 陈继民,曾勇. 3D 打印技术基础[M]. 北京:化学工业出版社,2023.